Paulo Cesar Pfaltzgraff Ferreira

Cálculo e Análise Vetoriais com Aplicações Práticas

VOLUME 1

Cálculo e Análise Vetoriais com Aplicações Práticas - VOLUME 1

Copyright© Editora Ciência Moderna Ltda., 2012
Todos os direitos para a língua portuguesa reservados pela EDITORA CIÊNCIA MODERNA LTDA.
De acordo com a Lei 9.610 de 19/2/1998, nenhuma parte deste livro poderá ser reproduzida, transmitida e gravada, por qualquer meio eletrônico, mecânico, por fotocópia e outros, sem a prévia autorização, por escrito, da Editora.

Editor: Paulo André P. Marques
Produção Editorial: Aline Vieira Marques
Diagramação: André Oliva
Assistente Editorial: Laura Souza

Várias **Marcas Registradas** aparecem no decorrer deste livro. Mais do que simplesmente listar esses nomes e informar quem possui seus direitos de exploração, ou ainda imprimir os logotipos das mesmas, o editor declara estar utilizando tais nomes apenas para fins editoriais, em benefício exclusivo do dono da Marca Registrada, sem intenção de infringir as regras de sua utilização. Qualquer semelhança em nomes próprios e acontecimentos será mera coincidência.

FICHA CATALOGRÁFICA

FERREIRA, Paulo Cesar Pfaltzgraff.
Cálculo e Análise Vetoriais com Aplicações Práticas - VOLUME 1
Rio de Janeiro: Editora Ciência Moderna Ltda., 2012

1. Análise - Cálculo - Matemática
I — Título

ISBN: 978-85-399-0185-2   CDD 515

Editora Ciência Moderna Ltda.
R. Alice Figueiredo, 46 – Riachuelo
Rio de Janeiro, RJ – Brasil   CEP: 20.950-150
Tel: (21) 2201-6662 / Fax: (21) 2201-6896
LCM@LCM.COM.BR
WWW.LCM.COM.BR

12/11

Paulo Cesar Pfaltzgraff Ferreira

Sobre o Autor

Engenheiro Eletricista Modalidade Eletrotécnica (CREA - RJ 52959/D), formado pela Universidade Gama Filho (UGF) em julho de 1976; pós-graduado em Sistemas de Energia Elétrica pela COPPE – UFRJ em 1984 e em Docência Universitária pela Universidade Gama Filho em 1996. Lecionou na Universidade Católica de Petrópolis (UCP), na Universidade Gama Filho (UGF), no Centro de Instrução Almirante Wandenkolk (CIAW) e no Centro de Instrução Almirante Graça Aranha (CIAGA-Escola de Marinha Mercante). Atualmente, integra o corpo docente da Universidade Estácio de Sá (UNESA). Foi tradutor da 4ª edição americana do livro "Engineering Electromagnetics", de William Hart Hayt Jr., publicado, em 1983, pela Livros Técnicos e Científicos Editora S.A. (LTC), com o título "Eletromagnetismo", 3ª edição. Foi revisor técnico da 3ª edição brasileira do livro "Física" de David Halliday e Robert Resnick, publicado, em 1983, pela LTC. Foi revisor técnico da 1ª edição brasileira do livro "Eletromagnetismo para Engenheiros" de Clayton R. Paul, publicado, em 2006, pela LTC.

Capa: O Homem, a Mercabá e o fluxo de conhecimentos provenientes da **Fonte Primordial Infinita**, que é **A Energia Procriadora Pai-Mãe do Cosmos** ou **Divindade Suprema**.

Execução do projeto da capa: Adriano Pinheiro, da **ATP ProgramaçãoVisual Ltda** [Av. Vinte e Dois de Novembro nº 283, Fonseca, Niterói, RJ, CEP 24120-049, tel.: (21) 3603-6903, www.atp-pv.com.br, e-mail: adriano@atp-pv.com.br] em parceria com **José Paulo Archanjo Cosme Filho**, professor do **Curso de Propaganda e Marketing da Universidade Estácio de Sá.**

CITAÇÕES E PENSAMENTOS

"Se enxerguei mais longe foi porque estava sobre o ombro de gigantes."

(Isaac Newton, referindo-se a Kepler e Galileu)

"A mente que se abre a uma nova ideia nunca voltará ao seu tamanho original."

(Albert Einstein)

"Somente duas coisas são infinitas: o universo e a estupidez humana, e não estou seguro quanto à primeira."

(Albert Einstein)

"O homem está constantemente povoando o seu campo energético com um mundo que lhe é próprio, repleto dos filhos de suas fantasias, desejos, impulsos e paixões. Essas formas-pensamentos permanecem em sua aura, aumentando em número e intensidade, até que certas espécies entre elas dominem sua vida mental e emocional e o homem antes responda aos seus impulsos do que se decida por outros parâmetros mais equilibrados: assim são criados maus hábitos pela expressão externa de sua energia baixamente qualificada, e pode ser estabelecido um modus vivendi nocivo para si próprio e para outrem. Devemos então ser cautelosos com aquilo que sutilizamos!"

(Arthur Edward Powell - adaptado pelo autor deste livro)

"Conhecer o homem é conhecer Deus. Conhecer Deus é conhecer o homem. Estudar o Universo é instruir-se sobre Deus e sobre o homem, porque o Universo é a expressão do Pensamento Divino, e o Universo está refletido no homem. O conhecimento é necessário para que o Eu se torne livre e se conheça unicamente como Si mesmo."

(Annie Besant)

"Que a consciência e a sensibilidade espiritual estejam sempre presentes e vibrando com a frequência mais elevada de harmonia, cooperação e amor universal."

(Hermes Trismegistus)

"Somos realmente LUZ. Somos espíritos dotados de consciência divina e feitos da mesma energia espiritual de DEUS. Nosso destino é a eternidade. Nossa passagem pela Terra é um ato voluntário nosso, decidido por amor à CAUSA DIVINA DE APERFEIÇOAMENTO DA CRIAÇÃO, de estender o amor a todo o reino de Deus ."

(Wagner Borges)

"Existem apenas duas maneiras de ver a vida: uma é pensar que não existem milagres, e a outra é que tudo é um milagre."

(Albert Einstein)

"Os milagres não ocorrem contrariando as Leis da Natureza, mas sim o pouco que Dela conhecemos."

(Santo Agostinho)

Dentro de tal máxima cabe uma variante: ao invés "do 'pouco' que Dela conhecemos", podemos pensar em termos "do que Dela 'julgamos' conhecer." Aliás, o ser humano tem dentro de si as respostas para todas as indagações mas, por desconhecer sua natureza interior, ele não as enxerga. A história a seguir ilustra bem tal fato:

— "Um rabino de Varsóvia, tinha um sonho claro e repetido, onde ele via um grande tesouro embaixo de uma ponte em Berlim. De tanto o sonho se repetir, ele viajou até lá, encontrou a ponte, mas..., ela era guardada por militares. Ansioso, o nosso rabino ficou dias rondando a ponte, tentando descobrir um meio de procurar o tesouro. O sargento da guarda, intrigado com a presença constante daquele homem, foi ter com ele para tomar satisfações e expulsá-lo. Foi quando então, o rabino constrangido lhe contou sobre o sonho. O sargento riu muito e disse:

— O senhor deve estar louco para acreditar em sonhos. Eu, por exemplo, tenho um sonho constante que existe um enorme tesouro escondido em baixo da cama de um rabino em Varsóvia, mas imagine se eu vou viajar até lá por causa de um sonho! O rabino agradecido, desculpou-se e, retornado à sua casa, cavou o solo embaixo de sua cama, descobrindo um grande tesouro escondido.

Moral da história: quase sempre procuramos fora, longe, os tesouros que estão dentro e perto."

(Curso de Cabalá da Prosperidade - Ricardo Castrioto)

"Deus não escolhe apenas os capacitados; Ele capacita os escolhidos. Fazer ou não fazer algo só depende de nossa vontade e perseverança."

(Albert Einstein)

Também não é demais transcrever a lição memorável inserida na história conhecida como "O Enterro do 'não consigo", que foi contada por Chick Moorman, e aconteceu numa escola do ensino fundamental no Estado de Michigan, Estados Unidos da América. Ele era coordenador e incentivador dos treinamentos que ali eram realizados e um dia viveu uma experiência muito instrutiva, conforme ele mesmo narrou:

Tomei um lugar vazio no fundo da sala e fiquei assistindo. Todos os alunos estavam trabalhando numa tarefa, preenchendo uma folha de caderno com ideias e pensamentos. Um aluno de dez anos que estava mais próximo de mim, estava enchendo a folha de "não consigos":

– "Não consigo chutar a bola de futebol para além da intermediária".

– "Não consigo fazer divisões longas, com mais de três números".

– "Não consigo fazer com que a Debbie goste de mim".

Caminhei pela sala e notei que todos estavam escrevendo o que não conseguiam fazer: "Não consigo fazer dez flexões"; "não consigo comer um biscoito só", etc.

A esta altura, a atividade despertara minha curiosidade, e decidi verificar com a professora o que estava acontecendo e percebi que ela também estava ocupada escrevendo uma lista de "não consigos".

Frustrado em meus esforços em determinar porque os alunos estavam trabalhando com negativas, em vez de escrever frases positivas, voltei para o meu lugar e continuei minhas observações. Os estudantes escreveram por mais dez minutos. A maioria encheu sua página. Alguns começaram outra. Depois de algum tempo os alunos foram instruídos a dobrar as folhas ao meio e colocá-las numa caixa de sapatos, vazia, que estava sobre a mesa da professora. Quando todos os alunos haviam colocado as folhas na caixa, a professora, chamada Donna, acrescentou as suas, tampou a caixa, colocou-a embaixo do braço e saiu pela porta do corredor. Os alunos a seguiram e eu segui os alunos. Logo à frente a professora entrou na sala do zelador e saiu com uma pá. Depois seguiu para o pátio da escola, conduzindo os alunos até o canto mais distante do playground. Ali começaram a cavar. Iam enterrar seus "não consigos"!

Quando a escavação terminou, a caixa de "não consigo" foi depositada no fundo e rapidamente coberta com terra. Trinta e uma crianças de dez e onze anos permaneceram de pé, em torno da sepultura recém cavada. Donna então proferiu louvores:

– "Amigos, estamos hoje aqui reunidos para honrar a memória do 'não consigo'.

Enquanto esteve conosco aqui na Terra, ele tocou as vidas de todos nós, a de alguns mais do que de outros. Seu nome, infelizmente, foi mencionado em cada instituição pública: escolas, prefeituras, assembléias legislativas e até mesmo na Casa Branca. Providenciamos um local para o seu descanso final e uma lápide que contém seu epitáfio. Ele vive na memória de seus irmãos e irmãs 'eu consigo', 'eu posso' e 'eu sei' e 'eu tenho'. Que o 'não consigo' possa descansar em paz e que todos os presentes possam retomar suas vidas e ir em frente na sua ausência. Amém."

Ao escutar as orações entendi que aqueles alunos jamais esqueceriam a lição. A atividade era simbólica, mas era também uma metáfora da vida. O "não consigo" estava enterrado para sempre. Logo após, a sábia professora encaminhou os alunos de volta à classe e promoveu uma festa. Como parte da celebração, Donna recortou uma grande lápide de papelão e escreveu as palavras "não consigo" no topo, "descanse em paz" no centro, e a data embaixo. A lápide de papel ficou pendurada na sala de aula de Donna durante o resto do ano. Nas raras ocasiões em que um aluno se esquecia e dizia "não consigo", Donna simplesmente apontava o cartaz "descanse em paz". O aluno então se lembrava que "não consigo" estava morto e reformulava a frase.

Eu não era aluno de Donna; eu era o seu coordenador. Ainda assim, naquele dia aprendi com ela uma lição duradoura. Agora, anos depois, sempre que ouço a frase "não consigo", vejo imagens daquele funeral da quarta série. Da mesma forma que os alunos, eu também me lembro de que o "não consigo" está morto!

(Adaptado do livro "Canja de Galinha para a Alma", de Jack Canfield e Mark Victor Hansen, Editora Ediouro)

Ter suficiente domínio sobre si mesmo para julgar os outros em comparação consigo mesmo e agir em relação a eles como nós gostaríamos que eles agissem para conosco é o que se pode chamar de doutrina da humanidade; não há nada além disso.

Se não temos um coração misericordioso e compassivo, não somos homens; se não temos os sentimentos da vergonha e da aversão, não somos homens; se não temos os sentimentos da abnegação e da cortesia, não somos homens; se não temos o sentimento da verdade e do falso ou do justo e do injusto, não somos homens.

Um coração misericordioso e compassivo é o princípio da humanidade; o sentimento da vergonha e da aversão é o princípio da equidade e da justiça; o sentimento da abnegação e da cortesia é o princípio do convívio social; o sentimento do verdadeiro e do falso ou do justo e injusto é o princípio da sabedoria. Os homens têm estes quatro princípios, do mesmo modo que têm quatro membros.

(Confúcio)

O preconceito é algo condenável, mais ainda quando é contra o sentimento religioso, pois quem o tem acha que está agindo com o aval de Deus.

(Paulo da Silva Neto Sobrinho)

PREFÁCIO DA TESE

Prefaciar um trabalho é comparável à tarefa de um obstetra que assiste a um parto: apesar da não participação na elaboração da criança, o evento dá origem a uma sensação de quase paternidade.

A sensação é ainda maior quando a obra foi realizada por um ex-aluno extremamente brilhante e, atualmente, ainda mais brilhante professor do **Departamento de Engenharia Elétrica da Universidade Gama Filho**. Sua didática e exemplo profissional são pontos de referência para todos aqueles que se dedicam ao ensino.

O **Cálculo** e a **Análise Vetoriais** formam os alicerces para o estudo dos assuntos relacionados aos fenômenos de transporte. Particularmente, uma perfeita compreensão da estrutura matemática das **Equações de Maxwell** só é possível através do conhecimento das propriedades dos operadores diferenciais e dos grandes teoremas da **Análise Vetorial**.

O grande trabalho realizado pelo professor **Paulo Cesar Pfaltzgraff Ferreira** é fruto de muitos anos dedicados ao ensino nas áreas do **Cálculo** e **Análise Vetoriais** e do **Eletromagnetismo**, e de sua sensibilidade em propiciar aos estudantes os meios mais adequados a uma perfeita compreensão do assunto. A sequência em que a obra é apresentada, bem como a clareza e objetividade da exposição, permitem que os leitores acompanhem, sem dificuldades, o desenvolvimento da matéria. Paralelamente, é apresentada uma grande quantidade de aplicações práticas, todas com ampla utilização em disciplinas da **Engenharia,** da **Matemática** e da **Física**, consolidando, assim, o conhecimento teórico.

Espera-se que a presente monografia[1] seja ampliada e transformada em livro, de forma a propiciar aos alunos, inclusive os de outras universidades, a chance de acesso a uma inestimável fonte de consulta, necessária a praticamente todas as áreas das ciências exatas.

Rio de Janeiro, 05 de maio de 1995

Prof. Dr. Fernando Flammarion Curvo Vasconcellos-Oficial do Exército pela Academia Militar das Agulhas Negras (1963), Físico pela antiga Universidade do Estado da Guanabara e atual Universidade do Estado do Rio de Janeiro (1968), Engenheiro Eletrônico pelo Instituto Militar de Engenharia (1973), Livre-docente pela Universidade Gama Filho (1992), professor da Academia Militar das Agulhas Negras, da Universidade Veiga de Almeida e da Universidade Gama Filho.

---

[1] **N.E.:** Esta obra foi apresentada, inicialmente, em cumprimento às exigências da disciplina Metodologia da Pesquisa, do Curso de Especialização em Docência Universitária, pós-graduação Lato Sensu da Universidade Gama Filho. O prefácio foi escrito pelo eminente e saudoso **Prof. Dr. Fernando Flammarion Curvo Vasconcellos**, um dos orientadores da tese e, na época, diretor do Departamento de Engenharia Elétrica da referida universidade. Finalmente, a esperança do grande mestre, falecido em 1996, tornou-se realidade: a monografia foi transformada em livro, após servir como referência principal para disciplinas afins durante onze anos. O projeto original obteve três notas máximas da banca examinadora e é com satisfação que o apresentamos, revisto e ampliado, ao público em geral.

PREFÁCIO DO LIVRO

Ao ingressar no ensino superior os estudantes da área técnico-cientifica se deparam com disciplinas do ciclo básico que causam grande impacto, devido ao seu tratamento rigoroso e formal. Neste ciclo, são apresentados conceitos fundamentais para dar sustentação ao desenvolvimento dos conteúdos que lhes seguirão ao longo do curso. O pleno entendimento destes conceitos irá permitir seu desenvolvimento e a necessária versatilidade para circular entre as diferentes aplicações com visão sistêmica. Os conteúdos do Cálculo e da Análise Vetoriais são importantes partes integrantes do conjunto de conhecimentos necessários à pavimentação adequada do caminho dos alunos de Engenharia, Física, Matemática, Astronomia, etc. A devida preparação nesta fase é fundamental para a formação do estudante.

O cuidadoso trabalho do professor **Paulo Cesar Pfaltzgraff Ferreira** sobre este assunto, é fruto de seu conhecimento na área e da extensa vivência em sala de aula. A obra se caracteriza por apresentar os conceitos fundamentais com cuidadoso rigor, em sintonia com aplicações afins e devidamente ilustradas. Trata-se de uma tarefa que exige múltiplas habilidades e sensibilidade para apresentar aplicações em diferentes áreas. A metodologia adotada nos diferentes capítulos consiste em apresentar os conteúdos e, em seguida, formular questões conceituais acompanhadas das respectivas respostas. Este procedimento consolida os conceitos fundamentais. Em adição, são apresentadas situações concretas que envolvem intimamente os conceitos básicos, também com as respectivas respostas. Esta combinação permite, efetivamente, associar a teoria à sua respectiva aplicação. A multiplicidade de exemplos, inteiramente resolvidos, enriquece a obra e estimula o aprendizado. Trata-se de uma apresentação didática com atraente leveza e simultâneo compromisso conceitual.

Rio de Janeiro, 21 de marco de 2009

Prof. Dr. Luciano Vicente de Medeiros - Engenheiro Civil pela Pontifícia Universidade Católica do Rio de Janeiro (1970), Mestre em Engenharia Civil pela Pontifícia Universidade Católica do Rio de Janeiro (1973), Doutor em Geotecnia pela University of Alberta do Canadá (1979) e Pós-Doutor pela University of Ottawa do Canadá (1992). É professor tanto nas áreas de graduação quanto de pós-graduação em Engenharia Civil, estando, atualmente, licenciado da Pontifícia Universidade Católica do Rio de Janeiro e lecionando na graduação da Universidade Estácio de Sá, onde já foi também reitor. Já foi diretor do Departamento de Engenharia Civil e coordenador geral de projetos patrocinados na Pontifícia Universidade Católica do Rio de Janeiro. Foi também vice-reitor acadêmico na Universidade Gama Filho, presidente da Comissão de Especialistas em Ensino de Engenharia (SESU-MEC) e membro da Comissão do Exame Nacional de Engenharia Civil (INEP).

UM AGRADECIMENTO ESPECIAL

Em janeiro de 1996 eu havia assumido o cargo de Superintendente de Ensino do aprazível **Centro de Instrução Almirante Wandenkolk**, na ilha das Enxadas, de pequenas edificações brancas, muito conhecido por todos que atravessam a baía de Guanabara, por barca ou através da **Ponte Presidente Costa e Silva**, a nossa Rio-Niterói. Nesse cenário agradável, esperava-me um imenso desafio no último posto como Oficial Superior. O **CIAW**, como é conhecida a citada organização militar-naval, recebera a determinação do novo **Comandante da Marinha do Brasil** de reformular toda a sistemática de ensino e formação dos oficiais egressos da **Escola Naval** e da adaptação de homens e mulheres, a maioria jovens ex-universitários, que ingressariam na carreira militar como oficiais médicos, dentistas, farmacêuticos, fisioterapeutas, engenheiros e outras formações, tarefas que estavam dentre os seus encargos. Passaríamos de 4.000 alunos/ano para 12.000. A esta veio se juntar outra difícil missão: o suporte de ensino a militares da Namíbia, jovem nação africana, que por meio de acordo militar, buscava implementar a sua força naval de guerra. A **Marinha do Brasil**, sempre pioneira e atenta a novas oportunidades, determinou ao **CIAW** que formasse os futuros tripulantes dos navios que seriam exportados pela nossa indústria. Os namibianos encontravam muita dificuldade em aprender o nosso idioma e estavam acostumados com outra metodologia de ensino. Tínhamos um cronograma a cumprir e os fatos conspiravam contra nós. Eu tinha muito pouco tempo para dar conta das novas tarefas. Eis que, casualmente, encontramos o **Pfaltzgraff**, nosso ex-companheiro do **Colégio Naval** e da **Escola Naval**, quando expusemos as nossas dificuldades com os militares namibianos. Do papo amigo, surgiu um convite para visitar o **CIAW**, ocasião em que nos foi sugerido adaptar o método e ministrar as aulas inicialmente em inglês. Das ideias iniciais à regência das turmas não demorou mais que uma semana. Rapidamente, integrou-se à estrutura organizacional do Centro e passou a dialogar com o Apoio ao Ensino novas ferramentas na busca pelo adequado processo ensino-aprendizagem para os namibianos. Seu entusiasmo transcendeu a sala de aula, ao acompanhar os seus novos alunos ao estádio do Maracanã, em dias de jogos, ou na promoção de almoços em sua residência nos fins-de-semana. Foi uma experiência gratificante por dois anos e uma profícua convivência. Seu sucesso o conduziu a novos desafios no **CIAGA – Centro de Instrução Almirante Graça Aranha** – organização da **Marinha do Brasil** dedicada à formação do pessoal que tripula os navios da nossa **Marinha Mercante**.

Professor **Paulo Cesar Pfaltzgraff Ferreira**: que o livro de sua autoria tenha idêntica trajetória de sucesso à sua docência nas escolas da **Marinha do Brasil**. Que os alunos de outras escolas possam dispor de sua mesma habilidade de ensinar oferecida aos militares namibianos, que hoje tripulam os navios e bases daquele país amigo. Missão cumprida, estimado professor e velho companheiro!

Vicente Roberto De Luca -
Capitão-de-Mar-e-Guerra (R-1) da Marinha do Brasil, Engenheiro, Advogado, Perito Judicial e Professor.

APRESENTAÇÃO E AGRADECIMENTOS

Este projeto teve origem em uma revisão de Matemática para apoiar as disciplinas de Eletromagnetismo1 e Eletromagnetismo 2, por mim lecionadas na **Universidade Católica de Petrópolis (UCP)**, de agosto de 1980 a janeiro de 1991. No início de 1989, fui convidado pelo professor **Carlos Alberto Martins Pinto**, diretor do **Instituto de Ciências Exatas e Naturais (ICEN)** da referida universidade, para lecionar mais uma disciplina: **Cálculo e Análise Vetoriais**. Fazendo uma revisão em antigas anotações de aulas e inserindo novos pontos sobre o assunto, cheguei às conclusões apresentadas no presente trabalho.

A fim de que o mesmo não se tornasse apenas mais uma obra de **Matemática Pura**, foram consultados diversos docentes de outras disciplinas tais como **Mecânica dos Sólidos**, **Mecânica dos Fluidos**, **Eletromagnetismo**, etc., que dependem de conceitos de Cálculo e Análise Vetoriais. Estas consultas permitiram uma ênfase maior em determinados assuntos e a inclusão de exemplos de suas aplicações. Recebi, também, uma grande colaboração do professor **Otto Schwarz**, um antigo mestre e depois colega de trabalho na **Escola de Engenharia da Universidade Gama Filho (UGF)**, na qual integrei o quadro docente de agosto de 1990 a dezembro de 1997, lecionando as disciplinas já citadas e mais a de **Princípios de Propagação**. Tive, pois, a oportunidade de compartilhar outras idéias, de modo que, mesmo me desligando da **Universidade Católica de Petrópolis**, em janeiro de 1991, não houve perda de solução de continuidade no trabalho. Na **UGF** foi também marcante o convívio com o professor **Antônio Gomes Lacerda**, que, além dos grandes conselhos profissionais e didáticos, sempre me apoiou em todos os sentidos. Foram muitas as horas que gastamos juntos pesquisando e otimizando soluções para muitos problemas, não só de **Matemática** como também de **Física** e este é um amigo cuja ajuda jamais será esquecida.

Agradeço também ao saudoso professor **Luiz Eduardo Gouveia Alves** por haver me indicado para lecionar na **Universidade Estácio de Sá (UNESA)**, na qual estou trabalhando desde novembro de 1998, e ao professor **Ricardo Portella de Aguiar**, responsável pela minha contratação para lecionar no antigo **Instituto Politécnico** e atual **Universidade Politécnica da UNESA**. Isto sem esquecer o gentil e oportuno convite feito pelos professores **Jorge Luiz Bitencourt da Rocha** e **Mathusalécio Padilha** para que eu viesse a ministrar aulas nos cursos de graduação em engenharia da referida universidade, mormente a disciplina **Cálculo Vetorial e Geometria Analítica (CVGA)**, na qual o presente material foi mais uma vez testado.

Tem sido bastante proveitosa a influência recebida de alguns amigos, professores e ex-professores da UNESA, e é mister citá-los: **Manoel Gibson Maria Diniz Navas, Leila Mendes Assumpção, Maria Cristina Figueira Louro, Suzana Bottega Peripolli, José Alexandre da Costa Alves, José Carlos Millan, Patrícia Marins Corrêa, Rogério Ferreira Emygdio, Regilda Furtado, Robson Batista do Carmo, Márcia Glycerio do Espírito Santo, Fernando Batalha Monteiro, Fabiane Torres, Antônio Carlos Castanõn Vieira, Antônio Augusto Canuto Cezar, André Luiz Ribeiro Valladão, Elca Barcelos Alves, Henrique de Carvalho Pereira, Valéria Silva Coelho, Paschoal Vilardo Silva, José Carlos Ormonde, Manoel Esteves, George Claver Sampaio Bretas, Antônio Carlos Kern, Julio Cesar de Oliveira Medeiros, Gerson dos Santos Seabra, Silvana Rebelo de Azambuja, Bruno Alves Dassie, Alexander Mazolli Lisboa, Márcio Pacheco de Azevedo, João Luís Marins, Vinicius Ribeiro Pereira, Mário Luiz Alves de Lima, Enrico Carlo Luigi Martignoni, Sérgio Roberto Boanova, Glória Maria Dias de Oliveira, Nelson Correia de Souza, Kléber Albanêz Rangel, Denis Gonçalves Cople, David Fernandes Cruz Moura, José Jorge da Silva Araujo, Luiz Antônio de Oliveira Chaves, Marcelo Montenegro Cabral, Alexandre Benitez Logelo, Cláudia Benitez Logelo, Roberto Lúcio Jannuzzi Fernandes, Carlos Alberto Alves Lemos, Antônio Marcos Barbosa da Silva, José Geraldo Silva, Célio Moreira Placer, Olavo Damasceno Ribeiro Filho, Júlio Cesar**

XVI Cálculo e Análise Vetoriais com Aplicações Práticas

Albuquerque Bastos, Francisco Carlos Távora Heitmann, João Henrique Távora Stross, Rogério Leitão Nogueira, Vanderlei Vicente de Souza, Marcelo Vianna e Silva, Alessandra Camacho, Márcio de Brito Serafim, Mônica Raggi, Pedro Alberto Passos Rey, Luiz Antônio Rodrigues Dias, Jardiel Ferroz da Silva Filho, José Paulo Archanjo Cosme Filho, Fabíola Rosa Abreu, Julio Cesar Barbosa da Rocha e **Ana Lúcia Moraes**.

Aproveito a chance para reconhecer o apoio de vários de meus coordenadores e excoordenadores, os professores **Carlos Alberto Santos Ribeiro Cosenza, Márcia Maria Machado Pereira, Márcio Egydio da Silva Rondon, Júlio Jorge Gonçalves da Costa, Rulf Blanco Lima Netto, Luis Gustavo Zelaya Cruz, Larissa de Carvalho Alves, José Weberszpil, Fernando Periard Gurgel do Amaral, Aureo Pinheiro Ruffier dos Santos, Josina do Nascimento Oliveira, Luis di Marcello Senra Santiago, José Mauro Bianchi, Luiz Roberto Martins Bastos, Consuelo Meira de Aguiar, Horácio Sousa Ribeiro, Humberto Antônio Ramos Rocha** e **José Barbosa da Silva Filho,** sendo que a perícia e dedicação deste último foram fundamentais para a recuperação dos arquivos originais, que estavam gravados em disquetes com mais de onze anos de idade. Isto poupou o imenso trabalho de redigitação do texto e o retraçado das muitas figuras do mesmo.

Não posso também deixar de mencionar e agradecer a ajuda irrestrita recebida não só do diretor do **Núcleo Niterói**, professor **Fernando Malheiros dos Santos Júnior**, como da gestora acadêmica, professora **Neyde Maria Zambelli Martins**, bem como do seu dedicado grupo de apoio: **Kesi Sodré da Motta Gomes, Antônio Carlos dos Santos Gomes, Otávio Fernandes Torrão, Maurício Afonso Weichert, Ana Cláudia Rebello, Edy Barreto Silva, Lenilson Carlos Pereira de Melo** e **Marcelo Alves Tavares**. Tudo isso sem esquecer do meu grande amigo e colaborador direto na **Unidade Niterói**, professor **José Carlos da Silva**, cuja dedicação profissional constitui um exemplo edificante para toda a **UNESA**.

Por oportuno, reconheço minha dívida de gratidão para com o professor **Carlos Alberto Martins Pinto,** da **Universidade Católica de Petrópolis,** pelo incentivo para que a presente obra fosse iniciada, para com o professor **Fernando Flammarion Curvo Vasconcellos,** da **Universidade Gama Filho,** pela consultoria para que a mesma pudesse ser continuada, para com a professora **Maria Luiza de Sant'Anna,** também da **UGF,** pela formatação da tese e para com os professores **Ricardo Edson Lima** e **Paulo Roberto dos Santos Poydo,** da **UNESA,** pela ajuda para que a publicação viesse a ser efetivada, sendo que este último foi quem alavancou o processo de publicação da obra, tendo feito os primeiros contatos com a **Editora Ciência Moderna Ltda.**

Ressalte-se que o presente livro não pretende esgotar o assunto, que poderá, até mesmo, ser encontrado de forma mais aprofundada em alguns tratados antigos e clássicos sobre a matéria. Seu objetivo principal é o de oferecer, aos estudantes de ciências exatas em geral, uma opção de estudo na qual é enfatizada, sempre que possível, a interpretação física dos conceitos sem, no entanto, abrir mão do rigorismo matemático desejável num assunto desta natureza.

Talvez a grande diferença entre o enfoque deste trabalho e de outros que existem no mercado, tanto nacional quanto estrangeiro, resida no fato de que a esmagadora maioria dos mesmos desenvolve os conceitos tão somente para o sistema de coordenadas cartesianas retangulares e alguns poucos apresentem uma extensão dos conceitos aos outros sistemas somente no final. Sabedor da grande importância também das coordenadas cilíndricas circulares e das coordenadas esféricas para diversas disciplinas afins, os três sistemas de coordenadas mencionados foram introduzidos logo no início da obra (capítulo 3) e, a partir daí, todos os conceitos são desenvolvidos nos três sistemas citados; isto sem deixar de incluir, no final do livro, as coordenadas curvilíneas generalizadas. Ainda dentro dos temas coordenadas cilíndricas circulares e coordenadas esféricas, é também importante ressaltar que alguns autores na área da Matemática, mormente nos livros de Cálculo Diferencial e Integral, utilizam quase as mesmas variáveis que foram empregadas na presente publicação, só que há uma opção de emprego da variável θ para a coordenada angular cilíndrica circular (coordenada azimutal), enquanto eu utilizei a variável ϕ. Semelhantemente, há também uma inversão entre as coordenadas angulares esféricas θ e ϕ e entre as coordenadas radiais ρ e r. Eu prefiro usar a letra ρ para notar a coordenada radial cilíndrica circular, enquanto eles utilizam a letra r. Como relação à coordenada radial esférica, eu optei pela letra r, enquanto eles deram preferência à letra ρ. Tal corrente de pensamento utiliza os seguintes conjuntos de coordenadas:

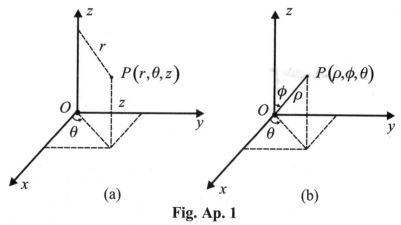

Fig. Ap. 1

Minhas opções ficam ilustradas nas duas partes da figura seguinte e fundamentam-se no fato de serem aquelas empregadas nas minhas principais referências bibliográficas de exercícios, que são os livros "Análise Vetorial" de **Murray R. Spiegel** e "Análise Vetorial" de **Hwei P. Hsu**. Além do mais, elas são também as utilizadas na maioria dos livros de disciplinas específicas que se apoiam no Cálculo e Análise Vetoriais, que são o Eletromagnetismo, Mecânica dos Fluidos, etc. O que adiantaria acostumar o estudante à notações diferentes daquelas utilizadas nos livros das matérias afins? A meu ver isto fugiria do propósito real das disciplinas básicas.

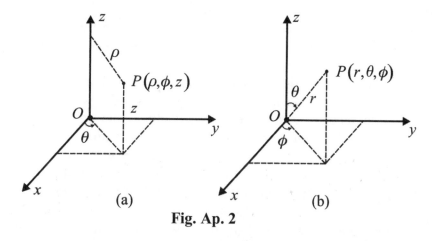

Fig. Ap. 2

Existem também alguns autores que utilizam as mesmas variáveis angulares constantes neste livro, porém, empregam a letra r para representar tanto a coordenadas radial cilíndrica circular quanto a coordenada radial esférica, sendo que se tratam de coordenadas diferentes, conforme se depreende não só dos esquemas seguintes como também dos anteriores. Também não endosso tais notações, visto que elas provocam confusões ao se efetuarem transformações de coordenadas entre os dois sistemas de coordenadas mencionados. Eu prefiro utilizar, conforme já anteriormente ilustrado, a letra ρ para representar a coordenada radial cilíndrica circular e a letra r para notar a coordenada radial esférica.

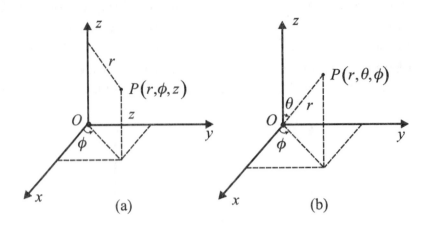

Fig. Ap. 3

Ainda quanto aos dois livros citados, infelizmente, para estudantes e professores, ambos se encontram fora de impressão há mais de 25 anos, pelo que me permiti "aproveitar" alguns exercícios, com as devidas adaptações.

É também importante ressaltar que alguns tratados sobre o tema em questão utilizam uma "notação matricial" para os vetores, o que não ocorre nos livros de disciplinas afins e dependentes do Cálculo e Análise Vetoriais. Não concordo, mais uma vez, com tal abordagem, pois ela só é usada nos textos de Matemática e assemelhados.

A tentativa de ilustrar a teoria e as aplicações fica, em parte, por conta das 590 ilustrações (565 figuras e 25 tabelas) e dos 221 exemplos inteiramente resolvidos. Digo "em parte", porque temos, inclusive, as exemplificações sob outras formas.

Incluí também uma lista com as aplicações da presente publicação com relação às disciplinas correlacionadas, que consta no **Anexo 16 – Aplicações**, do volume 3. Nele estão listadas, pela ordem, as aplicações gerais, as aplicações à **Geometria**, as aplicações à **Geometria Analítica**, as aplicações à **Geometria Diferencial**, as aplicações à **Trigonometria**, as aplicações à **Física,** as aplicações ao **Eletromagnetismo**, as aplicações à **Mecânica dos Sólidos** e as aplicações à **Mecânica dos Fluidos**.

Devido a grande extensão dos tópicos abordados, foi feita a opção de dividir a obra em três volumes: o primeiro contendo os capítulos de 1 a 8, o segundo os capítulos de 9 a 11 e o terceiro constituído apenas dos anexos. Aliás, eles foram incluídos no volume 3 a fim de evitar que os volumes 1 e 2, na antiga formatação de nossa obra, tivessem, ambos, mais 142 páginas do que no atual modelo em três volumes, uma vez que, inicialmente, os anexos estavam, obrigatoriamente, incluídos nos citados volumes iniciais. Assim sendo, um material comum aos mesmos ficou concentrado em apenas um compêndio, que é o volume 3. Ainda sobre os anexos, é bom dizer que neles temos muitos assuntos e formulários interessantes, que, certamente, serão de grande valia no estudos de outras disciplinas correlatas. Uma fórmula ou uma equação indicada, por exemplo, como sendo (An. 9.26), significa que ela é a nº 26 do anexo 9.

A fim de motivar o pensamento e a discussão dos temas, foram incluídas, após cada um dos 11 capítulos, questões teóricas e suas respectivas respostas, perfazendo um total de 72.

Um grande mestre do passado afirmava que um estudante só podia avaliar seus conhecimentos sobre um determinado assunto, após resolver os exercícios referentes ao mesmo. Tendo isto em conta, listei um total de 295 problemas propostos e suas respostas correspondentes. Os mais difíceis, da mesma forma que os exemplos e questões mais elaborados, estão indicados por um asterisco e servem como desafio motivacional àqueles que estão sempre buscando algo mais!

É impossível conceber cursos na área de ciências exatas, quer dizer **Engenharia, Automação Industrial, Física, Matemática**, etc., sem os recursos propiciados pelo **Cálculo** e **Análise Vetoriais**, que são fundamentais para as disciplinas correlatas: **Mecânica dos Sólidos, Mecânica dos Fluidos, Física, Resistência dos Materiais, Eletromagnetismo**, etc. Apenas para que se possa melhor avaliar a importância desta **"poderosa ferramenta matemática"**, vale dizer que o trabalho de **Maxwell**[1], publicado, inicialmente, em 1873, já predizia, teoricamente, a possibilidade de se produzir ondas eletromagnéticas, o que só foi, entretanto, concretizado em laboratório, em 1888, por **Hertz**[2]. Provavelmente, o trabalho de **Maxwell** tivesse sido melhor compreendido se os conceitos vetoriais houvessem estado presentes no mesmo. No entanto, o que havia naquela época eram duas teorias muito complicadas: **"Quaternions Theory"** (Teoria dos Quaternions), devida a **Hamilton**[3], e **"Die Lineale Ausdehnungslehre"** (Teoria das Extensões Lineares), de **Grassmann**[4]. Tais idéias embrionárias originaram os modernos **Cálculo** e **Análise Vetoriais**, mas o primeiro trabalho a respeito só apareceu, de forma restrita, em 1881. Somente em 1901 é que uma obra desta natureza foi publicada (vide Introdução Histórica). Conta-se até que, face à rejeição de seu trabalho por parte da comunidade científica da época, **Maxwell** montou um inventivo sistemas de roldanas para explicar o que, hoje em dia, é facilmente entendido através do conceito de rotacional.

Vale também mencionar que todo estudante quer vislumbrar, a curto prazo, os resultados práticos de uma determinada teoria. Embora, como já citado que, à medida do possível, tenham sido incluídos exemplos de aplicações práticas, os estudantes devem dar um pouco de crédito e ter paciência com o presente assunto, tendo em vista que ele vai, com toda certeza, servir de alicerce para muitos outros que se seguirão. É oportuno, também, ressaltar que quando **Faraday**[5] descobriu,

---

[1] **Maxwell [James Clerk Maxwell (1831-1879)]** - físico escocês que deu grandes contribuições ao Eletromagnetismo e à Termodinâmica. Ele é mais conhecido por ter dado uma forma compacta à teoria moderna do Eletromagnetismo, que une a Eletricidade, o Magnetismo e a Óptica. Esta é a teoria que surge das equações de **Maxwell**, assim chamadas em sua honra e porque ele foi o primeiro a escrevê-las, juntando a lei de **Ampère**, por ele próprio modificada, as duas leis de **Gauss** (para o campo elétrico e para o campo magnético), e a lei da indução de **Faraday**. **Maxwell** demonstrou que os campos elétricos e magnéticos se propagam com a velocidade da luz. Ele apresentou uma teoria detalhada da luz como um efeito eletromagnético, isto é, que a luz corresponde à propagação de ondas elétricas e magnéticas, hipótese que tinha sido proposta por **Faraday**. Demonstrou em 1864 que as forças elétricas e magnéticas têm a mesma natureza: uma força elétrica em determinado referencial pode tornar-se magnética se analisada noutro, e vice-versa. Ele também desenvolveu um trabalho importante em Mecânica Estatística, tendo estudado a Teoria Cinética dos Gases e descoberto o que hoje conhecemos como distribuição de **Maxwell-Boltzmann**. **Maxwell** é considerado por muitos o mais importante físico do século XIX, e o seu trabalho em Eletromagnetismo foi a base da Teoria da Relatividade Restrita de **Einstein** e a sua publicação sobre a Teoria Cinética dos Gases foi fundamental ao desenvolvimento, posteriormente, da Mecânica Quântica.

[2] **Hertz [Heinrich Rudolf Hertz (1857-1894)]** - físico alemão que demonstrou a existência da radiação eletromagnética, criando aparelhos emissores e detectores de ondas de rádio. Ele apresentou seus resultados à comunidade científica em 1888, comprovando, na prática, a possibilidade de emissão e recepção de ondas eletromagnéticas, conforme havia sido previsto por **Maxwell** em 1873.

[3] **Hamilton [William Rowan Hamilton (1805-1865)]** - matemático irlandês cuja citada teoria foi uma das precursoras da Análise Vetorial.

[4] **Grassmann [Hermann Gunther Grassmann (1809-1877)]** - matemático alemão cujo mencionado trabalho lançou as bases de um Cálculo Geométrico muito geral onde se encontra a noção de produto externo (produto vetorial). Foi, portanto, um dos precursores da Análise Vetorial.

[5] **Faraday [Michael Faraday (1791-1897)]** - físico e químico inglês cujas experiências vieram a comprovar as propriedades magnéticas da matéria e a descoberta da lei de indução eletromagnética que leva o seu nome. **Faraday** foi, principalmente, um experimentalista, de fato, ele foi descrito como o "melhor experimentalista na história da ciência",

XX   Cálculo e Análise Vetoriais com Aplicações Práticas

em 1831, como produzir corrente elétrica pela variação do fluxo do magnético através de uma bobina, **Gladstone**[6] fez-lhe uma pergunta que se houve muito nos dias atuais:

—"**Sr. Faraday**", disse, "isto é interessante, mas para que serve?" **Faraday** respondeu secamente:

—"Talvez, senhor, isto dê origem a uma grande indústria sobre a qual lhe seja possível aplicar os seus impostos". Esta profecia foi cumprida pouco mais de meio século depois, com o advento das máquinas elétricas em geral. Em nosso caso, esperamos que os frutos sejam colhidos já nos próximos semestres letivos.

É fato que o ser humano, embora dotado de livre-arbítrio, recebe uma enorme influência de seus instrutores ao longo de sua formação, e que esta formação inclui, logicamente, a formação cultural. Dentro desse aspecto, não posso deixar sem menção a importância de alguns **Mestres** que tive a grata felicidade de ter, desde o grupo escolar até a pós-graduação universitária e que com suas didáticas excepcionais me apresentaram a difícil arte de lecionar: **Maria do Carmo de Sá Araujo Nogueira, Naize Abreu Brandão, Manoelina de Sousa Abreu, Milton Brown do Couto, Luiz Jucá de Mello, Marcus Vinicius de Carvalho Rocha, Maurício José de Almeida, Bernardo Thewes, Henrique Rodrigues de Figueiredo, Beverley Gerard Maxwell Galloway, Rubens Cardoso Uruhray, Moacyr Pacheco, Júlio Cesar de Sá Roriz, Leon Lifchitz, Carlos José Correa, Rubens Americano Alves de Brito, Alexandre Passos, Paulo Henrique Nunes Martins, Otto Schwarz, Roberto Aiex, Bernardo Severo da Silva Filho, Osni Ortiga Filho, Luiz Costa da Silva, Fernando Flammarion Curvo Vasconcellos, Roberto Perret de Magalhães, Fernando Vieira Braga, Rodolfo Ângelo da Cantuária Mund, Roosevelt José Dias** e **Nelson Henrique Costa Santiago**.

A minudência com que a obra foi apresentada é uma característica que absorvi do professor **Aílton Ribeiro Pinto,** quando fui seu aluno na **COPPE-UFRJ**, em 1984. Foi com este dedicadíssimo pesquisador e orientador que aprendi a esmiuçar os conceitos até os mínimos detalhes.

---

embora não conhecesse Matemática Superior, como Cálculo Infinitesimal. Tanto suas contribuições para a ciência, e o impacto delas no mundo são, certamente grandes, que suas descobertas científicas cobrem áreas significativas das modernas Física e Química, e a tecnologia desenvolvida baseada em seu trabalho está ainda mais presente. Suas descobertas em Eletromagnetismo deixaram a base para os trabalhos de engenharia no fim do século XIX de pessoas como **Edison, Siemens, Tesla** e **Westinghouse**, que tornaram possível a eletrificação das sociedades industrializadas, e seus trabalhos em eletroquímica são agora amplamente usados em química industrial.

Na Física, foi um dos primeiros a estudar as conexões entre eletricidade e magnetismo. Em 1821, logo após **Oersted** ser o primeiro a descobrir que a eletricidade e o magnetismo eram associados entre si, **Faraday** publicou seu trabalho que chamou de "rotação eletromagnética" (princípio básico de funcionamento do motor elétrico). Em 1831, ele descobriu a indução eletromagnética, o princípio fundamental do gerador e do transformador elétricos. Suas ideias sobre os campos elétricos e os magnéticos, e a natureza dos campos em geral, inspiraram trabalhos posteriores nessa área (como as equações de **Maxwell**), e campos do tipo que ele fitou são conceitos-chave da Física atual.

Na Química, descobriu o benzeno, produziu os primeiros cloretos de carbono conhecidos (C_2Cl_6 e C_2Cl_4), ajudou a estender as fundações da metalurgia e metalografia, além de ter tido sucesso em liquefazer gases nunca antes liquefeitos (dióxido de carbono, cloro, entre outros), tornando possíveis os métodos de refrigeração que foram muito usados. Talvez sua maior contribuição tenha sido, virtualmente, fundar a eletroquímica, e introduzir termos como eletrólito, anodo, catodo, eletrodo, e íon.

[6] Gladstone [**William Ewart Gladstone (1809-1898)**] - Primeiro Ministro da Grã-Bretanha em quatro oportunidades (1868-1874, 1880-1885, 1886 e 1892-1894). Foi um notável reformador político, conhecido por seus discursos de cunho populista.

Reconheço que muitas partes deste trabalho advêm das muitas conversas mantidas com os professores **Alaor Simch de Campos** e **Guido José Winters,** da **Universidade Católica de Petrópolis** e **Iucinara da Conceição Braga de Queiroz,** da **Universidade Federal do Rio de Janeiro** e da **Universidade Federal Fluminense.** O primeiro nunca hesitou em chamar a minha atenção para pontos importantes, mesmo quando isso contrariava opiniões reconhecidamente de peso, e não só foi o responsável pelo início de minha carreira no magistério universitário como também orientou todas as exemplificações de grandezas tensoriais constantes no capítulo 1. O segundo me ajudou bastante no início de minha atividade docente e a terceira, além de muitas sugestões úteis ao presente estudo, forneceu as listas de exercícios — excelentes e difíceis! — por ela utilizadas nos cursos de **Cálculo 3** na **UFRJ** e na **UFF.**

Agradeço também à professora **Sarah Castro Barbosa,** da **Pontíffícia Universidade Católica do Rio de Janeiro,** pelos ótimos exercícios e as elegantes soluções apresentadas para os mesmos, bem como ao engenheiro e professor **Tore Nils Olof Folmer-Johnson,** da **Universidade de São Paulo,** da **Faculdade de Engenharia Industrial de São Paulo,** da **Faculdade de Tecnologia de São Paulo** e do **Instituto de Engenharia Paulista,** pelos excelentes ensinamentos que absorvi de seus livros, bem como pela paciência em responder às muitas cartas que lhe enviei solicitando esclarecimentos.

As bibliotecas particulares de meu pai, professor **Aldízio Ferreira Costa,** da **Universidade Federal Fluminense**, e do saudoso professor **Paulo Ivo de Queiroz,** da mesma universidade, foram de grande valia quanto à consulta de livros raros.

É minha obrigação reconhecer a marcante influência do professor **Arthur Greenhalgh** quando, em 1973, fui seu aluno na disciplina **"Modelos Matemáticos Aplicados à Eletricidade",** ministrada na antiga **Universidade do Estado da Guanabara (UEG)** e atual **Universidade do Estado do Rio de Janeiro (UERJ).**

Todos nós sabemos que os bons exemplos são para serem seguidos. O excepcional professor **Carlos Peres Quevedo,** da **Escola Naval** e da **UFRJ,** conseguiu tornar acessível uma disciplina bastante complexa com as diversas edições do seu livro **"Eletromagnetismo".** Inspirado em tal exemplo edificante e nas muita e proveitosas conversas que mantivemos, procurei seguir tal linha mestra e tornar o **Cálculo** e a **Análise Vetoriais** acessíveis a todos os estudantes de ciências exatas.

As críticas e sugestões dos alunos da **Universidade Católica de Petrópolis,** da **Universidade Gama Filho** e da **Universidade Estácio de Sá,** que "suportaram" as edições preliminares, foram bastante valiosas pois, afinal, é o próprio estudante quem indica a melhor maneira de ensinar. Todos foram importantes, mas alguns se destacaram, pelo que é mandatório mencioná-los: **Ricardo Honório, Marcelo Hoelbriegel, Cristiane Vivacqua Coutinho, Marcos José dos Reis Sobrinho, Fábio Salgado Gomes Sagaz, Elias Restum Antônio, Luiz Antônio Cortes Grillo, Geraldo Raimundo Martins Pinheiro, Gabriela Albarracin, Murillo Alberto da Gama Rodrigues Junior, Ronaldo Rodrigues da Silva, Tathiane Marques Fonseca, Jamille Barbosa da Silva Moraes, Richard Franco Saboia, Diego da Silva Garcia Prieto, Walter de Alvim Tostes Filho, Cassandra Barroso Rangel, José Vitor Monteiro Cardoso, Camila Antunes Lopes, Marina Izumi Raposo, Thiago Rodrigues Santos, Paulo Cesar Ivo Ferreira, Ney Costa Doria, Rodrigo Binhote Areas, Igor Scisinio Pontes, Priscila Barbato de Sá, Josemar da Costa Magalhães, Adilson Cláudio Quizunda** e **Renata Carvalho da Silva,** sendo que, esta última, por já ser bacharel em Letras, gentilmente procedeu a uma minuciosa revisão ortográfica dos originais.

Muitos dados históricos sobre vultos célebres das ciências foram fornecidos pelo eminente e saudoso professor **César Dacorso Netto,** da **Universidade Federal Fluminense,** a quem somos imensamente gratos. Foi também muito positiva a influência que recebi da apostila de **Análise Vetorial** do também saudoso professor **José Augusto Juruena de Mattos,** editada pela **Universidade Federal Fluminense.** A ajuda dos professores **Silvana Ferreira dos Anjos, Márcia Lisboa Costa de Oliveira, Sheila Maria dos Santos Lima, Valéria Reis, Alessandra Cristina**

Senra Santiago, Márcia Collares Schlemm, João Mendes Filho e Geraldo Alves Portilho Junior, todos da UNESA, foi fundamental para a elucidação de diversas questões relativas a idiomas. A esses abnegados colegas de trabalho, o meu muito obrigado pela valiosa e dedicada ajuda.

Expresso também o meu reconhecimento aos amigos engenheiros Rômulo Oliveira Souto, Giuseppe Ney G. de Oliveira, André Luis da Silva Pinheiro e Victor Guilherme Nascimento dos Santos, meus ex-alunos, bem como à Delvalle Arte-final Computadorizada Ltda, pela ajuda na digitação e impressão iniciais do texto, bem como aos designers Fátima Sales e Ednaldo Silva Amorim — este também um engenheiro e ex-aluno — pelo apuro com que elaboraram as figuras da tese. Ao analista de redes de computadores Maurício Gonçalves da Silva e ao analista de sistemas de Internet, Eduardo Cardoso dos Santos, também amigos e competentes ex-alunos, pela ajuda na formatação de alguns "caracteres especiais" e por muitas outras informações durante a elaboração desta edição. Ao analista de redes de computadores Paulo Henrique da Silva Soares, mais um destacado ex-aluno, pelas muitas horas trabalhando ombro-a-ombro na reformatação do texto e figuras para a presente edição. Ao engenheiro e ex-aluno Paulo Cesar Soares Fisciletti, pela concepção de algumas figuras. Também o meu sincero e profundo agradecimento ao amigo e designer gráfico José Carlos Linhares pela elaboração e arte finalização de muitas figuras e esquemas. Ao amigo e designer gráfico Adriano Pinheiro, da ATP Programação Visual Ltda [Av. Vinte e Dois de Novembro nº 283, Fonseca, Niterói, RJ, CEP 24120-049, tel.: (21) 3603-6903, web site: www.atp-pv.com.br, e-mail: adriano@atp-pv.com.br], o meu reconhecimento pela elaboração da complexa e significativa capa deste trabalho em parceria com o professor José Paulo Archanjo Cosme Filho, da Universidade Estácio de Sá, a quem sou igualmente grato. Aos amigos Renato Lacerda Correia, Gustavo Lacerda Correia e Márcio Viana Soares, da Universo Digital Copiadora Ltda [Av. Presidente Vargas nº 2560, 12º andar, Cidade Nova, Rio de Janeiro, RJ, CEP 20210-031, tel.: (21) 2516-0630, e-mail: universodigitalcopiadora@gmail.com], também uma menção especial, pelo exercício de generosidade e serviço desinteressado ao seu semelhante, arcando com grande parte do custo da excelente primeira impressão provisória da presente edição deste livro.

Existe um "Manual do Mestre", com as soluções dos problemas propostos, as equações e as figuras do livro texto, a fim de ajudar o instrutor que adotar a obra a preparar suas aulas. Tal apoio pedagógico pode ser conseguido junto à editora.

Finalmente, desejo ressaltar que as críticas e sugestões para melhoria desta publicação serão bem aceitas, e poderão ser encaminhadas para o seguinte endereço eletrônico: paulotrully@gmail.com.

Prof. Paulo Cesar Pfaltzgraff Ferreira

INTRODUÇÃO HISTÓRICA

O conceito de vetor surgiu de forma embrionária com o matemático e engenheiro flamengo **Stevin**[1] – o **Arquimedes**[2] holandês – No seu trabalho **"Estática e Hidrostática"**, publicado em 1586, ele apresentou o problema da composição de forças e instituiu uma regra empírica para se determinar a soma ou resultante de duas forças aplicadas em um mesmo ponto. Tal regra é conhecida nos dias atuais como **regra do paralelogramo**. No entanto, quem primeiro apresentou um método para tratar grandezas vetoriais[3], por intermédio da Álgebra Escalar, foi **Descartes**[4]. O método consistia na decomposição de tais grandezas em três componentes. A necessidade de um Cálculo que pudesse operar sobre vetores já era desde há muito sentida e, em 1679, **Liebniz**[5] chamou a atenção para o fato, embora sem muito sucesso. O problema atraiu a atenção de pensadores que se seguiram mas, somente bem mais tarde, em 1879, os vetores aparecem como sendo linhas dirigidas – que hoje são conhecidos como **segmentos orientados** – na obra **"Ensaio Sobre a Representação da Direção"**, de Wessel[6]. Em 1806, **Argand**[7] instituiu a representação geométrica de um número complexo.

---

[1] **Stevin [Simon Stevin (1548-1620)]** - matemático e engenheiro flamengo que no domínio da Física estudou os campos da Estática e da Hidrostática. Não é exagero dizer que ele foi quem, juntamente com **Arquimedes**, mais contribuiu para o estudo da Hidrostática. Formulou o princípio do paralelogramo para a composição de forças e demonstrou experimentalmente que a pressão exercida por um fluido depende exclusivamente da sua massa específica e da sua altura (lei de **Stevin**), dando assim uma explicação ao chamado **paradoxo hidrostático**. Na área da Matemática, introduziu o emprego sistemático das frações decimais e aceitou os números negativos, com o que reduziu e simplificou as regras de resolução das equações algébricas. Propôs o sistema decimal de pesos e medidas.

[2] **Arquimedes** [em grego Αρχιμιδις (287 a.C.-212 a.C.)] - matemático, físico e inventor grego. Foi um dos mais importantes cientistas e matemáticos da Antiguidade e um dos maiores de todos os tempos. Ele fez descobertas importantes em Geometria e Matemática, como por exemplo um método para calcular o número π (razão entre o perímetro de uma circunferência e seu diâmetro) utilizando séries. Este resultado constitui também o primeiro caso conhecido do cálculo da soma de uma série infinita. Ele inventou ainda vários tipos de máquinas, quer para uso militar, quer para uso civil. No campo da Física, ele contribuiu para a fundação da Hidrostática, tendo feito, entre outras descobertas, o famoso princípio que leva o seu nome. Ele descobriu ainda o princípio da alavanca e a ele é atribuída a citação: "Dêem-me uma alavanca e um ponto de apoio e eu moverei o mundo."

[3] Para grandezas escalares e grandezas vetoriais vide seções 1.1 e 1.2.

[4] **Descartes [René Descartes (1596-1650)]** - matemático e filósofo francês que, entre muitas outras realizações, foi o criador da Geometria Analítica.

[5] **Leibniz [Gottfried Wilhelm Leibniz (1646-1716)]** - matemático e filósofo alemão, um dos criadores do Cálculo Diferencial e Integral, independentemente de **Newton**. Como filósofo foi um apologista do racionalismo espiritualista e otimista.

Newton [Isaac Newton (1642-1727)] - filósofo e matemático inglês que também formulou, de modo independente e na mesma época de **Leibnitz**, o Cálculo Diferencial e Integral. Ele descobriu muitas leis fundamentais da Física e introduziu o método de investigar problemas de Física por meio do Cálculo. Seu trabalho possui a maior importância, tanto na Física quanto na Matemática.

[6] **Wessel [Caspar Wessel (1745-1818)]** - matemático norueguês com trabalhos sobre o Plano Complexo, que foi membro da academia de ciências da Dinamarca.

[7] **Argand [Jean Robert Argand (1678-1882)]** - matemático suíço radicado na França. Seu trabalho sobre o Plano Complexo apareceu em 1806, nove anos após um opúsculo semelhante do matemático norueguês **Caspar Wessel**.

XXIV **Cálculo e Análise Vetoriais com Aplicações Práticas**

Os anos de 1833 e 1844 foram gloriosos para a história da **Matemática** devido a aparição, quase simultânea, de duas teorias: **"Quaternions Theory"** (Teoria dos Quaternions), de **Hamilton**, e **"Die Lineale Ausdehnungslehre"** (Teoria das Extensões Lineares), de **Grassmann**.

O mais notável discípulo do matemático **Hamilton** foi o professor **Tait**[8] cujo trabalho **"Elementary Treatise on Quaternions"** foi publicado em 1867, e uma segunda edição em 1873.

Cumpre, entretanto, ressaltar que nem o sistema de **Hamilton** nem o de **Grassmann** atendiam às necessidades de quem trabalhava com Física ou com Matemática Aplicada. Os dois sistemas eram muito gerais e complexos para simples cálculos ordinários. As idéias envolvendo grandezas escalares e grandezas vetoriais em Mecânica ou em Física eram muito mais simples que as apresentadas, por exemplo, na teoria de **Hamilton** na qual vetores e escalares apareciam como quaternions degenerados. Matemáticos em vários países começaram, então, a tentar adaptar os resultados de **Hamilton** e de **Grassmann** às solicitações mais elementares. Na Alemanha, o ponto de partida foi o **"Die Lineale Ausdehnungslehre"**, e um dos que mais contribuiu para um formalismo mais simples foi **Gauss**[9]. Na Inglaterra, **Heaviside**[10] merece citação, enquanto que, nos E.U.A. **Gibbs**[11] produziu um trabalho admirável. Lecionando na **New Haven University**, o professor **Gibbs** sentiu a necessidade de uma forma mais simples para o tratamento dos vetores. Estando familiarizado com os trabalhos de **Hamilton** e de **Grassmann**, ele foi capaz de adaptar às suas necessidades as melhores e mais simples partes das citadas obras. Assim, ele desenvolveu uma teoria que passou a ser usada em suas aulas na universidade. Em 1881 e em 1884 ele imprimiu em New Haven, para uso exclusivo de seus estudantes, um panfleto intitulado **"Elements of Vector Analysis"**, no qual era dada uma idéia concisa de sua teoria. A relutância do professor **Gibbs** em publicar o seu trabalho em **Análise Vetorial** não residia em nenhuma dúvida quanto a sua necessidade ou a sua validade, mas sim no fato de não se tratar, acreditava ele, de nenhuma contribuição original para a Matemática, e sim uma simples adaptação, com propósitos especiais, dos trabalhos de outras duas pessoas. Isto, entretanto, não correspondia à realidade, uma vez que os temas **"Funções Vetoriais Lineares"** e **"Diádicas"** foram desenvolvidas por ele mesmo, e muito contribuiram para o avanço da Álgebra Multilinear.

Na mesma época, na Inglaterra, **Heaviside** estava engajado em uma tarefa semelhante. Seu trabalho em Teoria Eletromagnética levou-o, primeiramente, a tentar a **Teoria dos Quaternions** a fim de simplificar os seus estudos, o que infelizmente não chegou a bom termo. Adaptando os resultados de **Hamilton** e de **Tait** às suas próprias necessidades, ele chegou a uma Álgebra Vetorial praticamente idêntica à de **Gibbs**.

Havia, como era de se esperar, uma diferença de notação. **Heaviside** aderiu em parte à notação usada nos quaternions, porém, introduziu a uma prática muito simples: representar as grandezas vetoriais por tipos em negrito[12], conforme atualmente é usual em quase todos os trabalhos científicos publicados. Ao receber uma cópia do panfleto de **Gibbs**, oriundo de **New**

---

[8] **Tait [Peter Guthrie Tait (1831-1901)]** - matemático escocês que foi um dos difusores da Teoria dos Quaternions.

[9] **Gauss [Carl Friedrich Gauss (1777-1855)]** - matemático alemão, com justiça denominado "Príncipe dos Matemáticos" tal sua contribuição para todos os ramos desta ciência.

[10] **Heaviside [Oliver Heaviside (1850- 925)]** - físico inglês cujos trabalhos, juntamente com as de **Lorentz**, serviram de base para a Teoria da Relatividade Restrita.

[11] **Gibbs [Josiah Willard Gibbs (1839-1903)]** - matemático americano cujo trabalho ao longo de sua vida não só contribuiu para o desenvolvimento da Análise Vetorial como também de várias partes da Física Matemática.

[12] Uma grandeza vetorial é então representada, por exemplo, por $\mathbf{V}$, ao invés de $\vec{V}$. O vetor deslocamento entre os pontos P_1 e P_2, como outro exemplo, fica na forma $\mathbf{P_1P_2}$, ao invés de $\overrightarrow{P_1P_2}$.

Haven, Heaviside não só aprovou o trabalho, como também expressou sua grande admiração pelo mesmo, embora tenha preferido manter sua própria notação supramencionada.

Muitas polêmicas foram geradas em torno dos trabalhos de **Gibbs** e de **Heaviside**, e o maior opositor foi o professor **Tait**.

Decorridos vinte anos da publicação do panfleto de **Gibbs**, o seu sistema já havia provado de maneira insofismável a sua utilidade. Ele, então, consentiu em que houvesse uma publicação mais abrangente. Não tendo disponibilidade (?), na época, ele incumbiu um de seus discípulos, o **Dr. Edwin Bidwell Wilson**[13] que, na ocasião, lecionava na **Yale University** e, mais tarde veio, a fazê-lo no **Massachusetts Institute of Technology**.

O professor **Gibbs** deixou seu discípulo à vontade para elaborar o trabalho. Embora tenha mantido as idéias originais do mestre, o **Dr. Wilson** preferiu utilizar a representação dos vetores por tipos em negrito (notação de **Heaviside**). O sucesso da publicação, em 1901, foi imenso e, cumpre também ressaltar, o **Dr. Wilson** também contribuiu para a **Análise Vetorial Quadridimensional**, em conexão com a **Teoria da Relatividade**.

O século passado foi, também, testemunha do aparecimento de uma **Escola Italiana de Análise Vetorial**, na qual se destacaram os professores **Marcolongo**[14], da **Universidade de Nápoles**, e **Burali-Forti**[15], da **Academia Militar de Turim**. Sua Álgebra Vetorial era substancialmente a mesma de outra escolas, porém com notação independente para os produtos de vetores.

Finalizando, é importante ressaltar que mesmo com a contribuição de outros pensadores, e outros trabalhos, as obras de **Hamilton** e de **Grassmann** foram as precursoras dos modernos **Cálculo** e **Análise Vetoriais**. Maiores informações de ordem histórica poderão ser encontradas na referência bibliográfica nº 50.

O autor

---

[13] Vide referência bibliográfica nº 2.

[14] **Marcolongo [Roberto Marcolongo (1862-1943)]** - físico e matemático italiano que, juntamente com **Cesare Burali-Forti**, estabeleceu a escola italiana de Cálculo e Análise Vetoriais. Também estabeleceu o Cálculo Diferencial Absoluto, mais tarde denominado Cálculo Tensorial. Foi professor da **Universidade de Nápoles** e da **Universidade de Messina**.

[15] **Burali-Forti [Cesare Burali-Forti (1861-1931)]** - matemático italiano e professor da **Academia Militar de Turim**, que trabalhou no campo da Análise Vetorial, especialmente na transformação linear de vetores.

DEDICATÓRIA

Com este trabalho, enalteço todo aquele que faz do atendimento à **Lei do Serviço à Energia Criadora Primordial, A Unidade, A Fonte que Tudo É,** uma constante no seu dia-a-dia, desejando também que isto se torne um ponto de referência **ad perpetuam** para aqueles que, além do **Ser Supremo e Infinito,** a **Energia Procriadora Pai-Mãe do Cosmos,** são para mim uma fonte inesgotável de inspiração: meu filho **Yshnan** e minha esposa **Ivania.** Isto é extensivo aos meus sobrinhos **Rodrigo, Camilla, Rafael, Nathália, Rebeca, Fernanda, Cezar, Bryan, Paulo Adolfo, Mariana, Adolfo** e **Luciana,** bem como ao meu sobrinho-neto **Arthur.**

À minha mãe **Wanda** e aos meus irmãos **Hilbert** e **Luiz André,** três legítimos **"Guerreiros da Luz",** também dedico esta obra, pelo apoio incondicional em horas tão difíceis, tanto no aspecto profissional quanto no pessoal.

Aos meus companheiros e amigos "atubarônicos" (**Turma Barão de Jaceguai**), agradeço por tudo o que compartilhamos não só no **Colégio Naval** e na **Escola Naval,** como também nas reuniões da turma que ocorrem até hoje.

Aos meus amigos do tempo de faculdade, **Lázaro Mansur, Líscio José Monnerat Caparelli, Paulo Roberto de Lavor Pontes, Carlos Alberto de Figueiredo Aguiar, Paulo Eduardo de Alcântara Martinelli, Pedro Paulo Rosa Barbosa, Haroldo Castro Alves Fernandes de Melo, Ricardo de Almeida Oliveira, Marinho Urubatão Gomes dos Santos, Sérgio Bayma de Oliveira, Antônio José Ramalho Borges, Luiz Roney Braga de Abreu** e **Vítor Lodi Didonet,** louvo pelo suporte e amizade que me dedicaram.

Também uma menção especial aos caríssimos **Jorge Abrahão de Castro, Antônio Carlos da Costa, Maria de Lourdes Castro Ferreira Costa, Marta Fernandes do Nascimento, Georgina Castro de Oliveira, José Carlos da Silva, Maria Aldina da Silva, Orlando Raposo de Aguiar, Sandra Lúcia Ribeiro Canella, Janyr Faria Salgado, Kátia Fernandes dos Santos Salgado,** pelo saudável exercício da amizade e da ajuda mútua.

Fica aqui também registrada uma singela homenagem póstuma a um dos maiores cientistas que o **Brasil** e o mundo já tiveram, e que, com certeza, foi um dos grandes gênios da humanidade. Trata-se do **Prof. Dr. César Lattes**[1], o principal responsável pela formação do **Prof. Dr. Aldízio**

---

[1] **Lattes [Cesare Mansueto Giulio Lattes (1924-2005)]** - César Lattes, com era conhecido, deixou o nome gravado para sempre na história da Física mundial. Um dos maiores cientistas que o Brasil já teve, ele foi também um dos artífices de conquistas que ao longo da segunda metade do século XX ajudaram a formar a base do ensino e do estímulo à ciência nacional. Nasceu em 11 de julho de 1924 na cidade de Curitiba, onde cedo começou a demonstrar a genialidade que o tornaria mundialmente conhecido. Com apenas 19 anos, formou-se em Física pela **Universidade de São Paulo (USP).** No início da década de 40, já publicava seus primeiros trabalhos científicos.

A descoberta pela qual é mais lembrado, a do méson pi – também chamado píon –, aconteceu em 1947, quando integrava o grupo dos físicos **Giuseppe Occhialini** e **Cecil Frank Powell.** Apenas um ano depois, ele identificou a oportunidade de produzir artificialmente o píon, uma partícula subatômica que garante a coesão do núcleo do átomo. O papel é manter prótons (carga elétrica positiva) unidos aos nêutrons (sem carga elétrica/carga elétrica nula/carga elétrica neutra). Em 1935, a existência do píon havia sido proposta pelo físico japonês **Hideki Yukava.** Entretanto, foi **Lattes** que provou a existência dessa partícula ao descobrir que os píons podem ter carga positiva, negativa ou neutra e transportar informações trocadas entre prótons e nêutrons. Com isso, alteram a composição das partículas. O trabalho de **Lattes** teve imenso impacto na pesquisa brasileira a partir da segunda metade do século XX. Ele marcou a emergência da **Física das Partículas Elementares** no país e semeou toda uma tradição de pesquisa nacional. Ele é um dos pais da chamada **Física de Altas Energias,** fundamental para a compreensão dos mecanismos que regem a matéria e a formação do **Universo. Lattes** foi um dos fundadores, em 1949, do **Centro Brasileiro de Pesquisas Físicas (CBPF),** no Rio de Janeiro. Também esteve nos grupos que criaram o **Conselho Nacional de Pesquisa (CNPq),** em 1951, e a **Universidade Estadual de Campinas (Unicamp),** em 1962.

XXVIII Cálculo e Análise Vetoriais com Aplicações Práticas

Ferreira Costa, de quem eu muito me orgulho de ser filho e que, além de ter integrado com brilhantismo a equipe do **Dr. Lattes**, foi o responsável pela formação de diversas gerações de físicos e matemáticos, na **Universidade Federal do Rio de Janeiro (UFRJ)**, na **Universidade Federal Fluminense (UFF)**, no **Centro Brasileiro de Pesquisas Físicas (CBPF)**, e tantos outros, isto sem falar nos muitos anos em que ministrou cursos de especialização na **Força Aérea Brasileira (FAB)**. Não fosse tudo isso o bastante, ainda me legou a inclinação não só pelas ciências exatas como também pelas disciplinas esotéricas e espirituais.

Aos meus caros irmãos na **Senda**, também esta publicação louva pela dedicação e abnegação no ensino e prática da **Sagrada Ciência,** que vem passando de geração em geração ao longo do tempo, apesar de todos os preconceitos, perseguições, calúnias e difamações. Todos têm sido muito importantes, porém, dois merecem destaque especial: **Walter M. Lace** e **Bruno Araujo Borges**, por suas mentalizações positivas e orações para que esta obra, apesar de todos os obstáculos, pudesse, com as bênçãos e as proteções de **Metatron, Michael, Gabriel, Uriel, Raphael** e **Gaia**, ser finalizada.

Uma menção especial é dedicada à equipe da Editora Ciência Moderna Ltda., representada por **Paulo André Pitanga Marques, Aline Vieira Marques** e **Laura Santos Souza**, pelo empenho na viabilização deste trabalho.

Dedico também este livro ao **Prof. Paulo da Silva Neto Sobrinho**[2], pelo fantástico artigo intitulado " **Uma História de Estarrecer**", publicado na revista "Espiritismo e Ciência", ano 5, nº 58, editada em 2008 pela **Mythos Editora Ltda**. Este competentíssimo pensador e ensaísta mineiro provocou uma verdadeira revolução no meu pensar, e me fez rever crenças errôneas que estavam arraigadas em minha mente devido a uma propaganda enganosa que já dura, para a humanidade, em torno de vinte séculos.

As dificuldades para a publicação desta obra foram muitas, tanto que o projeto original esteve arquivado por onze anos. Entretanto, tendo em mente a atitude de três heróis, jamais deixei de melhorá-lo e de acreditar que a vitória fosse possível. Estou me referindo a **Jacques du Bourgogne De Molay, Guy D'Auvergnie** e **Geoffroi de Charnay**, respectivamente o último **Grão-mestre** e dois dos preceptores da **Ordem dos Cavaleiros Templários.** Aproveito esta oportunidade para honrá-los e agradecer pelos magníficos exemplos de persistência e de resistência à tirania religiosa, ao cerceamento do livre-pensamento e à cobiça que, infelizmente, perduram até os dias atuais. Eles jamais se abateram e preferiram ser imolados na fogueira, em 18 de março de 1314, em uma pequena ilha do rio **Sena**, hoje denominada **Vert Galant**, olhando de longe as torres da **Catedral de Notre Dame,** a trairem o ideal e o juramento de amor à humanidade estabelecidos, em 1118, por **Hughes de Payns** e mais oito cavaleiros, a saber: **Geoffroi de Saint-Omer, André de Montbart, Payen de Montdidier, Gondemar, Rossal, Geoffroi Bissot, Archambaud de Saint-Aignan** e

---

Ao longo de sua intensa e laboriosa carreira, **César Lattes** tornou-se também o único físico brasileiro citado na **Enciclopedia Britânica**, honraria para a qual nunca demonstrou dar muita importância. Ele integrou a **Academia Brasileira de Ciências**, a **União Internacional de Física Pura e Aplicada**, o **Conselho Latino-Americano de Raios Cósmicos**, e as **Sociedades Brasileira, Americana, Alemã, Italiana** e **Japonesa** de Física. **Lattes** também foi indicado três vezes ao **Prêmio Nobel de Física**. Por que não ganhou? Política (ele era esquerdista), injustiça ou ambas? Entretanto, como todas as grandes luzes que iluminaram a humanidade, tenho certeza que ele jamais se importou com isso, visto que os **"Guerreiros da Luz"** combatem o **"bom combate"** pensando tão somente no bem-estar e segurança de seus irmãos de jornada. (Fonte de consulta: **Jornal O Globo** de 9 de março de 2005).

[2] natural de Guanhães, Minas Gerais; formado em Ciências Contábeis e Administração de Empresas pela Universidade Católica (PUC-MG); aposentou-se como Fiscal de Tributos pela Secretaria de Estado da Fazenda de Minas Gerais; frequenta o movimento Espírita desde Julho/87; em Casas Espíritas exerceu as funções de Presidente, Coordenador de Reunião de Desobsessão e Coordenador de Reunião de Estudo Sistematizado da Doutrina Espírita; tem artigos publicados no Jornal Espírita e O Semeador da FEESP. Sites Espíritas na Internet também já publicaram alguns de seus textos; autor do livro A Bíblia à Moda da Casa, atualmente frequenta a Fraternidade Espírita Fabiano de Cristo, em Guanhães.

Godfroi. Que os **Clementes quintos, Felipes Belos e Guillaumes de Nogaret**, passando também pelos **Torquemadas**, de ontem e de hoje, saibam que o lema continua vivo e mais atual do que nunca: **"Non nobis, Domine, non nobis, sed Nomini Tuo da Gloriam"**, ou seja: **"Não para nós, Senhor, não para nós, mas para a Glória do Teu Nome"**. Tal lema extrapolou o âmbito da **Ordem do Templo**, e hoje é seguido pelos **Cavaleiros** de todas as **Ordens Universais**, que estão aqui na **Terra** como **"Guerreiros da Luz"**. Eles combatem o **"bom combate"**, ou seja, empunham a espada sem se escandalizarem, apoiados na trilogia composta pelo **"Caduceu de Mercúrio"**, pela **"Lanterna de Hermes Trismegistus"** e pelo **"Manto de Apolônio de Tiana"**.

Mais recentemente houve o exemplo do Major-general **Roméo Allain Dallaire** que foi o Comandante das Forças de Paz das Nações Unidas para Ruanda (MINUAR) entre os anos de 1993 e 1994. Hoje ele é um senador canadense, agente humanitário, escritor e Tenente-general aposentado, mas é lembrado, juntamente com seu auxiliar direto, o na época **Major Brent Beardsley**, por tentar interromper, de forma heróica, o genocídio promovido por extremistas hutus contra tutsis e hutus moderados. Devido aos podres acordos internacionais, que infelizmente ocorreram e que, aliás, ocorrem até hoje, ele teve o efetivo de suas tropas reduzido a um mínimo, mas recusou-se, terminantemente, a abondonar os infelizes perseguidos naquele país, apesar de todos os esforços dos "fantoches" do Conselho de Segurança da ONU. Embora não tenha podido realizar in totum o que queria, por haver sido covardemente desestabilizado, ele ainda salvou milhares de pessoas da morte certa, o que foi para mim mais um exemplo decisivo de pertinácia e obstinação por um ideal nobre. Nas palavras do **Prof. Marcio Martins**[3]: "Nem todo céu é perfeito e nem todo inferno é pertubativo, bastando que tenhamos objetivos a alcançar e missões a cumprir."

Àqueles que entendem a responsabilidade de nossa missão eu desejo: **força, honra** e **vitória!** Isto porque, para quem acredita, nenhuma palavra é necessária e para quem não acredita, nenhuma palavra é possível! Não devemos acreditar em limites; apenas em horizontes. Não nos restrinjamos a fronteiras; busquemos sempre ir além das mesmas. Sucesso é ter aquilo que se quer e felicidade é querer aquilo que se tem. Segundo o **Dr. Jairo Mancilha**[4], o que você acredita sobre si mesmo, sobre os outros, sobre o passado e o futuro, faz você sentir o que agora está sentindo. Além do mais, quem realmente pretendemos ser, começa agora!

Aos que compreendem a mensagem, eu digo: vamos persistir e levar este planeta para a **Luz**, conforme já fizemos com tantos outros! Nas palavras de **Alice Ann Bailey**[5]: "Possa a **Energia do**

---

[3] Graduado em Letras pela Faculdade Interação Americana – SBC, sacerdote e especialista em atendimento por Hidromancia

[4] Diretor do INAP, master trainer internacional em Neurolinguística e Coaching; mestre e doutor em medicina (Ph.D.) pela UFRJ, pós-doutorado em Cardiologia preventiva pela Northwestern University, Chicago, E.U.A.. Aperfeiçoado em Psiquiatria pelo Instituto de Psiquiatria da UFRJ, especialista em Saúde Pública pela Escola Nacional de Saúde Pública da FIOCRUZ; Pesquisador do CNPq, durante 10 anos, realizando pesquisas com os índios Yanomami; membro internacional da American Society of Clinical Hypnosis; autor dos livros Você é o seu Coração (3ª. Edição) e Histórias Reflexões e Metáforas - Ed. Qualitymark e co-autor com o **Dr. Luiz Alberto Py** de **"O Caminho da Longevidade"** - Ed. Rocco; autor dos DVDs: Metas, A Arte de Falar em Público e A Essência da Neurolinguística-PNL; ministra palestras, treinamentos e cursos sem Brasil e na Europa.

[5] **Bailey [Alice Ann Bailey (1880-1946)]** - nascida **Alice La Trobe Bateman,** foi uma pesquisadora inglesa cujos estudos se concentraram na área da Neoteosofia. Foi uma autora com vastos conhecimentos em misticismo, tendo desencadeado um grande movimento esotérico internacional. Em 1922, iniciou a **Lucis Trust Publishing Company**; em 1923, a **Escola Arcana**; e, em 1932, o **Movimento Internacional da Boa Vontade**. É co-herdeira, juntamente com **Annie Wood Besant**, da escola teosófica fundada pela maior esoterista do Ocidente, a russa **Helena Petrovna Blavatsky**. No outono de 1919 foi contatada pelo mestre tibetano **Djwhal Khul** e desse encontro surgiram os 24 livros, escritos entre 1919 a 1949.

Divino Ser inspirar e a **Luz** da **Alma** dirigir; possamos nós sermos conduzidos da **escuridão** à **luz**, do **irreal** ao **real**, da **morte** à **imortalidade.**" E nas palavras de **Annie Besant**[6]: "No mundo físico o perigo é muito maior do que nos mundos sutis, pois a matéria física é muito mais resistente ao controle pelo pensamento do que a matéria sutil dos mundos superiores." A estrada é dura, mas, afinal, o **bem** e o **mal** devem caminhar juntos, a fim de que o homem, dentro do seu livre-arbítrio, possa escolher! Para que o **mal** vença, basta apenas que as pessoas de **bem** não façam nada. Sim, tudo em prol do restabelecimento do **Plano Original da Fonte Infinita**, que os **Mestres** conhecem e a que servem, pois fora do **amor**, da **caridade** e da **honra** não há **progresso** e nem **Ascensão**, pois o que fazemos em nossas vidas ecoa pela eternidade!

Paz profunda e até sempre, em unidade plena, na **Luz Infinita** do verdadeiro **Pai-Mãe do Cosmos**.

O autor

Blavatsky [Helena Petrovna Blavatsky (1831 - 1891)] - nascida **Helena Petrovna Hahn**, foi uma das figuras mais notáveis do mundo no último quartel do século XIX. Ela abalou e desafiou de tal modo as correntes ortodoxas da Religião, da Ciência, da Filosofia e da Psicologia, que é impossível ficar ignorada. Foi uma verdadeira iconoclasta - ao rasgar e fazer em pedaços os véus que encobriam a Realidade. Mas, porque estivesse a maioria presa às exterioridades convencionais, tornou-se o alvo de ataques e injúrias, pela coragem e ousadia de trazer à luz do dia aquilo que era blasfêmia revelar. Lenta, mas seguramente, os anos se encarregaram de fazer-lhe justiça.

Para ilustrar suas afirmações, escreveu **"Isis Unveiled"** (Ísis sem Véu), em 1877, e **"The Secret Doctrine"** (A Doutrina Secreta), em 1888, obras ambas ditadas a ela pelos **Mestres**. Em Ísis sem Véu, lançou o peso da evidência colhida em todas as Escrituras do mundo e em outros anais contra a ortodoxia religiosa, o materialismo científico e a fé cega, o ceticismo e a ignorância. Foi recebida com agravos e injúrias, mas não deixou de impressionar e esclarecer o pensamento mundial.

Quando foi para os E. U. A., um de seus objetivos mais importantes consistiu em fundar uma associação, que foi formada sob a denominação de **The Teosofical Society** (**A Sociedade Teosófica**), para pesquisar e difundir o conhecimento das leis que governam o **Universo**. A sociedade apelou para a fraternal cooperação de todos os que pudessem compreender o seu campo de ação e simpatizassem com os objetivos que ditaram a sua organização.

Sua obra e seu exemplo de renúncia permanecem intocados até os dias de hoje, tendo servido de exemplo edificante para muitas gerações de **Guerreiros e Servidores da Luz**.

[6] **Besant [Annie Wood Besant (1847-1933)]** - foi uma militante socialista, ativista, defensora dos direitos das mulheres, uma das mais notáveis oradoras de sua época, influente teosofista e autora de inúmeros livros sobre o gênero.

Em 1889 a ela foi solicitado escrever uma crítica sobre a "Doutrina Secreta", um livro escrito por **Helena Petrovna Blavatsky**. Depois de ler, ela fechou uma entrevista com a autora, convertendo-se ao estudo da Teosofia, tornando-se membro da **Sociedade Teosófica** e, por seu trabalho, foi considerada co-herdeira da obra de **Mme. Blavatsky**, juntamente com **Alice Ann Bailey**.

Algum tempo após o falecimento de **Mme. Blavatsky**, ela acusou **Willian Quan Judge**, líder da seção estadunidense da **Sociedade Teosófica**, de falsificar mensagens dos **Grandes Mestres da Sabedoria Oculta**. Tal conflito causou na época a separação de uma grande parte das Lojas nos Estados Unidos da **Sociedade Teosófica**. Em 1903 mudou-se para Índia e em 1908 foi eleita Presidente Mundial da **Sociedade Teosófica**, posição esta que ocupou até falecer em 1933.

Em 1912, juntamente com **Marie Russak** e **James Ingall Wedgwood**, fundou a **Ordem do Templo da Rosa-cruz**. Em razão dos numerosos problemas originados na Inglaterra durante a Primeira Guerra Mundial, as atividades tiveram que ser suspensas. Retornou então às suas tarefas como Presidente Mundial da Sociedade Teosófica. **Wedgwood** seguiu trabalhando como bispo da **Igreja Católica Liberal** e **Russak** manteve contato na Califórnia com o **Dr. Harvey Spencer Lewis** (Frater Profundis XIII), ao qual ajudou na elaboração dos rituais da **Ordem Rosacruz-AMORC**, sendo que este último tornou-se o primeiro Imperator desta ordem.

Besant teve participação também na **Ordem Maçônica Mista Le Droit Humain**. Na Índia, fundou a **Liga Nacionalista Indiana**. Ela dedicou-se não somente à **Sociedade Teosófica**, mas também ao progresso e liberdade da Índia. Foi a primeira mulher eleita Presidente do Congresso Nacional da Índia. Besant Nagar é um bairro próximo à **Sociedade Teosófica** em Chennai (antiga Madras), cujo nome consttitui uma homenagem à essa fantástica mulher.

Adotou como filho o jovem indiano **Krishnamurti**, que era tido pelos teósofos como um grande Mestre.

SUMÁRIO

CAPÍTULO 1 - Grandezas Físicas

1.1	Introdução	1
1.2	Grandeza Escalar	1
	1.2.1 Definição	1
	1.2.2 Etimologia	1
	1.2.3 Exemplificações	1
1.3	Grandeza Vetorial	2
	1.3.1 Definição	2
	1.3.2 Etimologia	2
	1.3.3 Exemplificações	3
1.4	Grandeza Tensorial	3
	1.4.1 Definição	3
	1.4.2 Etimologia e Conceitos	4
	1.4.3 Exemplificações	5
QUESTÕES		5
RESPOSTAS DAS QUESTÕES		6

CAPÍTULO 2 - Álgebra Vetorial

2.1	Elementos ou Características de um Vetor	9
2.2	Classificação de Vetores	10
	2.2.1 Quanto à Aplicação	10
	2.2.2 Quanto à Direção	11
2.3	Multiplicação de um Vetor por um Escalar	13
	2.3.1 Definição	13
	2.3.2 Vetor Simétrico	14
	2.3.3 Vetor Unitário	14
2.4	Projeção ou Componente de um Vetor segundo um Eixo	15
2.5	Soma e Subtração de Vetores	21
	2.5.1 Definições	21
	2.5.2 Propriedades	22
	2.5.3 Expressões Analíticas para a Soma e a Subtração de dois Vetores	24
2.6	Produto Escalar, Interior, Interno, Direto ou Simétrico	33
	2.6.1 Definição	33
	2.6.2 Notações	34
	2.6.3 Projeção ou Componente Escalar de um Vetor na direção de outro Vetor	35
	2.6.4 Propriedades	35
	2.6.5 Aplicações	38

XXXII Cálculo e Análise Vetoriais com Aplicações Práticas

2.7 Produto Vetorial, Exterior, Externo ou Alternado 46
    2.7.1 Definição 46
    2.7.2 Notações 47
    2.7.3 Interpretação Física do Módulo 48
    2.7.4 Propriedades 48
    2.7.5 Aplicações 52
2.8 Produto Misto ou Triplo Produto Escalar 58
    2.8.1 Definição 58
    2.8.2 Notações 58
    2.8.3 Interpretação Física do Módulo 58
    2.8.4 Regra de Permutação 60
    2.8.5 Aplicações 61
2.9 Triplo Produto Vetorial 63
    2.9.1 Definição 63
    2.9.2 Notações 63
    2.9.3 Propriedades 63
    2.9.4 Aplicações 66
QUESTÕES 66
RESPOSTAS DAS QUESTÕES 67
PROBLEMAS 68
RESPOSTAS DOS PROBLEMAS 70

CAPÍTULO 3 - Sistemas de Coordenadas

3.1 Introdução 71
3.2 Sistema Cartesiano Retangular 71
    3.2.1 Características Fundamentais 71
    3.2.2 Terno Unitário Fundamental 73
    3.2.3 Elementos Diferenciais de Volume, de Superfícies e de Comprimento ... 74
    3.2.4 Vetor Posição $\mathbf{r}$ 75
    3.2.5 Vetor distância $\mathbf{r}_{P_1 P_2}$ 76
    3.2.6 Vetores deslocamentos diferenciais $d\mathbf{r}$ e $d\mathbf{l}$ 77
    3.2.7 Vetor Unitário $\mathbf{u}_{P_1 P_2}$ 78
    3.2.8 Vetor Genérico $\mathbf{V}$ 87
    3.2.9 Vetor Unitário Genérico $\mathbf{u}_V$ 88
    3.2.10 Transformações de Coordenadas 88
3.3 Sistema Cilíndrico Circular 123
    3.3.1 Características Fundamentais 123
    3.3.2 Relações entre Coordenadas Cilíndricas Circulares e
            Coordenadas Cartesianas Retangulares 126

3.3.3	Terno Unitário Fundamental	128
3.3.4	Relações entre os Unitários Fundamentais do Sistema Cilíndrico Circular e os do Sistema Cartesiano Retangular	128
3.3.5	Elementos Diferenciais de volume, de superfícies e de comprimento	130
3.3.6	Vetor Posição $\mathbf{r}$	131
3.3.7	Vetor Distância $\mathbf{r}_{P_1 P_2}$	132
3.3.8	Vetores deslocamentos diferenciais $d\mathbf{r}$ e $d\mathbf{l}$	134
3.3.9	Vetor Unitário $\mathbf{u}_{P_1 P_2}$	134
3.3.10	Vetor Genérico $\mathbf{V}$	134
3.3.11	Vetor Unitário Genérico $\mathbf{u}_V$	134

3.4	Sistema Esférico	139
3.4.1	Características Fundamentais	139
3.4.2	Relações entre Coordenadas Esféricas e Coordenadas Cartesianas Retangulares	143
3.4.3	Relações entre Coordenadas Esféricas e Coordenadas Cilíndricas Circulares	144
3.4.4	Terno Unitário Fundamental	146
3.4.5	Relações entre os Unitários Fundamentais do Sistema Esférico e os do Sistema Cartesiano Retangular	147
3.4.6	Relações entre os Unitários Fundamentais do Sistema Esférico e os do Sistema Cilíndrico Circular	149
3.4.7	Elementos Diferenciais de Volume, de Superfícies e de Comprimento	150
3.4.8	Vetor Posição $\mathbf{r}$	151
3.4.9	Vetor distância $\mathbf{r}_{P_1 P_2}$	152
3.4.10	Vetores deslocamentos diferenciais $d\mathbf{r}$ e $d\mathbf{l}$	153
3.4.11	Vetor Unitário $\mathbf{u}_{P_1 P_2}$	153
3.4.12	Vetor Genérico $\mathbf{V}$	153
3.4.13	Vetor Unitário Genérico $\mathbf{u}_V$	153

QUESTÕES	155
RESPOSTAS DAS QUESTÕES	155
PROBLEMAS	155
RESPOSTAS DOS PROBLEMAS	158

CAPÍTULO 4 - Expressões Analíticas para a Álgebra Vetorial

4.1	Adição e Subtração de Vetores	161
4.2	Multiplicação de um Vetor por um Escalar	168
4.3	Produto Escalar	169

XXXIV   Cálculo e Análise Vetoriais com Aplicações Práticas

4.4	Produto Vetorial	175
4.5	Produto Misto	187
4.6	Triplo Produto Vetorial	190
QUESTÕES		190
RESPOSTAS DAS QUESTÕES		190
PROBLEMAS		192
RESPOSTAS DOS PROBLEMAS		196

CAPÍTULO 5 - Campo de uma Grandeza Física

5.1	Definições	201
5.2	Funções Escalares e Funções Vetoriais de Variáveis Escalares	202
5.3	Campos Escalares	204
	5.3.1 Exemplificações	204
	5.3.2 Continuidade	205
	5.3.3 Superfícies Isotímicas	205
	5.3.4 Casos Particulares	207
5.4	Campos Vetoriais	212
	5.4.1 Exemplificações	212
	5.4.2 Continuidade	213
	5.4.3 Linhas de Campo	218
	5.4.4 Casos Particulares	228
	5.4.5 Tubos de Campo, Tubos de Fluxo e Tubos de Vórtice	236
5.5	Invariância	238
QUESTÕES		242
RESPOSTA DAS QUESTÕES		242
PROBLEMAS		244
RESPOSTAS DOS PROBLEMAS		248

CAPÍTULO 6 - Derivação de Vetores

6.1	Derivação Ordinária de Vetores	257
	6.1.1 Conceito Geral	257
	6.1.2 Derivação Sucessiva	257
	6.1.3 Notações	258
	6.1.4 Curvas no Espaço	258
	6.1.5 Continuidade e Diferenciabilidade	259
6.2	Propriedades da Derivação Ordinária de Vetores	263
	6.2.1 Para Vetores Genéricos	263
	6.2.2 Para o vetor $\mathbf{r} = r\,\mathbf{u}_r$ (vetor posição em coordenadas esféricas)	269
6.3	Derivação Parcial de Vetores	276
	6.3.1 Conceito Geral	276

6.3.2	Derivação Sucessiva	277
6.3.3	Notações	278
6.3.4	Superfícies no Espaço	279
6.3.5	Continuidade e Diferenciabilidade	281
6.4	Propriedades da Derivação Parcial de Vetores	285
6.5	Vetor Diferencial	287
6.6	Geometria Diferencial	288
6.6.1	Definição	288
6.6.2	Triedro de Serret-Frenet	288
6.6.3	Fórmulas de Serret-Frenet e Vetor de Darboux	294
6.6.4	Conceitos de Mecânica	312
QUESTÕES		315
RESPOSTAS DAS QUESTÕES		315
PROBLEMAS		317
RESPOSTAS DOS PROBLEMAS		321

CAPÍTULO 7 – Operadores

7.1	Definição	325
7.2	Operadores Elementares ou Finitos	325
7.2.1	Introdução	325
7.2.2	Operador j	325
7.2.3	Operador Complexo $\lambda + j\eta$	326
7.2.4	Operador Rotatório $e^{j\phi}$	327
7.3	Operadores Diferenciais	333
7.3.1	Introdução	333
7.3.2	Operador Nabla (∇) ou Operador de Hamilton	333
7.3.3	Operador Divergente (div)	334
7.3.4	Operador Rotacional (rot)	335
7.3.5	Operador de Laplace ou Laplaciano (lap ou ∇^2)	336
QUESTÕES		337
RESPOSTAS DAS QUESTÕES		337
PROBLEMAS		338
RESPOSTAS DOS PROBLEMAS		338

CAPÍTULO 8 - Integração de Funções Vetoriais e de Funções Escalares

8.1	Integração Ordinária de Vetores	339
8.2	Integrais de Linha, de Superfície e de Volume	349
8.2.1	Generalidades	349

8.2.2	Integrais de Linha e Circulação de um Campo Vetorial	349
8.2.3	Integrais de Superfície, Representação Vetorial de uma Superfície, Ângulos e Fluxo de um Campo Vetorial	364
8.2.4	Integrais de Volume	406

QUESTÕES 415

RESPOSTAS DAS QUESTÕES 415

PROBLEMAS 416

RESPOSTAS DOS PROBLEMAS 420

CAPÍTULO 1

Grandezas Físicas

1. 1 - Introdução

Os termos **grandeza** e **quantidade** são muito próximos um do outro.Todavia, consoante o uso, estabeleceu-se uma diferença de sentido entre eles. Denomina-se **grandeza** o que é suscetível de medida, e **quantidade** aquilo que é efetivamente medido e expresso por meio de **números,** acompanhados de outras notações — unidades, por exemplo — que servem para melhor diferi-las.

De um modo geral, as grandezas físicas podem ser classificadas como **escalares, vetoriais** e **tensoriais**[1].

1.2 - Grandeza Escalar

1.2.1 - Definição

É aquela cujo valor se exprime por meio de um número **algébrico** ou **relativo**, isto é, depende do sinal, que tanto pode ser positivo quanto negativo.

1.2.2 - Etimologia

As grandezas escalares referem-se a um **eixo** ou **escala**, e são contadas positivamente de um lado da origem e negativamente do outro. O termo **escalar** provém de escala, o que lembra os degraus de uma escada (escadaria).

1.2.3 - Exemplificações

1ª) A temperatura (T): de 30ºC pode ser contada **acima** ou **abaixo** do **ponto zero** de referência na escala termométrica. Na primeira situação, é representada pelo símbolo +30ºC, e na segunda por $-30\,$ºC.

2ª) A diferença de nível (h): $-100\,$m ou 100 metros abaixo do ponto de origem, ou nível do mar; +100m ou 100 metros acima do nível do mar.

3ª) A massa específica ou densidade absoluta (μ): 5g/cm^3, onde apenas um "número positivo acompanhado" indica a quantidade de **massa** de um determinada substância por unidade de **volume** da mesma. Uma vez que **massa** e **volume** são sempre expressos por números positivos, o quociente de ambos só pode ser positivo.

4ª) A pressão (p).

---

[1] Conforme veremos mais adiante, na seção 5.5, aparecerão também os termos pseudo-escalar e pseudo- vetor.

5ª) O tempo (t): positivo referindo-se a um acontecimento futuro, e negativo relacionando-se a um fenômeno passado[2].

6ª) A posição escalar (s): se um determinado móvel se desloca ao longo do tempo em uma trajetória conhecida, podemos fixar uma origem para as posições ao longo da trajetória e um sentido positivo. Com apenas um número determinamos a posição do móvel em um certo instante de tempo. Conforme ilustrado na figura 1.1, uma vez escolhida a origem e um sentido positivo, a posição pode assumir valores positivos, negativos ou valor nulo (coincidindo com a origem).

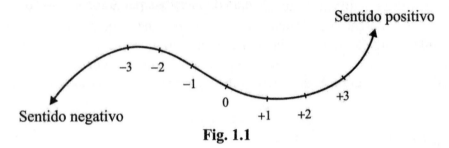

Fig. 1.1

7ª) A velocidade escalar (v): quando o móvel se desloca no sentido positivo da trajetória a velocidade escalar é positiva; em caso contrário é negativa. Quando o móvel está em repouso, mesmo que momentaneamente, a velocidade escalar é nula.

8ª) A aceleração escalar (a).

9ª) A energia (E): pode ser considerada positiva quando absorvida por um sistema e negativa quando cedida pelo mesmo.

10ª) O potencial gravitacional (V_g).

11ª) O potencial elétrico (V_e).

12ª) A carga elétrica (q): é positiva, negativa ou nula (indicando neutralidade).

1.3 - Grandeza Vetorial

1.3.1 - Definição

É aquela cuja perfeita determinação exige não apenas um número relativo, mas também os conceitos de direção e de sentido.

1.3.2 - Etimologia

---

[2] Deve-se entretanto notar que o tempo, por ser uma grandeza escalar, **pode ser orientado mas não é orientável**, ou seja, uma vez começado a contar ele não retroage. Esta é a essência do "teorema H de **Boltzman**".

Boltzman [Ludwig Boltzman (1829-1900)] - físico austríaco com grandes contribuições para a Termodinâmica em geral.

O vocábulo provém de **vector**, o qual deriva do latim vehĕre: levar, carregar, transportar, ou seja, **veículo**. Voltaremos a este assunto na seção 2.1, logo após a figura 2.1.

1.3.3 - Exemplificações

1ª) O deslocamento ($\mathbf{r}_{P_1 P_2}$).

2ª) A velocidade vetorial (**v**).

3ª) A aceleração vetorial (*a*).

4ª) A força (**F**).

5ª) A quantidade de movimento, momentum ou momento linear (**Q**).

6ª) O momento angular (**L**).

7ª) O torque ou momento de uma força (τ).

8ª) Os três vetores elétricos (**E, D, P**).

9ª) Os três vetores magnéticos (**B, H, M**).

10ª) O campo gravitacional (**g**).

11ª) O potencial vetorial magnético ou potencial vetor magnético (**A**).

12ª) O vetor de **Poynting**[3] ($\mathcal{P}$).

Nota: os valores das componentes escalares das grandezas vetoriais são em si escalares, que podem, evidentemente, conforme veremos na seção 4.1, ser adicionados ou subtraídos conforme escalares que são, desde que sejam referidos a uma mesma direção. No entanto, os vetores não se adicionam ou se subtraem algebricamente (a não ser que tenham a mesma direção), mas sim geometricamente, e isto será apresentado na seção 2.3.

1.4 - Grandeza Tensorial

1.4.1 – Definição

A grandeza tensorial é a generalização das grandezas escalares e vetoriais, e o tensor é uma generalização dos conceitos de escalar e de vetor e que intervém no **Cálculo Tensorial**, indispensável para o estudo da **Mecânica Relativista**.

---

[3] **Poynting [John Henry Poynting (1852-1914)]** - físico inglês que realizou importante estudos na área do Eletromagnetismo, daí um teorema por ele demonstrado em 1883 levar o seu nome. Também é conhecido por um trabalho muito preciso de medida da constante gravitavional.

1.4.2 - Etimologia e Conceitos

O termo tensorial lembra tenso = estendido com força. Tensor significa "que estende". Tensão é o estado daquilo que é tenso. Sua primeira aplicação foi na **Teoria da Elasticidade**, no estudo das tensões e das deformações. Daí a origem do nome.

O tensor é um ente matemático com várias componentes e podemos apresentá-lo de forma análoga à matriz.

No **Espaço Ordinário** ou **Espaço Euclidiano**[4] ($\mathbb{R}^3$ - tridimensional), o primeiro tensor notável é o tensor de segunda ordem (classe) que é um conjunto de $3^2 = 9$ elementos.

No **Espaço de Riemann**[5] ($\mathbb{R}^n$ - n dimensional) um tensor de emésima ordem é um conjunto de n^m componentes.

O escalar pode ser considerado tensor de ordem zero, porque o número de componentes é $n^0 = 1$.

O vetor pode ser considerado tensor de ordem um, porque o número de componentes é n^1, isto é, aquele de dimensões da multiplicidade do espaço. Temos, então, três componentes no **Espaço Euclidiano** e quatro componentes no **Espaço de Minkovski** [6].

Sinteticamente: grandeza tensorial ou tensor é uma grandeza de concepção superior, em cuja formação entram como elementos um ou mais vetores que servem para defini-la. Em nosso curso, só vamos tratar com as grandezas escalares e com as grandezas vetoriais, referidas ao espaço (tridimensional - $\mathbb{R}^3$) ou ao plano (bidimensional - $\mathbb{R}^2$).

---

[4] **Euclides [Euclides de Alexandria (360 a.C. - 295 a.C.)]** - Nasceu na Síria e estudou em Atenas. Foi professor, matemático, filósofo e escritor, tendo sido o criador da famosa Geometria Euclidiana: o Espaço Euclidiano, imutável, simétrico e geométrico, metáfora do saber na Antiguidade Clássica, que se manteve incólume no pensamento matemático medieval e renascentista, pois somente nos tempos modernos puderam ser construídos modelos de geometrias não-euclidianas. Frequentou a Academia de **Platão**, em pleno florescimento da cultura helenística.

[5] **Riemann [Bernhard Riemann (1826-1866)]** - matemático alemão que efetuou o que se pode se chamar de estudo geométrico da Análise Complexa, baseado nas equações de **Cauchy - Riemann** e na representação conforme, em contraste com o matemático alemão **Karl Weirstrass (1815 - 1897)**, que fundamentou a Análise Complexa nas séries de potências. **Riemann** criou a chamada Geometria Riemanniana que constitui o fundamento matemático da Teoria da Relatividade de **Einstein**. Antes mesmo de **Maxwell** ele propôs, em 1856, influenciado por **Weber** e **Kohlhaush**, que a luz fosse tratada como vibração ondulatória, embora ainda não definidos os papéis dos campos elétrico e magnético nesta vibração.

Einstein [Albert Einstein (1879-1955)] - físico alemão, criador da Teoria da Relatividade e que deu grande contribuição à Física Teórica em geral.

Kohlhaush [Rudolf Hermman Kohlhaush (1809-1858)] - físico alemão que junto com outro físico de sua nacionalidade, **Wilhelm Weber (1809-1858)**, mediu a razão entre as unidades de carga no sistema eletrostático e no sistema eletromagnético de unidades, tendo encontrado o valor $3,1074 \times 10^8$ m/s, que é aproximadamente igual ao valor da velocidade da luz no vácuo.

[6] **Minkowski [Hermann Minkowski (1864-1909)]** - matemático russo; foi professor de **Albert Einstein**. Deu grande contribuição para a Teoria da Relatividade, em 1908, com a criação do conceito de espaço-tempo, dando a mesma a forma de uma geometria quadrimensional.

1.4.3 - Exemplificações

(a) Espaço Euclidiano ($\mathbb{R}^3$ - três dimensões)

1ª) O Tensor das Tensões e das Deformações $\rightarrow$ Teoria da Elasticidade e Resistência dos Materiais (Res Mat).

2ª) O Tensor das Tensões e das Velocidades de Deformação $\rightarrow$ Mecânica dos Fluidos (Mec Flu).

3ª) O Tensor Permissividade Elétrica ou Tensor Dielétrico $\rightarrow$ Eletrostática.

4ª) O Tensor das Tensões de **Maxwell** $\rightarrow$ Eletrostática.

5ª) O Tensor Permeabilidade Magnética Inversa $\rightarrow$ Magnetostática.

(b) Espaço de Minkovski ($\mathbb{R}^4$ - quatro dimensões)

6ª) O Tensor Campo Eletromagnético **[E, B]** $\rightarrow$ Teoria da Relatividade Restrita (TRR).

7ª) O Tensor de Excitação Eletromagnética **[D, H]** $\rightarrow$ Teoria da Relatividade Restrita (TRR).

8ª) O Tensor de Polarização-Magnetização Eletromagnética **[P, M]** $\rightarrow$ Teoria da Relatividade Restrita (TRR).

9ª) O Tensor Densidade de Energia - Momentum $\rightarrow$ Teoria da Relatividade Restrita (TRR).

(c) Espaço de Riemman ($\mathbb{R}^n$ - n dimensões)

10ª) O Tensor Métrico $\rightarrow$ Geometria de **Riemann** e Teoria da Relatividade Geral (TRG).

11ª) O Tensor de **Riemann-Christoffel**[7] ou Tensor Curvatura do Espaço $\rightarrow$ Teoria da Relatividade Geral (TRG).

QUESTÕES

1.1*- Em sua opinião, a famosa "máquina do tempo" é uma impossibilidade física ou será que, no futuro, com o avanço tecnológico, poderemos vir a ter este engenho?

1.2- Como se pode explicar o fato de que as grandezas posição, velocidade e aceleração possam ser escalares (Cinemática Escalar) e também vetoriais (Cinemática Vetorial)?

---

[7] **Christoffel [Elwin Bruno Christoffel (1829-1900)]** - matemático alemão que deu grande contribuição ao Cálculo Tensorial e à Teoria das Funções Complexas.

6   **Cálculo e Análise Vetoriais com Aplicações Práticas**

1.3- Existe alguma diferença entre "desaceleração" e "aceleração negativa"? Para simplificar, considere apenas movimentos retilíneos e acelerações constantes.

1.4- (a) Um corpo pode ter velocidade nula e estar acelerado? **(b)** Um corpo pode ter velocidade escalar constante e um vetor velocidade variável? **(c)** Um corpo pode ter um vetor velocidade constante e uma velocidade escalar variável?

1.5- Embora já tenha sido afirmado de que só vamos tratar com grandezas escalares e com grandezas vetoriais na presente publicação, você pode pesquisar nas referências bibliograficas do Anexo 15 e encontrar, pelo menos, dois tensores famosos citados neste capítulo?

RESPOSTAS DAS QUESTÕES

1.1- A máquina do tempo é uma impossibilidade física tendo em vista que o tempo pode ser orientado mas não é orientável, ou seja, uma vez começado a contar ele não retroage. Esta é, aliás, a essência do já citado "teorema H de **Boltzman**".

1.2- A Cinemática Escalar (estudo do movimento ao longo da trajetória) pode nos fornecer muitas informações a respeito do movimento de uma partícula, mas não nos diz nada a respeito da trajetória descrita. Assim, se duas partículas têm, sobre duas trajetórias diferentes, leis $s = s(t)$ idênticas, as leis $v = v(t)$ e $a = a(t)$ também serão idênticas para ambas. Fisicamente, as duas partículas terão, no mesmo instante, a mesma velocidade escalar, embora uma delas possa estar descrevendo, por exemplo, uma linha reta, enquanto que a outra possa estar descrevendo uma circunferência. Obviamente, a Cinemática Escalar é insuficiente para descrever completamente o movimento de uma partícula, salvo nos casos em que a trajetória já é conhecida. Na Cinemática Vetorial, o conhecimento do vetor aceleração deve permitir, a menos da complexidade matemática, a determinação da velocidade e da trajetória se as condições iniciais do movimento forem também conhecidas.

1.3- Sim, existe. Ocorre uma desaceleração quando o módulo do vetor velocidade diminui ao longo do tempo e, neste caso, os vetores velocidade e aceleração têm sentidos contrários. Uma aceleração é negativa quando o vetor aceleração tem sentido contrário ao sentido positivo de percurso previamente estabelecido. Daí, concluímos que uma aceleração negativa não implica, necessariamente, em desaceleração e que uma aceleração positiva pode implicar em uma desaceleração. Os exemplos ilustrados na figura correspondente a esta questão corroboram tais afirmações. Nestes exemplos, foram assumidas, por comodidade, acelerações constantes.

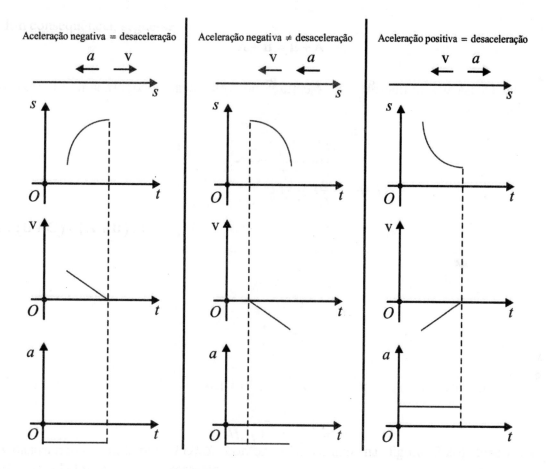

Fig 1.2 - Resposta da questão 1.3

1.4-

(a) Instantaneamente, pode. A sua velocidade pode ser nula em um determinado instante e ele estar acelerado. Exemplos:

1º) Um corpo lançado verticalmente para cima tem no ponto culminante de sua trajetória velocidade nula, porém, está sob ação do campo gravitacional terrestre e possui, portanto, aceleração dirigida para o centro da Terra.

2º) Um corpo executando um movimento harmônico tem velocidade nula nos extremos da trajetória, mas, devido à força restauradora, está acelerado.

Entretanto, um corpo não pode ter velocidade contantemente nula e ainda assim estar acelerado, pois isso contraria a definicão de aceleração como sendo a taxa de variação da velocidade em relação ao tempo.

(b) Sim, pode. Um exemplo disso é um corpo em movimento circular uniforme.

(c) Não, não pode.

1.5-

- Tensor Densidade de Energia – Momentum: vide referência bibliográfica nº 14, páginas 377 e 378.

$$\left(T_{ij}\right)=\begin{bmatrix} -T_{11}^{M} & -T_{12}^{M} & -T_{13}^{M} & cG_x \\ -T_{12}^{M} & -T_{22}^{M} & -T_{23}^{M} & cG_y \\ -T_{13}^{M} & -T_{23}^{M} & -T_{33}^{M} & cG_z \\ cG_x & cG_y & cG_z & W \end{bmatrix}$$

em que

$$\mathbf{G}=\frac{\mathbf{\mathcal{P}}}{c^2}$$

é a densidade de momentum do campo, $\mathcal{P}$ é o vetor de **Poynting,** c é a velocidade da luz e

$$W=\frac{1}{2}\left(\varepsilon_0 E^2 + \mu_0 H^2\right)$$

é a densidade de energia.

- Tensor métrico: vide referência bibliográfica nº 60, página 511.

$$\left(g_{ij}\right)=\begin{bmatrix} -1 & 0 & 0 & 0 \\ 0 & -1 & 0 & 0 \\ 0 & 0 & -1 & 0 \\ 0 & 0 & 0 & +1 \end{bmatrix}$$

CAPÍTULO 2

Álgebra Vetorial

2.1 - Elementos ou Características de um Vetor

Toda grandeza vetorial pode ser representada geometricamente por um vetor. De acordo com a notação de **Gibbs**[1] um vetor é representado por uma letra encimada por uma seta, ou seja: $\vec{V}$, $\vec{A}$, $\vec{B}$, etc. Há também quem empregue tipos em itálico encimados por uma seta, isto é: $\vec{V}$, $\vec{A}$, $\vec{B}$, etc. No entanto, em nosso trabalho, os vetores são representados por caracteres em negrito, seguindo a notação adotada por **Heaviside**[2] e por **Wilson**[3], como por exemplo: **V, A, B**, etc. Os elementos que definem um vetor são:

1º) Direção (dada pela reta suporte ou linha de ação r);

2º) Sentido (dado pela seta);

3º) Origem ou **ponto inicial** (P);

4º) Extremidade ou **ponto terminal** (Q);

5º) Módulo, norma ou **intensidade** $\left(|\mathbf{PQ}| = |\mathbf{V}| = V \right)$.

Graficamente um vetor **V** é representado por um segmento de reta orientado **PQ**, conforme ilustrado na figura 2.1. O vetor **V** tem a **direção** da reta suporte que passa pelos pontos P e Q, e seu **sentido** é de P para Q. O ponto P chama-se **origem** ou **ponto inicial**, e o ponto Q é denominado **extremidade** ou **ponto terminal** de **V**. O comprimento do segmento $\overline{PQ}$ exprime o **módulo, norma** ou **intensidade** de **V**, sendo representado por $|\mathbf{PQ}|$, $|\mathbf{V}|$ ou, simplesmente, V.

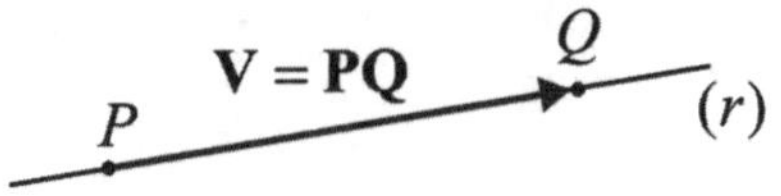

$$P \quad \overset{\mathbf{V = PQ}}{\longrightarrow} \quad \overset{Q}{} \quad (r)$$

Fig. 2.1 - Representação geométrica de um vetor

Uma vez instituída a representação geométrica de um vetor, estamos agora em condições de analisar em profundidade a etimologia da palavra vetor. Conforme, já fora adiantado na subseção 1.3.2, o vocábulo provém de **vector**, o qual deriva do verbo latino vehĕre[4]: levar, carregar, trans-

---

[1] **Josiah Willard Gibbs.**

[2] **Oliver Heaviside.**

[3] **Edwin Bidwell Wilson.**

[4]A pronúncia é **uéere** (reconstituída - é a que busca recuperar a pronúncia que seria a corrente em Roma no século I a. C) ou **véere** (tradicional - é a mais moderna e baseada na evolução da língua). O particípio passado deste verbo é

portar, ou seja, **veículo**. Na forma passiva, temos, então, **vector** e daí **vetor**. A palavra tem uma conotação primitiva e até mesmo bizarra, porém, pertinente: de acordo com a representação geométrica de um vetor genérico, ilustrada na figura 2.1, o ponto P é **levado**, **carregado** ou **transportado** até o ponto Q. Em outras palavras: **o vetor pode ser entendido como sendo um veículo**.

Quando os pontos P e Q na figura 2.1 são coincidentes, o vetor é chamado **vetor zero** ou, mais usualmente, **vetor nulo** e é representado por $\mathbf{V} = 0$ ou pelo próprio simbolo "0", mas há quem represente tal zero em negrito "**0**" ou encimado por uma seta "$\vec{0}$". Todos os vetores nulos são iguais e, portanto, só existe um vetor nulo. A direção é indeterminada ou indefinida, significando que o vetor nulo não tem direção. Assim, o mesmo pode ser considerado paralelo a todos os vetores. No **vetor nulo**, o conceito de sentido deixa de existir; por isso ele é **também denominado vetor impróprio. Vetor próprio é vetor não nulo**.

2.2 - Classificação de Vetores

2.2.1 - Quanto à Aplicação

(a) Livre: é aquele cuja origem é um ponto arbitrário do espaço, conservando-se, porém, seus atributos de módulo, direção e sentido. Em outros termos: é aquele que pode ser deslocado paralelamente a si mesmo. **Exemplificação**: velocidade de um ponto generico de um sólido em movimento de translação pura (ausência de rotação), conforme na figura 2.2, que ilustra um corpo de massa m para o qual

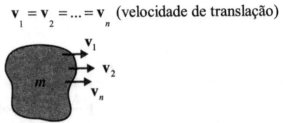

$\mathbf{v}_1 = \mathbf{v}_2 = ... = \mathbf{v}_n$ (velocidade de translação)

Fig. 2.2 - Corpo em movimento de translação

(b) Localizado:

(b.1) Num eixo: vetor deslizante, cursor ou axial, é aquele cuja origem é um ponto arbitrário de um eixo. Em outras palavras: é aquele que deslocado ao longo de sua reta suporte continua a representar a mesma grandeza vetorial.

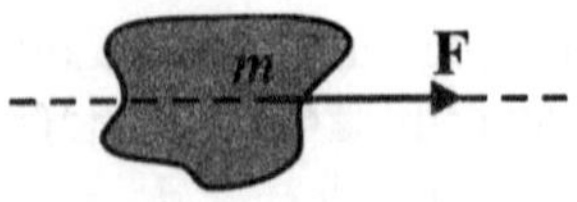

Fig. 2.3 - Cursor

---

vectus, e não **vetor**, conforme afirmado por alguns. Tanto no Dicionario latino-português, 3ª edição, de **Francisco Torrinha**, Porto: Marânus, 1945, quanto no Dicionário escolar latino-português, 6ª edição, de **Ernesto Faria**, Rio de Janeiro: FAE/MEC,1991, encontramos a forma **vectus**, -a, -um, mostrando que ele, no particípio passado, funciona como um adjetivo de primeira classe, tendo **vectus** para concordar com palavras masculinas; **vecta** para as femininas; e **vectum**, para as do gênero neutro. A forma **vector** é a forma passiva: aquele que é transportado, levado; classificada, segundo os dois dicionaristas, como sendo um substantivo masculino.

Exemplificação: força aplicada a um sólido rígido de massa m, conforme ilustrado pela figura 2.3. Mais formalmente, cursor é o sistema constituído pela reta suporte (r) e o vetor livre **V** na direção dessa reta. Designa-se tal cursor pelas notações $(r, \mathbf{V})$ ou $(\mathbf{V}, r)$.

(b.2) Num ponto: vetor aplicado, ligado, vinculado, fixo a um ponto, é aquele cujo ponto inicial é um ponto fixo no espaço.

Exemplificações:

1ª) Em um corpo deformável, a aplicação de uma força em um ponto superficial ou interior ao corpo pode causar efeitos mecânicos diferentes; por isso não podemos fazer uma força corresponder a um cursor, mas sim a um vetor aplicado.

2ª) A velocidade e a aceleração de um ponto material movendo-se no espaço, o campo newtoniano e o campo elétrico, individualizam vetores aplicados em um ponto.

3ª) A força com que se puxa uma cadeira é aplicada no ponto em que se segura a cadeira; puxando-se o barbante amarrado a um prego fixo na parede, o ponto de aplicação da força está na cabeça do prego; na tração de um arado, por intermédio de um trator, o ponto de aplicação da força está no engate.

Mais formalmente, vetor aplicado é a associação do vetor livre **V** e um ponto P. Designa-se tal vetor pelas notações $(P, \mathbf{V})$ ou $(\mathbf{V}, P)$.

Nota: neste trabalho admitiremos que todos os vetores sejam livres, a menos que se especifique o contrário.

2.2.2 - Quanto à Direção

(a) Paralelos: aqueles que têm a mesma direção; assim como ilustrado na figura 2.4. Alguns autores, entretanto, denominam o caso da parte (a) da figura 2.4, de vetores paralelos, e o da parte (b) da mesma figura, de vetores antiparalelos.

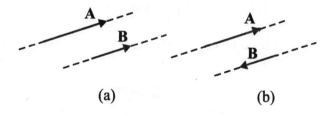

(a)   (b)

Fig. 2.4 - Vetores paralelos

Fig. 2.5 - Vetores equipolentes

(b) Equipolentes: são os vetores que além de serem paralelos têm o mesmo módulo e o mesmo sentido, estando representados na figura 2.5. A equipolência goza das seguintes propriedades:

1ª) $A = B$ (reflexividade ou identidade) (2.1)

ou seja, todo vetor é equipolente a ele mesmo.

2ª) $A = B \rightarrow B = A$ (simetria) (2.2)

isto é, se um vetor é equipolente a outro, este outro é equipolente ao primeiro.

3ª) $A = B$ e $B = C \rightarrow A = C$ (transitividade) (2.3)

quer dizer, dois vetores equipolentes a um terceiro são equipolentes entre si.

(c) Colineares ou coaxiais: são aqueles que têm a mesma reta suporte ou linha de ação, conforme mostrado na figura 2.6.

Fig 2.6 - Vetores colineares ou coaxiais

(d) Coiniciais ou concorrentes: são aqueles que têm o mesmo ponto inicial. Devemos notar que dois vetores coiniciais equipolentes coincidem.

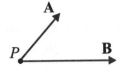

Fig. 2.7 - Vetores coiniciais ou concorrentes

(e) Paralelo a um plano: é todo aquele cuja reta suporte é paralela a uma reta qualquer de um plano.

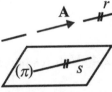

Fig. 2.8 - Vetor paralelo a um plano

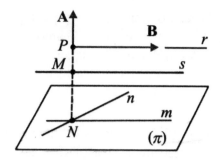

Fig. 2.9 - Vetores normais ou perpendiculares

(f) Normal: vetor normal a outro, a uma reta, ou a um plano, é aquele cuja reta suporte é perpendicular à reta suporte (r) desse vetor, à reta dada (s) ou ao plano considerado (π) sendo, portanto, normal à qualquer reta desse último.

(g) Coplanares: são aqueles cujas retas suportes pertencem a um mesmo plano. As duas retas paralelas (r) e (s), pertencentes ao plano (π), são coplanares. As retas (m) e (n), concorrentes no ponto P e também pertencentes ao plano (π), são coplanares. Aliás, as quatro retas indicadas na figura 2.10 são coplanares.

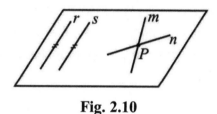

Fig. 2.10

2.3 - Multiplicação de um Vetor por um Escalar

2.3.1 - Definição

Seja **V** um vetor e λ um escalar qualquer. Consequentemente, o vetor λ**V**, conforme ilustrado na figura 2.11, é definido por

1º) A intensidade de λ **V** é $|\lambda||\mathbf{V}|$, assim $|\lambda\mathbf{V}| = |\lambda||\mathbf{V}|$;

2º) Se $\lambda > 0$ e $\mathbf{V} \neq 0$, o sentido de $\lambda\mathbf{V}$ é o de **V**;

3º) Se $\lambda < 0$ e $\mathbf{V} \neq 0$, o sentido de $\lambda\mathbf{V}$ é oposto ao de **V**;

4º) Se $\lambda = 0$ ou $\mathbf{V} = 0$, é dito "nulo". Assim, $0\mathbf{V} = \lambda 0 = 0$.

Portanto, dois vetores não nulos são paralelos (representa-se **A**//**B**) se, e somente se, existir um escalar λ tal que

$$\mathbf{B} = \lambda \mathbf{A} \tag{2.4}$$

Visto que o vetor nulo tem direção qualquer, diz-se que é paralelo a qualquer vetor **V** e que **V** é paralelo a qualquer vetor nulo. Com esta convenção, amplia-se a condição de paralelismo para **A**//**B** se, e somente se, **B** = λ**A** ou **A** = η**B** para quaisquer escalares λ e η.

2.3.2 - Vetor Simétrico

Fazendo $\lambda = -1$ na expressão (2.4) obtemos o simétrico do vetor **V**, representado por $-\mathbf{V} = (-1)\mathbf{V}$, isto é, um vetor cuja intensidade é a mesma de **V**, mas o sentido é oposto ao do primeiro.

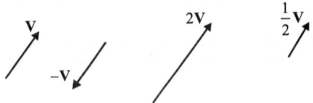

Fig. 2.11 - Multiplicação de um vetor por diversos escalares

2.3.3 - Vetor Unitário

Se $\mathbf{V} \neq 0$ e $\lambda = 1/|\mathbf{V}|$, de acordo com a expressão (2.4), temos um vetor unitário ou versor na direção do vetor **V**. Sendo $\lambda > 0$, o vetor unitário tem a mesma direção e o mesmo sentido de **V**. Já para $\lambda < 0$, o vetor unitário tem a mesma direção, porém sentido contrário ao do vetor **V**. Assim sendo, podemos estabelecer

$$\mathbf{u}_V = \frac{\mathbf{V}}{\pm|\mathbf{V}|} \tag{2.5a}$$

ou de outro modo

$$\mathbf{V} = \pm|\mathbf{V}|\mathbf{u}_V \tag{2.5b}$$

Nota: neste curso os vetores unitários serão sempre representados por $\mathbf{u}_i$, em que o índice *i* está ligado à direção do vetor unitário. Assim, $\mathbf{u}_V$ é o vetor unitário na direção do vetor **V**, $\mathbf{u}_x$ é o vetor unitário na direção do eixo *x*, etc. O motivo da escolha de tal notação apoia-se no fato de que este livro, conforme mencionado na apresentação do mesmo, pretende, tanto quanto possível, estabelecer um forte elo de ligação entre a presente disciplina e suas aplicações, inclusive, nos textos específicos de **Física**, **Mecânica dos Sólidos**, **Mecânica dos Fluidos** e **Eletromagnetismo**, entre outros. Nestes trabalhos a tendência moderna é pela utilização deste tipo de notação. Oportunamente, serão também apresentadas outras possibilidades.

2.4 - Projeção ou Componente de um Vetor segundo um Eixo

Seja um vetor **V**, de módulo $|\mathbf{V}|$, e um eixo x, por exemplo, conforme ilustrado na figura 2.12. Chamaremos de projeção ou componente escalar[5] do vetor **V**, à projeção ortogonal do segmento orientado $\overline{PQ}$ sobre este eixo. Sendo α o ângulo que o vetor forma com a direção paralela ao semi-eixo x positivo, P e Q respectivamente a origem e extremidade do vetor, por P traçemos uma paralela ao eixo x, obtendo o triângulo retângulo PQR, no qual $\overline{PQ} = |\mathbf{V}|$. A projeção ou componente em questão é $\overline{PR} = V_x$.

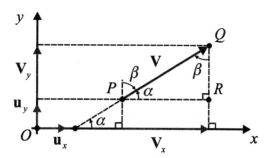

Fig. 2.12 - Projeções ou componentes de um vetor

Do triângulo PRQ, vem

$$\overline{PR} = \overline{PQ} \cos \alpha$$

o que nos garante

$$V_x = |\mathbf{V}| \cos \alpha \qquad (2.6)$$

em que $0 \leq \alpha \leq 360° (2\pi \text{ rad})$.

Se quisermos a projeção ou componente vetorial de **V**, basta multiplicar a componente escalar pelo vetor unitário do eixo x, isto é,

$$\mathbf{V}_x = V_x \mathbf{u}_x = |\mathbf{V}| \cos \alpha \; \mathbf{u}_x \qquad (2.7)$$

Também da figura, decorre

$$\alpha + \beta = 90°$$

o que implica

$$\beta = 90° - \alpha$$

---

[5] Na prática, quando for usado o termo projeção de um vetor, sem especificar se é a escalar ou vetorial, estaremos nos referindo à escalar, e quando for usado o termo componente do vetor, também sem especificar se é a escalar ou vetorial, estaremos nos referindo à vetorial.

e

$$\cos \beta = \operatorname{sen} \alpha$$

Também do triângulo *PRQ*, segue-se

$$\overline{RQ} = \overline{PQ} \cos \beta = \overline{PQ} \operatorname{sen} \alpha$$

o que nos leva a

$$V_y = |\mathbf{V}| \cos \beta = |\mathbf{V}| \operatorname{sen} \alpha \tag{2.8}$$

bem como

$$\mathbf{V}_y = V_y \mathbf{u}_y = |\mathbf{V}| \cos \beta \; \mathbf{u}_y = |\mathbf{V}| \operatorname{sen} \alpha \; \mathbf{u}_y \tag{2.9}$$

Generalizando para um eixo *i* qualquer, temos

$$V_i = |\mathbf{V}| \cos \alpha_i \tag{2.10}$$

e

$$\mathbf{V}_i = V_i \mathbf{u}_i = |\mathbf{V}| \cos \alpha_i \; \mathbf{u}_i \tag{2.11}$$

Concluindo: a componente escalar de um vetor sobre um eixo orientado é obtida multiplicando-se o módulo do vetor dado pelo cosseno do ângulo que o vetor forma com a parte positiva do eixo. A componente vetorial do vetor sobre o eixo é dada pelo produto da componente escalar pelo vetor unitário do eixo. Entretanto, não devemos nos confundir no caso do ângulo entre o vetor e o semi-eixo positivo ser do segundo quadrante, ou seja, obtuso, conforme ilustrado na figura 2.13, para o caso de desejarmos obter a componente do vetor no eixo *x*.

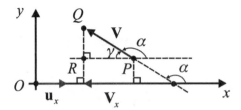

Fig. 2.13 - Projeção de um vetor

Ainda assim, temos

$$V_x = |\mathbf{V}| \cos \alpha$$

o que vai conduzir a uma componente escalar negativa, uma vez que o ângulo α é obtuso. O que não se pode é escrever

$$V_x = |\mathbf{V}|\cos\gamma$$

Se quisermos expressar a componente escalar em função do ângulo γ, devemos lembrar que

$$\alpha + \gamma = 180°$$

o que implica

$$\alpha = 180° - \gamma$$

e

$$\cos\alpha = \cos\left(180° - \gamma\right) = -\cos\gamma$$

Deste modo, temos

$$V_x = |\mathbf{V}|\cos\alpha = |\mathbf{V}|\left(-\cos\gamma\right)$$

ou seja,

$$V_x = -|\mathbf{V}|\cos\gamma \qquad (2.12)$$

Para a componente vetorial, segue-se

$$\mathbf{V}_x = -|\mathbf{V}|\cos\gamma\,\mathbf{u}_x \qquad (2.13)$$

Nota: conforme já mencionado, o ângulo α pode ser um ângulo de qualquer quadrante, conforme será visto no exemplo 2.1. Assim sendo, é conveniente projetar o vetor sobre o eixo e verificar, pelo sentido da componente, se ela é positiva ou negativa. Se conhecemos o ângulo α que o vetor forma com a direção paralela ao semi-eixo x positivo, o sinal da componente já virá, automaticamente, com o sinal do $\cos\alpha$. No entanto, se formos trabalhar com um ângulo diferente de α, devemos pesquisar o sinal da componente e entrar com os sinais $(+)$ ou $(-)$, conforme seja o caso.

Casos particulares:

- **1º)** $\alpha = 0 \rightarrow$ o vetor é paralelo ao eixo e de mesmo sentido que este.

Com relação à figura 2.14, temos

$$V_x = |\mathbf{V}|\cos\alpha = |\mathbf{V}|\cos 0 = |\mathbf{V}|\,;\, \mathbf{V}_x = |\mathbf{V}|\mathbf{u}_x$$

e os vetores $\mathbf{V}_x$ e $\mathbf{V}$ são equipolentes.

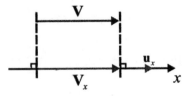

Fig. 2.14

- **2º)** $\alpha = 90° \rightarrow$ o vetor é perpendicular ao eixo.

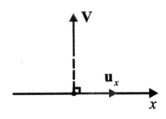

Fig. 2.15

Neste caso, vem

$$V_x = |\mathbf{V}|\cos\alpha = |\mathbf{V}|\cos 90° = 0; \mathbf{V}_x = 0$$

- **3º)** $\alpha = 180° \rightarrow$ o vetor é paralelo ao eixo, mas de sentido contrário ao mesmo.
  Em tal situação, temos

$$V_x = |\mathbf{V}|\cos\alpha = |\mathbf{V}|\cos 180° = -|\mathbf{V}|; \mathbf{V}_x = -|\mathbf{V}|\mathbf{u}_x$$

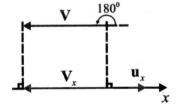

Fig. 2.16

sendo que os vetores $\mathbf{V}_x$ e $\mathbf{V}$ são equipolentes.

EXEMPLO 2.1

Em cada um dos casos da figura 2.17, determine as projeções ou componentes escalares, bem como as componentes vetoriais do vetor dado sobre os eixos x e y, sabendo-se que $|\mathbf{V}| = 10,0$.

Álgebra Vetorial 19

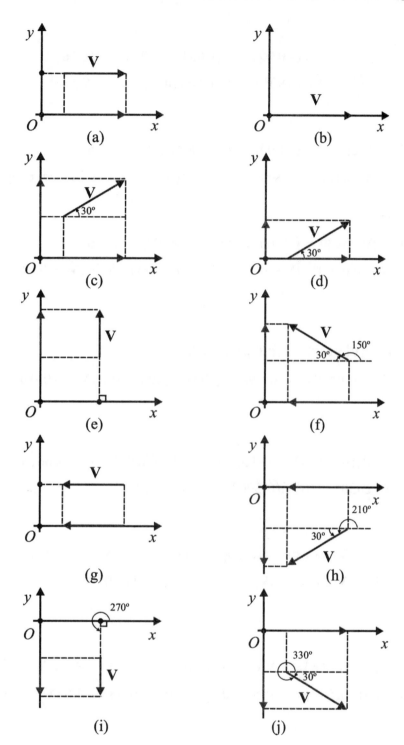

Fig. 2.17

SOLUÇÃO:

(a)

$$\begin{cases} V_x = |\mathbf{V}|\cos 0 = (10,0)(1,00) = 10,0\, ; \mathbf{V}_x = 10,0\,\mathbf{u}_x \\ V_y = |\mathbf{V}|\cos 90° = |\mathbf{V}|\,\text{sen}\,0 = (10,0)(0) = 0\, ; \mathbf{V}_y = 0 \end{cases}$$

(b)

$$\begin{cases} V_x = |\mathbf{V}|\cos 0 = (10,0)(1,00) = 10,0\, ; V_x = 10,0\,\mathbf{u}_x \\ V_y = |\mathbf{V}|\cos 90^\circ = |\mathbf{V}|\operatorname{sen} 0 = (10,0)(0) = 0\, ; V_y = 0 \end{cases}$$

(c)

$$\begin{cases} V_x = |\mathbf{V}|\cos 30^\circ = (10,0)(0,866) = 8,66\, ; V_x = 8,66\,\mathbf{u}_x \\ V_y = |\mathbf{V}|\cos 60^\circ = |\mathbf{V}|\operatorname{sen} 30^\circ = (10,0)(0,866) = 8,66\, ; V_y = 8,66\,\mathbf{u}_y \end{cases}$$

(d)

$$\begin{cases} V_x = |\mathbf{V}|\cos 30^\circ = (10,0)(0,866) = 8,66\, ; V_x = 8,66\,\mathbf{u}_x \\ V_y = |\mathbf{V}|\cos 60^\circ = |\mathbf{V}|\operatorname{sen} 30^\circ = (10,0)(0,866) = 8,66\, ; V_y = 8,66\,\mathbf{u}_y \end{cases}$$

(e)

$$\begin{cases} V_x = |\mathbf{V}|\cos 90^\circ = (10,0)(0) = 0\, ; V_x = 0 \\ V_y = |\mathbf{V}|\cos 0 = |\mathbf{V}|\operatorname{sen} 90^\circ = (10,0)(1,00) = 10,0\, ; V_y = 10,0\,\mathbf{u}_y \end{cases}$$

(f)

$$\begin{cases} V_x = |\mathbf{V}|\cos 150^\circ = (10,0)(-0,866) = -|\mathbf{V}|\cos 30^\circ = -(10,0)(0,866) = -8,66\, ; V_x = -8,66\,\mathbf{u}_x \\ V_y = |\mathbf{V}|\operatorname{sen} 150^\circ = |\mathbf{V}|\operatorname{sen} 30^\circ = (10,0)(0,500) = 5,0\, ; V_y = 5,0\,\mathbf{u}_y \end{cases}$$

(g)

$$\begin{cases} V_x = |\mathbf{V}|\cos 180^\circ = (10,0)(-1,00) = -10,0\ \, ; V_x = -10,0\,\mathbf{u}_x \\ V_y = |\mathbf{V}|\cos 90^\circ = |\mathbf{V}|\operatorname{sen} 180^\circ = (10,0)(0) = 0\ \, ; V_y = 0 \end{cases}$$

(h)

$$\begin{cases} V_x = |\mathbf{V}|\cos 210^\circ = 10,0(-0,866) = -|\mathbf{V}|\cos 30^\circ = -10,0\,(\,0,866) = -8,66\, ; V_x = -8,66\,\mathbf{u}_x \\ V_y = |\mathbf{V}|\operatorname{sen} 210^\circ = 10,0(-0,500) = -|\mathbf{V}|\operatorname{sen} 30^\circ = -10,0\,(\,0,500) = -5,0\, ; V_y = -5,0\,\mathbf{u}_y \end{cases}$$

(i)

$$\begin{cases} V_x = |\mathbf{V}|\cos 270^\circ = |\mathbf{V}|\cos 90^\circ = (10,0)(0) = 0\, ; V_x = 0 \\ V_y = |\mathbf{V}|\cos 180^\circ = |\mathbf{V}|\operatorname{sen} 270^\circ = (10,0)(-1,00) = -10,0\, ; V_y = -10,0\,\mathbf{u}_y \end{cases}$$

(j)

$$\begin{cases} V_x = |\mathbf{V}|\cos 330^\circ = |\mathbf{V}|\cos 30^\circ = (10,0)(0,866) = 8,66\, ; V_x = 8,66\,\mathbf{u}_x \\ V_y = |\mathbf{V}|\operatorname{sen} 330^\circ = (10,0)(-0,500) = -|\mathbf{V}|\operatorname{sen} 30^\circ = -(10,0)(0,500) = -5,0\, ; V_y = -5,0\,\mathbf{u}_y \end{cases}$$

2.5 - Soma e Subtração de Vetores

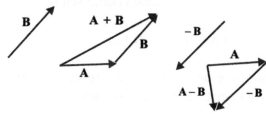

(a) Regra do triângulo para a soma de dois vetores.

(b) Regra do triângulo para a subtração de dois vetores.

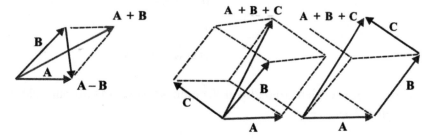

(c) Regra do paralelogramo para a soma e a subtração de vetores

(d) Regra do paralelepípedo para a soma de três vetores não coplanares.

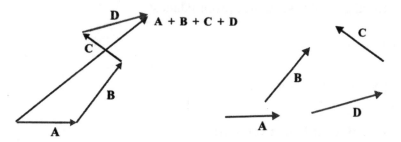

(e) Regra para a soma de um número qualquer de vetores, coplanares ou não. Sendo os vetores coplanares ela se denomina regra da linha poligonal. Em caso contrário, denomina-se regra da linha poliédrica. O vetor soma é obtido unindo-se a origem do primeiro vetor à extremidade do último.

Fig. 2.18 - Soma e subtração de vetores

2.5.1 - Definições

Dados dois vetores **A** e **B**, a soma ou resultante é representada por

$$S = A + B \tag{2.14}$$

Tal soma é um vetor único, determinado pela regra do triângulo ou pela regra do paralelogramo, ambas ilustradas na parte (a) da figura 2.18.

Para três vetores, **A**, **B** e **C**, a soma ou resultante é dada por

$$S = A + B + C \tag{2.15}$$

22 Cálculo e Análise Vetoriais com Aplicações Práticas

Este vetor é único e determinado pela regra do paralelepípedo se os três vetores não forem coplanares e pela regra da linha poligonal se eles forem coplanares.

Para um número qualquer de vetores, a soma é definida como sendo

$$S = A + B + C + D + ...$$ (2.16)

A determinação deste vetor é unívoca, e pode ser levada a termo utilizando-se a regra da linha poligonal para o caso de vetores coplanares, e a regra da linha poliédrica para vetores não coplanares.

A subtração ou diferença de dois vetores A e B é definida por

$$D = A - B$$ (2.17a)

e

$$D = B - A$$ (2.17b)

Tais vetores podem ser determinados utilizando-se as regras do paralelogramo ou do triângulo, apresentadas na figura 2.18.

2.5.2 - Propriedades

A adição vetorial goza das seguintes propriedades:

$1^a)\ A + B = B + A$ (comutativa) (2.18)

$2^a)\ A + (B + C) = (A + B) + C$ (associativa) (2.19)

$3^a)\ \lambda(A + B) = \lambda A + \lambda B$ (distributiva vetorial) (2.20)

$4^a)\ (\lambda + \eta)A = \lambda A + \eta A$ (distributiva escalar) (2.21)

$5^a)\ A + 0 = A$ (identidade) (2.22)

$6^a)\ A + (-A) = 0$ (simétrica) (2.23)

DEMONSTRAÇÕES:

$1^a)\ A + B = B + A$

Para os vetores A e B da figura 2.19, temos

$$A + B = PQ + QR = PR$$ (i)

e

$$B + A = PS + SR = PR$$ (ii)

Em consequência, segue-se

$$A + B = B + A$$

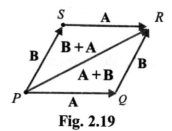

Fig. 2.19

2ª) $A + (B + C) = (A + B) + C$

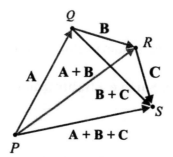

Fig. 2.20

Construindo o polígono *PQRS*, conforme mostrado na figura 2.20, tendo os vetores A, B e C como lados, podemos expressar

$$A + (B + C) = A + QS = PQ + QS = PS \qquad \text{(i)}$$

e

$$(A + B) + C = PR + C = PR + RS = PS \qquad \text{(ii)}$$

Assim sendo, temos

$$A + (B + C) = (A + B) + C$$

3ª) $\lambda(A + B) = \lambda A + \lambda B$

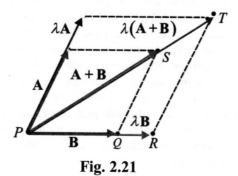

Fig. 2.21

24 Cálculo e Análise Vetoriais com Aplicações Práticas

A demonstração se baseia, pura e simplesmente, na semelhança entre os triângulos PSQ e PTR da figura 2.21, cuja razão de semelhança é λ.

4ª) $(\lambda + \eta)\mathbf{A} = \lambda\mathbf{A} + \eta\mathbf{A}$

A validade de tal expressão decorre, de modo imediato, da expressão **(2.4).**

5ª) $\mathbf{A} + 0 = \mathbf{A}$

Tal expressão se apoia, fundamentalmente, nas definições de soma vetorial e de vetor nulo.

6ª) $\mathbf{A} + (-\mathbf{A}) = 0$

Esta expressão está fundamentada na soma vetorial e no conceito de vetor simétrico.

2.5.3 – Expressões Analíticas para a Soma e a Subtração de dois Vetores

(a) Soma

A soma é determinada, graficamente, pela regra do paralelogramo, conforme na figura 2.22. Na mesma, tiremos, pelo ponto T, o segmento de reta $\overline{TS}$, perpendicular ao segmento $\overline{PS}$. Fica, então, determinado o triângulo retângulo PST. Vamos, agora, aplicar o teorema de **Pitágoras**[6] a este triângulo, o que nos permite expressar

$$|\mathbf{V}_1|^2 = (|\mathbf{B}| + x)^2 + y^2$$

---

[6] **Pitágoras [do grego Πυθαγόρας (571 a.C. - 497 a. C.)]** - filósofo e matemático grego, nascido na ilha de **Samos** e contemporâneo de **Tales**, **Sidharta Gautama (Buddha)**, **Confúcio** e **Lao-Tsé**. Ele foi o criador da palavra filosofia (do grego **Φιλοσοφία**: philos - amor, amizade + sophia - sabedoria) e que hoje em dia é uma disciplina, ou uma área de estudos, que envolve a investigação, análise, discussão, formação e reflexão de idéias (ou visões do mundo) em uma situação geral, abstrata ou fundamental. Também foi o criador da palavra Matemática (Mathematike, em grego, que deriva de "máthema" que significa ciência, conhecimento ou aprendizagem, derivando daí "mathematikós", que significa o prazer de aprender), tendo sido o primeiro a conceber tal ciência como um sistema de pensamento calcado em provas dedutivas. É de sua autoria o famoso teorema que afirma: "Em todo triângulo retângulo, a soma dos quadrados dos catetos é igual ao quadrado da hipotenusa". Descobriu também em que proporções uma corda deve ser dividida para a obtenção das notas musicais dó, ré, mi, etc. Descobriu ainda que frações simples das notas, tocadas juntamente com a nota original, produzem sons agradáveis, já que as frações mais complicadas, tocadas com a nota original, produzem sons desagradáveis. Fundou uma escola mística e filosófica em **Crotona** (colônia grega na península itálica), cujos princípios foram determinantes para evolução geral da Matemática e da Filosofia ocidentais e os principais enfoques eram: harmonia matemática, doutrina dos números e dualismo cósmico essencial. Esta escola ficou conhecida como **Escola Pitagórica**. O símbolo utilizado pela mesma era o pentagrama, que, como descobriu o seu fundador, possui algumas propriedades interessantes. Um pentagrama é obtido traçando-se as diagonais de um pentágono regular; pelas interseções dos segmentos destas diagonais, é obtido um novo pentágono regular, que é proporcional ao original exatamente pela razão áurea.

Entretanto, o teorema de **Pitágoras** empregado no triângulo RST, conduz a

$$|\mathbf{A}|^2 = x^2 + y^2$$

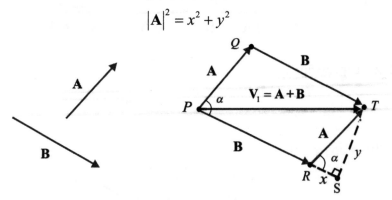

Fig. 2.22 - Soma de dois vetores

de onde vem

$$y^2 = |\mathbf{A}|^2 - x^2$$

que substituída na penúltima expressão, nos conduz a

$$|\mathbf{V}_1|^2 = (|\mathbf{B}| + x)^2 + |\mathbf{A}|^2 - x^2$$

Desenvolvendo o quadrado do binômio, obtemos

$$|\mathbf{V}_1|^2 = |\mathbf{B}|^2 + 2|\mathbf{B}|x + x^2 + |\mathbf{A}|^2 - x^2 = |\mathbf{A}|^2 + |\mathbf{B}|^2 + 2|\mathbf{B}|x$$

Ainda o triângulo RST, nos permite estabelecer

$$x = |\mathbf{A}|\cos\alpha$$

que substituída na última expressão conduz a

$$|\mathbf{V}_1|^2 = |\mathbf{A}|^2 + |\mathbf{B}|^2 + 2|\mathbf{A}||\mathbf{B}|\cos\alpha$$

Finalmente, temos

$$|\mathbf{V}_1| = \sqrt{|\mathbf{A}|^2 + |\mathbf{B}|^2 + 2|\mathbf{A}||\mathbf{B}|\cos\alpha} \qquad (2.24a)$$

Casos particulares:

- 1º) $\alpha = 0 \rightarrow \cos\alpha = 1$

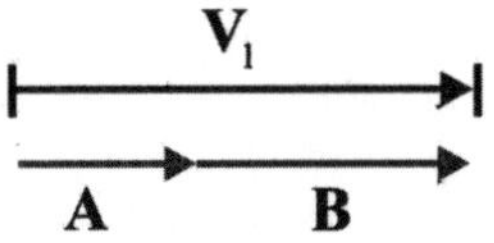

Fig. 2.23

Substituindo-se o valor do cosseno na expressão (2.24a), obtemos

$$|V_1| = \sqrt{|A|^2 + |B|^2 + 2|A||B|} = \sqrt{(|A|+|B|)^2}$$

o que nos conduz à expressão

$$|V_1| = |A| + |B| \qquad (2.24b)$$

- 2º) $\alpha = 90° \to \cos\alpha = 0$

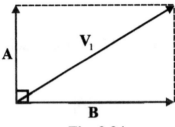

Fig. 2.24

Substituindo o valor do cosseno na expressão (2.24a), temos

$$|V_1| = \sqrt{|A|^2 + |B|^2} \qquad (2.24c)$$

- 3º) $\alpha = 180° \to \cos\alpha = -1$

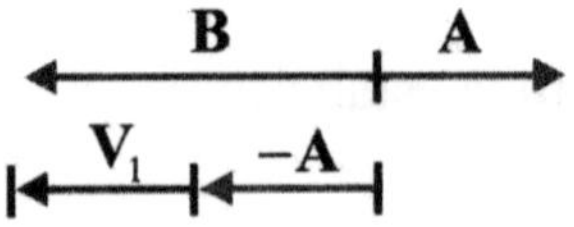

Fig. 2.25

Substituindo-se o valor do cosseno na expressão (2.24a), ficamos com

$$|V_1| = \sqrt{|A|^2 + |B|^2 - 2|A||B|} = \sqrt{(|A|-|B|)^2} = \sqrt{(|B|-|A|)^2}$$

o que implica

$$|V_1| = |B| - |A| \qquad (2.24d)$$

apontando no sentido de **B**, uma vez que assumimos $|A| < |B|$.

(b) Subtração

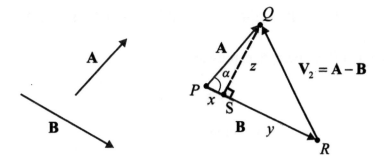

Fig. 2.26 - Subtração de dois vetores

Na figura 2.26, tiremos pelo ponto Q o segmento de reta $\overline{QS}$, perpendicular ao segmento $\overline{PR}$. Ficam determinados dois triângulos retângulos: PSQ e RSQ.

Aplicando o teorema de **Pitágoras** ao triângulo RSQ, podemos estabelecer

$$|\mathbf{V}_2|^2 = y^2 + z^2$$

Do triângulo PSQ, temos

$$|\mathbf{A}|^2 = x^2 + z^2$$

Tal expressão pode ser colocada sob a forma

$$z^2 = |\mathbf{A}|^2 - x^2$$

Substituindo na expressão do módulo de $\mathbf{V}_2$, temos

$$|\mathbf{V}_2|^2 = y^2 + |\mathbf{A}|^2 - x^2$$

Da figura, tiramos

$$|\mathbf{B}| = x + y$$

Temos também

$$y = |\mathbf{B}| - x$$

Substituindo na penúltima expressão, resulta

$$|\mathbf{V}_2|^2 = (|\mathbf{B}| - x)^2 + |\mathbf{A}|^2 - x^2$$

Desenvolvendo o quadrado do binômio, obtemos

$$|V_2|^2 = |B|^2 - 2|B|x + x^2 + |A|^2 - x^2 = |A|^2 + |B|^2 - 2|B|x$$

Ainda o triângulo *PSQ*, permite expressar

$$x = |A|\cos\alpha$$

Substituindo na última expressão, temos

$$|V_2|^2 = |A|^2 + |B|^2 - 2|A||B|\cos\alpha$$

Finalmente, obtemos

$$|V_2| = \sqrt{|A|^2 + |B|^2 - 2|A||B|\cos\alpha} \qquad (2.25a)$$

Casos particulares:

- 1º) $\alpha = 0 \to \cos\alpha = 1$

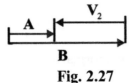

Fig. 2.27

Substituindo o valor do cosseno na expressão (2.25a), obtemos

$$|V_2| = \sqrt{|A|^2 + |B|^2 - 2|A||B|} = \sqrt{(|A|-|B|)^2} = \sqrt{(|B|-|A|)^2}$$

o que acarreta

$$|V_2| = |B| - |A| \qquad (2.25b)$$

apontando no sentido contrário ao de **A** e **B**.

- 2º) $\alpha = 90° \to \cos\alpha = 0$

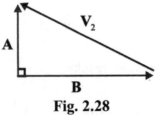

Fig. 2.28

Substituindo-se o valor do cosseno na expressão (2.25a), segue-se

$$|V_2| = \sqrt{|A|^2 + |B|^2} \qquad (2.25c)$$

- 3°) $\alpha = 180° \to \cos\alpha = -1$

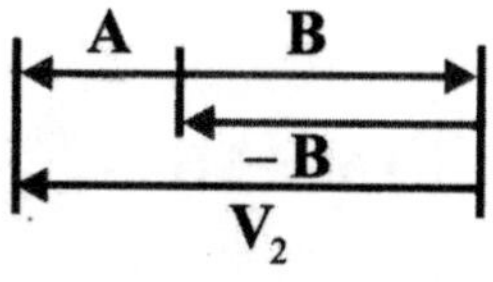

Fig. 2.29

Substituindo-se o valor do cosseno na expressão (2.25a), ficamos com

$$|V_2| = \sqrt{|A|^2 + |B|^2 + 2|A||B|} = \sqrt{(|A|+|B|)^2}$$

o que nos conduz a

$$|V_1| = |A| + |B| \qquad (2.25d)$$

Nota: as expressões (2.24a) e (2.25a) serão novamente deduzidas, utilizando o conceito de produto escalar de vetores, na 5ª aplicação da subseção 2.6.5.

EXEMPLO 2.2

Demonstre, usando vetores, que o segmento unindo os pontos médios de dois lados de um triângulo é paralelo ao terceiro lado e tem comprimento igual à metade deste último.

DEMONSTRAÇÃO:

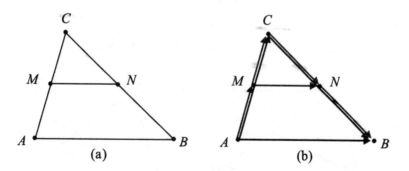

Fig. 2.30

Sejam M e N os pontos médios dos lados $\overline{AC}$ e $\overline{BC}$, respectivamente, conforme ilustrado na parte (a) da figura 2.30. Tracemos, na parte (b) da mesma figura os vetores **AB**, **AC** e **CB**, para os quais podemos estabelecer a igualdade

$$\mathbf{AB} = \mathbf{AC} + \mathbf{CB} \qquad (i)$$

que não se altera se dividirmos ambos os seus membros por dois, ou seja,

$$\frac{AB}{2} = \frac{AC}{2} + \frac{CB}{2} \qquad \text{(ii)}$$

Uma vez que

$$\begin{cases} AM = MC = \dfrac{AC}{2} \\ CN = NB = \dfrac{CB}{2} \end{cases}$$

podemos expressar (ii) na forma equivalente

$$\frac{AB}{2} = MC + CN \qquad \text{(iii)}$$

Por outro lado, da parte (b) da figura em questão, decorre também

$$MN = MC + CN \qquad \text{(iv)}$$

De (iii) e (iv), concluímos

$$MN = \frac{AB}{2}$$

o que verifica a tese.

EXEMPLO 2.3*

Demonstre, por meio de vetores, que as diagonais de um paralelogramo se interceptam nos seus pontos médios.

DEMONSTRAÇÃO:

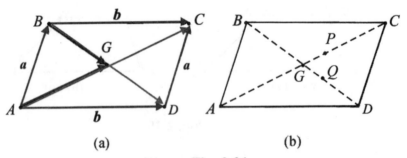

Fig. 2.31

- Primeiro método:

Da parte (a) da figura anterior, segue-se

$$BD + a = b \quad \text{e} \quad BD = b - a$$

Isto implica

$$BG = \lambda(b - a)$$

Temos também

$$AC = a + b$$

o que acarreta

$$AG = \lambda'(a + b)$$

Porém, o vetor a pode ser expresso como

$$a = AB = AG + GB = AG - BG$$

e esta expressão é equivalente a

$$a = \lambda'(a + b) - \lambda(b - a) = (\lambda + \lambda')a + (\lambda' - \lambda)b$$

Tendo em vista que a e b não são colineares, eles devem ser linearmente independentes, e ficamos com

$$\begin{cases} \lambda + \lambda' = 1 \\ \lambda' - \lambda = 0 \end{cases}$$

Isto nos conduz a

$$\lambda = \lambda' = \frac{1}{2}$$

- Segundo método:

Seja P um ponto genérico da diagonal $\overline{AC}$, de tal modo que

$$AP = \lambda \frac{(AB + AD)}{2} \text{, em que } 0 \le \lambda \le 1. \tag{i}$$

Da mesma forma para um ponto genérico Q da outra diagonal, podemos expressar

$$BQ = \lambda' \frac{(BA + AD)}{2} \text{, em que } 0 \le \lambda' \le 1. \tag{ii}$$

Pela parte (b) da figura anterior, vem

$$AP = AB + BP \tag{iii}$$

Fazendo P e Q coincidirem, a fim de pesquisar a interseção das diagonais, a igualdade (ii) assume a forma

$$BP = \lambda' \frac{(BA + AD)}{2} \qquad \qquad \textbf{(iv)}$$

Substituindo as expressões (i) e (ii) na expressão (iii), obtemos

$$\frac{\lambda(AB + AD)}{2} = AB + \frac{\lambda'(BA + AD)}{2}$$

Substituindo $BA = -AB$ na expressão anterior, e reagrupando os termos, vem

$$\left(\frac{\lambda}{2} + \frac{\lambda'}{2} - 1\right)AB + \left(\frac{\lambda}{2} - \frac{\lambda'}{2}\right)AD = 0$$

Uma vez que AB e AD não são colineares, eles devem ser linearmente independentes e devemos ter

$$\begin{cases} \dfrac{\lambda}{2} + \dfrac{\lambda'}{2} = 1 \\[2mm] \dfrac{\lambda}{2} - \dfrac{\lambda'}{2} = 0 \end{cases}$$

Isto nos leva a concluir

$$\lambda = \lambda' = 1$$

Substituindo na igualdade (i) o valor $\lambda = 1$, fazemos o ponto P coincidir com ponto G, e podemos colocar

$$AG = \frac{AB + AD}{2} = \frac{AC}{2}$$

O que nos conduz a

$$\overline{AG} = \overline{GC}$$

Substituindo $\lambda' = 1$, na expressão (ii), o que é equivalente a fazer os pontos Q e G coincidirem, obtemos

$$BG = \frac{(BA + AD)}{2} = \frac{BD}{2}$$

Deste modo, temos

$$\overline{BG} = \overline{GD}$$

Assim sendo, fica demonstrado que G é o ponto médio de $\overline{AC}$ e $\overline{BD}$, o que é equivalente a dizer que as diagonais se interceptam nos seus pontos médios.

EXEMPLO 2.4

Seja $ABCD$ um paralelogramo em que $\mathbf{AB} = \mathbf{u}$, $\mathbf{AD} = \mathbf{v}$ e M é o ponto médio do lado $\overline{AB}$. Se R é a interseção de $\overline{MC}$ com a diagonal $\overline{BD}$, o vetor $\mathbf{RC}$ é dado por:

(a) $\mathbf{u} + 2\mathbf{v}$; (b) $\dfrac{2}{3}(\mathbf{u} + 2\mathbf{v})$; (c) $\dfrac{1}{3}(\mathbf{u} + 2\mathbf{v})$; (d) $\dfrac{1}{3}(2\mathbf{u} + \mathbf{v})$; (e) $\dfrac{2}{3}(2\mathbf{u} + \mathbf{v})$

SOLUÇÃO:

O triângulo MBC nos permite estabelecer a igualdade

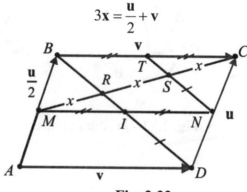

Fig. 2.32

Logo, temos

$$x = \frac{1}{3}\left(\frac{\mathbf{u}}{2} + \mathbf{v}\right)$$

Finalmente, podemos estabelecer

$$\mathbf{RC} = 2\mathbf{x} = \frac{2}{3}\left(\frac{\mathbf{u}}{2} + \mathbf{v}\right) \rightarrow \text{opção (b)}$$

2.6 - Produto Escalar, Interior, Interno, Direto ou Simétrico

2.6.1 - Definição

O produto escalar de dois vetores $\mathbf{A}$ e $\mathbf{B}$ é um escalar (ler $\mathbf{A}$ escalar $\mathbf{B}$) definido por

$$\mathbf{A} \cdot \mathbf{B} \stackrel{\Delta}{=} |\mathbf{A}||\mathbf{B}|\cos\alpha \qquad (2.26)$$

34 Cálculo e Análise Vetoriais com Aplicações Práticas

em que α é o ângulo formado pelas semi-retas que definem os sentidos de **A** e de **B**, ou seja,

$$0 \leq \alpha \leq 180° \, (\pi \text{ rad}),$$

conforme ilustrado na parte (b) da figura 2.33, e o símbolo $\stackrel{\Delta}{=}$ significa igual por definição. De acordo com a expressão (2.26), o ângulo α entre os vetores **A** e **B** pode ser expresso como sendo

$$\cos \alpha = \frac{\mathbf{A} \cdot \mathbf{B}}{|\mathbf{A}||\mathbf{B}|} \qquad (2.27a)$$

ou

$$\alpha = \arccos\left(\frac{\mathbf{A} \cdot \mathbf{B}}{|\mathbf{A}||\mathbf{B}|}\right) \qquad (2.27b)$$

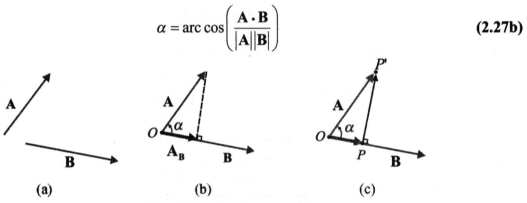

Fig. 2.33 - Produto escalar

2.6.2 - Notações

Diversas são as notações empregadas para indicar o produto escalar de dois vetores:

1ª) Notação francesa → **A . B**

2ª) Notação americana ou de **Wilson** → **A . B**

3ª) Notação de **Marcolongo** → **A** × **B**

4ª) Notação de **Grassmann** → (**A** | **B**)

5ª) Notação de **Peano**[7] → **A** | **B**

Nota: Em nosso curso usaremos a notação de **Wilson**, que é a mesma notação francesa: **A . B**.

---

[7] **Peano [Giuseppe Peano (1858-1932)]** - matemático italiano que iniciou o método matemático para os fundamentos da Aritmética. Construiu curvas contínuas cujos pontos preenchem completamente o quadrado unitário. Foi em dos precursores da Análise Vetorial.

2.6.3 - Projeção ou Componente Escalar de um Vetor na direção de outro Vetor

Na figura 2.33(b), vemos que $|A|\cos\alpha$ é a projeção do vetor $\mathbf{A}$ na direção do vetor $\mathbf{B}$. Por intermédio da expressão (2.26), podemos expressar tal projeção em função do produto escalar dos vetores $\mathbf{A}$ e $\mathbf{B}$, isto é,

$$A_B = \text{proj}_B \mathbf{A} = |A|\cos\alpha = \frac{\mathbf{A} \cdot \mathbf{B}}{|B|}$$

Entretanto, de acordo com a expressão (2.5a),

$$\mathbf{u}_B = \frac{\mathbf{B}}{|B|}$$

é o vetor unitário na direção e sentido de $\mathbf{B}$, o que nos leva a

$$\text{proj}_B \mathbf{A} = \mathbf{A} \cdot \mathbf{u}_B \qquad (2.28)$$

Então, podemos instituir a seguinte regra: para determinarmos a projeção ou componente escalar de um vetor segundo a direção de outro vetor, devemos multiplicar, escalarmente, o primeiro vetor pelo unitário na direção do segundo. Da mesma forma, a projeção ou componente escalar de $\mathbf{B}$ direção de $\mathbf{A}$ é dada por

$$B_A = \text{proj}_A \mathbf{B} = |B|\cos\alpha = \frac{\mathbf{A} \cdot \mathbf{B}}{|A|}$$

Finalmente, chegamos a

$$\text{proj}_A \mathbf{B} = \mathbf{B} \cdot \mathbf{u}_A \qquad (2.29)$$

2.6.4 - Propriedades

O produto escalar goza das seguintes propriedades:

$$1^a)\ \text{Se}\ \mathbf{A} \cdot \mathbf{B} = 0 \begin{cases} \text{ou } \mathbf{A} = 0 \\ \text{ou } \mathbf{B} = 0 \\ \text{ou } \mathbf{A} = \mathbf{B} = 0 \\ \text{ou } \alpha = 90^\circ\,(\pi/2\,\text{rad}) \rightarrow \quad \text{vetores perpendiculares} \end{cases} \qquad (2.30)$$

$2^a)\ \mathbf{A} \cdot \mathbf{B} = \mathbf{B} \cdot \mathbf{A}$ (comutativa) $\qquad (2.31)$

$3^a)\ \mathbf{A} \cdot (\mathbf{B} + \mathbf{C}) = \mathbf{A} \cdot \mathbf{B} + \mathbf{A} \cdot \mathbf{C}$ (distributiva) $\qquad (2.32)$

$4^a)\ (\lambda\mathbf{A}) \cdot \mathbf{B} = \mathbf{A} \cdot (\lambda\mathbf{B}) = \lambda(\mathbf{A} \cdot \mathbf{B})$ (associativa) $\qquad (2.33)$

5ª) $\mathbf{A} \cdot \mathbf{A} = |\mathbf{A}|^2 = A^2$ (modular) \hfill (2.34)

6ª) $\mathbf{A} \cdot \mathbf{B} = \text{proj}_\mathbf{B} \mathbf{A} |\mathbf{B}|$ (produto interno) \hfill (2.35)

DEMONSTRAÇÕES:

1ª) Se $\mathbf{A} \cdot \mathbf{B} = 0 \begin{cases} \text{ou } \mathbf{A} = 0 \\ \text{ou } \mathbf{B} = 0 \\ \text{ou } \mathbf{A} = \mathbf{B} = 0 \\ \text{ou } \alpha = 90° (\pi/2\,\text{rad}) \rightarrow \text{vetores perpendiculares} \end{cases}$

Pela expressão (2.26), vem

$$\mathbf{A} \cdot \mathbf{B} = |\mathbf{A}||\mathbf{B}|\cos\alpha$$

Para que o segundo membro se anule é necessário que, pelo menos, um dos três fatores se anule, o que implica

$$\mathbf{A} = 0, \text{ou } \mathbf{B} = 0, \text{ou } \mathbf{A} = \mathbf{B} = 0, \text{ou } \alpha = 90° (\pi/2\,\text{rad})$$

2ª) $\mathbf{A} \cdot \mathbf{B} = \mathbf{B} \cdot \mathbf{A}$

Pela expressão (2.26), vem

$$\mathbf{A} \cdot \mathbf{B} = |\mathbf{A}||\mathbf{B}|\cos\alpha = |\mathbf{B}||\mathbf{A}|\cos\alpha = \mathbf{B} \cdot \mathbf{A}$$

3ª) $\mathbf{A} \cdot (\mathbf{B} + \mathbf{C}) = \mathbf{A} \cdot \mathbf{B} + \mathbf{A} \cdot \mathbf{C}$

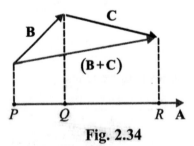

Fig. 2.34

A figura 2.34 permite o estabelecimento da igualdade

$$\overline{PR} = \overline{PQ} + \overline{QR}$$

que é equivalente a

$$\text{proj}_\mathbf{A}(\mathbf{B}+\mathbf{C}) = \text{proj}_\mathbf{A}\mathbf{B} + \text{proj}_\mathbf{A}\mathbf{C}$$

Se $\mathbf{u}_A$ é um vetor unitário na direção de $\mathbf{A}$, pelo conceito de projeção, a última expressão pode ser colocada sob a forma

$$(\mathbf{B}+\mathbf{C}).\mathbf{u}_A = \mathbf{B}.\mathbf{u}_A + \mathbf{C}.\mathbf{u}_A$$

Multiplicando ambos os membros desta expressão por $|\mathbf{A}|$, obtemos

$$(\mathbf{B}+\mathbf{C}).|\mathbf{A}|\mathbf{u}_A = \mathbf{B}.|\mathbf{A}|\mathbf{u}_A + \mathbf{C}.|\mathbf{A}|\mathbf{u}_A$$

Uma vez que

$$\mathbf{A} = |\mathbf{A}| \ \mathbf{u}_A,$$

ficamos com a expressão

$$(\mathbf{B}+\mathbf{C}).\mathbf{A} = \mathbf{B}.\mathbf{A} + \mathbf{C}.\mathbf{A}$$

Pela propriedade comutativa, segue-se

$$\mathbf{A}\cdot(\mathbf{B}+\mathbf{C}) = \mathbf{A}\cdot\mathbf{B} + \mathbf{A}\cdot\mathbf{C}$$

4ª) $(\lambda\mathbf{A})\cdot\mathbf{B} = \mathbf{A}\cdot(\lambda\ \mathbf{B}) = \lambda(\mathbf{A}\cdot\mathbf{B})$

Pela definição do produto escalar, podemos estabelecer

$$(\lambda\mathbf{A})\cdot\mathbf{B} = |\lambda\mathbf{A}||\mathbf{B}| \ \cos(\widehat{\lambda\mathbf{A},\mathbf{B}}) = |\lambda||\mathbf{A}||\mathbf{B}|\cos(\widehat{\lambda\mathbf{A},\mathbf{B}}) \qquad \text{(i)}$$

$$\mathbf{A}\cdot(\lambda\mathbf{B}) = |\mathbf{A}||\lambda\mathbf{B}|\cos(\widehat{\mathbf{A},\lambda\mathbf{B}}) = |\mathbf{A}||\lambda||\mathbf{B}|\cos(\widehat{\mathbf{A},\lambda\mathbf{B}}) = |\lambda||\mathbf{A}||\mathbf{B}|\cos(\widehat{\mathbf{A},\lambda\mathbf{B}}) \qquad \text{(ii)}$$

$$\lambda(\mathbf{A}\cdot\mathbf{B}) = \lambda|\mathbf{A}||\mathbf{B}| \ \cos(\widehat{\mathbf{A},\mathbf{B}}) \qquad \text{(iii)}$$

Para todo e qualquer λ positivo, negativo ou nulo, temos sempre

$$|\lambda|\cos(\widehat{\lambda\mathbf{A},\mathbf{B}}) = |\lambda|\cos(\widehat{\mathbf{A},\lambda\mathbf{B}}) = \lambda\cos(\widehat{\mathbf{A},\mathbf{B}})$$

de modo que (i) = (ii) = (iii), o que verifica a propriedade.

5ª) $\mathbf{A}\cdot\mathbf{A} = |\mathbf{A}|^2 = A^2$

Se $\mathbf{A} = \mathbf{B}$, temos $\cos\alpha = \cos 0 = 1$ e, pela definição de produto escalar, dada pela expressão (2.26), decorre

Cálculo e Análise Vetoriais com Aplicações Práticas

$$\mathbf{A} \cdot \mathbf{A} = |\mathbf{A}|^2 = A^2$$

6ª) $\mathbf{A} \cdot \mathbf{B} = \text{proj}_{\mathbf{B}} \mathbf{A} |\mathbf{B}|$

Pela parte (c) da figura 2.33, podemos expressar

$$\mathbf{A} = \mathbf{OP} + \mathbf{PP}' = \mathbf{A}_{\mathbf{B}} + \mathbf{PP}'$$

Multiplicando escalarmente ambos os membros desta última expressão pelo vetor **B**, obtemos

$$\mathbf{A} \cdot \mathbf{B} = \left(\mathbf{A}_{\mathbf{B}} + \mathbf{PP}'\right) \cdot \mathbf{B}$$

Através da propriedade distributiva, vem

$$\mathbf{A} \cdot \mathbf{B} = \mathbf{A}_{\mathbf{B}} \cdot \mathbf{B} + \mathbf{PP}' \cdot \mathbf{B} = \text{proj}\, \mathbf{A}_{\mathbf{B}} |\mathbf{B}| + |\mathbf{PP}'||\mathbf{B}|\cos 90° = \text{proj}_{\mathbf{B}} \mathbf{A} |\mathbf{B}|$$

Concluímos que o produto escalar também pode ser considerado como o produto algébrico do módulo de um dos vetores pela projeção de outro sobre ele. Daí, a denominação de **produto interior** ou **produto interno**.

2.6.5 - Aplicações

1ª) Determinação do ângulo entre dois vetores (vide expressão 2.27).

2ª) Determinação da projeção de um vetor sobre um eixo ou direção (vide expressões 2.28 e 2.29).

3ª) Determinação do trabalho de uma força ao longo de uma trajetória orientada:

Seja C uma trajetória qualquer unindo os pontos P_1 e P_2, conforme aparece na parte (a) da figura 2.35. O trabalho da força **F** em um deslocamento diferencial $d\mathbf{l}$, ao longo da trajetória, é dado pelo produto da componente da força na direção do deslocamento pelo módulo do deslocamento, ou seja,

$$dW = \underbrace{|\mathbf{F}|\cos\alpha}_{\substack{\text{componente da força na} \\ \text{direção do deslocamento}}} \quad \underbrace{|d\mathbf{l}|}_{\substack{\text{módulo do} \\ \text{deslocamento}}} = \mathbf{F} \cdot d\mathbf{l}$$

Ao longo da trajetória $P_1 \rightarrow P_2$, temos

$$W_{P_1 P_2} = \int_{P_1}^{P_2} dW = \int_{P_1}^{P_2} \mathbf{F} \cdot d\mathbf{l} \tag{2.36a}$$

Esta operação denomina-se **integral de linha** do campo vetorial **F** ao longo do caminho C. A unidade de trabalho, bem como de energia no Sistema Internacional de Unidades (SI) é o joule (símbolo J), em honra a **Joule**[8].

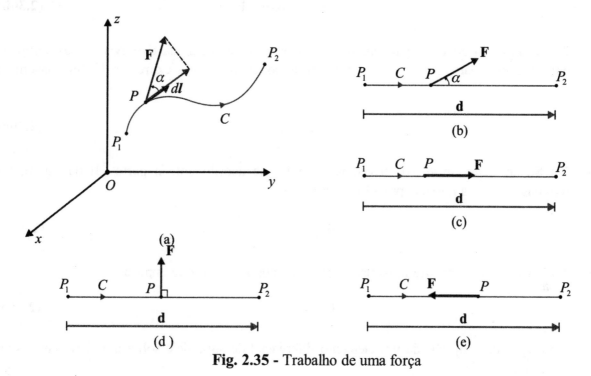

Fig. 2.35 - Trabalho de uma força

Voltaremos ao assunto integral de linha mais adiante, no capítulo 8, porém, agora, vamos analisar alguns casos particulares do trabalho de uma força:

- 1º) A força **F** é constante – obviamente em módulo, direção e sentido, pois trata-se de uma grandeza vetorial, o que implica no ângulo α também ser constante – e o deslocamento é retilíneo, conforme mostrado na parte (b) da figura em questão. A expressão (2.36a) pode ser colocada sob a forma

$$W_{P_1P_2} = \int_{P_1}^{P_2} \mathbf{F} \cdot d\mathbf{l} = \int_{P_1}^{P_2} |\mathbf{F}| \cos\alpha |d\mathbf{l}| = \int_{P_1}^{P_2} F \cos\alpha \, dl$$

Uma vez que F e α são constantes, podem ser passados para fora da integral, resultando

$$W_{P_1P_2} = F \cos\alpha \int_{P_1}^{P_2} dl$$

---

[8] **Joule [James Prescott Joule(1818-1889)]** - foi um físico inglês que estudou a natureza do calor e descobriu suas re-lações com o trabalho mecânico. Isso o direcionou para a Teoria da Conservação da Energia (Primeira lei da Termodinâmica). Ele trabalhou com **Lord Kelvin** para desenvolver a escala absoluta de temperaturas. Também determinou a relação entre a corrente elétrica através de uma resistência e o calor dissipado na mesma, relação essa conhecida, atualmente, como lei de **Joule**.

em que a integral de todos os elementos diferenciais é igual ao módulo do deslocamento **d**, o que acarreta

$$W_{P_1P_2} = F\,d\cos\alpha = \mathbf{F}\cdot\mathbf{d} \tag{2.36b}$$

- **2º)** Se inserido no que já foi abordado no primeiro caso, ainda tivermos $\alpha = 0$, em acordância com a parte (c) da figura em tela, temos $\cos\alpha = 1$, e a expressão (2.36b) assume a forma

$$W_{P_1P_2} = F\,d \tag{2.36c}$$

- **3º)** Se ao invés de $\alpha = 0$, tivermos $\alpha = 90°$, de acordo com a parte (d) da figura, temos $\cos\alpha = 0$, e a nossa expressão (2.36b) fica sendo

$$W_{P_1P_2} = -F\,d \tag{2.36d}$$

- **4º)** Para $\alpha = 180°$, mostrado na parte (e), temos $\cos\alpha = -1$, o que implica

$$W_{P_1P_2} = -F\,d \tag{2.36e}$$

4ª) Determinação da projeção de um elemento diferencial de superfície sobre um plano (vide subseção 8.2.3, figura 8.12).

5ª) Determinação do módulo da soma e da subtração de dois vetores.

- **Soma**

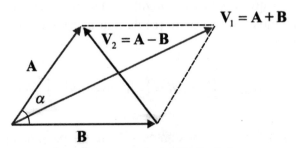

Fig. 2.36 - Soma e subtração de dois vetores

A figura 2.36 nos permite estabelecer a igualdade vetorial

$$\mathbf{V}_1 = \mathbf{A} + \mathbf{B}$$

Multiplicando escalarmente o vetor soma por ele mesmo, obtemos

$$\mathbf{V}_1 \cdot \mathbf{V}_1 = (\mathbf{A}+\mathbf{B})\cdot(\mathbf{A}+\mathbf{B})$$

Pelas expressões (2.32) e (2.34), temos

$$|\mathbf{V}_1|^2 = \mathbf{A}\cdot\mathbf{A} + \mathbf{A}\cdot\mathbf{B} + \underbrace{\mathbf{B}\cdot\mathbf{A}}_{=\mathbf{A}\cdot\mathbf{B}} + \mathbf{B}\cdot\mathbf{B} = \mathbf{A}\cdot\mathbf{A} + 2\mathbf{A}\cdot\mathbf{B} + \mathbf{B}\cdot\mathbf{B} = |\mathbf{A}|^2 + |\mathbf{B}|^2 + 2|\mathbf{A}||\mathbf{B}|\cos\alpha$$

Isto nos leva a concluir

$$|\mathbf{V}_1| = \sqrt{|\mathbf{A}|^2 + |\mathbf{B}|^2 + 2|\mathbf{A}||\mathbf{B}|\cos\alpha} \qquad (2.24a)$$

que é a mesma expressão (2.24a) deduzida anteriormente na subseção 2.5.3.

- **Subtração**

Ainda da figura 2.36, obtemos

$$\mathbf{V}_2 = \mathbf{A} - \mathbf{B}$$

Multiplicando escalarmente o vetor diferença por ele mesmo, segue-se

$$\mathbf{V}_2\cdot\mathbf{V}_2 = (\mathbf{A}-\mathbf{B})\cdot(\mathbf{A}-\mathbf{B})$$

Pelas expressões (2.32) e (2.34), temos

$$|\mathbf{V}_2|^2 = \mathbf{A}\cdot\mathbf{A} - \mathbf{A}\cdot\mathbf{B} - \underbrace{\mathbf{B}\cdot\mathbf{A}}_{=\mathbf{A}\cdot\mathbf{B}} + \mathbf{B}\cdot\mathbf{B} = \mathbf{A}\cdot\mathbf{A} - 2\mathbf{A}\cdot\mathbf{B} + \mathbf{B}\cdot\mathbf{B} = |\mathbf{A}|^2 + |\mathbf{B}|^2 - 2|\mathbf{A}||\mathbf{B}|\cos\alpha$$

Finalmente, obtemos

$$|\mathbf{V}_2| = \sqrt{|\mathbf{A}|^2 + |\mathbf{B}|^2 - 2|\mathbf{A}||\mathbf{B}|\cos\alpha} \qquad (2.25a)$$

que é a mesma expressão (2.25a) deduzida anteriormente na subseção 2.5.3.

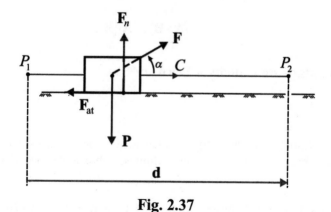

Fig. 2.37

Cálculo e Análise Vetoriais com Aplicações Práticas

EXEMPLO 2.5

Calcule o trabalho realizado por cada uma das forças constantes $\mathbf{F}, \mathbf{F}_{at}, \mathbf{F}_n$ e $\mathbf{P}$, representadas na figura 2.37, quando o bloco realizar um deslocamento linear $\mathbf{d}$, sabendo se que

$$\begin{cases} F = 200 \text{ N}; \ F_n = 300 \text{ N}; \ P = 400 \text{ N}; \\ F_{at} = 75,0 \text{ N}; \ \alpha = 30,0°; \ d = 20,0 \text{ m} \end{cases}$$

SOLUÇÃO:

Para a força $\mathbf{F}$, pela expressão (2.36b), temos

$$W_{\mathbf{F}} = F \, d \cos \alpha = (200 \text{ N})(20,0 \text{ m})(\cos 30,0°) = (200 \text{ N})(20,0 \text{ m})(0,866) = 3,46 \times 10^3 \text{ J}$$

Para a força de atrito $\mathbf{F}_{at}$, sendo $\alpha = 180°$, podemos aplicar diretamente a expressão (2.36d), isto é,

$$W_{\mathbf{F}_{at}} = -F_{at} \, d = (75,0 \text{ N})(20,0) = 1,50 \times 10^3 \text{ J}$$

O trabalho da força $\mathbf{F}_n$ é dado por

$$W_{\mathbf{F}_n} = F_n \, d \cos \alpha = (300 \text{ N})(20,0 \text{ m})(\cos 90,0°) = (300 \text{ N})(20,0 \text{ m})(0) = 0$$

o que está de acordo com a expressão (2.36e). Relativamente ao peso, segue-se

$$W_{\mathbf{P}} = Pd \cos \alpha = (400 \text{ N})(20,0 \text{ m})(\cos 90,0°) = (400 \text{ N})(20,0 \text{ m})(0) = 0,$$

o que também está em acordância com a expressão (2.36e).

EXEMPLO 2.6*

Demonstre que para dois vetores quaisquer $\mathbf{A}$ e $\mathbf{B}$ vale a desigualdade

$$|\mathbf{A} \cdot \mathbf{B}| \le |\mathbf{A}||\mathbf{B}|,$$

conhecida como **desigualdade de Cauchy – Schwarz**[9].

---

[9] **Cauchy [Augustin Louis Cauchy (1780-1859)]** - matemático francês considerado o pai da Análise Moderna. Exerceu grande influência sobre a Teoria das Séries Infinitas, sobre a Análise Complexa e sobre as Equações Diferenciais.

Schwarz [Karl Hermann Amandus Schwarz (1845-1921)] - matemático alemão com trabalhos sobre Funções Elípticas e autor do Teorema da Comutatividade das Derivadas Parciais Mistas de 2ª ordem.

DEMONSTRAÇÃO:

Sabemos que

$$(\lambda \mathbf{A} + \mathbf{B}) \cdot (\lambda \mathbf{A} + \mathbf{B}) \geq 0$$

para todo e qualquer λ. Daí, aplicando a propriedade distributiva, obtemos

$$\lambda^2 |\mathbf{A}|^2 + 2\lambda (\mathbf{A} \cdot \mathbf{B}) + |\mathbf{B}|^2 \geq 0$$

A expressão acima denota um trinômio do 2º grau, que deve ser positivo ou nulo, independentemente, do valor de λ. Assim sendo, segue-se

$$\Delta = 4\lambda^2 (\mathbf{A} \cdot \mathbf{B})^2 - 4\lambda^2 |\mathbf{A}||\mathbf{B}| \geq 0$$

que é equivalente a

$$(\mathbf{A} \cdot \mathbf{B})^2 \leq |\mathbf{A}|^2 |\mathbf{B}|^2$$

Finalmente, temos

$$|\mathbf{A} \cdot \mathbf{B}| \leq |\mathbf{A}||\mathbf{B}| \tag{2.37}$$

o que demonstra a tese.

EXEMPLO 2.7

Demonstre que se os três lados de um triângulo medem $|\mathbf{A}|, |\mathbf{B}|$ e $|\mathbf{C}|$, e se o ângulo oposto ao lado de comprimento igual a $|\mathbf{C}|$ é γ, vale a expressão

$$|\mathbf{C}|^2 = |\mathbf{A}|^2 + |\mathbf{B}|^2 - 2|\mathbf{A}||\mathbf{B}|\cos\gamma,$$

conhecida como **lei dos cossenos.**

DEMONSTRAÇÃO:

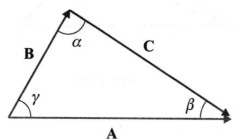

Fig. 2.38 - Lei dos cossenos

44   **Cálculo e Análise Vetoriais com Aplicações Práticas**

Pela figura, podemos estabelecer a igualdade vetorial

$$\mathbf{C} = \mathbf{A} - \mathbf{B}$$

Multiplicando escalarmente o vetor diferença por ele mesmo, obtemos

$$\mathbf{C} \cdot \mathbf{C} = (\mathbf{A} - \mathbf{B}) \cdot (\mathbf{A} - \mathbf{B})$$

Aplicando-se a definição de módulo e a propriedade distributiva, segue-se

$$|\mathbf{C}|^2 = \mathbf{A} \cdot \mathbf{A} - \mathbf{A} \cdot \mathbf{B} - \underbrace{\mathbf{B} \cdot \mathbf{A}}_{=\mathbf{A} \cdot \mathbf{B}} + \mathbf{B} \cdot \mathbf{B} = \mathbf{A} \cdot \mathbf{A} - 2\mathbf{A} \cdot \mathbf{B} + \mathbf{B} \cdot \mathbf{B} = |\mathbf{A}|^2 + |\mathbf{B}|^2 - 2|\mathbf{A}||\mathbf{B}|\cos\gamma$$

o que nos leva a expressão final

$$|\mathbf{C}|^2 = |\mathbf{A}|^2 + |\mathbf{B}|^2 - 2|\mathbf{A}||\mathbf{B}|\cos\gamma \tag{2.38}$$

EXEMPLO 2.8 *

Demonstre, utilizando vetores, que as alturas de um triângulo são concorrentes.

DEMONSTRAÇÃO:

Sejam as alturas $\overline{BD}$ e $\overline{AE}$ do triângulo ABC da figura 2.39, as quais se interceptam no ponto H. Sejam também os vetores

$$\begin{cases} \mathbf{HB} = b \\ \mathbf{HA} = a \\ \mathbf{HC} = c \end{cases}$$

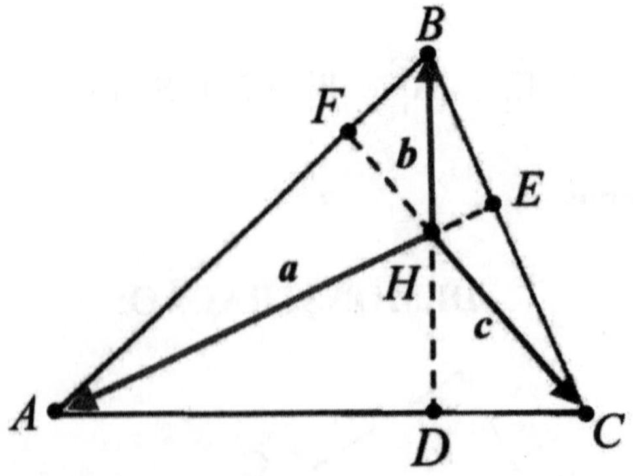

Fig. 2.39

Temos, pois,

$$\begin{cases} \mathbf{AC} = c - a \\ \mathbf{BC} = c - b \\ \mathbf{AB} = a - b \end{cases}$$

Visto que os vetores $\mathbf{HB}$ e $\mathbf{AC}$ são perpendiculares, podemos expressar

$$\mathbf{HB} \cdot \mathbf{AC} = 0$$

ou seja,

$$b \cdot (c - a) = 0$$

que é equivalente a

$$b \cdot c = b \cdot a$$

Os vetores $\mathbf{HA}$ e $\mathbf{BC}$ também são perpendiculares, logo temos

$$\mathbf{HA} \cdot \mathbf{BC} = 0$$

quer dizer,

$$a \cdot (c - b) = 0$$

que é equivalente a

$$a \cdot c = a \cdot b$$

Uma vez que o produto escalar é comutativo, decorre

$$b \cdot a = a \cdot b$$

Então, segue-se

$$a \cdot c = b \cdot c$$

isto é,

$$(a - b) \cdot c = 0$$

que acarreta $\mathbf{HC}$ e $\mathbf{AB}$ também serem perpendiculares. Em consequência, a altura de C em relação a $\overline{AB}$ passa por H. Portanto, as alturas são concorrentes.

EXEMPLO 2.9

Se $\mathbf{A}$ e $\mathbf{B}$ são dois vetores quaisquer, para os quais $|\mathbf{A} + \mathbf{B}| = 7$ e $|\mathbf{A} - \mathbf{B}| = 5$, determine o produto escalar $\mathbf{A} \cdot \mathbf{B}$.

SOLUÇÃO:

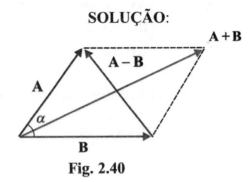

Fig. 2.40

Pelas expressões (2.24a) e (2.25a), temos

$$|\mathbf{A}+\mathbf{B}|^2 = |\mathbf{A}|^2 + |\mathbf{B}|^2 + 2|\mathbf{A}||\mathbf{B}|\cos\alpha = 49$$

e

$$|\mathbf{A}-\mathbf{B}|^2 = |\mathbf{A}|^2 + |\mathbf{B}|^2 - 2|\mathbf{A}||\mathbf{B}|\cos\alpha = 25$$

Subtraindo as duas expressões membro a membro, obtemos

$$4\underbrace{|\mathbf{A}||\mathbf{B}|\cos\alpha}_{=\mathbf{A}\cdot\mathbf{B}} = 24$$

Finalmente, chegamos a

$$\mathbf{A}\cdot\mathbf{B} = 6$$

2.7 - Produto Vetorial, Exterior, Externo ou Alternado

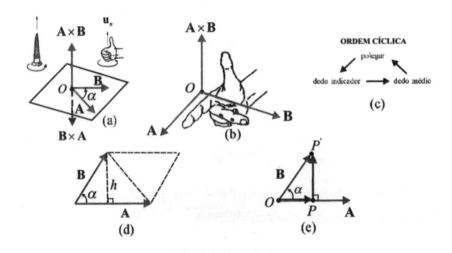

Fig. 2.41 - Produto vetorial

2.7.1 - Definição

O produto vetorial de dois vetores **A** e **B** é um vetor (ler **A** vetorial **B**) cujo módulo é definido por

$$|\mathbf{A} \times \mathbf{B}| \triangleq |\mathbf{A}||\mathbf{B}|\operatorname{sen}\alpha \qquad (2.39)$$

em que α é o ângulo formado pelas semi-retas que definem os sentidos de **A** e de **B**, isto é,

$$0 \le \alpha \le 180°\,(\pi\ \text{rad}),$$

Tal produto está ilustrado na parte (a) figura 2.41, e o simbolo $\triangleq$, que já foi introduzido anteriormente, significa igual por definição. A direção do vetor $\mathbf{A} \times \mathbf{B}$ é perpendicular ao plano definido por **A** e **B** e o sentido é o do polegar da mão direita quando os outros dedos giram de **A** para **B**, como mostrado também na parte (a) da figura em questão. Uma outra alternativa, também usando a mão direita, é a seguinte: coloque o polegar, o indicador e o dedo médio da mão direita na posição indicada na parte (b) da tela. Se o indicador e o dedo médio apontarem, respectivamente, no sentido de **A** e de **B**, o polegar apontará no sentido de $\mathbf{A} \times \mathbf{B}$. Na verdade, a regra é mais geral, e uma sequência de dedos pode ser atribuída aos vetores $\mathbf{A}, \mathbf{B}$ e $\mathbf{A} \times \mathbf{B}$, iniciando por qualquer dedo, desde que a ordem cíclica, indicada na parte (c) da mencionada figura, seja mantida. No entanto, muitas pessoas preferem utilizar o sentido de avanço de um parafuso de rosca à direita para determinar o sentido de $\mathbf{A} \times \mathbf{B}$. Assumindo um vetor unitário $\mathbf{u}_n$, normal ao plano de **A** e **B**, e de mesmo sentido que $\mathbf{A} \times \mathbf{B}$, podemos expressar

$$\mathbf{A} \times \mathbf{B} \triangleq \left[|\mathbf{A}||\mathbf{B}|\operatorname{sen}\alpha \right] \mathbf{u}_n \qquad (2.40)$$

Devemos ainda mencionar que, de acordo com a expressão (2.39), o ângulo α entre os vetores **A** e **B** pode ser expresso por

$$\operatorname{sen}\alpha = \frac{|\mathbf{A} \times \mathbf{B}|}{|\mathbf{A}||\mathbf{B}|} \qquad (2.41a)$$

ou

$$\alpha = \operatorname{arc\,sen}\left(\frac{|\mathbf{A} \times \mathbf{B}|}{|\mathbf{A}||\mathbf{B}|} \right) \qquad (2.41b)$$

Nota: a determinação do ângulo entre os vetores, por intermédio destas expressões não é, entretanto, unívoca. Uma vez que $0 \le \alpha \le 180°\,(\pi\ \text{rad})$, temos $0 \le \operatorname{sen}\alpha \le 1$, e dois arcos suplementares possuem o mesmo seno. Para determinar o ângulo de forma unívoca, devemos empregar o conceito de produto escalar.

2.7.2 - Notações

As notações mais usadas para representar o produto vetorial de dois vetores são:

1ª) Notação francesa → M **A** · **B**

48   **Cálculo e Análise Vetoriais com Aplicações Práticas**

2ª) Notação americana ou de **Wilson** $\rightarrow$ $\mathbf{A} \times \mathbf{B}$

3ª) Notação de **Marcolongo** $\rightarrow$ $\mathbf{A} \wedge \mathbf{B}$

Nota: no passado, a notação mais utilizada no meio técnico-científico brasileiro foi a de **Marcolongo**. Hoje, no entanto, a tendência é pela adoção da notação de **Wilson**, que será a utilizada ao longo da presente publicação.

2.7.3 - Interpretação Física do Módulo

A observação da parte (d) da figura 2.41 nos permite expressar

$$|\mathbf{A} \times \mathbf{B}| = |\mathbf{A}||\mathbf{B}|\operatorname{sen}\alpha = |\mathbf{A}|h = S_{paralelogramo}$$

que é a área do paralelogramo construído a partir de dois vetores. Assim sendo, temos

$$S_{paralelogramo} = 2\,S_{triângulo} = |\mathbf{A} \times \mathbf{B}| \tag{2.42a}$$

ou de outra forma

$$S_{triângulo} = \frac{1}{2}S_{paralelogramo} = \frac{1}{2}|\mathbf{A} \times \mathbf{B}| \tag{2.42b}$$

2.7.4 - Propriedades

As seguintes propriedades são válidas para o produto vetorial:

$$\textbf{1ª) Se } \mathbf{A} \times \mathbf{B} = 0 \begin{cases} ou\ \mathbf{A} = 0 \\ ou\ \mathbf{B} = 0 \\ ou\ \mathbf{A} = \mathbf{B} = 0 \\ ou \begin{cases} \alpha = 0 \\ ou \\ \alpha = 180^\circ\,(\pi\,rad) \end{cases} \left.\begin{array}{l} \text{vetores paralelos,} \\ \text{antiparalelos ou} \\ \text{colineares} \end{array}\right. \end{cases} \tag{2.43}$$

2ª) $\mathbf{A} \times \mathbf{B} = -\mathbf{B} \times \mathbf{A}$ (antissimétrica) $\tag{2.44}$

3ª) $\mathbf{A} \times (\mathbf{B} + \mathbf{C}) = \mathbf{A} \times \mathbf{B} + \mathbf{A} \times \mathbf{C}$ (distributiva) $\tag{2.45}$

4ª) $(\lambda\mathbf{A}) \times \mathbf{B} = \mathbf{A} \times (\lambda\mathbf{B}) = \lambda(\mathbf{A} \times \mathbf{B})$ (associativa) $\tag{2.46}$

5ª) $\mathbf{A} \times \mathbf{A} = 0$ (elemento nulo) $\tag{2.47}$

6ª) $\mathbf{A} \times \mathbf{B} = \mathbf{A} \times \mathbf{PP}'$ (produto externo) $\tag{2.48}$

DEMONSTRAÇÕES:

1ª) Se $A \times B = 0$
$$\begin{cases} \text{ou } A = 0 \\ \text{ou } B = 0 \\ \text{ou } A = B = 0 \\ \text{ou} \begin{cases} \alpha = 0 \\ \text{ou} \\ \alpha = 180° \, (\pi \, \text{rad}) \end{cases} \end{cases} \begin{array}{l} \text{vetores paralelos,} \\ \text{antiparalelos ou} \\ \text{colineares} \end{array}$$

Pela expressão (2.40), segue-se

$$A \times B = \left[|A||B| \operatorname{sen} \alpha \right] u_n$$

Para que o segundo membro se anule é necessário que, pelo menos, um dos três fatores se anule, já que $u_n \neq 0$ por convenção. Isto implica

$$A = 0, \text{ou } B = 0, \text{ou } A = B = 0, \text{ou sen } \alpha = 0$$

e nesta última devemos ter

$$\alpha = 0 \text{ ou } \alpha = \pi \text{ rad} \, (180°)$$

2ª) $A \times B = -B \times A$

De acordo com a expressão (2.39), vem

$$|B \times A| = |B||A| \operatorname{sen} \alpha = |A||B| \operatorname{sen} \alpha = |A \times B|$$

Entretanto, o sentido de $B \times A$ é contrário ao de $A \times B$. Em consequência, temos

$$A \times B = -B \times A$$

conforme ilustrado na parte (a) da figura 2.41.

3ª) $A \times (B + C) = A \times B + A \times C$

- Primeiro método:

A fim de demonstrarmos a igualdade anterior, interpretaremos o produto vetorial de uma forma ligeiramente diferente. Apliquemos os vetores A e B a um ponto comum O, e construamos, passando por este ponto, o plano M perpendicular a A, conforme na parte (a) da figura 2.42. O vetor B projeta-se agora ortogonalmente sobre M, originando o vetor B', cujo módulo é $|B| \operatorname{sen} \alpha$.

Façamos, em seguida, o vetor **B'** girar de 90° em torno de **A** no sentido positivo, dando o vetor **B"**. O vetor resultante $|\mathbf{A}|\mathbf{B}''$, é igual a $\mathbf{A} \times \mathbf{B}$ uma vez que, por construção, **B"** tem mesmo sentido que $\mathbf{u}_n$.

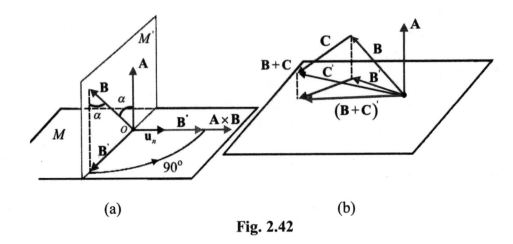

(a)   (b)

Fig. 2.42

Assim sendo, temos

$$|\mathbf{A}||\mathbf{B}''| = |\mathbf{A}||\mathbf{B}'| = |\mathbf{A}||\mathbf{B}|\operatorname{sen}\alpha = |\mathbf{A} \times \mathbf{B}|$$

Ora, cada uma dessas operações, a saber

(i) projeção sobre M,

(ii) rotação de 90° em torno de **A**,

(iii) multiplicação por $|\mathbf{A}|$, quando aplicada a um triângulo, produz outro triângulo. Partindo do triângulo de lados **B, C** e **B + C**, na parte (b) da figura 2.42, e aplicando, sucessivamente aquelas operações, obtemos

(i) um triângulo cujos lados são: $\mathbf{B}', \mathbf{C}'$ e $(\mathbf{B}+\mathbf{C})'$ e satisfazem à expressão vetorial

$$\mathbf{B}' + \mathbf{C}' = (\mathbf{B}+\mathbf{C})'$$

(ii) um triângulo cujos lados são $\mathbf{B}'', \mathbf{C}''$ e $(\mathbf{B}+\mathbf{C})''$ e satisfazem a expressão vetorial

$$\mathbf{B}'' + \mathbf{C}'' = (\mathbf{B}+\mathbf{C})''$$

onde a "dupla linha" em cada vetor tem o mesmo significado que na parte (a) da figura.
(iii) um triângulo cujos lados são $|\mathbf{A}|\mathbf{B}'', |\mathbf{A}|\mathbf{C}''$ e $|\mathbf{A}|(\mathbf{B}+\mathbf{C})''$, e satisfazem a expressão vetorial

$$|\mathbf{A}|\mathbf{B}'' = |\mathbf{A}|\mathbf{C}'' = |\mathbf{A}|(\mathbf{B}+\mathbf{C})'' \quad (*)$$

Utilizando as expressões, temos

$$\left|\mathbf{A}\middle|\mathbf{B}''\right. = \mathbf{A}\times\mathbf{B}, \ \left|\mathbf{A}\middle|\mathbf{C}''\right. = \mathbf{A}\times\mathbf{C}$$

e

$$\left|\mathbf{A}\middle|(\mathbf{B}+\mathbf{C})''\right. = \mathbf{A}\times(\mathbf{B}+\mathbf{C})$$

Como resultado da discussão acima, a expressão (*) transforma-se em

$$\mathbf{A}\times\mathbf{B}+\mathbf{A}\times\mathbf{C} = \mathbf{A}\times(\mathbf{B}+\mathbf{C})$$

que é a igualdade inicial.

- Segundo método:

Queremos provar que

$$\mathbf{A}\times(\mathbf{B}+\mathbf{C}) = \mathbf{A}\times\mathbf{B}+\mathbf{A}\times\mathbf{C}$$

Para tanto, mostraremos que o vetor

$$\mathbf{V} = \mathbf{A}\times(\mathbf{B}+\mathbf{C})-\mathbf{A}\times\mathbf{B}-\mathbf{A}\times\mathbf{C}$$

é o vetor nulo. De fato, em virtude das propriedades do produto vetorial e do produto misto (vide seção seguinte), temos

$$\begin{aligned}
\mathbf{V}\cdot\mathbf{V} &= \mathbf{V}\cdot\left[\mathbf{A}\times(\mathbf{B}+\mathbf{C})\right]-\mathbf{V}\cdot(\mathbf{A}\times\mathbf{B})-\mathbf{V}\cdot(\mathbf{A}\times\mathbf{C})= \\
&= \mathbf{V}\cdot(\mathbf{B}+\mathbf{C})-(\mathbf{V}\times\mathbf{A})\cdot\mathbf{B}-(\mathbf{V}\times\mathbf{A})\cdot\mathbf{C}= \\
&= (\mathbf{V}\times\mathbf{A})\cdot(\mathbf{B}+\mathbf{C})-(\mathbf{V}\times\mathbf{A})\cdot(\mathbf{B}+\mathbf{C})= 0
\end{aligned}$$

Assim sendo, ficamos com

$$\mathbf{V} = 0$$

o que verifica a proposição. Não é difícil observar que vale também a distributividade à direita, ou seja,

$$(\mathbf{B}+\mathbf{C})\times\mathbf{A} = \mathbf{B}\times\mathbf{A}+\mathbf{C}\times\mathbf{A}$$

Para tanto basta observar a propriedade antissimétrica do produto vetorial,

$$(\mathbf{B}+\mathbf{C})\times\mathbf{A} = -\mathbf{A}\times(\mathbf{B}+\mathbf{C})$$

4ª) $(\lambda\mathbf{A})\times\mathbf{B} = \mathbf{A}\times(\lambda\mathbf{B}) = \lambda(\mathbf{A}\times\mathbf{B})$

Sendo $\mathbf{u}_n$ o vetor unitário normal ao plano formado pelos vetores $\mathbf{A}$ e $\mathbf{B}$, de acordo com a parte (a) da figura 2.41, decorre

$$(\lambda\mathbf{A})\times\mathbf{B}=\left|\lambda\mathbf{A}\right|\left|\mathbf{B}\right|\operatorname{sen}\left(\widehat{\lambda\mathbf{A},\mathbf{B}}\right)\mathbf{u}_n=\left|\lambda\right|\left|\mathbf{A}\right|\left|\mathbf{B}\right|\operatorname{sen}\left(\widehat{\lambda\mathbf{A},\mathbf{B}}\right)\mathbf{u}_n \qquad \textbf{(i)}$$

$$\mathbf{A}\times(\lambda\mathbf{B})=\left|\mathbf{A}\right|\left|\lambda\mathbf{B}\right|\operatorname{sen}\left(\widehat{\mathbf{A},\lambda\mathbf{B}}\right)\mathbf{u}_n=\left|\mathbf{A}\right|\left|\lambda\right|\left|\mathbf{B}\right|\operatorname{sen}\left(\widehat{\mathbf{A},\lambda\mathbf{B}}\right)\mathbf{u}_n=\left|\lambda\right|\left|\mathbf{A}\right|\left|\mathbf{B}\right|\operatorname{sen}\left(\widehat{\mathbf{A},\lambda\mathbf{B}}\right)u_n \qquad \textbf{(ii)}$$

$$\lambda\left(\mathbf{A}\times\mathbf{B}\right)=\lambda\left|\mathbf{A}\right|\left|\mathbf{B}\right|\operatorname{sen}(\widehat{\mathbf{A},\mathbf{B}})\mathbf{u}_n \qquad \textbf{(iii)}$$

Para todo e qualquer λ positivo, negativo ou nulo, temos sempre

$$\left|\lambda\right|\operatorname{sen}\left(\widehat{\lambda\mathbf{A},\mathbf{B}}\right)=\left|\lambda\right|\operatorname{sen}\left(\widehat{\mathbf{A},\lambda\mathbf{B}}\right)=\lambda\operatorname{sen}\left(\widehat{\mathbf{A},\mathbf{B}}\right)$$

Temos (i) = (ii) = (iii), o que verifica a expressão proposta.

5ª) $\mathbf{A}\times\mathbf{A}=0$

Da definição de produto vetorial, vem

$$\mathbf{A}\times\mathbf{A}=\left[\left|\mathbf{A}\right|\left|\mathbf{A}\right|\operatorname{sen}0\right]\mathbf{u}_n=0$$

e a expressão é verificada de modo imediato.

6ª) $\mathbf{A}\times\mathbf{B}=\mathbf{A}\times\mathbf{PP'}$

De acordo com a parte (e) da figura 2.41, segue-se

$$\mathbf{B}=\mathbf{OP}+\mathbf{PP'}=\mathbf{B}_\mathbf{A}+\mathbf{PP'}$$

Multiplicando vetorialmente o vetor $\mathbf{A}$ pelo vetor $\mathbf{B}$, obtemos

$$\mathbf{A}\times\mathbf{B}=\mathbf{A}\times\left(\mathbf{B}_\mathbf{A}+\mathbf{PP'}\right)$$

Utilizando a propriedade distributiva, ficamos com

$$\mathbf{A}\times\mathbf{B}=\mathbf{A}\times\mathbf{B}_\mathbf{A}+\mathbf{A}\times\mathbf{PP'}=\mathbf{A}\times\mathbf{PP'}$$

Uma vez que o ângulo entre $\mathbf{A}$ e $\mathbf{B}_\mathbf{A}$ é zero, e verificamos que o produto vetorial de dois vetores pode ser encarado como o produto vetorial do primeiro pelo vetor projeção do segundo sobre a direção perpendicular ao primeiro vetor. Daí, a denominação de **produto exterior** ou **produto externo**.

2.7.5 - Aplicações

1ª) Determinação da área de um paralelogramo ou de um triângulo construídos a partir de dois vetores (vide subseção 2.7.3).

2ª) Determinação do torque ou momento polar de uma força.

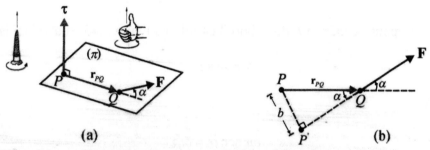

Fig. 2.43 - Torque ou momento polar de uma força

Seja uma força **F** aplicada em um ponto Q [10] e o vetor **r** que interliga o pólo P ao ponto Q. Estes dois vetores determinam um plano (π), e o torque ou momento polar da força **F** em relação ao pólo P é definido como sendo igual a

$$\boldsymbol{\tau}_P \triangleq \mathbf{r}_{PQ} \times \mathbf{F} \tag{2.49}$$

O módulo do vetor em questão é dado por

$$\tau = F\, r_{PQ}\, \text{sen}\, \alpha = F\, b \tag{2.50}$$

em que b é denominado **braço de alavanca.**

3ª) Determinação do momento angular de um ponto material de massa m animado de velocidade **v**.

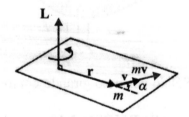

Fig. 2.44 - Momento angular

O momento angular ou momento da quantidade de movimento é

$$\mathbf{L} \triangleq \mathbf{r} \times m\mathbf{v} \tag{2.51}$$

Seu módulo é

---

[10] Na verdade, conforme é demonstrado em Mecânica, Q não é necessariamente o ponto inicial ou de aplicação do vetor força, mas sim um ponto qualquer da reta suporte ou linha de ação do mesmo.

$$L = r\,m\,\text{v}\,\text{sen}\,\alpha \tag{2.52}$$

4ª) Determinação da velocidade linear de um ponto genérico de um sólido girante em torno de um eixo fixo *EE'*.

Com relação ao ponto genérico *P* do sólido ilustrado na figura 2.45, sua velocidade é dada por

$$\mathbf{v} = \boldsymbol{\omega} \times \mathbf{r} \tag{2.53}$$

Seu módulo é

$$\text{v} = \omega r\,\text{sen}\,\alpha = \omega \rho \tag{2.54}$$

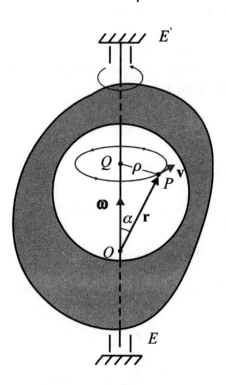

Fig. 2.45 - Sólido genérico girando em torno de um eixo

EXEMPLO 2.10

Em uma partícula com carga *q*, animada com velocidade **v**, um campo magnético **B** exerce uma força $\mathbf{F} = q\,\mathbf{v} \times \mathbf{B}$. Em um campo dirigido do Sul para o Norte, uma partícula positiva tem velocidade dirigida de oeste para leste. Determine a força a que o campo **B** exerce sobre a partícula.

SOLUÇÃO:

De acordo com a definição de produto vetorial, a força é dirigida para cima e tem intensidade dada por $F = q\,\text{v}\,B$.

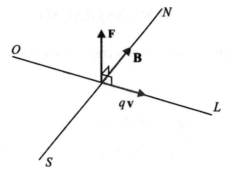

Fig. 2.46

EXEMPLO 2.11*

Demonstre que para dois vetores quaisquer **A** e **B** vale a relação

$$|\mathbf{A} \times \mathbf{B}|^2 = |\mathbf{A}|^2 |\mathbf{B}|^2 - (\mathbf{A} \cdot \mathbf{B})^2$$

conhecida como **identidade de Lagrange**[11].

DEMONSTRAÇÃO:

Pela definição de produto vetorial, temos

$$|\mathbf{A} \times \mathbf{B}|^2 = |\mathbf{A}|^2 |\mathbf{B}|^2 \operatorname{sen}^2 \alpha = |\mathbf{A}|^2 |\mathbf{B}|^2 (1 - \cos^2 \alpha) =$$
$$= |\mathbf{A}|^2 |\mathbf{B}|^2 - |\mathbf{A}|^2 |\mathbf{B}|^2 \cos^2 \alpha =$$
$$= |\mathbf{A}|^2 |\mathbf{B}|^2 - (\mathbf{A} \cdot \mathbf{B})^2$$

Está, pois, demonstrada a identidade

$$|\mathbf{A} \times \mathbf{B}| = |\mathbf{A}|^2 |\mathbf{B}|^2 - (\mathbf{A} \cdot \mathbf{B})^2 \qquad (2.55)$$

EXEMPLO 2.12

Demonstre que para o triângulo ilustrado na figura 2.38 temos a relação

$$\frac{|\mathbf{A}|}{\operatorname{sen} \alpha} = \frac{|\mathbf{B}|}{\operatorname{sen} \beta} = \frac{|\mathbf{C}|}{\operatorname{sen} \gamma}$$

conhecida como **lei dos Senos**.

---

[11] **Lagrange [Giuseppe Luigi Lagrange (1736-1813)]** - matemático italiano cujos trabalhos mais importantes versaram sobre Cálculo das Variações, Mecânica Geral, Mecânica Celeste, Equações Diferenciais e Álgebra.

DEMONSTRAÇÃO:

Vamos reeditar a figura em questão, acrescentando alguns detalhes importantes, e renumerá-la com sendo 2.47.

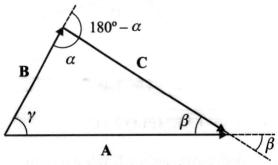

Fig. 2.47 - Lei dos senos

Assim sendo, temos

$$A = B + C$$

que pode também ser colocada sob a forma

$$C = A - B$$

Visto que

$$C \times C = 0,$$

podemos expressar

$$C \times (A - B) = 0$$

Pela propriedade distributiva, temos

$$C \times A - C \times B = 0$$

que é equivalente a

$$C \times A = C \times B$$

Em módulo, podemos expressar

$$|C \times A| = |C \times B|$$

que pode ser colocada sob a forma

$$|\mathbf{C}||\mathbf{A}|\operatorname{sen}\beta = |\mathbf{C}||\mathbf{B}|\operatorname{sen}(180^\circ - \alpha)$$

reparando que o ângulo formado pelos vetores $\mathbf{B}$ e $\mathbf{C}$ é $180^\circ - \alpha$, e não α, uma vez que o ângulo é sempre aquele formado pelas semi-retas que definem os sentidos dos vetores.

Uma vez que $\operatorname{sen}(180^\circ - \alpha) = \operatorname{sen}\alpha$ e que $|\mathbf{C}| \neq 0$, podemos estabelecer

$$|\mathbf{A}|\operatorname{sen}\beta = |\mathbf{B}|\operatorname{sen}\alpha$$

que é equivalente à proporção

$$\frac{|\mathbf{A}|}{\operatorname{sen}\alpha} = \frac{|\mathbf{B}|}{\operatorname{sen}\beta} \qquad \text{(i)}$$

Conforme já estabelecido no início da demonstração, temos

$$\mathbf{A} = \mathbf{B} + \mathbf{C}$$

Visto que

$$\mathbf{A} \times \mathbf{A} = 0,$$

podemos expressar também

$$\mathbf{A} \times (\mathbf{B} + \mathbf{C}) = 0$$

Pela propriedade distributiva, segue-se

$$\mathbf{A} \times \mathbf{B} + \mathbf{A} \times \mathbf{C} = 0$$

que pode ser posta sob a forma

$$\mathbf{A} \times \mathbf{B} = -\mathbf{A} \times \mathbf{C}$$

Em módulo, vem

$$|\mathbf{A} \times \mathbf{B}| = |-\mathbf{A} \times \mathbf{C}| = |\mathbf{A} \times \mathbf{C}|$$

isto é,

$$|\mathbf{A}||\mathbf{B}|\operatorname{sen}\gamma = |\mathbf{A}||\mathbf{C}|\operatorname{sen}\beta$$

Uma vez que $|\mathbf{A}| \neq 0$, podemos simplificar a igualdade para

$$|\mathbf{B}|\operatorname{sen}\gamma = |\mathbf{C}|\operatorname{sen}\beta$$

que é equivalente à proporção

$$\frac{|\mathbf{B}|}{\operatorname{sen}\beta} = \frac{|\mathbf{C}|}{\operatorname{sen}\gamma} \qquad \text{(ii)}$$

Reunindo as proporções (i) e (ii), finalizamos a demonstração:

$$\frac{|\mathbf{A}|}{\operatorname{sen}\alpha} = \frac{|\mathbf{B}|}{\operatorname{sen}\beta} = \frac{|\mathbf{C}|}{\operatorname{sen}\gamma} \qquad (2.56)$$

2.8 - Produto Misto ou Triplo Produto Escalar

2.8.1 - Definição

Tal produto dos vetores $\mathbf{A}, \mathbf{B}$ e $\mathbf{C}$ é um escalar, definido como sendo

$$(\mathbf{A} \times \mathbf{B}) \cdot \mathbf{C},$$

e esta é a única sequência definida de multiplicação, uma vez que não faz sentido o produto $\mathbf{A} \times (\mathbf{B} \cdot \mathbf{C})$.

2.8.2 - Notações

1ª) Notação de **Wilson** $\rightarrow$ $(\mathbf{A} \times \mathbf{B}) \cdot \mathbf{C}$

2ª) Notação de **Marcolongo** $\rightarrow$ $(\mathbf{A} \wedge \mathbf{B}) \times \mathbf{C}$

3ª) Notação de **Grassmann** $\rightarrow$ $(\mathbf{A}, \mathbf{B}, \mathbf{C})$

Nota: em nosso curso utilizaremos, indistintamente, as notações de **Gibbs** e de **Grassmann**, se bem que esta última seja a mais racional de todas, pois somente o que conta, conforme veremos na subseção 2.8.4, é manter a ordem cíclica dos três vetores comsiderados, não importando onde se colocam os sinais ($\times$) e ($\cdot$).

2.8.3 - Interpretação Física do Módulo

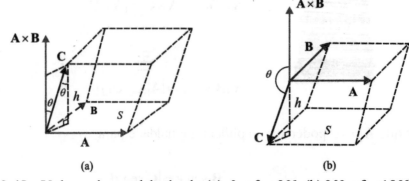

Fig. 2.48 - Volume do paralelepípedo (a) $0 < \theta < 90°$ (b) $90° < \theta < 180°$

A interpretação física do produto misto pode ser realizada com a ajuda da figura 2.48. De acordo com a expressão (2.42), a área da base do paralelepípedo construído a partir dos vetores **A**, **B** e **C** é dada por

$$S = |\mathbf{A} \times \mathbf{B}|$$

Ainda da figura em questão, temos

$$h = |\mathbf{C}||\cos\theta|$$

na qual θ é o ângulo entre os vetores $\mathbf{A} \times \mathbf{B}$ e **C**.

Deste modo, o volume do paralelepípedo é dado por

$$v = S\,h = |\mathbf{A} \times \mathbf{B}||\mathbf{C}||\cos\theta|$$

isto é,

$$v_{\text{paralelepípedo}} = |(\mathbf{A} \times \mathbf{B}) \cdot \mathbf{C}|\ ,$$

em que o sinal de módulo foi utilizado porque para $0 < \theta < 90^\circ\,(\pi/2\ \text{rad})$, conforme na parte (a) da figura 2.48, o resultado é positivo se os vetores **A**, **B** e **C** formam um terno positivo[12]. Se **A**, **B** e **C** formam um terno negativo[13], como mostrado na parte (b) da mesma figura, uma vez que temos $90^\circ\,(\pi/2\,\text{rad}) < \theta < 180^\circ\,(\pi\,\text{rad})$, o resultado é negativo, sendo que o volume é uma grandeza sempre positiva, por definição.

Nota: devemos atentar para o fato de que se os vetores forem coplanares o produto misto será nulo.

A Geometria nos ensina que um paralelepípedo pode ser decomposto em seis tetraedros, o que não é difícil de verificar através da figura 2.49. O paralelepípedo 1-2-3-4-8-5-6-7 pode ser, inicialmente, dividido em dois prismas de igual volume, quais sejam: 1-2-4-8-5-6 e 2-3-4-8-6-7 . O primeiro deles, que é 1-2-4-8-5-6, pode ser dividido em três tetraedros: 1-2-4-6, 1-4-5-6 e 4-5-6-8, de modo que o outro pode também ser dividido de igual maneira, ficando evidenciado que o volume do paralelepípedo construí-do a partir de três vetores é igual a seis vezes o volume do tetraedro formado tendo por base os mesmos vetores. Em consequência, temos

---

[12] **Terno positivo, direto ou dextrógiro** decorre do fato de que os vetores **A**, **B** e **C**, nesta ordem, possuem a mesma orientação que o polegar, o indicador e o dedo médio da mão direita.

[13] **Terno negativo, indireto ou levógiro** é a mesma sequência só que com os dedos correspondentes da mão esquerda.

$$v_{paralelepípedo} = 6v_{tetraedro} = |(\mathbf{A} \times \mathbf{B}) \cdot \mathbf{C}| \qquad (2.57a)$$

ou de outra forma,

$$v_{tetraedro} = \frac{1}{6} v_{paralelepípedo} = \frac{1}{6} |(\mathbf{A} \times \mathbf{B}) \cdot \mathbf{C}| \qquad (2.57b)$$

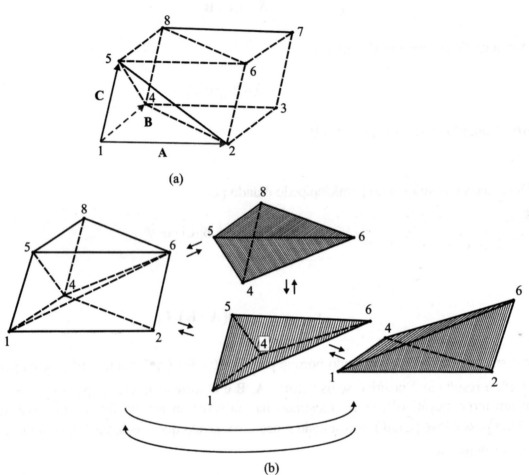

Fig. 2.49 - Volume do tetraedro

2.8.4 - Regra de Permutação

O produto misto é bastante particular no tocante a comutatividade e associatividade, e o produto $(\mathbf{A} \times \mathbf{B}) \cdot \mathbf{C}$ persiste se for mantida a ordem cíclica (**ABCABC**...), não importando onde os sinais sinais ($\times$) e ($\cdot$) sejam colocados. Temos, então, a propriedade

$$\begin{aligned}(\mathbf{A} \times \mathbf{B}) \cdot \mathbf{C} &= \mathbf{A} \cdot (\mathbf{B} \times \mathbf{C}) = (\mathbf{A},\mathbf{B},\mathbf{C}) = (\mathbf{B},\mathbf{C},\mathbf{A}) = \\ &= (\mathbf{C},\mathbf{A},\mathbf{B}) = -(\mathbf{A},\mathbf{C},\mathbf{B}) = -(\mathbf{C},\mathbf{B},\mathbf{A}) = -(\mathbf{B},\mathbf{A},\mathbf{C})\end{aligned} \qquad (2.58)$$

conhecida como **regra de permutação do produto misto**.

DEMONSTRAÇÃO:

Já sabemos que o produto misto de vetores, a menos do sinal, é equivalente ao volume do paralelepípedo formado a partir dos três vetores. O resultado será positivo ou negativo dependendo do terno ser direto ou indireto.

Inicialmente, observemos que o produto misto não varia quando é mantida a mesma ordem dos vetores, alterando-se apenas as posições dos sinais ($\times$) e ($\cdot$), isto é,

$$(A \times B) \cdot C = A \cdot (B \times C),$$

uma vez que os ternos

$$(A \times B) \cdot C \text{ e } A \cdot (B \times C),$$

independentemente de serem **ambos** positivos ou negativos, formam o mesmo paralelepípedo; logo fica evidenciada a afirmativa, que pode ser sintetizada por

$$(A \times B) \cdot C = A \cdot (B \times C) = (A, B, C)$$

Vamos agora verificar a propriedade no que respeita a manutenção de uma ordem cíclica de permutação de vetores. Uma vez que o produto escalar é simétrico, podemos expressar

$$A \cdot (B \times C) = (B \times C) \cdot A$$

que pode também ser colocada sob a forma

$$A \cdot (B \times C) = (B \times C) \cdot A = (A, B, C) = (B, C, A)$$

Finalmente, verifiquemos o que ocorre quando uma determinada ordem cíclica dos vetores é invertida. Uma vez que o produto vetorial é antissimétrico, podemos estabelecer

$$(A, B, C) = A \cdot (B \times C) = A \cdot \left[-(C \times B) \right] = -(A, C, B)$$

As outras permutações podem ser determinadas de modos similares. Reunindo nossas conclusões, temos

$$(A \times B) \cdot C = A \cdot (B \times C) = (A, B, C) = (B, C, A) = (C, A, B) = -(A, C, B) =$$
$$= -(C, B, A) = -(B, A, C)$$

o que verifica a tese.

2.8.5 - Aplicações

1ª) Determinação do volume de um paralelepípedo ou de um tetraedro formados a partir de três vetores.

2ª) Determinação do momento axial (momento em relação a um eixo) de uma força.

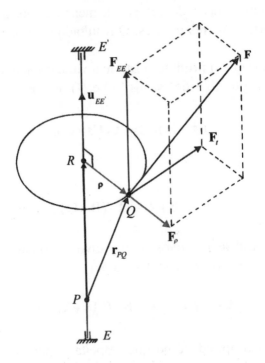

Fig. 2.50 - Momento de uma força em relação a um eixo

Sejam dados uma força **F**, seu ponto de aplicação Q e um eixo EE' com vetor unitário $\mathbf{u}_E$, conforme aparece na figura 2.50. A força **F** pode ser decomposta em uma componente axial ($\mathbf{F}_E$ na direção do eixo), uma componente radial ($\mathbf{F}_\rho$ perpendicular ao eixo) e uma componente transversal ($\mathbf{F}_t$ perpendicular às outras duas mencionadas). Para efeito de torção ou rotação de um corpo em torno do eixo, só é eficaz a componente transversal $\mathbf{F}_t$. É interessante, então, conceituar o momento ou torque determinado por $\mathbf{F}_t$ e não influenciado por $\mathbf{F}_E$ ou por $\mathbf{F}_\rho$; tal grandeza é o **momento** ou **torque axial** de **F**. Seja P um ponto qualquer do eixo EE'.

O torque de **F** em relação a P é o vetor cuja expressão é

$$\boldsymbol{\tau}_P = \mathbf{r}_{PQ} \times \mathbf{F}$$

Entende-se por momento de **F** em relação ao eixo EE', a projeção de $\boldsymbol{\tau}_P$ sobre o eixo, quer dizer,

$$\tau_{EE'} = \boldsymbol{\tau}_P \cdot \mathbf{u}_{EE'} \tag{2.59a}$$

Consequentemente, temos

$$\tau_{EE'} = \left(\mathbf{r}_{PQ} \times \mathbf{F}\right) \cdot \mathbf{u}_{EE'} \tag{2.59b}$$

Uma vez que

$$\mathbf{r}_{PQ} = \mathbf{PR} + \boldsymbol{\rho}$$

podemos expressar

$$\tau_{EE'} = \left[\left(PR+\rho\right)\times F\right]\cdot u_{EE'} = \underbrace{\left(PR\times F\right)\cdot u_{EE'}}_{\substack{=0\ \text{pois}\ PR\ \text{e}\ u_{EE'}\ \text{são}\\ \text{colineares}}} + \left(\rho\times F\right)\cdot u_{EE'} = \left(\rho\times F\right)\cdot u_{EE'}$$

A resultante é dada pela expressão

$$F = F_\rho + F_{EE'} + F_t$$

o que permite estabelecer

$$\tau_{EE'} = \left[\rho\times\left(F_\rho + F_{EE'} + F_t\right)\right]\cdot u_{EE'} = \underbrace{\left(\rho\times F_\rho\right)\cdot u_{EE'}}_{\substack{=0\ \text{pois}\ \rho\ \text{e}\ F_\rho\\ \text{são colineares}}} + \underbrace{\left(\rho\times F_{EE'}\right)\cdot u_{EE'}}_{\substack{=0\ \text{pois}\ F_E\ \text{e}\ u_{EE'}\\ \text{são colineares}}} + \left(\rho\times F_t\right)\cdot u_{EE'} = F_t\ \rho$$

Finalmente, temos

$$\tau_{EE'} = F_t\ \rho \qquad\qquad (2.59c)$$

verificando, inclusive, que o momento axial não depende do pólo P.

2.9 - Triplo Produto Vetorial

2.9.1 - Definição

O triplo produto vetorial de três vetores A, B e C é o vetor $A\times\left(B\times C\right)$.

2.9.2 - Notações

As notações mais usuais são:

1ª) Notação de **Wilson** $\rightarrow$ $A\times\left(B\times C\right)$

2ª) Notação de **Marcolongo** $\rightarrow$ $A\wedge\left(B\wedge C\right)$

Nota: em nosso curso adotaremos a notação de **Gibbs**.

2.9.3 – Propriedades

1ª) $A\times\left(B\times C\right)=\left(A\cdot C\right)B-\left(A\cdot B\right)C = \begin{vmatrix} B & C \\ A\cdot B & A\cdot C \end{vmatrix}$ (regra do termo central ou fórmula de expulsão - 1ª forma)

$$(2.60)$$

2ª) $(A \times B) \times C = (C \cdot A)B - (C \cdot B)A = \begin{vmatrix} C \cdot A & C \cdot B \\ A & B \end{vmatrix}$ (regra do termo central ou fórmula de expulsão-2ª forma) (2.61)

3ª) $A \times (B \times C) \neq (A \times B) \times C$ (2.62)

DEMONSTRAÇÕES:

1ª) $A \times (B \times C) = (A \cdot C)B - (A \cdot B)C$

O produto $B \times C$ é perpendicular aos vetores B e C. Multiplicando este produto vetorialmente por A, o duplo produto resultante é perpendicular ao vetor $B \times C$, estando, portanto, contido no plano definido pelos vetores B e C. Podemos, pois, expressar

$$A \times (B \times C) = \lambda B + \eta C \tag{i}$$

com coeficientes λ e η a serem determinados. Multiplicando esta igualdade escalarmente por A, resulta

$$A \cdot [A \times (B \times C)] = A \cdot (\lambda B + \eta C) = 0$$

Aplicando a propriedade distributiva, obtemos

$$\lambda A \cdot B + \eta A \cdot C = 0$$

A expressão nos conduz a

$$\frac{\lambda}{A \cdot C} = -\frac{\eta}{A \cdot B} = k$$

Isto é equivalente a

$$\lambda = k A \cdot C \quad \text{e} \quad \eta = -k A \cdot B \tag{ii}$$

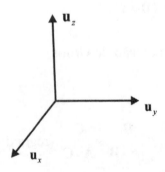

Fig. 2.51 - Terno unitário fundamental

Para a determinação de k, consideremos o caso particular do termo unitário fundamental $\mathbf{u}_x, \mathbf{u}_y, \mathbf{u}_z$ que, conforme veremos no próximo capítulo, é o termo fundamental do sistema de coordenadas cartesianas.

Da figura 2.51, concluímos

$$\mathbf{u}_x \times (\mathbf{u}_x \times \mathbf{u}_y) = -\mathbf{u}_y \tag{iii}$$

De acordo com a expressão (i), vem

$$\mathbf{u}_x \times (\mathbf{u}_x \times \mathbf{u}_y) = \lambda\, \mathbf{u}_x + \eta\, \mathbf{u}_y \tag{iv}$$

Comparando (iii) e (iv), obtemos

$$\lambda = 0 \ \text{ e } \ \eta = -1$$

Entretanto,

$$\lambda = \mathrm{k}\, \mathbf{A} \cdot \mathbf{C} = k\, \mathbf{u}_x \cdot \mathbf{u}_y = 0$$

e

$$\eta = -k\, \mathbf{u}_x \cdot \mathbf{u}_x = -k$$

Donde se conclui que $k = 1$, e o sistema de equações é compatível para tal valor. Genericamente resulta

$$\lambda = \mathbf{A} \cdot \mathbf{C} \ \text{ e } \ \eta = -\mathbf{A} \cdot \mathbf{B}$$

Substituindo na expressão (i), segue-se

$$\mathbf{A} \times (\mathbf{B} \times \mathbf{C}) = (\mathbf{A} \cdot \mathbf{C})\mathbf{B} - (\mathbf{A} \cdot \mathbf{B})\mathbf{C} = \begin{vmatrix} \mathbf{B} & \mathbf{C} \\ \mathbf{A} \cdot \mathbf{B} & \mathbf{A} \cdot \mathbf{C} \end{vmatrix} \tag{v}$$

Nota: a identidade acima pode ser facilmente memorizada através da seguinte regra: **o triplo produto vetorial é igual ao vetor central, cujo coeficiente é o produto dos vetores restantes, menos o outro vetor entre parênteses, cujo coeficiente é o produto escalar dos vetores remanescentes.**

2ª)

Substituindo $\mathbf{A}$, $\mathbf{B}$ e $\mathbf{C}$ na última expressão por $\mathbf{C}$, $\mathbf{A}$ e $\mathbf{B}$, respectivamente, obtemos

$$\mathbf{C} \times (\mathbf{A} \times \mathbf{B}) = (\mathbf{C} \cdot \mathbf{B})\mathbf{A} - (\mathbf{C} \cdot \mathbf{A})\mathbf{B}$$

Em consequência, segue-se

Cálculo e Análise Vetoriais com Aplicações Práticas

$$(\mathbf{A} \times \mathbf{B}) \times \mathbf{C} = -\mathbf{C} \times (\mathbf{A} \times \mathbf{B}) = (\mathbf{C} \cdot \mathbf{A})\mathbf{B} - (\mathbf{C} \cdot \mathbf{B})\mathbf{A} = \begin{vmatrix} \mathbf{C} \cdot \mathbf{A} & \mathbf{C} \cdot \mathbf{B} \\ \mathbf{A} & \mathbf{B} \end{vmatrix} \tag{vi}$$

3ª)

Pelas expressões (v) e (vi), vem

$$\mathbf{A} \times (\mathbf{B} \times \mathbf{C}) \neq (\mathbf{A} \times \mathbf{B}) \times \mathbf{C}$$

2.9.4 - Aplicações

1ª) Determinação da aceleração centrípeta:

Seja, por exemplo, um sólido girante qualquer como ilustrado na figura 2.26. A aceleração normal ou centrípeta de um ponto genérico P é

$$\boldsymbol{a}_n = \boldsymbol{\omega} \times \mathbf{v}$$

Entretanto, pela expressão (2.45), temos

$$\mathbf{v} = \boldsymbol{\omega} \times \mathbf{r}$$

Donde se conclui

$$\boldsymbol{a}_n = \boldsymbol{\omega} \times (\boldsymbol{\omega} \times \mathbf{r}) \tag{2.63}$$

2ª) Determinação do momento angular de um ponto material P de um sólido girante:

Ainda com relação ao sólido do item anterior, pela expressão (2.43), temos

$$\mathbf{L} = \mathbf{r} \times m\mathbf{v}$$

No entanto, temos também

$$\mathbf{v} = \boldsymbol{\omega} \times \mathbf{r}$$

o que nos conduz a

$$\mathbf{L} = \mathbf{r} \times m(\boldsymbol{\omega} \times \mathbf{r}) \tag{2.64}$$

QUESTÕES

2.1- As regras para adição de vetores foram apresentadas na figura 2.4 e não foram demonstradas. Você pode imaginar como elas foram instituídas inicialmente e sugerir algum método experimental da verificação de pelo menos uma delas?

2.2- A expressão (2.39) nos fornece o módulo vetorial como função dos módulos dos vetores e do seno do ângulo por eles formado. Porque o conceito de módulo é utilizado apenas para os vetores e não para o seno do ângulo se a expressão fornece um valor modular?

2.3- Quais dos seguintes produtos de vetores não fazem sentido? Explicar.

(a) $(A \cdot B) \times C$

(b) $A \cdot (B \cdot C)$

(c) $A \times B \times C$

RESPOSTAS DAS QUESTÕES

2.1- Estas regras foram pesquisadas para a primeira utilização dos vetores, qual seja a representação de forças. Um método bastante simples de verificar, por exemplo, a regra do paralelogramo para a adição de dois vetores, pode ser realizado, lançando-se mão de uma prancheta vertical, na qual estão dispostas roldanas muito móveis (pouco atrito nos eixos) *A*, *B* e *C*, representadas na figura 2.52. Ligam-se três fios a um mesmo ponto *O*; passam-se sobre as roldanas e suspendem-se-lhes pesos tais que o sistema fique em equilíbrio. As forças são concorrentes em *O* e as roldanas não lhes alteram as intensidades. O equilíbrio realiza-se, suponhamos, com 2,0 kgf no fio $\overline{OA}$, 4,0 kgf em $\overline{OB}$ e 3,5 kgf no fio $\overline{OC}$. Introduz-se, então, uma folha de papel entre a prancheta e os fios e, com um lápis, traçam-se as direções $\overline{OA}, \overline{OB}$ e $\overline{OC}$. Retirado o papel, tomam-se sobre estas direções comprimentos $\overline{OF_1}, \overline{OF_2}$ e $\overline{OF_3}$, respectivamente proporcionais às forças. Por exemplo: 2,0 cm, 4,0 cm e 3,5 cm. Constrói-se, depois, o paralelogramo que tem por lados duas forças; por exemplo, F_1 e F_2. Verifica-se que a diagonal deste paralelogramo é igual e diretamente oposta à força F_3. Em virtude do princípio enunciado anteriormente, esta diagonal é a resultante das forças F_1 e F_2 e vale 3,5 kgf. Do mesmo modo, verifica-se que R_2, resultante de F_1 e F_3, é igual a 4,0 kgf e que R_3, resultante de F_2 e F_3, tem intensidade igual a 2,0 kgf.

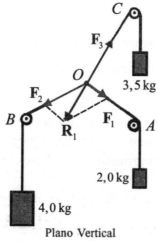

Fig. 2.52 - Resposta da questão 2.1

2.2- Sendo $0 \le \alpha \le \pi$ rad $(180°)$, o seno é sempre positivo e não há necessidade de entrarmos com o conceito de módulo.

2.3- Apenas o produto do item (a) não faz sentido, uma vez que $\mathbf{A} \cdot \mathbf{B}$ é um escalar e não existe produto vetorial entre um escalar e um vetor.

PROBLEMAS

2.1- Dados dois vetores perpendiculares, de módulos iguais a 6 e 8, calcule o módulo do vetor soma.

2.2- Admitindo que os vetores do problema 1 formem entre si um ângulo de 60°, determine o módulo do vetor soma.

2.3- Um vetor de módulo igual a 25 deve ser decomposto em duas componentes perpendiculares entre si, de modo que uma delas tenha módulo igual a 24. Qual é o módulo da outra componente?

2.4- Um vetor de módulo $30\sqrt{2}$ foi decomposto em duas componentes perpendiculares de módulos iguais. Qual é o módulo de cada componente?

2.5- Um vetor de intensidade $28\sqrt{5}$ foi decomposto em duas componentes perpendiculares, sendo que o módulo de uma delas é o dobro do módulo da outra. Determine o módulo de cada uma delas.

2.6- A soma dos módulos de dois vetores perpendiculares é 23. Determine o módulo de cada um sabendo-se que a resultante tem módulo igual a 17.

2.7- A diferença entre os módulos de dois vetores perpendiculares é igual a 49. A resultante tem módulo igual a 61. Qual é o módulo de cada um dos vetores?

2.8- Qual deve ser o ângulo entre dois vetores de mesmo módulo para que o módulo do vetor soma seja igual ao de cada um deles?

2.9- A razão entre o módulo do vetor soma de dois vetores e o módulo do maior vetor é $\sqrt{2}/2$. A razão entre os módulos dos vetores componentes é $\sqrt{2}$. Qual é o ângulo entre os dois vetores componentes?

2.10- Demonstre, empregando vetores, que o segmento unindo os pontos médios dos lados não paralelos de um trapézio, conhecido como base média, é paralelo às bases do quadrilátero e tem por comprimento a média aritmética dos comprimentos das bases.

2.11- Utilizando vetores, demonstre que as medianas de um triângulo se interceptam num ponto que divide cada uma delas na razão 2:1.

2.12*- Demonstre que para dois vetores quaisquer $\mathbf{A}$ e $\mathbf{B}$ vale a desigualdade

$$\left| |\mathbf{A}| - |\mathbf{B}| \right| \le |\mathbf{A} + \mathbf{B}| \le |\mathbf{A}| + |\mathbf{B}|,$$

conhecida como **desigualdade do triângulo**.

2.13* - No tetraedro $ABCD$ da figura 2.53, o lado $\overline{DA}$ é perpendicular ao lado $\overline{BC}$ e o lado $\overline{DB}$ é perpendicular ao lado $\overline{CA}$. Demonstre que o lado $\overline{DC}$ é perpendicular ao lado $\overline{AB}$.

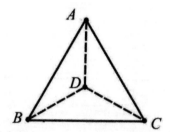

Fig. 2.53 - Problema 2.13

2.14- Demonstre que um ângulo inscrito num semicírculo é um ângulo reto.

2.15*- Demonstre que num triângulo ABC, se $\overline{AD}$ é a mediana do lado $\overline{BC}$, temos a relação

$$\overline{AB}^2 + \overline{AC}^2 = 2\overline{AD}^2 + \frac{1}{2}\overline{BC}^2,$$

conhecida como **teorema de Apolônio**[14].

2.16- Demonstre que a reta que une o vértice de um triângulo isósceles ao ponto médio de sua base é perpendicular à esta última.

2.17*- Demonstre que

$$(\mathbf{A}\times\mathbf{B})\times(\mathbf{C}\times\mathbf{D}) = [\mathbf{A}\cdot(\mathbf{B}\times\mathbf{D})]\mathbf{C} - [\mathbf{A}\cdot(\mathbf{B}\times\mathbf{C})]\mathbf{D} = [\mathbf{A}\cdot(\mathbf{C}\times\mathbf{D})]\mathbf{B} - [\mathbf{B}\cdot(\mathbf{C}\times\mathbf{D})]\mathbf{A}$$

2.18*- Sendo PQR um triângulo esférico cujos lados p, q e r são arcos de grandes círculos, prove que

$$\frac{\operatorname{sen} P}{\operatorname{sen} p} = \frac{\operatorname{sen} Q}{\operatorname{sen} q} = \frac{\operatorname{sen} R}{\operatorname{sen} r}$$

2.19- Os vetores $\mathbf{A}_1, \mathbf{A}_2, \mathbf{A}_3$ e $\mathbf{B}_1, \mathbf{B}_2, \mathbf{B}_3$ são ditos conjuntos recíprocos de vetores se eles satisfazem às relações

$$\begin{cases} \mathbf{A}_i \cdot \mathbf{B}_i = 1, & i = 1, 2, 3 \\ \mathbf{A}_i \cdot \mathbf{B}_j = 0, & i \neq j \end{cases}$$

Demonstre que os conjuntos recíprocos de vetores gozam das seguintes propriedades:

---

[14] **Apolônio [Apolônio de Perga]** - matemático grego, natural da cidade de Perga, que viveu no final do século II e início de século III a.C. Sua obra matemática notável é um tratado sobre seções cônicas. Como astrônomo é autor de um trabalho sobre estações e retrogradações dos planetas.

1ª) $(A_1, A_2, A_3) \neq 0$ e $(B_1, B_2, B_3) \neq 0$

2ª)
$$
\begin{cases}
B_1 = \dfrac{A_2 \times A_3}{(A_1, A_2, A_3)} \\[3mm]
B_2 = \dfrac{A_3 \times A_1}{(A_1, A_2, A_3)} \\[3mm]
B_3 = \dfrac{A_1 \times A_2}{(A_1, A_2, A_3)}
\end{cases}
$$

3ª) $(A_1, A_2, A_3)(B_1, B_2, B_3) = 1$

RESPOSTAS DOS PROBLEMAS

2.1- 10

2.2- 12,2

2.3- 7

2.4- 30

2.5- 28 e 56

2.6- 8 e 15

2.7- 11 e 60

2.8- 120º

2.9- 135º

CAPÍTULO 3

Sistemas de Coordenadas

3.1 - Introdução

Um sistema de coordenadas é um meio de especificar, de forma unívoca, a localização espacial de qualquer ponto relativamente a uma ou mais origens de referência. Qualquer ponto pode ser definido como sendo a interseção de três superfícies mutuamente perpendiculares. As direções coordenadas são definidas pelas normais à essas superfícies no ponto. **É claro que a solução de um problema pode ser obtida por meio de qualquer sistema de coordenadas. No entanto, tirando partido da simetria envolvida no problema, a solução pode ser bastante simplificada através de uma escolha apropriada do sistema a ser utilizado.**

Neste livro serão utilizados, a priori, os sistemas cartesiano retangular[1], cilíndrico circular e esférico. Por uma questão de abrangência, o sistema curvilíneo generalizado será apresentado apenas no final do trabalho, tendo em vista que o seu estudo não é essencial para o início de nossa abordagem.

3.2 - Sistema Cartesiano Retangular[2]

3.2.1 - Características Fundamentais

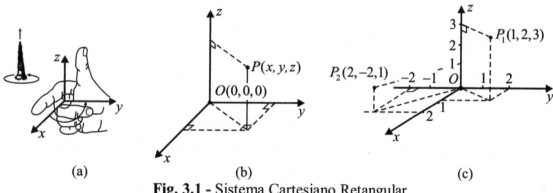

(a)   (b)   (c)
Fig. 3.1 - Sistema Cartesiano Retangular

É o mais simples e utilizado sistema de coordenadas e, a partir de uma origem comum O, temos três eixos mutuamente perpendiculares x, y e z, cujas orientações são dadas pelas regras do parafuso de rosca à direita ou da mão direita[3], indicadas na parte (a) da figura 3.1. Um ponto P fica determinado no espaço tridimensional pelas coordenadas x, y e z, contadas a partir da origem O, de coordenadas $(0,0,0)$. Temos, pois, na parte (b) da figura 3.1, a localização de um ponto $P(x,y,z)$

---

[1] O nome é em honra ao matemático e filósofo **René Descartes,** que foi o criador deste sistema de coordenadas.

[2] Existe também o sistema cartesiano oblíquo, que não será objeto de estudo em nosso curso, mas que poderá ser encontrado na seção 1.5 da referência bibliográfica nº 11. Daqui para frente, sempre que citarmos o sistema cartesiano, estaremos nos referindo ao do tipo retangular.

[3] Tais orientações são necessárias para evitar ambiguidades em teoremas e demonstrações a posteriori.

genérico. A parte (c) da mesma figura apresenta as localizações de dois pontos cujas coordenadas são: $P_1(1,2,3)$ e $P_2(2,-2,1)$.

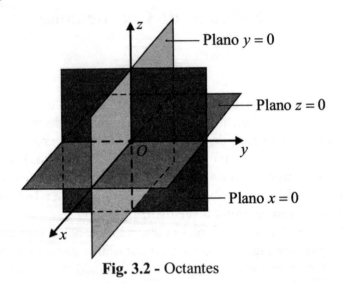

Fig. 3.2 - Octantes

Pela figura 3.2, verifica-se que o espaço tridimensional ($\mathbb{R}^3$) fica dividido, pelos planos *xy* (ou plano $z = 0$), *xz* (ou plano $y = 0$) e *yz* (ou plano $x = 0$), em oito regiões, denominadas **octantes**.

A cada ponto P do espaço podemos atribuir coordenadas cartesianas retangulares com as seguintes restrições:

$$-\infty < x < +\infty \; ; \; -\infty < y < +\infty \; ; \; -\infty < z < +\infty \tag{3.1}$$

Os pontos situados no primeiro octante têm as três coordenadas positivas, ou seja,

$$0 < x < +\infty \; ; \; 0 < y < +\infty \; ; \; 0 < z < +\infty \tag{3.2}$$

Existem três superfícies coordenadas básicas, que são os planos definidos por $x = (\text{constante})_1$, $y = (\text{constante})_2$ e $z = (\text{constante})_3$, que são, respectivamente, planos paralelos aos planos $x = 0$, $y = 0$ e $z = 0$, e estão representados na figura 3.3.

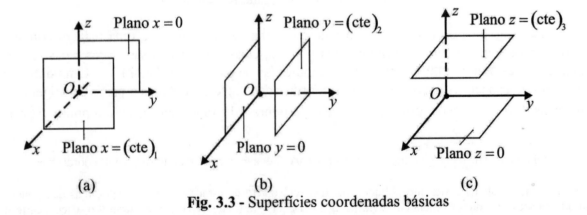

Fig. 3.3 - Superfícies coordenadas básicas

A localização de um ponto $P(x, y, z)$ pode também ser obtida pela interseção das superfícies coordenadas básicas citadas, conforme aparece, em duas perspectivas, na figura 3.4.

Sistemas de Coordenadas 73

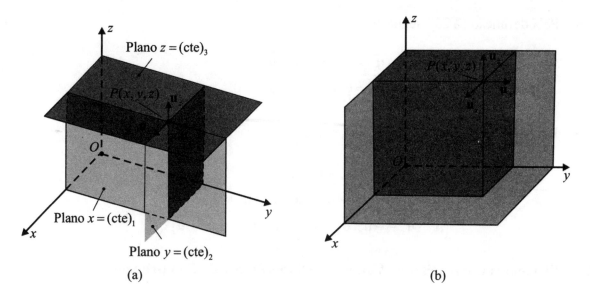

Fig. 3.4 - Localização de um ponto através das superfícies coordenadas básicas

3.2.2 - Terno Unitário Fundamental

O sistema cartesiano retangular tem como vetores unitários $\mathbf{u}_x, \mathbf{u}_y, \mathbf{u}_z$[4], respectivamente perpendiculares às superfícies coordenadas especificadas na figura 3.4, obedecendo às regras da mão direita ou do parafuso de rosca à direita, ambas representadas na parte (a) da figura 3.5. Cada um desses vetores, conforme o nome já diz, tem módulo unitário, e aponta no sentido positivo do seu respectivo eixo, e aparecem tanto na figura 3.4 quanto na 3.5.

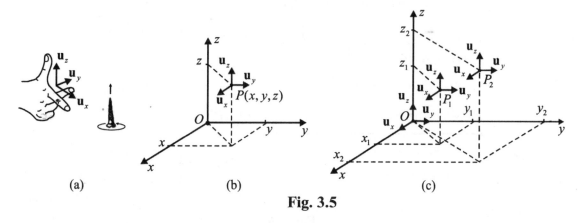

Fig. 3.5

As coordenadas cartesianas retangulares são, geralmente, as mais fáceis de serem empregadas, porque as orientações dos vetores unitários são fixas, isto é, não variam de ponto para ponto, conforme evidenciado na parte (c) da figura 3.5, ao contrário do que ocorre aos vetores unitários dos outros dois sistemas inicialmente citados. Ainda em relação aos vetores unitários cartesianos retangulares, temos as seguintes relações que serão de grande utilidade ao longo de nosso curso:

---

[4] Alguns autores utilizam, alternativamente, as seguintes notações para os vetores unitários do sistema cartesiano:
$\mathbf{i}, \mathbf{j}, \mathbf{k}$ — $\hat{\mathbf{x}}, \hat{\mathbf{y}}, \hat{\mathbf{z}}$ — $\mathbf{e}_x, \mathbf{e}_y, \mathbf{e}_z$ — $\mathbf{a}_x, \mathbf{a}_y, \mathbf{a}_z$

- Pela definição (2.26), segue-se

$$\begin{cases} \mathbf{u}_x \cdot \mathbf{u}_x = \mathbf{u}_y \cdot \mathbf{u}_y = \mathbf{u}_z \cdot \mathbf{u}_z = 1 \\ \mathbf{u}_x \cdot \mathbf{u}_y = \mathbf{u}_x \cdot \mathbf{u}_z = \mathbf{u}_y \cdot \mathbf{u}_z = 0 \end{cases} \quad (3.3)$$

- Pela definição (2.40), podemos estabelecer

$$\begin{cases} \mathbf{u}_x \times \mathbf{u}_x = \mathbf{u}_y \times \mathbf{u}_y = \mathbf{u}_z \times \mathbf{u}_z = 0 \\ \mathbf{u}_x \times \mathbf{u}_y = \mathbf{u}_z;\ \mathbf{u}_z \times \mathbf{u}_x = \mathbf{u}_y;\ \mathbf{u}_y \times \mathbf{u}_z = \mathbf{u}_x \\ \mathbf{u}_y \times \mathbf{u}_x = -\mathbf{u}_z;\ \mathbf{u}_x \times \mathbf{u}_z = -\mathbf{u}_y;\ \mathbf{u}_z \times \mathbf{u}_y = -\mathbf{u}_x \end{cases} \quad (3.4)$$

3.2.3 - Elementos Diferenciais de Volume, de Superfícies e de Comprimento

Um elemento diferencial de volume é construído quando, a partir de um ponto genérico que é $P(x,y,z)$, por meio de deslocamentos diferenciais dx, dy e dz nas respectivas direções coordenadas, formamos o paralelepípedo retangular que aparece na parte (a) da figura 3.6. O elemento diferencial de volume pode ser expresso em função das diferenciais dx, dy e dz, qual seja,

$$dv = dx\, dy\, dz \quad (3.5)$$

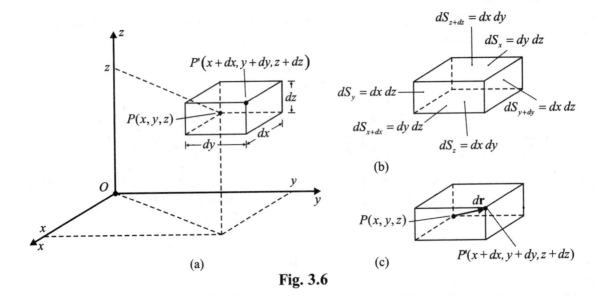

Fig. 3.6

Para distinguir os elementos diferenciais de superfícies, subescritamos o elemento diferencial de área, de cada face do paralelepípedo, com a coordenada perpendicular à superfície, conforme indicado na parte (b) da figura 3.6. Temos também

$$\begin{cases} dS_{x+dx} = dS_x = dy\, dz \\ dS_{y+dy} = dS_y = dx\, dz \\ dS_{z+dz} = dS_z = dx\, dy \end{cases} \quad (3.6)$$

Vetorialmente[5], em relação à superfície fechada que engloba o volume diferencial, temos

$$\begin{cases} d\mathbf{S}_x = -dy\,dz\,\mathbf{u}_x & ; \quad d\mathbf{S}_{x+dx} = dy\,dz\,\mathbf{u}_x \\ d\mathbf{S}_y = -dx\,dz\,\mathbf{u}_y & ; \quad d\mathbf{S}_{y+dy} = dx\,dz\,\mathbf{u}_y \\ d\mathbf{S}_z = -dx\,dy\,\mathbf{u}_z & ; \quad d\mathbf{S}_{z+dz} = dx\,dy\,\mathbf{u}_z \end{cases} \tag{3.7}$$

O deslocamento entre dois pontos $P(x,y,z)$ e $P'(x+dx, y+dy, z+dz)$, ilustrado na parte (c) da figura 3.6, é um deslocamento diferencial, cujo comprimento $|d\mathbf{r}|$ (a notação será explicada na subseção 3.2.6) é o da diagonal maior do elemento de volume já mencionado, e podemos estabelecer

$$|d\mathbf{r}| = \sqrt{(dx)^2 + (dy)^2 + (dz)^2} \tag{3.8}$$

3.2.4 - Vetor Posição r

Para descrever um vetor no sistema cartesiano vamos, primeiramente, considerar um vetor **r** partindo da origem e terminando em um ponto genérico $P(x,y,z)$. Tal vetor é denominado vetor posição do ponto $P(x,y,z)$. Um modo lógico de identificar este vetor é fornecer suas três componentes vetoriais tomadas ao longo dos três eixos coordenados, e cuja soma vetorial é o próprio vetor dado.

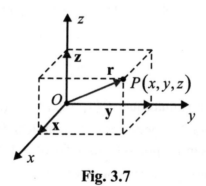

Fig. 3.7

Se as componentes vetoriais do vetor **r** são **x**, **y** e **z**, de acordo com a figura 3.7, temos

$$\mathbf{r} = \mathbf{x} + \mathbf{y} + \mathbf{z} \tag{3.9}$$

Em vez de um vetor, temos agora três vetores que são de natureza muito simples: cada um está sempre ao longo de um dos três eixos. Em outras palavras: as componentes têm intensidades que dependem do vetor dado **r**, mas cada uma delas tem a direção conhecida e fixa. Isto nos sugere o uso de **vetores unitários** ou **versores**, cuja intensidade é unitária e são, por definição, dirigidos ao

---

[5] Na subseção 8.2.3 veremos o conceito de vetor associado a um elemento de superfície.

76 Cálculo e Análise Vetoriais com Aplicações Práticas

longo dos eixos coordenados. Desse modo, o vetor posição de um ponto genérico P pode ser representado por[6]

$$\mathbf{r} = \mathbf{r}_P = x\,\mathbf{u}_x + y\,\mathbf{u}_y + z\,\mathbf{u}_z \tag{3.10}$$

da qual concluímos

$$|\mathbf{r}| = \sqrt{x^2 + y^2 + z^2} \tag{3.11}$$

EXEMPLO 3.1

Determine o vetor posição do ponto $P(-2, 4, 7)$, bem como o seu módulo.

SOLUÇÃO:

Pela expressão (3.10), temos

$$\mathbf{r} = -2\,\mathbf{u}_x + 4\,\mathbf{u}_y + 7\,\mathbf{u}_z$$

Pela expressão (3.11), vem

$$|\mathbf{r}| = \sqrt{(-2)^2 + 4^2 + 7^2} = \sqrt{69}$$

3.2.5 - Vetor distância $\mathbf{r}_{P_1 P_2}$

O vetor que une dois pontos quaisquer $P_1(x_1, y_1, z_1)$ e $P_2(x_2, y_2, z_2)$, no sentido de P_1 para P_2, conforme representado na figura 3.8, pode ser obtido aplicando-se a regra da adição vetorial, uma vez que o vetor unindo a origem ao ponto P_1 somado ao vetor do ponto P_1 ao ponto P_2 é igual ao vetor que vai da origem ao ponto P_2. Assim sendo, temos

$$\mathbf{r}_{P_1} + \mathbf{r}_{P_1 P_2} = \mathbf{r}_{P_2}$$

Isto é equivalente a

$$\mathbf{r}_{P_1 P_2} = \mathbf{r}_{P_2} - \mathbf{r}_{P_1}$$

---

[6] As duas notações, $\mathbf{r}$ e $\mathbf{r}_P$, são encontrados na literatura especializada.

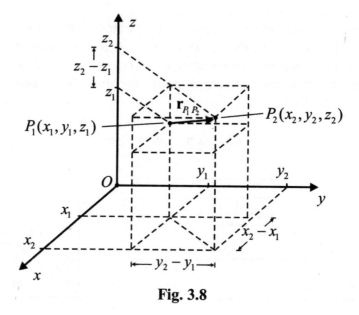

Fig. 3.8

Considerando os vetores

$$\begin{cases} \mathbf{r}_{P_1} = x_1\mathbf{u}_x + y_1\mathbf{u}_y + z_1\mathbf{u}_z \\ e \\ \mathbf{r}_{P_2} = x_2\mathbf{u}_x + y_2\mathbf{u}_y + z_2\mathbf{u}_z \end{cases}$$

podemos expressar

$$\mathbf{r}_{P_1P_2} = (x_2 - x_1)\mathbf{u}_x + (y_2 - y_1)\mathbf{u}_y + (z_2 - z_1)\mathbf{u}_z \tag{3.12}$$

A distância entre os pontos P_1 e P_2 é o módulo do vetor $\mathbf{r}_{P_1P_2}$, isto é,

$$\left|\mathbf{r}_{P_1P_2}\right| = \sqrt{(x_2 - x_1)^2 + (y_2 - y_1)^2 + (z_2 - z_1)^2} \tag{3.13}$$

Tal resultado fica evidenciado pelo fato do segmento de reta entre os pontos P_1 e P_2 ser uma das diagonais principais do paralelepípedo retângulo ilustrado na figura 3.8.

3.2.6 - Vetores deslocamentos diferenciais $d\mathbf{r}$ e $d\mathbf{l}$

Um vetor deslocamento diferencial entre dois pontos P e P'[7], conforme aparece nas partes (c) da figura 3.6 e (a) da figura 3.9, pode ser expresso em função de suas três componentes dx, dy e dz, como sendo

$$d\mathbf{r} = dx\,\mathbf{u}_x + dy\,\mathbf{u}_y + dz\,\mathbf{u}_z \tag{3.14a}$$

---

[7] Utilizamos P e P', ao invés de P_1 e P_2, para que o deslocamento diferencial fique particularizado como sendo a distância entre dois pontos quando esta última é diferencial; daí a mudança de notação.

Cumpre entretanto ressaltar que, no caso de os pontos P e P' estarem ambos sobre uma mesma curva orientada C do espaço, de acordo com a parte (b) da figura 3.9, o deslocamento diferencial se confudirá com um arco diferencial da curva. Neste caso, o vetor deslocamento é notado por $d\mathbf{l}$, ao invés de $d\mathbf{r}$, e esta notação é quase que uma unanimidade em todos os livros. Assim sendo, podemos estabelecer

$$d\mathbf{l} = dx\,\mathbf{u}_x + dy\,\mathbf{u}_y + dz\,\mathbf{u}_z \tag{3.14b}$$

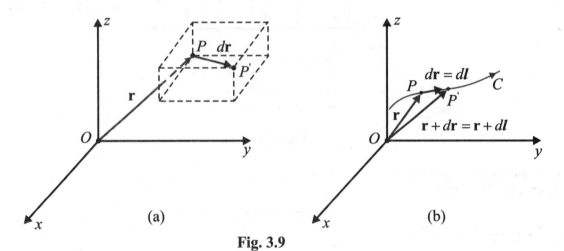

Fig. 3.9

3.2.7 - Vetor Unitário $\mathbf{u}_{P_1P_2}$ [8]

Pela definição de vetor unitário, decorre

$$\mathbf{u}_{P_1P_2} = \frac{\mathbf{r}_{P_1P_2}}{|\mathbf{r}_{P_1P_2}|}$$

e isto acarreta

$$\mathbf{u}_{P_1P_2} = \frac{(x_2-x_1)\mathbf{u}_x + (y_2-y_1)\mathbf{u}_y + (z_2-z_1)\mathbf{u}_z}{\sqrt{(x_2-x_1)^2 + (y_2-y_1)^2 + (z_2-z_1)^2}} \tag{3.15}$$

EXEMPLO 3.2

Com relação aos pontos $P_1(1,2,3)$ e $P_2(2,-2,1)$, da parte (c) da figura 3.1, determine:

(a) $\mathbf{r}_{P_1P_2}$; (b) $|\mathbf{r}_{P_1P_2}|$; (c) $\mathbf{u}_{P_1P_2}$

---

[8] O sentido deste vetor é o mesmo do vetor $\mathbf{r}_{P_1P_2}$.

Sistemas de Coordenadas 79

SOLUÇÃO:

(a)

Pela expressão (3.12), temos

$$\mathbf{r}_{P_1P_2} = (2-1)\mathbf{u}_x + \left[(-2)-2\right]\mathbf{u}_y + (1-3)\mathbf{u}_z = \mathbf{u}_x - 4\mathbf{u}_y - 2\mathbf{u}_z$$

(b)

$$\left|\mathbf{r}_{P_1P_2}\right| = \sqrt{(1)^2 + (-4)^2 + (-2)^2} = \sqrt{21}$$

(c)

$$\mathbf{u}_{P_1P_2} = \frac{1}{\sqrt{21}}\left(\mathbf{u}_x - 4\mathbf{u}_y - 2\mathbf{u}_z\right)$$

EXEMPLO 3.3*

(a) Determine as equações vetorial, paramétricas e cartesianas de uma reta que passa por um ponto $P_0(x_0, y_0, z_0)$ e que é paralela ao vetor $\mathbf{V} = A\mathbf{u}_x + B\mathbf{u}_y + C\mathbf{u}_z$, conhecido como **vetor diretor da reta**.

(b) Como uma aplicação numérica imediata, considere o ponto $P_0(-2,5,7)$ e o vetor definido por $\mathbf{V} = 2\mathbf{u}_x + 4\mathbf{u}_y - 3\mathbf{u}_z$ e levante as equações deduzidas no item anterior.

(c) Determine dois vetores cujas retas suportes sejam paralelas à reta em tela.

(d) Verifique se o ponto $P_1(2,13,1)$ pertence à reta em questão.

(e) Determine as coordenadas de dois pontos P_2 e P_3 pertencentes à reta e diferentes dos anteriormente citados.

SOLUÇÃO:

(a)

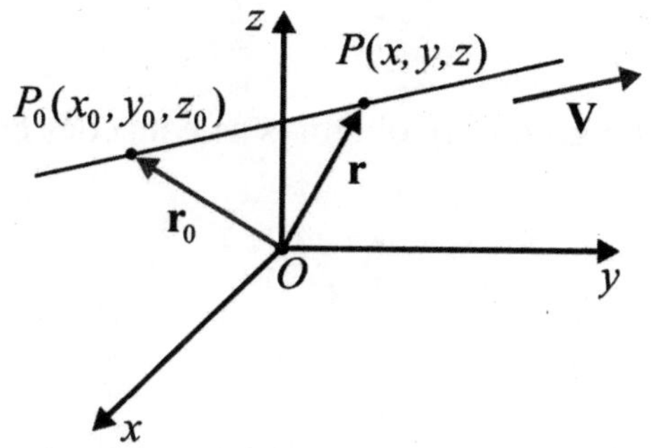

Fig. 3.10

80 **Cálculo e Análise Vetoriais com Aplicações Práticas**

Designando por $\mathbf{r}_0$ o vetor posição do ponto P_0 e por $\mathbf{r}$ o vetor posição de um ponto genérico P da reta, podemos estabelecer

$$\mathbf{P}_0\mathbf{P} = \mathbf{r} - \mathbf{r}_0$$

No entanto, o vetor $\mathbf{P}_0\mathbf{P}$ deve ser paralelo ao vetor $\mathbf{V}$. Portanto, da condição de paralelismo de dois vetores, apresentada na expressão (2.4), temos

$$\mathbf{r} - \mathbf{r}_0 = \lambda \mathbf{V} \qquad \text{(i)}$$

em que λ é um escalar indeterminado. Temos também

$$\mathbf{r} = \mathbf{r}_0 + \lambda \mathbf{V}$$

Fazendo $\mathbf{r} = \mathbf{f}(\lambda)$, obtemos a equação vetorial procurada

$$\mathbf{f}(\lambda) = \mathbf{r}_0 + \lambda \mathbf{V} \qquad \text{(3.16)}$$

Reescrevendo a equação (i) em função das componentes dos vetores, segue-se

$$\left(x - x_0\right)\mathbf{u}_x + \left(y - y_0\right)\mathbf{u}_y + \left(z - z_0\right)\mathbf{u}_z = \lambda\left(A\,\mathbf{u}_x + B\,\mathbf{u}_y + C\,\mathbf{u}_z\right)$$

A fim de que a expressão anterior seja satisfeita, devemos ter

$$\begin{cases} x - x_0 = \lambda\,A \\ y - y_0 = \lambda\,B \\ z - z_0 = \lambda\,C \end{cases} \qquad \text{(ii)}$$

Do grupo (ii) vêm as equações paramétricas em questão

$$\begin{cases} x = x_0 + \lambda\,A \\ y = y_0 + \lambda\,B \\ z = z_0 + \lambda\,C \end{cases} \qquad \text{(3.17)}$$

Eliminando o parâmetro λ no grupo (ii), obtemos as equações cartesianas da reta

$$\frac{x - x_0}{A} = \frac{y - y_0}{B} = \frac{z - z_0}{C} \qquad \text{(3.18)}$$

(b)

Sendo $P_0\left(-2, 5, 7\right)$, de acordo com a expressão (3.10), temos

$$\mathbf{r}_0 = -2\,\mathbf{u}_x + 5\,\mathbf{u}_y + 7\,\mathbf{u}_z$$

Utilizando a expressão (3.16),

$$\mathbf{f}(\lambda) = \mathbf{r}_0 + \lambda \mathbf{V}$$

vem

$$\mathbf{f}(\lambda) = -2\mathbf{u}_x + 5\mathbf{u}_y + 7\mathbf{u}_z + \lambda\left(2\,\mathbf{u}_x + 4\,\mathbf{u}_y - 3\,\mathbf{u}_z\right) =$$

$$= \left(-2 + 2\lambda\right)\mathbf{u}_x + \left(5 + 4\lambda\right)\mathbf{u}_y + \left(7 - 3\lambda\right)\mathbf{u}_z$$

que é a equação vetorial da reta. Uma vez que $P_0\left(-2,5,7\right)$ e $\mathbf{V} = 2\,\mathbf{u}_x + 4\,\mathbf{u}_y - 3\,\mathbf{u}_z$, pela expressão (3.17)

$$\begin{cases} x = x_0 + \lambda\,A \\ y = y_0 + \lambda\,B \\ z = z_0 + \lambda\,C \end{cases}$$

temos

$$\begin{cases} x = -2 + 2\lambda \\ y = 5 + 4\lambda \\ z = 7 - 3\lambda \end{cases}$$

que são as equações paramétricas da reta. Finalmente, pela expressão (3.18)

$$\frac{x - x_0}{A} = \frac{y - y_0}{B} = \frac{z - z_0}{C}$$

vem

$$\frac{x + 2}{2} = \frac{y - 5}{4} = \frac{z - 7}{-3}$$

que são as equações cartesianas da reta.

(c)

Qualquer vetor do tipo

$$\lambda \mathbf{V} = \lambda\left(2\,\mathbf{u}_x + 4\,\mathbf{u}_y - 3\,\mathbf{u}_z\right)$$

é paralelo ao vetor $\mathbf{V}$ e à reta em tela. Assim sendo, podemos expressar, por exemplo

$$\begin{cases} \lambda = 2 \rightarrow \mathbf{V}_1 = 4\,\mathbf{u}_x + 8\,\mathbf{u}_y - 6\,\mathbf{u}_z \\ \lambda = 3 \rightarrow \mathbf{V}_2 = 6\,\mathbf{u}_x + 12\,\mathbf{u}_y - 9\,\mathbf{u}_z \end{cases}$$

(d)

- Primeiro método:

Substituindo as coordenadas de $P_1(2,13,1)$ nas equações cartesianas da reta deduzidas no item (b),

$$\frac{x+2}{2} = \frac{y-5}{4} = \frac{z-7}{-3}$$

obtemos

$$2 = 2 = 2$$

o que evidencia o fato das coordenadas de P_1 constituirem uma solução para o sistema formado pelas equações cartesianas da reta. Logo, o ponto P_1 pertence à reta.

- Segundo método:

Substituindo as coordenadas de $P_1(2,13,1)$ nas equações paramétricas da reta, deduzidas no item (b),

$$\begin{cases} x = -2 + 2\lambda \\ y = 5 + 4\lambda \\ z = 7 - 3\lambda \end{cases}$$

temos

$$\begin{cases} 2 = -2 + 2\lambda \\ 13 = 5 + 4\lambda \\ 1 = 7 - 3\lambda \end{cases}$$

que é um sistema possível e determinado, cuja solução é $\lambda = 2$, significando que P_1 é um ponto da reta.

(e)

Considerando as equações paramétricas da reta, deduzidas no item (b),

$$\begin{cases} x = -2 + 2\lambda \\ y = 5 + 4\lambda \\ z = 7 - 3\lambda \end{cases}$$

basta atribuir à variável λ qualquer valor diferente de zero, que corresponde ao ponto P_0, e de dois, que corresponde ao ponto P_1; por exemplo:

$$\begin{cases} \lambda = 1 \rightarrow P_2(0,9,4) \\ \lambda = 3 \rightarrow P_3(4,17,-2) \end{cases}$$

EXEMPLO 3.4*

(a) Determine as equações vetorial, paramétricas e cartesianas, de uma reta que passa pelos pontos $P_1(x_1, y_1, z_1)$ e $P_2(x_2, y_2, z_2)$.

(b) Com o intuito de uma aplicação numérica imediata, considere os pontos $P_1(1,0,1)$ e $P_2(3,-2,3)$, para levantar as equações deduzidas no item anterior.

(c) Determine dois vetores cujas retas suportes sejam paralelas à reta em questão.

(d) Verifique se o ponto $P_3(-9,10,-9)$ pertence à reta em tela.

(e) Determine as coordenadas de dois pontos P_4 e P_5 pertencentes à reta e diferentes dos anteriormente cotados.

SOLUÇÃO:

(a)

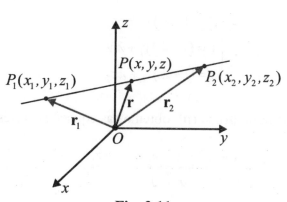

Fig. 3.11

Analogamente ao que foi feito no exemplo anterior, temos

$$\mathbf{P_1P} = \lambda\, \mathbf{P_1P_2}$$

As expressões dos vetores $\mathbf{P_1P}$ e $\mathbf{P_1P_2}$ são

$$\begin{cases} \mathbf{P_1P} = \mathbf{r} - \mathbf{r_1} \\ \mathbf{P_1P_2} = \mathbf{r_2} - \mathbf{r_1} \end{cases}$$

Isto nos permite escrever

$$\mathbf{r} - \mathbf{r_1} = \lambda(\mathbf{r_2} - \mathbf{r_1}) \qquad \text{(i)}$$

Simplificando, temos

$$\mathbf{r} = \mathbf{r_1} + \lambda(\mathbf{r_2} - \mathbf{r_1}) = (1-\lambda)\mathbf{r_1} + \mathbf{r_2}$$

84   **Cálculo e Análise Vetoriais com Aplicações Práticas**

Fazendo $\mathbf{r} = \mathbf{f}(\lambda)$ obtemos a função vetorial procurada

$$\mathbf{f}(\lambda) = (1-\lambda)\mathbf{r}_1 + \lambda\,\mathbf{r}_2 \qquad (3.19)$$

Reescrevendo a expressão (i) em função das componentes dos vetores, obtemos

$$(x-x_1)\mathbf{u}_x + (y-y_1)\mathbf{u}_y + (z-z_1)\mathbf{u}_z = \lambda\left[(x_2-x_1)\mathbf{u}_x + (y_2-y_1)\mathbf{u}_y + (z_2-z_1)\mathbf{u}_z\right]$$

Igualando as componentes, temos

$$\begin{cases} x-x_1 = \lambda(x_2-x_1) \\ y-y_1 = \lambda(y_2-y_1) \\ z-z_1 = \lambda(z_2-z_1) \end{cases} \qquad \text{(ii)}$$

Do grupo (ii) vêm as equações paramétricas da reta

$$\begin{cases} x = (1-\lambda)x_1 + \lambda x_2 \\ y = (1-\lambda)y_1 + \lambda y_2 \\ z = (1-\lambda)z_1 + \lambda z_2 \end{cases} \qquad (3.20)$$

Eliminando o parâmetro λ do grupo (ii), obtemos as equações cartesianas da reta

$$\frac{x-x_1}{x_2-x_1} = \frac{y-y_1}{y_2-y_1} = \frac{z-z_1}{z_2-z_1} \qquad (3.21)$$

(b)

Sendo $P_1(1,0,1)$ e $P_2(3,-2,3)$, pela expressão (3.10), decorre

$$\begin{cases} \mathbf{r}_1 = \mathbf{u}_x + \mathbf{u}_z \\ \mathbf{r}_2 = 3\,\mathbf{u}_x - 2\,\mathbf{u}_y + 3\,\mathbf{u}_z \end{cases}$$

Utilizando a expressão (3.19),

$$\mathbf{f}(\lambda) = (1-\lambda)\mathbf{r}_1 + \lambda\,\mathbf{r}_2$$

segue-se

$$\mathbf{f}(\lambda) = (1-\lambda)(\mathbf{u}_x + \mathbf{u}_z) + \lambda(3\,\mathbf{u}_x - 2\,\mathbf{u}_y + 3\,\mathbf{u}_z) =$$

$$= (1+2\lambda)\mathbf{u}_x - 2\lambda\mathbf{u}_y + (1+2\lambda)\mathbf{u}_z$$

que é a equação vetorial da reta. Considerando os mesmos pontos e a expressão (3.20),

$$\begin{cases} x = (1-\lambda)x_1 + \lambda x_2 \\ y = (1-\lambda)y_1 + \lambda y_2 \\ z = (1-\lambda)z_1 + \lambda z_2 \end{cases}$$

vem

$$\begin{cases} x = (1-\lambda)(1) + \lambda(3) \\ y = (1-\lambda)(0) + \lambda(-2) \\ z = (1-\lambda)(1) + \lambda(3) \end{cases} \rightarrow \begin{cases} x = 1 + 2\lambda \\ y = -2\lambda \\ z = 1 + 2\lambda \end{cases}$$

que são as equações paramétricas da reta. Finalmente, pela expressão (3.21),

$$\frac{x - x_1}{x_2 - x_1} = \frac{y - y_1}{y_2 - y_1} = \frac{z - z_1}{z_2 - z_1}$$

temos

$$\frac{x - 1}{2} = \frac{y}{-2} = \frac{z - 1}{2}$$

que são as equações cartesianas da reta.

(c)

A expressão do vetor que une os pontos $P_1(x_1, y_1, z_1)$ e $P_2(x_2, y_2, z_2)$ nos é fornecida por (3.12),

$$\mathbf{r}_{P_1 P_2} = (x_2 - x_1)\mathbf{u}_x + (y_2 - y_1)\mathbf{u}_y + (z_2 - z_1)\mathbf{u}_z$$

Deste modo, ficamos com

$$\mathbf{r}_{P_1 P_2} = (3-1)\mathbf{u}_x + (-2-0)\mathbf{u}_y + (3-1)\mathbf{u}_z = 2\mathbf{u}_x - 2\mathbf{u}_y + 2\mathbf{u}_z$$

Qualquer vetor do tipo

$$\lambda\mathbf{r}_{P_1 P_2} = \lambda\left(2\mathbf{u}_x - 2\mathbf{u}_y + 2\mathbf{u}_z\right)$$

é paralelo ao vetor $\mathbf{r}_{P_1 P_2}$ e à reta em tela. Assim sendo, podemos expressar, por exemplo

$$\begin{cases} \lambda = 2 \rightarrow \mathbf{V}_1 = 4\mathbf{u}_x - 4\mathbf{u}_y + 4\mathbf{u}_z \\ \lambda = 3 \rightarrow \mathbf{V}_2 = 6\mathbf{u}_x - 6\mathbf{u}_y + 6\mathbf{u}_z \end{cases}$$

86   **Cálculo e Análise Vetoriais com Aplicações Práticas**

(d)
- Primeiro método:

Substituindo as coordenadas de $P_3(-9,10,-9)$nas equações cartesianas da reta deduzidas no item (b),

$$\frac{x-1}{2} = \frac{y}{-2} = \frac{z-1}{2}$$

obtemos

$$-5 = -5 = -5$$

que evidencia que as coordenadas de P_3 constituem uma solução para o sistema formado pelas equações cartesianas da reta. Logo, o ponto P_3 pertence à reta.

- Segundo método:

Substituindo as coordenadas de $P_3(-9,10,-9)$nas equações paramétricas da reta, deduzidas no item (b),

$$\begin{cases} x = 1+2\lambda \\ y = -2\lambda \\ z = 1+2\lambda \end{cases}$$

temos

$$\begin{cases} -9 = 1+2\lambda \\ 10 = -2\lambda \\ -9 = 1+2\lambda \end{cases}$$

que é um sistema possível e determinado, cuja solução é $\lambda = -5$, significando que P_3 é um ponto da reta.

(e)
Considerando as equações paramétricas da reta, deduzidas no item (b),

$$\begin{cases} x = 1+2\lambda \\ y = -2\lambda \\ z = 1+2\lambda \end{cases}$$

basta atribuir à variável λ qualquer valor diferente de zero, que corresponde ao ponto P_1, de um, que corresponde ao ponto P_2, e de menos cinco, que corresponde ao ponto P_3; por exemplo:

$$\begin{cases} \lambda = 2 \to P_4(5,-4,5) \\ \lambda = 3 \to P_5(7,-6,7) \end{cases}$$

3.2.8 - Vetor Genérico V

Vamos, agora, analisar um vetor genérico **V** que não é, necessariamente, o vetor distância entre dois pontos. Surge, nesta oportunidade, o problema da escolha das letras adequadas para as três componentes vetoriais do mesmo. Não podemos chamá-las de **x**, **y** e **z**, pois estas traduzem posição ou distância e são medidas em unidades de comprimento. Assim sendo, este problema pode ser contornado utilizando-se **componentes escalares** ou, simplesmente, componentes V_x, V_y e V_z. As componentes são escalares que indicam a intensidade e o sinal da componente vetorial correspondente. Pela figura 3.12, podemos expressar

$$\mathbf{V} = V_x \mathbf{u}_x + V_y \mathbf{u}_y + V_z \mathbf{u}_z \qquad (3.22)$$

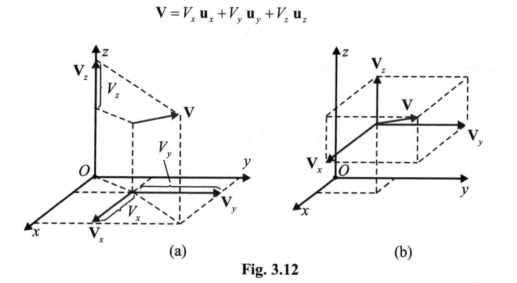

Fig. 3.12

As componentes vetoriais são: $V_x \mathbf{u}_x, V_y \mathbf{u}_y$ e $V_z \mathbf{u}_z$, estando indicadas na figura em tela. Estas expressões são tão simples que não faz sentido "inventar" um outro tipo de notação[9].

O módulo, norma, ou intensidade do vetor **V**, em função das componentes, é dado por

$$|\mathbf{V}| = \sqrt{V_x^2 + V_y^2 + V_z^2} \qquad (3.23)$$

Isto se baseia no fato de que o módulo de **V** é o comprimento de uma das diagonais principais do paralelepípedo, cujas arestas são V_x, V_y, V_z.

---

[9] Mesmo assim, alguns autores preferem notar um vetor qualquer **V** sob a forma $\mathbf{V}=(V_x, V_y, V_z)$. Desse modo, o vetor $\mathbf{V} = 2\mathbf{u}_x + 3\mathbf{u}_y - \mathbf{u}_z$, por exemplo, fica representado por $\mathbf{V} = (2, 3, -1)$.

88 **Cálculo e Análise Vetoriais com Aplicações Práticas**

EXEMPLO 3.5

Se os vetores $\mathbf{A} = (2x - y)\mathbf{u}_x + 4\mathbf{u}_y$ e $\mathbf{B} = 5\mathbf{u}_x + (x + y)\mathbf{u}_y$ têm mesmo módulo, direção e sentido, determine o valor de $x - y$.

SOLUÇÃO:

A partir das condições do enunciado, podemos estabelecer o seguinte sistema de equações:

$$\begin{cases} 2x - y = 5 \\ x + y = 4 \end{cases}$$

Somando membro a membro as equações do sistema, obtemos

$$3x = 9 \rightarrow x = 3$$

Substituindo em uma das duas equações acima, encontramos

$$y = 1$$

Finalmente, determinamos a diferença desejada

$$x - y = 2$$

3.2.9 - Vetor Unitário Genérico $\mathbf{u}_V$

Pela definição de vetor unitário, vem

$$\mathbf{u}_V = \frac{\mathbf{V}}{\pm |\mathbf{V}|}$$

Desse modo, temos

$$\mathbf{u}_V = \frac{V_x\mathbf{u}_x + V_y\mathbf{u}_y + V_z\mathbf{u}_z}{\pm\sqrt{V_x^2 + V_y^2 + V_z^2}} \tag{3.24}$$

3.2.10 - Transformações de Coordenadas

(a) Generalidades

As transformações de coordenadas podem ser **próprias ou impróprias**. As do primeiro tipo mantém invariante a ordem cíclica das coordenadas do sistema, isto é, não transformam um sistema dextrógiro em um sistema levógiro (vide notas de rodapé nº 12 e nº 13 do capítulo 2). As do segundo tipo fazem exatamente o contrário. **Translação e rotação são transformações próprias; inversão dos eixos coordenadas e reflexão do sistema de coordenadas em um plano (espelho) são transformações impróprias.**

Vamos analisar cada uma em separado, sendo que no caso da translação e da rotação vamos, inicialmente, estudar os casos bidimensionais para depois passar aos casos tridimensionais.

(b) Translação

(b-1) No Plano

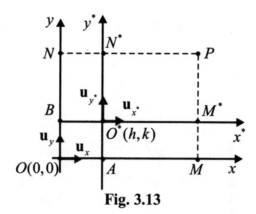

Fig. 3.13

Quando os eixos sofrem uma translação para uma nova origem que é $O^*(h,k)$, sendo (x,y) e (x^*,y^*), respectivamente, as coordenadas de um ponto qualquer P antes e depois da translação, é fácil visualizar, na figura 3.6, que

$$\left. \begin{array}{l} \overline{OM}=x\,;\overline{OA}=h\,;\overline{O^*M^*}=x^* \\ \overline{MP}=y\,;\overline{AO^*}=k\,;\overline{M^*P}=y^* \end{array} \right\} \quad \text{(i)}$$

No entanto, temos

$$\left. \begin{array}{l} \overline{OM}=\overline{OA}+\overline{AM}=\overline{OA}+\overline{O^*M^*} \\ \overline{MP}=\overline{MM^*}+\overline{M^*P}=\overline{AO^*}+\overline{M^*P} \end{array} \right\} \quad \text{(ii)}$$

Substituindo (i) em (ii), obtemos

$$\begin{cases} x = x^* + h \\ y = y^* + k \end{cases} \quad \text{(3.25a)}$$

De outra forma,

$$\begin{cases} x^* = x - h \\ y^* = y - k \end{cases} \quad \text{(3.25b)}$$

Uma vez que os eixos correspondentes (x,x^*) e (y,y^*) são paralelos, os vetores unitários correspondentes também são iguais, ou seja,

$$\begin{cases} \mathbf{u}_x = \mathbf{u}_{x^*} \\ \mathbf{u}_y = \mathbf{u}_{y^*} \end{cases} \quad (3.26)$$

Também devido a este paralelismo, as componentes correspondentes de um vetor genérico

$$\mathbf{V} = V_x \mathbf{u}_x + V_y \mathbf{u}_y \quad (3.27a)$$

são iguais, isto é,

$$\begin{cases} V_{x^*} = V_x \\ V_{y^*} = V_y \end{cases} \quad (3.28)$$

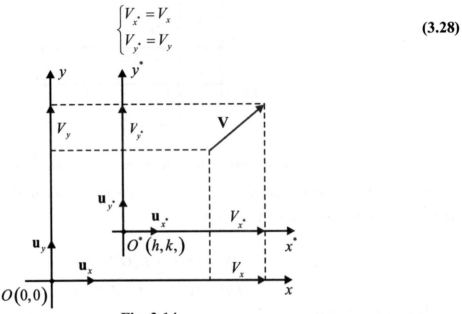

Fig. 3.14

Logo, podemos expressar

$$\mathbf{V}^* = \mathbf{V} = V_{x^*} \mathbf{u}_{x^*} + V_{y^*} \mathbf{u}_{y^*} \quad (3.27b)$$

Para uma função escalar $\Phi(x,y)$, basta empregar (3.25a) a fim de obter $\Phi^*(x^*, y^*)$.

Nota: as conclusões anteriores, baseadas no paralelismo dos eixos correspondentes, são facilmente assimiladas no caso de vetores constantes, como por exemplo para o vetor $\mathbf{V} = 5\mathbf{u}_x + 3\mathbf{u}_y$. Para o caso de um vetor em que as componentes do mesmo são da forma $V_x(x,y)$ e $V_y(x,y)$, a visualização é imediata no tocante às projeções, porém, pode ainda persistir alguma dúvida de como expressões diferentes para as componentes correspondentes podem conduzir ao mesmo vetor, tendo em vista as transformações das coordenadas x e y, das quais V_x e V_y são funções. Após o exemplo 3.7, logo adiante, este ponto ficará totalmente esclarecido.

EXEMPLO 3.6

Transforme a equação $x^2 + y^2 - 6x + 4y - 12 = 0$, por uma translação de eixos, para a nova origem $O^*(3,-2)$.

SOLUÇÃO:

Neste caso, temos $h = 3$ e $k = -2$. Assim sendo, as expressões do grupo (3.25a) assumem as formas

$$\begin{cases} x = x^* + 3 \\ y = y^* - 2 \end{cases}$$

Substituindo na equação proposta, obtemos

$$(x^* + 3)^2 + (y^* - 2)^2 - 6(x^* + 3) + 4(y^* - 2) - 12 = 0$$

Efetuando os quadrados e reduzindo os termos semelhantes, chagamos a

$$(x^*)^2 + (y^*)^2 = 25$$

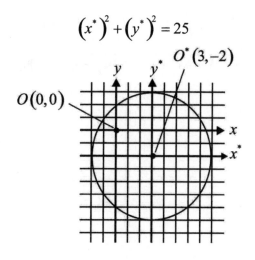

Fig. 3.15

Esta é a equação de uma circunferência de centro em O^* e raio igual a 5. Isto, aliás, é um resultado esperado, visto que o lugar geométrico da equação dada é uma circunferência de centro em $(3,-2)$ e raio igual a 5. Quando a origem sofre uma translação para o centro, a equação da circunferência deve, necessariamente, assumir a forma obtida.

EXEMPLO 3.7

(a) Transforme o vetor $\mathbf{V} = (x^2 + y)\mathbf{u}_x + y\,\mathbf{u}_y$, por uma translação de eixos, para uma nova origem $O^*(2,1)$.

(b) Transforme as coordenadas do ponto $P(4,3)$ para o novo sistema.

(c) Verifique as expressões de $\mathbf{V}$, no ponto P, em relação aos dois sistemas de coordenadas.

92 Cálculo e Análise Vetoriais com Aplicações Práticas

SOLUÇÃO:

(a)

Neste caso, temos $h = 2$ e $k = 1$ e as expressões do grupo (3.25a) assumem as formas

$$\begin{cases} x = x^* + 2 \\ y = y^* + 1 \end{cases}$$

Pelas expressões (3.26), (3.27) e (3.28), podemos escrever

$$\mathbf{V} = \left(x^2 + y\right)\mathbf{u}_x + y\,\mathbf{u}_y = \left(x^2 + y\right)\mathbf{u}_{x^*} + y\,\mathbf{u}_{y^*}.$$

Substituindo as expressões de transformações de coordenadas na equação anterior, obtemos

$$\mathbf{V} = \left[\left(x^* + 2\right)^2 + \left(y^* + 1\right)\right]\mathbf{u}_{x^*} + \left(y^* + 1\right)\mathbf{u}_{y^*} =$$
$$= \left[\left(x^*\right)^2 + 4x^* + y^* + 5\right]\mathbf{u}_{x^*} + \left(y^* + 1\right)\mathbf{u}_{y^*}.$$

(b)

Para o ponto $P(4,3)$, temos

$$\begin{cases} x^* = x - 2 = 4 - 2 = 2 \\ y^* = y - 1 = 3 - 1 = 2 \end{cases}$$

(c)

$$\begin{cases} \mathbf{V}_P = (16 + 3)\mathbf{u}_x + 3\,\mathbf{u}_y = 19\,\mathbf{u}_x + 3\,\mathbf{u}_y \\ \mathbf{V}_{P^*} = (4 + 8 + 2 + 5)\mathbf{u}_{x^*} + 3\,\mathbf{u}_{y^*} = 19\,\mathbf{u}_{x^*} + 3\,\mathbf{u}_{y^*}. \end{cases}$$

Isto mostra que a transformação de translação não altera as componentes do vetor. As expressões literais de **V** nos dois sistemas são apenas aparentemente diferentes, uma vez que uma é obtida da outra pelo emprego das relações de transformações de coordenadas, e fica esclarecido o ponto ressaltado na nota logo após a expressão (3.27 b).

(b-2) No espaço

Analogamente ao que foi feito para o caso bidimensional, é fácil instituir as relações entre as coordenadas primitivas do ponto genéricvo $P(x, y, z)$, e as novas coordenadas $\left(x^*, y^*, z^*\right)$, conside-rando-se em conta as coordenadas (h, k, l) da nova origem O^*. Em decorrência

$$\begin{cases} x = x^* + h \\ y = y^* + k \\ z = z^* + l \end{cases} \tag{3.29a}$$

$$\begin{cases} x^* = x - h \\ y^* = y - k \\ z^* = z - l \end{cases} \qquad (3.29b)$$

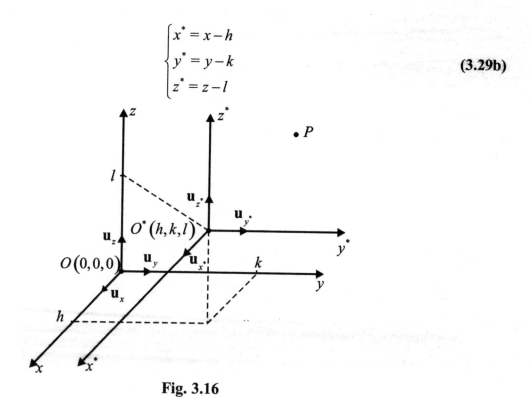

Fig. 3.16

Uma vez que os eixos correspondentes (x, x^*), (y, y^*) e (z, z^*) são paralelos, os vetores unitários correspondentes também são iguais, ou seja,

$$\begin{cases} \mathbf{u}_x = \mathbf{u}_{x^*} \\ \mathbf{u}_y = \mathbf{u}_{y^*} \\ \mathbf{u}_z = \mathbf{u}_{z^*} \end{cases} \qquad (3.30)$$

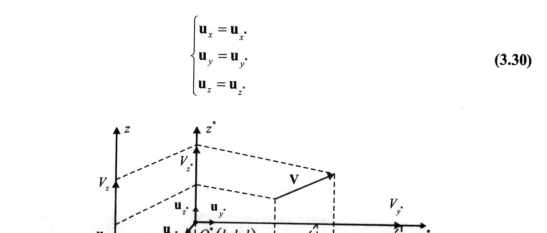

Fig. 3.17

94 **Cálculo e Análise Vetoriais com Aplicações Práticas**

Também devido a este paralelismo de eixos correspondentes, as componentes de mesma espécie de um vetor genérico

$$\mathbf{V} = V_x\,\mathbf{u}_x + V_y\,\mathbf{u}_y + V_z\,\mathbf{u}_z \tag{3.31a}$$

também são iguais, isto é,

$$\begin{cases} V_{x^*} = V_x \\ V_{y^*} = V_y \\ V_{z^*} = V_z \end{cases} \tag{3.32}$$

o que nos permite expressar

$$\mathbf{V}^* = \mathbf{V} = V_x\mathbf{u}_{x^*} + V_y\mathbf{u}_{y^*} + V_z\mathbf{u}_{z^*} \tag{3.31b}$$

Para uma função escalar $\Phi(x,y,z)$, basta empregar o conjunto (3.29a) a fim de obter a função $\Phi^*\left(x^*,y^*,z^*\right)$.

(c) Rotação

(c-1) No plano

O vetor posição do ponto P em relação aos dois sistemas, de acordo com a expressão (3.9), assume, no presente caso bidimensional, as seguintes formas:

$$\begin{cases} \mathbf{r} = x\,\mathbf{u}_x + y\,\mathbf{u}_y \\ \mathbf{r}^* = x^*\mathbf{u}_{x^*} + y^*\mathbf{u}_{y^*} \end{cases}$$

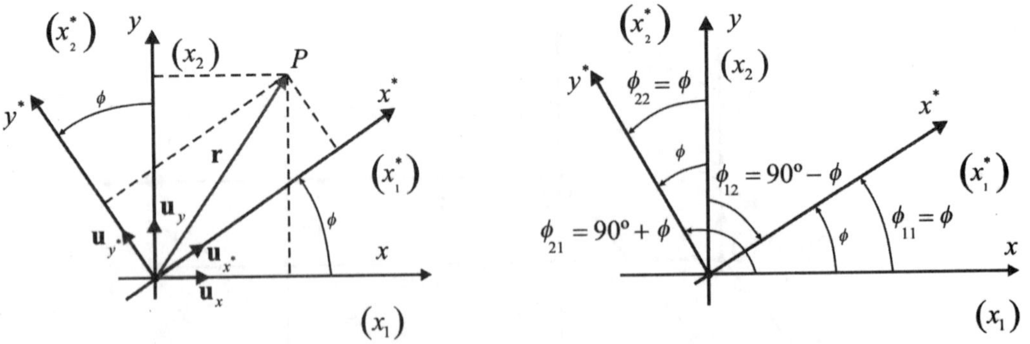

Fig. 3.18

De acordo com a expressão (2.28), a projeção de um vetor $\mathbf{A}$ na direção de um vetor $\mathbf{B}$ é dada por

$$\mathrm{proj}\,\mathbf{A_B} = \mathbf{A} \cdot \mathbf{u_B}$$

Em nosso caso, x^* e y^* são as projeções (componentes) do vetor $\mathbf{r}$ nas direções x^* (vetor unitário $\mathbf{u}_{x^*}$) e y^* (vetor unitário $\mathbf{u}_{y^*}$). Temos, pois,

$$\begin{cases} x^* = \mathbf{r} \cdot \mathbf{u}_{x^*} \\ y^* = \mathbf{r} \cdot \mathbf{u}_{y^*} \end{cases}$$

Substituindo a expressão de $\mathbf{r}$ nas equações anteriores, obtemos

- coordenada x^*:

$$x^* = \left(x\,\mathbf{u}_x + y\,\mathbf{u}_y \right) \cdot \mathbf{u}_{x^*}$$

Pela propriedade distributiva do produto escalar, traduzida pela expressão (2.32), vem

$$x^* = x\,\mathbf{u}_x \cdot \mathbf{u}_{x^*} + y\,\mathbf{u}_y \cdot \mathbf{u}_{x^*} = x\cos\left(\mathbf{u}_x, \mathbf{u}_{x^*}\right) + y\cos\left(\mathbf{u}_y, \mathbf{u}_{x^*}\right) =$$
$$= x\cos\phi_{11} + y\cos\phi_{12} = x\cos\phi + y\cos\left(90° - \phi\right) = x\cos\phi + y\operatorname{sen}\phi$$

- coordenada y^*:

$$y^* = \left(x\,\mathbf{u}_x + y\,\mathbf{u}_y \right) \cdot \mathbf{u}_{y^*}$$

Pela mesma propriedade distributiva, temos

$$y^* = x\,\mathbf{u}_x \cdot \mathbf{u}_{y^*} + y\,\mathbf{u}_y \cdot \mathbf{u}_{y^*} = x\cos\left(\mathbf{u}_x, \mathbf{u}_{y^*}\right) + y\cos\left(\mathbf{u}_y, \mathbf{u}_{y^*}\right) = x\cos\phi_{21} + y\cos\phi_{22} =$$
$$= x\cos\left(90° + \phi\right) + y\cos\phi = -x\operatorname{sen}\phi + y\cos\phi$$

Reunindo os resultados, segue-se

$$\begin{cases} x^* = x\cos\phi_{11} + y\cos\phi_{12} = x\cos\phi + y\operatorname{sen}\phi \\ y^* = x\cos\phi_{21} + y\cos\phi_{22} = -x\operatorname{sen}\phi + y\cos\phi \end{cases} \tag{3.33a}$$

que podem também ser apresentados sob forma matricial, qual seja

$$\begin{bmatrix} x^* \\ y^* \end{bmatrix} = \begin{bmatrix} \cos\phi_{11} & \cos\phi_{12} \\ \cos\phi_{21} & \cos\phi_{22} \end{bmatrix} \begin{bmatrix} x \\ y \end{bmatrix} = \begin{bmatrix} \cos\phi & \operatorname{sen}\phi \\ -\operatorname{sen}\phi & \cos\phi \end{bmatrix} \begin{bmatrix} x \\ y \end{bmatrix} \tag{3.33b}$$

em que

$$[T_R] = \begin{bmatrix} \cos\phi_{11} & \cos\phi_{12} \\ \cos\phi_{21} & \cos\phi_{22} \end{bmatrix} = \begin{bmatrix} \cos\phi & \operatorname{sen}\phi \\ -\operatorname{sen}\phi & \cos\phi \end{bmatrix} \tag{3.34a}$$

representa a rotação de eixos indicada na figura 3.18.

A esta altura é muito conveniente mudar a notação: ao invés de vez de escrevermos (x, y), escrevemos (x_1, x_2) e, do mesmo modo, (x_1^*, x_2^*) em vez de (x^*, y^*). Além disso, vamos representar por α_{kl} o cosseno do ângulo entre o k-ésimo eixo do sistema x^*, y^* e o l-ésimo eixo do sistema x, y. Esta nova notação nos permite estabelecer as fórmulas de transformação de forma mais fácil à memorização, que é

$$\begin{cases} x_1^* = \alpha_{11}\, x_1 + \alpha_{12}\, x_2 \\ x_2^* = \alpha_{21}\, x_1 + \alpha_{22}\, x_2 \end{cases} \qquad \textbf{(3.33c)}$$

nas quais temos

$$\begin{cases} \alpha_{11} = \cos \phi_{11} = \cos \phi \\ \alpha_{12} = \cos \phi_{12} = \cos\left(90^\circ - \phi\right) = \operatorname{sen} \phi \\ \alpha_{21} = \cos \phi_{21} = \cos\left(90^\circ + \phi\right) = -\operatorname{sen} \phi \\ \alpha_{22} = \cos \phi_{22} = \cos \phi \end{cases} \qquad \textbf{(3.35)}$$

Sob forma compacta, ficamos com

$$x_k^* = \sum_{l=1}^{2} \alpha_{kl}\, \mathrm{x}_l \quad (k = 1, 2) \qquad \textbf{(3.33d)}$$

Na forma matricial, temos

$$\begin{bmatrix} x_1^* \\ x_2^* \end{bmatrix} = \begin{bmatrix} \alpha_{11} & \alpha_{12} \\ \alpha_{21} & \alpha_{22} \end{bmatrix} \begin{bmatrix} x_1 \\ x_2 \end{bmatrix} \qquad \textbf{(3.33e)}$$

em que a matriz

$$[T_R] = \begin{bmatrix} \alpha_{11} & \alpha_{12} \\ \alpha_{21} & \alpha_{22} \end{bmatrix} \qquad \textbf{(3.34b)}$$

é a matriz rotação de eixos sob a nova notação.

O conjunto de elementos de uma matriz 2×2 em uma dada linha é muito frequentemente chamado de **vetor linha**, e o conjunto de elementos de uma coluna de **vetor coluna**. A justificativa para esta nomeclatura se baseia no fato de que dois números quaisquer podem ser interpretados como as **componentes de um certo vetor no plano**. Entretanto, é interessante agora fazer uma digressão e deduzir o significado geométrico dos vetores colunas de $[T_R]$.

Seja **u** um vetor unitário orientado ao longo do eixo x do sistema x,y. Suas componentes são $(1, 0)$, e **u** coincide com o vetor $\mathbf{u}_x$. Se agora fizermos girar o sistema de coordenadas, as novas componentes de **u** serão dadas por

$$\begin{cases} u_1^* = \alpha_{11}1 + \alpha_{12}0 \\ u_2^* = \alpha_{21}1 + \alpha_{22}0 \end{cases}$$

Assim sendo, vemos que o primeiro vetor coluna da matriz $[T_R]$ é constituído pelas novas componentes do vetor **u**. Podemos dizer, em outras palavras, que as novas componentes de $\mathbf{u}_x$ são $(\alpha_{11}, \alpha_{21})$ e podemos colocar

$$\mathbf{u}_x = \alpha_{11} \mathbf{u}_{x^*} + \alpha_{21} \mathbf{u}_{y^*}$$

Semelhantemente, $\mathbf{u}_y$ se relaciona com o segundo vetor coluna da matriz $[T_R]$. Podemos, pois, expressar

$$\begin{cases} \mathbf{u}_x = \alpha_{11} \mathbf{u}_{x^*} + \alpha_{21} \mathbf{u}_{y^*} = \cos \phi\, \mathbf{u}_{x^*} - \operatorname{sen} \phi\, \mathbf{u}_{y^*} \\ \mathbf{u}_y = \alpha_{21} \mathbf{u}_{x^*} + \alpha_{22} \mathbf{u}_{y^*} = \operatorname{sen} \phi\, \mathbf{u}_{x^*} + \cos \phi\, \mathbf{u}_{y^*} \end{cases} \tag{3.36}$$

Antes de passarmos às transformações inversas, devemos registrar o fato de que a nossa matriz $[T_R]$ não é somente um conjunto de quatro escalares arbitrários. Os coefientes da matriz são interdependentes e possuem as seguintes propriedades:

1ª) As colunas de $[T_R]$ são mutuamente ortogonais, isto é,

$$\alpha_{11} \alpha_{12} + \alpha_{21} \alpha_{22} = 0 \tag{3.37}$$

Esta propriedade advém do fato de que as colunas de $[T_R]$ representam (no sistema novo) os vetores $\mathbf{u}_x$ e $\mathbf{u}_y$ (vide conjunto 3.36), e estes vetores são ortogonais. A verificação da expressão (3.37) pode também ser feita substituindo as expressões dos α_{kl} que constam no grupo (3.35).

Conforme veremos mais adiante, as linhas de $[T_R]$ também são mutuamente ortogonais. Isto ficará claro quando estabelecermos o significado das colunas de $[T_R]^{-1}$ que nada mais são do que as linhas de $[T_R]$, uma vez que também será visto que $[T_R]^{-1} = [T_R]$.

2ª) As colunas de $[T_R]$ têm módulo unitário, quer dizer,

$$\begin{cases} \alpha_{11}^2 + \alpha_{21}^2 = 1 \\ \alpha_{12}^2 + \alpha_{22}^2 = 1 \end{cases} \tag{3.38}$$

pois $\mathbf{u}_x$ e $\mathbf{u}_y$ são vetores unitários. Também veremos, mais adiante, que as linhas da citada matriz igualmente possuem módulo unitário. A verificação destas propriedades pode ser feita, alternativamente, através das expressões dos α_{kl} do grupo de expressões (3.35).

98 **Cálculo e Análise Vetoriais com Aplicações Práticas**

3ª) O determinante associado a matriz $\left[T_R\right]$ tem valor igual a 1. Isto advém do fato de que o determinante

$$\left|T_R\right| = \begin{vmatrix} \alpha_{11} & \alpha_{12} \\ \alpha_{21} & \alpha_{22} \end{vmatrix} = 1 \tag{3.39}$$

nada mais é que o módulo do produto vetorial dos vetores unitários $\mathbf{u}_x$ e $\mathbf{u}_y$. Vimos, na subseção 2.7.3, que o módulo do produto vetorial é igual a área do paralelogramo a partir deles formado. Temos, neste caso, um quadrado de aresta unitária, cuja área é, evidentemente, igual a unidade. Vamos agora passar a determinação das transformações inversas, que podem ser obtidas de dois modos.

- Primeiro método:

Seja o vetor posição $\mathbf{r}$, escrito em função das componentes x^* e y^*

$$\mathbf{r}^* = x^* \mathbf{u}_{x^*} + y^* \mathbf{u}_{y^*}$$

Analogamente ao que já foi feito, temos

- coordenada x:

$$x = \mathbf{r}^* \cdot \mathbf{u}_x = \left(x^* \mathbf{u}_{x^*} + y^* \mathbf{u}_{y^*} \right) \cdot \mathbf{u}_x = x^* \mathbf{u}_{x^*} \cdot \mathbf{u}_x + y^* \mathbf{u}_{y^*} \cdot \mathbf{u}_x =$$

$$= x^* \cos\phi_{11} + y^* \cos\phi_{21} = x^* \cos\phi + y^* \cos\left(90° + \phi\right) = x^* \cos\phi - y^* \operatorname{sen}\phi$$

- coordenada y:

$$y = \mathbf{r}^* \cdot \mathbf{u}_y = \left(x^* \mathbf{u}_{x^*} + y^* \mathbf{u}_{y^*} \right) \cdot \mathbf{u}_y = x^* \mathbf{u}_{x^*} \cdot \mathbf{u}_y + y^* \mathbf{u}_{y^*} \cdot \mathbf{u}_y =$$

$$= x^* \cos\phi_{12} + y^* \cos\phi_{22} = x^* \cos\left(90° - \phi\right) + y^* \cos\phi = x^* \operatorname{sen}\phi + y^* \cos\phi$$

Reunindo os resultados, temos

$$\begin{cases} x = x^* \cos\phi_{11} + y^* \cos\phi_{21} = x^* \cos\phi - y^* \operatorname{sen}\phi \\ y = x^* \cos\phi_{12} + y^* \cos\phi_{22} = x^* \operatorname{sen}\phi + y^* \cos\phi \end{cases} \tag{3.40a}$$

Sob forma matricial, podemos colocar

$$\begin{bmatrix} x \\ y \end{bmatrix} = \begin{bmatrix} \cos\phi_{11} & \cos\phi_{21} \\ \cos\phi_{12} & \cos\phi_{22} \end{bmatrix} \begin{bmatrix} x^* \\ y^* \end{bmatrix} = \begin{bmatrix} \cos\phi & \operatorname{sen}\phi \\ \operatorname{sen}\phi & \cos\phi \end{bmatrix} \begin{bmatrix} x^* \\ y^* \end{bmatrix} \tag{3.40b}$$

em que a matriz

$$[T_R]^{-1} = \begin{bmatrix} \cos\phi_{11} & \cos\phi_{21} \\ \cos\phi_{12} & \cos\phi_{22} \end{bmatrix} = \begin{bmatrix} \cos\phi & -\text{sen}\,\phi \\ \text{sen}\,\phi & \cos\phi \end{bmatrix} \qquad (3.41a)$$

representa a transformação inversa.

Pela comparação das expressões (3.34a) e (3.41a), chega-se a conclusão seguinte imediata: $[T_R]^{-1} = [T_R]^T$, o que, apesar de não ser um resultado geral, vale para as matrizes de rotação no plano e é muito útil.

• Segundo método:

Seja a expressão matricial (3.33b),

$$\begin{bmatrix} x^* \\ y^* \end{bmatrix} = \begin{bmatrix} \cos\phi_{11} & \cos\phi_{12} \\ \cos\phi_{21} & \cos\phi_{22} \end{bmatrix} \begin{bmatrix} x \\ y \end{bmatrix} = \begin{bmatrix} \cos\phi & \text{sen}\,\phi \\ -\text{sen}\,\phi & \cos\phi \end{bmatrix} \begin{bmatrix} x \\ y \end{bmatrix}$$

em que

$$[T_R] = \begin{bmatrix} \cos\phi_{11} & \cos\phi_{12} \\ \cos\phi_{21} & \cos\phi_{22} \end{bmatrix} = \begin{bmatrix} \cos\phi & \text{sen}\,\phi \\ -\text{sen}\,\phi & \cos\phi \end{bmatrix}$$

Multiplicando ambos os membros por $[T_R]^{-1}$, temos

$$[T_R]^{-1} \begin{bmatrix} x^* \\ y^* \end{bmatrix} = [T_R]^{-1} [T_R] \begin{bmatrix} x \\ y \end{bmatrix}$$

De acordo com a página nº 53 da referência bibliográfica nº 37, se temos uma matriz de 2ª ordem do tipo

$$[A] = \begin{bmatrix} a & b \\ c & d \end{bmatrix}$$

a matriz inversa é dada por

$$[A]^{-1} = \frac{\begin{bmatrix} d & -b \\ -c & a \end{bmatrix}}{|A|} = \frac{\begin{bmatrix} d & -b \\ -c & a \end{bmatrix}}{ad - bc}$$

O determinante da matriz $[T_R]$ é

$$|T_R| = \cos\phi \cos\phi - \text{sen}\,\phi\,(-\text{sen}\,\phi) = \cos^2\phi + \text{sen}^2\phi = 1$$

Temos, então,

$$[T_R]^{-1} = \begin{bmatrix} \cos\phi & -\operatorname{sen}\phi \\ \operatorname{sen}\phi & \cos\phi \end{bmatrix} = \begin{bmatrix} \cos\phi_{11} & \cos\phi_{21} \\ \cos\phi_{12} & \cos\phi_{22} \end{bmatrix}$$

conforme já havia sido afirmado antes. De acordo com a teoria de inversão de matrizes, temos também

$$[T_R]^{-1}[T_R] = \begin{bmatrix} 1 & 0 \\ 0 & 1 \end{bmatrix}$$

o que nos conduz a

$$\begin{bmatrix} x \\ y \end{bmatrix} = \begin{bmatrix} \cos\phi_{11} & \cos\phi_{21} \\ \cos\phi_{12} & \cos\phi_{22} \end{bmatrix} \begin{bmatrix} x^* \\ y^* \end{bmatrix} = \begin{bmatrix} \cos\phi & -\operatorname{sen}\phi \\ \operatorname{sen}\phi & \cos\phi \end{bmatrix} \begin{bmatrix} x^* \\ y^* \end{bmatrix}$$

que é a expressão (3.40b) já deduzida anteriormente.

As transformações inversas também podem ser passadas para a notação simplificada, a fim de facilitar a memorização, ou seja,

$$\begin{cases} x_1 = \alpha_{11} x_1^* + \alpha_{21} x_2^* \\ x_2 = \alpha_{12} x_1^* + \alpha_{22} x_2^* \end{cases} \tag{3.40c}$$

nas quais os "α_{kl}" são dados por (3.35).

Na forma compacta, podemos sintetizar

$$x_l = \sum_{m=1}^{2} \alpha_{ml} x_m^* \quad (l = 1, 2) \tag{3.40d}$$

Sob forma matricial, temos

$$\begin{bmatrix} x_1 \\ x_2 \end{bmatrix} = \begin{bmatrix} \alpha_{11} & \alpha_{21} \\ \alpha_{12} & \alpha_{22} \end{bmatrix} \begin{bmatrix} x_1^* \\ x_2^* \end{bmatrix} \tag{3.40e}$$

em que a matriz

$$[T_R]^{-1} = \begin{bmatrix} \alpha_{11} & \alpha_{21} \\ \alpha_{12} & \alpha_{22} \end{bmatrix} \tag{3.41b}$$

é a matriz transformação inversa sob nova notação.

Vamos agora deduzir o significado geométrico dos vetores colunas de $[T_R]^{-1}$, que é o mesmo que deduzir o significado dos vetores linhas de $[T_R]$. Seja **u** um vetor unitário orientado ao longo do eixo x^* do sistema x^*, y^*. Suas componentes são $(1,0)$, e ele coincide com o vetor $\mathbf{u}_{x^*}$. Voltando ao sistema original x,y, teremos as seguintes componentes de $\mathbf{u}$:

$$\begin{cases} u_1 = \alpha_{11} 1 + \alpha_{21} 0 \\ u_2 = \alpha_{12} 1 + \alpha_{22} 0 \end{cases}$$

É fácil ver que o primeiro vetor coluna da matriz $\left[T_R\right]^{-1}$ é constituído pelas componentes primitivas do vetor $\mathbf{u}$. Assim, as primitivas componentes de $\mathbf{u}_{x^*}$ são $(\alpha_{11}, \alpha_{12})$, e podemos expressar

$$\mathbf{u}_{x^*} = \alpha_{11} \mathbf{u}_x + \alpha_{12} \mathbf{u}_y$$

Do mesmo modo, $\mathbf{u}_{y^*}$ se relaciona com o segundo vetor coluna da matriz $\left[T_R\right]^{-1}$. Temos que

$$\begin{cases} \mathbf{u}_{x^*} = \alpha_{11} \mathbf{u}_x + \alpha_{12} \mathbf{u}_y = \cos\phi\, \mathbf{u}_x + \text{sen}\,\phi\, \mathbf{u}_y \\ \mathbf{u}_{y^*} = \alpha_{21} \mathbf{u}_x + \alpha_{22} \mathbf{u}_y = -\text{sen}\,\phi\, \mathbf{u}_x + \cos\phi\, \mathbf{u}_y \end{cases} \tag{3.42}$$

Cumpre também ressaltar que os coeficientes da matriz $\left[T_R\right]^{-1}$ são interdependentes e possuem as seguintes propriedades:

1ª) As colunas de $\left[T_R\right]^{-1}$ são mutuamente ortogonais, isto é,

$$\alpha_{11}\,\alpha_{21} + \alpha_{12}\,\alpha_{22} = 0 \tag{3.43}$$

Esta propriedade se baseia no fato de que as colunas de $\left[T_R\right]^{-1}$ representam (no sistema primitivo) os vetores $\mathbf{u}_{x^*}$ e $\mathbf{u}_{y^*}$ (vide expressão 3.40), e estes vetores são ortogonais. A verificação desta expressão (3.43) pode também ser feita substituindo-se as expressões de α_{kl} dadas por (3.35).

2ª) As colunas de $\left[T_R\right]^{-1}$ têm módulo unitário, ou seja,

$$\begin{cases} \alpha_{11}^2 + \alpha_{12}^2 = 1 \\ \alpha_{21}^2 + \alpha_{22}^2 = 1 \end{cases} \tag{3.44}$$

pois $\mathbf{u}_{x^*}$ e $\mathbf{u}_{y^*}$ são vetores unitários.

3ª) O determinante associado à matriz $\left[T_R\right]^{-1}$ tem valor igual a 1. Isto acontece porque o determinante

$$\left| T_R^{-1} \right| = \begin{vmatrix} \alpha_{11} & \alpha_{21} \\ \alpha_{12} & \alpha_{22} \end{vmatrix} = 1 \tag{3.45}$$

102 Cálculo e Análise Vetoriais com Aplicações Práticas

representa o módulo do produto vetorial dos vetores unitários $\mathbf{u}_x$ e $\mathbf{u}_y$, que definem um quadrado de aresta unitária, cuja área é igual a unidade.

Para um vetor genérico $\mathbf{V}$ cujas expressões nos dois sistemas de coordenadas são

$$\begin{cases} \mathbf{V} = V_x\,\mathbf{u}_x + V_y\,\mathbf{u}_y \\ \mathbf{V}^* = V_{x^*}\,\mathbf{u}_{x^*} + V_{y^*}\,\mathbf{u}_{y^*} \end{cases}$$

semelhantemente ao que foi feito para o vetor posição, podemos também obter as transformações de componentes quando se passa de um sistema para outro. Em consequência, vem

$$\begin{cases} V_{x^*} = \mathbf{V} \cdot \mathbf{u}_{x^*} \\ V_{y^*} = \mathbf{V} \cdot \mathbf{u}_{y^*} \end{cases}$$

Tais expressões nos conduzem a

$$\begin{cases} V_{x^*} = V_x \cos\phi_{11} + V_y \cos\phi_{12} = V_x \cos\phi + V_y \operatorname{sen}\phi \\ V_{y^*} = V_x \cos\phi_{21} + V_y \cos\phi_{22} = -V_x \operatorname{sen}\phi + V_y \cos\phi \end{cases} \qquad \textbf{(3.46a)}$$

Elas podem ser apresentadas sob forma matricial

$$\begin{bmatrix} V_{x^*} \\ V_{y^*} \end{bmatrix} = \underbrace{\begin{bmatrix} \cos\phi_{11} & \cos\phi_{12} \\ \cos\phi_{21} & \cos\phi_{22} \end{bmatrix}}_{\Downarrow} \begin{bmatrix} V_x \\ V_y \end{bmatrix} = \underbrace{\begin{bmatrix} \cos\phi & \operatorname{sen}\phi \\ -\operatorname{sen}\phi & \cos\phi \end{bmatrix}}_{\Downarrow} \begin{bmatrix} V_x \\ V_y \end{bmatrix} \qquad \textbf{(3.46b)}$$

$$[T_R]\,\text{dada por (3.34a)}$$

Usando notação simplificada, obtemos

$$\begin{cases} V_1^* = \alpha_{11}\,V_1 + \alpha_{12}\,V_2 \\ V_2^* = \alpha_{21}\,V_1 + \alpha_{22}\,V_2 \end{cases} \qquad \textbf{(3.46c)}$$

Na forma compacta, ficamos com

$$V_k^* = \sum_{l=1}^{2} \alpha_{kl}\,\mathrm{x}_l \quad (k = 1, 2) \qquad \textbf{(3.46d)}$$

Sob forma matricial, segue-se

$$\begin{bmatrix} V_1^* \\ V_2^* \end{bmatrix} = \underbrace{\begin{bmatrix} \alpha_{11} & \alpha_{12} \\ \alpha_{21} & \alpha_{22} \end{bmatrix}}_{\Downarrow} \begin{bmatrix} V_1 \\ V_2 \end{bmatrix}$$

$$[T_R] \text{ dada por (3.34b)}$$

(3.46e)

Da mesma forma podemos, também, obter as transformações inversas, quais sejam

$$\begin{cases} V_x = V_{x^*} \cos\phi_{11} + V_{y^*} \cos\phi_{21} = V_{x^*} \cos\phi - V_{y^*} \operatorname{sen}\phi \\ V_y = V_{x^*} \cos\phi_{12} + V_{y^*} \cos\phi_{22} = V_{x^*} \operatorname{sen}\phi + V_{y^*} \cos\phi \end{cases}$$

(3.47a)

Sob forma matricial, elas podem ser expressas como

$$\begin{bmatrix} V_x \\ V_y \end{bmatrix} = \underbrace{\begin{bmatrix} \cos\phi_{11} & \cos\phi_{21} \\ \cos\phi_{12} & \cos\phi_{22} \end{bmatrix}}_{\Downarrow} \begin{bmatrix} V_{x^*} \\ V_{y^*} \end{bmatrix} = \underbrace{\begin{bmatrix} \cos\phi & -\operatorname{sen}\phi \\ \operatorname{sen}\phi & \cos\phi \end{bmatrix}}_{\Downarrow} \begin{bmatrix} V_{x^*} \\ V_{y^*} \end{bmatrix} .$$

$$[T_R]^{-1} \text{ dada por (3.41a)}$$

(3.47b)

Usando notação simplificada, temos

$$\begin{cases} V_1 = \alpha_{11} V_1^* + \alpha_{21} V_2^* \\ V_2 = \alpha_{12} V_1^* + \alpha_{22} V_2^* \end{cases}$$

(3.47c)

Na forma compacta, segue-se

$$V_l = \sum_{m=1}^{2} \alpha_{ml} V_m^* \quad (l = 1, 2)$$

(3.47d)

Sob forma matricial, ficamos com

$$\begin{bmatrix} V_1 \\ V_2 \end{bmatrix} = \underbrace{\begin{bmatrix} \alpha_{11} & \alpha_{21} \\ \alpha_{12} & \alpha_{22} \end{bmatrix}}_{\Downarrow} \begin{bmatrix} V_1^* \\ V_2^* \end{bmatrix}$$

$$[T_R]^{-1} \text{ dada por (3.41b)}$$

(3.47e)

EXEMPLO 3.8

Transforme a equação $x^2 - y^2 = 16$ por meio de uma rotação de eixos igual a 45° e identifique a curva.

SOLUÇÃO:

Uma vez que $\sin 45° = \cos 45° = \sqrt{2}/2$, as expressões do grupo (3.40a) assumem as formas

$$\begin{cases} x = \dfrac{(x^* - y^*)\sqrt{2}}{2} \\ y = \dfrac{(x^* + y^*)\sqrt{2}}{2} \end{cases}$$

Substituindo na equação proposta, temos

$$\left[\dfrac{(x^* - y^*)\sqrt{2}}{2}\right]^2 - \left[\dfrac{(x^* + y^*)\sqrt{2}}{2}\right]^2 = 16$$

Finalmente, após as simplificações, obtemos

$$x^* y^* = -8$$

equação esta que representa uma hipérbole equilátera.

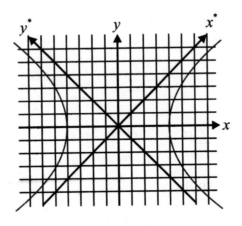

Fig. 3.19

(c-2) No Espaço

O vetor posição do ponto P em relação aos dois sistemas, de acordo com a expressão (3.9), assume as formas

$$\begin{cases} \mathbf{r} = x\,\mathbf{u}_x + y\,\mathbf{u}_y + z\,\mathbf{u}_z \\ \mathbf{r}^* = x^*\,\mathbf{u}_{x^*} + y^*\,\mathbf{u}_{y^*} + z^*\,\mathbf{u}_{z^*} \end{cases}$$

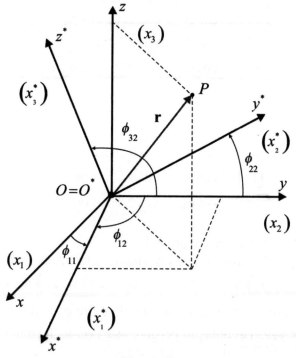

Fig. 3.20

Seguindo o mesmo procedimento da rotação no plano, podemos estabelecer

$$x^* = \mathbf{r} \cdot \mathbf{u}_{x^*} = (x\mathbf{u}_x + y\mathbf{u}_y + z\mathbf{u}_z) \cdot \mathbf{u}_{x^*} =$$
$$= x\cos\underbrace{(\mathbf{u}_x, \mathbf{u}_{x^*})}_{\phi_{11}} + y\cos\underbrace{(\mathbf{u}_y, \mathbf{u}_{x^*})}_{\phi_{12}} + z\cos\underbrace{(\mathbf{u}_z, \mathbf{u}_{x^*})}_{\phi_{13}} =$$
$$= x\cos\phi_{11} + y\cos\phi_{12} + z\cos\phi_{13}$$

De modo análogo, temos também

$$\begin{cases} y^* = \mathbf{r} \cdot \mathbf{u}_{y^*} = x\cos\phi_{21} + y\cos\phi_{22} + z\cos\phi_{23} \\ z^* = \mathbf{r} \cdot \mathbf{u}_{z^*} = x\cos\phi_{31} + y\cos\phi_{32} + z\cos\phi_{33} \end{cases}$$

Reunindo os resultados, ficamos com

$$\begin{cases} x^* = x\cos\phi_{11} + y\cos\phi_{12} + z\cos\phi_{13} \\ y^* = x\cos\phi_{21} + y\cos\phi_{22} + z\cos\phi_{23} \\ z^* = x\cos\phi_{31} + y\cos\phi_{32} + z\cos\phi_{33} \end{cases} \quad (3.48a)$$

Sob forma matricial, obtemos

106   **Cálculo e Análise Vetoriais com Aplicações Práticas**

$$\begin{bmatrix} x^* \\ y^* \\ z^* \end{bmatrix} = \begin{bmatrix} \cos\phi_{11} & \cos\phi_{12} & \cos\phi_{13} \\ \cos\phi_{21} & \cos\phi_{22} & \cos\phi_{23} \\ \cos\phi_{31} & \cos\phi_{32} & \cos\phi_{33} \end{bmatrix} \begin{bmatrix} x \\ y \\ z \end{bmatrix} \qquad (3.48b)$$

em que a matriz

$$[T_R] = \begin{bmatrix} \cos\phi_{11} & \cos\phi_{12} & \cos\phi_{13} \\ \cos\phi_{21} & \cos\phi_{22} & \cos\phi_{23} \\ \cos\phi_{31} & \cos\phi_{32} & \cos\phi_{33} \end{bmatrix} \qquad (3.49a)$$

representa a rotação de eixos ilustrada na figura 3.13.

Também aqui em três dimensões é conveniente mudar de notação: em vez de escrever (x, y, z), escreveremos, (x_1, x_2, x_3) e, do mesmo modo, (x_1^*, x_2^*, x_3^*) ao invés de (x^*, y^*, z^*). Além do mais, vamos representar por α_{kl} o cosseno do ângulo entre o k-ésimo eixo do sistema x^*, y^*, z^* e o l-ésimo eixo do sistema x, y, z. Tal notação permite escrever as fórmulas de transformação em três dimensões de forma mais propícia à memorização, ou seja,

$$\begin{cases} x_1^* = \alpha_{11} x_1 + \alpha_{12} x_2 + \alpha_{13} x_3 \\ x_2^* = \alpha_{21} x_1 + \alpha_{22} x_2 + \alpha_{23} x_3 \\ x_3^* = \alpha_{31} x_1 + \alpha_{32} x_2 + \alpha_{33} x_3 \end{cases} \qquad (3.48c)$$

Na forma compacta, segue-se

$$x_k^* = \sum_{l=1}^{3} \alpha_{kl} \, x_l \quad (k = 1, 2, 3) \qquad (3.48d)$$

Sob forma matricial, obtemos

$$\begin{bmatrix} x_1^* \\ x_2^* \\ x_3^* \end{bmatrix} = \begin{bmatrix} \alpha_{11} & \alpha_{12} & \alpha_{13} \\ \alpha_{21} & \alpha_{22} & \alpha_{23} \\ \alpha_{31} & \alpha_{32} & \alpha_{33} \end{bmatrix} \begin{bmatrix} x_1 \\ x_2 \\ x_3 \end{bmatrix} \qquad (3.48e)$$

em que a matriz

$$[T_R] = \begin{bmatrix} \alpha_{11} & \alpha_{12} & \alpha_{13} \\ \alpha_{21} & \alpha_{22} & \alpha_{23} \\ \alpha_{31} & \alpha_{32} & \alpha_{33} \end{bmatrix} \qquad (3.49b)$$

representa a rotação de eixos sob nova notação.

O conjunto de elementos de uma matriz 3×3 em uma linha dada é muito frequentemente chamado de **vetor linha** e o conjunto de elementos de uma coluna, de **vetor coluna**. A justificativa para esta nomenclatura se baseia no fato de que três números quaisquer podem ser interpretados como as **componentes de um certo vetor no espaço**. Entretanto, é interessante, agora, fazer também uma digressão e deduzir o significado geométrico dos vetores coluna de $[T_R]$, do mesmo modo que já foi feito para o caso de rotação no plano.

Seja **u** um vetor unitário orientado ao longo do eixo x do sistema x,y,z. Suas componentes são $(1,0,0)$, e ele coincide com o vetor $\mathbf{u}_x$. Se agora fizermos girar o sistema de coordenadas, as novas componentes de **u** serão dadas por

$$\begin{cases} u_1^* = \alpha_{11}1 + \alpha_{12}0 + \alpha_{13}0 \\ u_2^* = \alpha_{21}1 + \alpha_{22}0 + \alpha_{23}0 \\ u_3^* = \alpha_{31}1 + \alpha_{32}0 + \alpha_{33}0 \end{cases}$$

Assim, vemos que o primeiro vetor coluna da matriz $[T_R]$ é constituído pelas novas componentes do vetor **u**. Podemos até dizer, de outro modo, que as novas componentes de $\mathbf{u}_x$ são $(\alpha_{11}, \alpha_{21}, \alpha_{31})$ e podemos estabelecer

$$\mathbf{u}_x = \alpha_{11}\,\mathbf{u}_{x^*} + \alpha_{21}\,\mathbf{u}_{y^*} + \alpha_{31}\,\mathbf{u}_{z^*}$$

Afirmativas semelhantes relacionam $\mathbf{u}_y$ e $\mathbf{u}_z$, respectivamente, ao segundo e ao terceiro vetores colunas de $[T_R]$. Temos que

$$\begin{cases} \mathbf{u}_x = \alpha_{11}\,\mathbf{u}_{x^*} + \alpha_{21}\,\mathbf{u}_{y^*} + \alpha_{31}\,\mathbf{u}_{z^*} \\ \mathbf{u}_y = \alpha_{12}\,\mathbf{u}_{x^*} + \alpha_{22}\,\mathbf{u}_{y^*} + \alpha_{32}\,\mathbf{u}_{z^*} \\ \mathbf{u}_z = \alpha_{13}\,\mathbf{u}_{x^*} + \alpha_{23}\,\mathbf{u}_{y^*} + \alpha_{33}\,\mathbf{u}_{z^*} \end{cases} \tag{3.50}$$

Antes de passarmos às transformações inversas, vamos verificar a interdependência entre os coeficientes da matriz $[T_R]$, que possuem as seguintes propriedades:

1ª) As colunas de $[T_R]$ são mutuamente ortogonais, quer dizer,

$$\begin{cases} \alpha_{11}\alpha_{12} + \alpha_{21}\alpha_{22} + \alpha_{31}\alpha_{32} = 0 \\ \alpha_{12}\alpha_{13} + \alpha_{22}\alpha_{23} + \alpha_{32}\alpha_{33} = 0 \\ \alpha_{11}\alpha_{13} + \alpha_{21}\alpha_{23} + \alpha_{31}\alpha_{33} = 0 \end{cases} \tag{3.51}$$

Esta propriedade advém do fato de que as colunas de $[T_R]$ representam (no sistema novo) os vetores $\mathbf{u}_x, \mathbf{u}_y, \mathbf{u}_z$ (vide expressão 3.50), e estes vetores são ortogonais dois a dois. Conforme veremos mais tarde, as linhas de $[T_R]$ também são mutuamente ortogonais. Isto ficará claro quando

108   Cálculo e Análise Vetoriais com Aplicações Práticas

estabelecermos o significado das colunas de $\left[T_R\right]^{-1}$, que nada mais são do que as linhas de $\left[T_R\right]$, pois, da mesma forma que no plano, temos

$$\left[T_R\right]^{-1} = \left[T_R\right]^t$$

2ª) As colunas de $\left[T_R\right]$ têm módulo unitário, isto é,

$$\begin{cases} \alpha_{11}^2 + \alpha_{21}^2 + \alpha_{31}^2 = 1 \\ \alpha_{12}^2 + \alpha_{22}^2 + \alpha_{32}^2 = 1 \\ \alpha_{13}^2 + \alpha_{23}^2 + \alpha_{33}^2 = 1 \end{cases} \tag{3.52}$$

Também veremos, mais adiante, que as linhas da matriz transformação de rotação, em três dimensões, têm módulo unitário.

3ª) O determinante associado à matriz $\left[T_R\right]$ tem valor igual a 1. Isto decorre do fato de que o determinante

$$|T_R| = \begin{vmatrix} \alpha_{11} & \alpha_{12} & \alpha_{13} \\ \alpha_{21} & \alpha_{22} & \alpha_{23} \\ \alpha_{31} & \alpha_{32} & \alpha_{33} \end{vmatrix} = 1 \tag{3.53}$$

nada mais é que o produto misto dos três vetores unitários $\mathbf{u}_x, \mathbf{u}_y, \mathbf{u}_z$. Vimos na subseção 2.8.3 que o produto misto de três vetores, que formam um termo positivo, direto ou dextrógiro é igual ao volume do paralelepípedo a partir deles definido. Temos, presentemente, um cubo de aresta unitária, cujo volume é, evidentemente, igual a unida-de.

Nota: alguns autores admitem que o resultado do determinante associado à matriz $\left[T_R\right]$ pode ser ± 1. Vide, por exemplo, a referência bibliográfica nº 32, capítulo 8, seção 8.9, expressão 8. Não somos partidários de tal opinião. Acontece que a citada referência encara, diferentemente de nosso ponto de vista, a reflexão de coordenadas e a inversão como sendo casos particulares da rotação, com o que não concordamos, pois, seguimos, neste ponto, as referências nº 14 e nº 34, que tratam a **rotação** como sendo **transformação própria**, e a **inversão** e a **reflexão** como **impróprias**. A primeira não altera a natureza direta do terno de unitários do sistema, mas as outras sim. É claro que para um terno unitário indireto o resultado é -1. Devemos, pois, tomar cuidado, pois, se a matriz for ortogonal, mas o seu determinante for igual a -1, ela não representa uma rotação, mas sim uma "pseudo-rotação", que é como podemos encarar a inversão de coordenadas e a reflexão das mesmas em um plano. Voltaremos a este assunto mais adiante.

Semelhantemente, podemos determinar as transformações inversas. Temos, então,

$$x = \mathbf{r}^* \cdot \mathbf{u}_x = (x^* \mathbf{u}_{x^*} + y^* \mathbf{u}_{y^*} + z^* \mathbf{u}_{z^*}) \cdot \mathbf{u}_x =$$
$$= x^* \cos(\mathbf{u}_{x^*}, \mathbf{u}_x) + y^* \cos(\mathbf{u}_{y^*}, \mathbf{u}_x) + z^* \cos(\mathbf{u}_{z^*}, \mathbf{u}_x) =$$
$$= x^* \cos\phi_{11} + y^* \cos\phi_{21} + z^* \cos\phi_{31}$$

Temos também

$$y = \mathbf{r}^* \cdot \mathbf{u}_y = x^* \cos \phi_{12} + y^* \cos \phi_{22} + z^* \cos \phi_{32}$$
$$z = \mathbf{r}^* \cdot \mathbf{u}_z = x^* \cos \phi_{13} + y^* \cos \phi_{23} + z^* \cos \phi_{33}$$

Reunindo os resultados, chegamos a

$$\begin{cases} x = x^* \cos \phi_{11} + y^* \cos \phi_{21} + z^* \cos \phi_{31} \\ y = x^* \cos \phi_{12} + y^* \cos \phi_{22} + z^* \cos \phi_{32} \\ z = x^* \cos \phi_{13} + y^* \cos \phi_{23} + z^* \cos \phi_{33} \end{cases} \qquad \text{(3.54a)}$$

Sob forma matricial, podemos expressar

$$\begin{bmatrix} x \\ y \\ z \end{bmatrix} = \begin{bmatrix} \cos \phi_{11} & \cos \phi_{21} & \cos \phi_{31} \\ \cos \phi_{12} & \cos \phi_{22} & \cos \phi_{32} \\ \cos \phi_{13} & \cos \phi_{23} & \cos \phi_{33} \end{bmatrix} \begin{bmatrix} x^* \\ y^* \\ z^* \end{bmatrix} \qquad \text{(3.54b)}$$

em que a matriz

$$[T_R]^{-1} = \begin{bmatrix} \cos \phi_{11} & \cos \phi_{21} & \cos \phi_{31} \\ \cos \phi_{12} & \cos \phi_{22} & \cos \phi_{32} \\ \cos \phi_{13} & \cos \phi_{23} & \cos \phi_{33} \end{bmatrix} \qquad \text{(3.55a)}$$

representa a transformação inversa.

Comparando (3.49a) e (3.55a), chega-se a conclusão que, para o caso tridimensional, também temos $[T_R]^{-1} = [T_R]$, ou seja, a matriz transformação inversa é a transposta da matriz transformação rotação.

Notas:

(1) No caso de rotação, no plano, as transformações inversas foram obtidas de duas maneiras diferentes. Para a rotação no espaço foi adotado apenas um procedimento, tendo em vista que o outro envolveria a matriz $[T_R]$, uma matriz 3×3, cuja inversão não é tão óbvia quanto a de uma 2×2. Pelo outro processo, chegou-se a conclusão que

$$[T_R]^{-1} = [T_R],$$

porém este resultado não é óbvio e não podia ter sido introduzido a priori.

(2) Mesmo que, em geral, a inversa e a transposta de uma matriz não sejam iguais, esta regra vale para as matrizes de rotação em três dimensões e é muito útil.

110 **Cálculo e Análise Vetoriais com Aplicações Práticas**

Aqui também podemos adotar a notação simplificada, tendo em mente a transposição de linhas por colunas já citadas. Assim sendo, ficamos com

$$\begin{cases} x_1 = \alpha_{11}\, x_1^* + \alpha_{21}\, x_2^* + \alpha_{31}\, x_3^* \\ x_2 = \alpha_{12}\, x_1^* + \alpha_{22}\, x_2^* + \alpha_{23}\, x_3^* \\ x_3 = \alpha_{13}\, x_1^* + \alpha_{23}\, x_2^* + \alpha_{33}\, x_3^* \end{cases} \tag{3.54c}$$

Na forma compacta, temos

$$x_l = \sum_{m=1}^{3} \alpha_{ml}\, x_m^* \quad (l = 1,2,3) \tag{3.54d}$$

Sob forma matricial, ficamos com

$$\begin{bmatrix} x_1 \\ x_2 \\ x_3 \end{bmatrix} = \begin{bmatrix} \alpha_{11} & \alpha_{21} & \alpha_{31} \\ \alpha_{12} & \alpha_{22} & \alpha_{32} \\ \alpha_{13} & \alpha_{23} & \alpha_{33} \end{bmatrix} \begin{bmatrix} x_1^* \\ x_2^* \\ x_3^* \end{bmatrix} \tag{3.54e}$$

em que a matriz

$$\left[T_R \right]^{-1} = \begin{bmatrix} \alpha_{11} & \alpha_{21} & \alpha_{31} \\ \alpha_{12} & \alpha_{22} & \alpha_{32} \\ \alpha_{13} & \alpha_{23} & \alpha_{33} \end{bmatrix} \tag{3.55b}$$

representa a transformação inversa sob nova notação.

Vamos agora pesquisar o significado das colunas de $\left[T_R \right]^{-1}$, que é o mesmo que pesquisar o significado das linhas de $\left[T_R \right]$.

Seja **u** um vetor unitário orientado ao longo do eixo x^* do sistema x^*, y^*, z^*. Suas componentes são, então, $(1,0,0)$, e **u** coincide com o vetor $\mathbf{u}_{x^*}$. Voltando ao sistema original x, y, z, teremos as seguintes componentes de **u**:

$$\begin{cases} u_1 = \alpha_{11}1 + \alpha_{21}0 + \alpha_{31}0 \\ u_2 = \alpha_{12}1 + \alpha_{22}0 + \alpha_{32}0 \\ u_3 = \alpha_{11}1 + \alpha_{23}0 + \alpha_{33}0 \end{cases}$$

Percebemos, portanto, que o primeiro vetor coluna da matriz $\left[T_R \right]^{-1}$ é composto pelas componentes primitivas do vetor **u**. Assim, as componentes primitivas de $\mathbf{u}_{x^*}$ são $\alpha_{11}, \alpha_{12}, \alpha_{13}$, e podemos expressar

$$\mathbf{u}_{x^*} = \alpha_{11}\, \mathbf{u}_x + \alpha_{12}\, \mathbf{u}_y + \alpha_{13}\, \mathbf{u}_z$$

De modo semelhante, os unitarios $\mathbf{u}_{y^*}$ e $\mathbf{u}_{z^*}$ se relacionam, respectivamente, ao segundo e terceiro vetores colunas de $[T_R]^{-1}$. Temos, em consequencia,

$$\begin{cases} \mathbf{u}_{x^*} = \alpha_{11}\,\mathbf{u}_x + \alpha_{12}\,\mathbf{u}_y + \alpha_{13}\,\mathbf{u}_z \\ \mathbf{u}_{y^*} = \alpha_{21}\,\mathbf{u}_x + \alpha_{22}\,\mathbf{u}_y + \alpha_{23}\,\mathbf{u}_z \\ \mathbf{u}_{z^*} = \alpha_{31}\,\mathbf{u}_x + \alpha_{32}\,\mathbf{u}_y + \alpha_{33}\,\mathbf{u}_z \end{cases} \tag{3.56}$$

Cumpre, também, ressaltar que os coeficientes da matriz $[T_R]^{-1}$ são interdependentes e possuem as seguintes propriedades:

1ª) As colunas $[T_R]^{-1}$ são mutuamente ortogonais, isto é,

$$\begin{cases} \alpha_{11}\alpha_{21} + \alpha_{12}\alpha_{22} + \alpha_{13}\alpha_{23} = 0 \\ \alpha_{21}\alpha_{31} + \alpha_{22}\alpha_{32} + \alpha_{23}\alpha_{33} = 0 \\ \alpha_{11}\alpha_{31} + \alpha_{12}\alpha_{32} + \alpha_{13}\alpha_{33} = 0 \end{cases} \tag{3.57}$$

Tal propriedade decorre do fato de que as colunas de $[T_R]^{-1}$ representam (no sistema primitivo) os vetores $\mathbf{u}_{x^*}, \mathbf{u}_{y^*}$ e $\mathbf{u}_{z^*}$ (vide expressão 3.54), e este vetores são ortogonais dois a dois.

2ª) As colunas de $[T_R]^{-1}$ tem módulo unitário, quer dizer,

$$\begin{cases} \alpha_{11}^2 + \alpha_{12}^2 + \alpha_{13}^2 = 1 \\ \alpha_{21}^2 + \alpha_{22}^2 + \alpha_{23}^2 = 1 \\ \alpha_{31}^2 + \alpha_{32}^2 + \alpha_{33}^2 = 1 \end{cases} \tag{3.58}$$

pois $\mathbf{u}_{x^*}, \mathbf{u}_{y^*}$ e $\mathbf{u}_{z^*}$ são vetores unitários.

3ª) O determinante associado à matriz $[T_R]^{-1}$ tem valor unitário, pois que ele representa o produto misto de três vetores unitários que formam um cubo de aresta unitária, cujo volume é, logicamente, igual a unidade.

Para um vetor genérico $\mathbf{V}$ cujas expressões nos dois sistemas de coordenadas são

$$\begin{cases} \mathbf{V} = V_x\,\mathbf{u}_x + V_y\,\mathbf{u}_y + V_z\,\mathbf{u}_z \\ \mathbf{V}^* = V_{x^*}\mathbf{u}_{x^*} + V_{y^*}\,\mathbf{u}_{y^*} + V_{z^*}\,\mathbf{u}_{z^*} \end{cases}$$

semelhantemente ao que foi feito para o vetor posição, podemos também obter as transformações de componentes quando se passa de um sistema para outro. Do sistema primitivo para o sistema novo, já utilizando a notação unificada, podemos estabelecer

112 Cálculo e Análise Vetoriais com Aplicações Práticas

$$\begin{cases} V_1^* = \alpha_{11}\, V_1 + \alpha_{12}\, V_2 + \alpha_{13}\, V_3 \\ V_2^* = \alpha_{21}\, V_1 + \alpha_{22}\, V_2 + \alpha_{23}\, V_3 \\ V_3^* = \alpha_{31}\, V_1 + \alpha_{32}\, V_2 + \alpha_{33}\, V_3 \end{cases}$$

(3.59a)

Na forma compacta, temos

$$V_k^* = \sum_{l=1}^{3} \alpha_{kl}\, \mathrm{V}_l \quad (k=1,2,3)$$

(3.59b)

Sob forma matricial, segue-se

$$\begin{bmatrix} V_1^* \\ V_2^* \\ V_3^* \end{bmatrix} = \underbrace{\begin{bmatrix} \alpha_{11} & \alpha_{12} & \alpha_{13} \\ \alpha_{21} & \alpha_{22} & \alpha_{23} \\ \alpha_{31} & \alpha_{32} & \alpha_{33} \end{bmatrix}}_{\left[T_R\right] \text{ dada por (3.49b)}} \begin{bmatrix} V_1 \\ V_2 \\ V_3 \end{bmatrix}$$

(3.59c)

Do sistema novo para o sistema primitivo, ficamos com

$$\begin{cases} V_1 = \alpha_{11}\, V_1^* + \alpha_{21}\, V_2^* + \alpha_{31}\, V_3^* \\ V_2 = \alpha_{12}\, V_1^* + \alpha_{22}\, V_2^* + \alpha_{32}\, V_3^* \\ V_3 = \alpha_{13}\, V_1^* + \alpha_{23}\, V_2^* + \alpha_{33}\, V_3^* \end{cases}$$

(3.60a)

Na forma compacta, podemos expressar

$$V_l = \sum_{m=1}^{3} \alpha_{ml} \mathrm{V}_m^* \quad (l=1,2,3)$$

(3.60b)

Sob forma matricial, temos

$$\begin{bmatrix} V_1 \\ V_2 \\ V_3 \end{bmatrix} = \underbrace{\begin{bmatrix} \alpha_{11} & \alpha_{21} & \alpha_{31} \\ \alpha_{12} & \alpha_{22} & \alpha_{32} \\ \alpha_{13} & \alpha_{23} & \alpha_{33} \end{bmatrix}}_{\left[T_R\right]^{-1} \text{ dada por (3.55b)}} \begin{bmatrix} V_1^* \\ V_2^* \\ V_3^* \end{bmatrix}$$

(3.60c)

As relações entre os coeficientes das matrizes de rotação, reunidas nos grupos de expressões (3.51), (3.52), (3.53), (3.57) e (3.58), podem ser agora deduzidas de uma outra maneira. Substituindo (3.60b) em (3.59b), obtemos

$$V_k^* = \sum_{l=1}^{3} \alpha_{kl} \, V_l = \sum_{l=1}^{3} \alpha_{kl} \sum_{m=1}^{3} \alpha_{ml} V_m^*$$

ou de outra forma

$$V_k^* = \sum_{m=1}^{3} V_m^* \left(\sum_{l=1}^{3} \alpha_{kl} \, \alpha_{ml} \right) (k = 1,2,3) \tag{3.61}$$

Se $k = 1$, por exemplo, temos

$$V_1^* = V_1^* \left(\sum_{l=1}^{3} \alpha_{1l} \, \alpha_{1l} \right) + V_2^* \left(\sum_{l=1}^{3} \alpha_{1l} \, \alpha_{2l} \right) + V_3^* \left(\sum_{l=1}^{3} \alpha_{1l} \, \alpha_{3l} \right)$$

A fim de que esta relação se verifique para qualquer vetor

$$\mathbf{V}^* = V_1^* \, \mathbf{u}_1^* + V_2^* \, \mathbf{u}_2^* + V_3^* \, \mathbf{u}_3^*$$

quando $k = 1$, o primeiro somatório deve ser igual a 1 e os outros dois iguais a zero. Para $k = 2$ e $k = 3$ a situação é semelhante. Em decorrência, (3.57) se aplica a qualquer vetor, se e somente se

$$\sum_{l=1}^{3} \alpha_{kl} \alpha_{ml} = \begin{cases} 0 \, , \ k \neq m \\ 1 \, , \ k = m \end{cases} \tag{3.62a}$$

Empregando o chamado símbolo de **Kronecker**[10] ou delta de **Kronecker,** podemos colocar

$$\delta_{km} = \begin{cases} 0 \, , \ k \neq m \\ 1 \, , \ k = m \end{cases} \tag{3.63}$$

Assim sendo, a expressão (3.60a) pode ser posta sob a forma

$$\sum_{l=1}^{3} \alpha_{kl} \, \alpha_{ml} = \delta_{km} \quad (k, m = 1, 2, 3) \tag{3.62b}$$

formando três vetores de componentes

$$\alpha_{11}, \alpha_{12}, \alpha_{13} \quad \alpha_{21}, \alpha_{22}, \alpha_{23} \quad \alpha_{31}, \alpha_{32}, \alpha_{33}$$

Sendo o primeiro membro de (3.62b) o produto escalar de dois desses vetores, implica que esses vetores são **unitários ortogonais** e são, às vezes, chamados de **vetores ortogonais**. Uma vez que temos um triedro direto, dextrógiro ou positivo, o seu produto misto é +1.

---

[10] **Kronecker [Leopold Kronecker (1823-1921)]** - matemático alemão que realizou contribuições importantes para a Álgebra, para a Teoria dos Grupos e para a Teoria dos Números.

114 Cálculo e Análise Vetoriais com Aplicações Práticas

Nota: neste nosso trabalho só analisamos, até agora, transformações de coordenadas entre sistemas cartesianos ortogonais. No entanto, é possível, também, através de rotação, partir de um sistema ortogonal para um outro que seja oblíquo e vice-versa. Para maiores esclarecimentos vide seção 1.5 da referência bibliográfica n° 34, páginas 11 a 15.

EXEMPLO 3.9*

Considere os três vetores a seguir:

$$\mathbf{u}_1 = \frac{6}{7}\mathbf{u}_x - \frac{3}{7}\mathbf{u}_y + \frac{2}{7}\mathbf{u}_z, \quad \mathbf{u}_2 = \frac{2}{7}\mathbf{u}_x + \frac{6}{7}\mathbf{u}_y + \frac{3}{7}\mathbf{u}_z \quad \text{e} \quad \mathbf{u}_3 = -\frac{3}{7}\mathbf{u}_x - \frac{2}{7}\mathbf{u}_y + \frac{6}{7}\mathbf{u}_z$$

(a) Verifique que estes vetores são unitários, ortogonais dois a dois, e formam um triedro direto, se orientados na sequência acima.

(b) Monte a matriz de rotação que transforma as componentes primitivas de um vetor (em relação a $\mathbf{u}_x, \mathbf{u}_y, \mathbf{u}_z$) em suas novas componentes (em relação a $\mathbf{u}_1, \mathbf{u}_2, \mathbf{u}_3$).

(c) Por meio da matriz do ítem anterior, calcule as novas coordenadas dos vetores $a = 3\mathbf{u}_y + 2\mathbf{u}_z$, $b = -\mathbf{u}_x + 4\mathbf{u}_y - 3\mathbf{u}_z$ e $c = 2\mathbf{u}_x - 2\mathbf{u}_y - 2\mathbf{u}_z$. Dê uma interpretação geo-métrica do comportamento atípico do vetor c.

SOLUÇÃO:

(a)

Temos

$$|\mathbf{u}_1| = \sqrt{\left(\frac{6}{7}\right)^2 + \left(-\frac{3}{7}\right)^2 + \left(\frac{2}{7}\right)^2} = 1$$

$$|\mathbf{u}_2| = \sqrt{\left(\frac{2}{7}\right)^2 + \left(\frac{6}{7}\right)^2 + \left(\frac{3}{7}\right)^2} = 1$$

$$|\mathbf{u}_3| = \sqrt{\left(-\frac{3}{7}\right)^2 + \left(-\frac{2}{7}\right)^2 + \left(\frac{6}{7}\right)^2} = 1$$

logo eles são vetores unitários. Podemos, pois, estabelecer

$$\mathbf{u}_1 \cdot \mathbf{u}_2 = \left(\frac{6}{7}\right)\left(\frac{2}{7}\right) + \left(-\frac{3}{7}\right)\left(\frac{6}{7}\right) + \left(\frac{2}{7}\right)\left(\frac{3}{7}\right) = 0$$

$$\mathbf{u}_1 \cdot \mathbf{u}_3 = \left(\frac{6}{7}\right)\left(-\frac{3}{7}\right) + \left(-\frac{3}{7}\right)\left(-\frac{2}{7}\right) + \left(\frac{2}{7}\right)\left(\frac{6}{7}\right) = 0$$

$$\mathbf{u}_2 \cdot \mathbf{u}_3 = \left(\frac{2}{7}\right)\left(-\frac{3}{7}\right) + \left(\frac{6}{7}\right)\left(-\frac{2}{7}\right) + \left(\frac{3}{7}\right)\left(\frac{6}{7}\right) = 0$$

e concluímos que os vetores são vetores ortogonais dois a dois

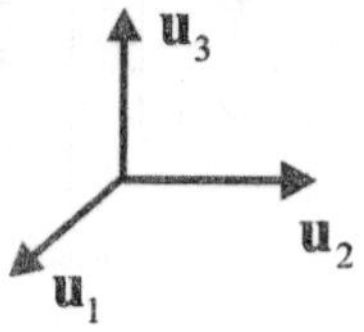

Fig. 3.21

Pela figura 3.21, devemos ter

$$\begin{cases} \mathbf{u}_1 \times \mathbf{u}_2 = \mathbf{u}_3 \\ \mathbf{u}_2 \times \mathbf{u}_3 = \mathbf{u}_1 \\ \mathbf{u}_3 \times \mathbf{u}_1 = \mathbf{u}_2 \end{cases}$$

a fim de que eles formem um triedro direto. Verifiquemos os seguintes produtos vetoriais:

$$\mathbf{u}_1 \times \mathbf{u}_2 = \begin{vmatrix} \mathbf{u}_x & \mathbf{u}_y & \mathbf{u}_z \\ \dfrac{6}{7} & -\dfrac{3}{7} & \dfrac{2}{7} \\ \dfrac{2}{7} & \dfrac{6}{7} & \dfrac{3}{7} \end{vmatrix} = -\frac{3}{7}\mathbf{u}_x - \frac{2}{7}\mathbf{u}_y + \frac{6}{7}\mathbf{u}_z = \mathbf{u}_3$$

$$\mathbf{u}_2 \times \mathbf{u}_3 = \begin{vmatrix} \mathbf{u}_x & \mathbf{u}_y & \mathbf{u}_z \\ \dfrac{2}{7} & \dfrac{6}{7} & \dfrac{3}{7} \\ -\dfrac{3}{7} & -\dfrac{2}{7} & \dfrac{6}{7} \end{vmatrix} = \frac{6}{7}\mathbf{u}_x - \frac{3}{7}\mathbf{u}_y + \frac{2}{7}\mathbf{u}_z = \mathbf{u}_1$$

$$\mathbf{u}_3 \times \mathbf{u}_1 = \begin{vmatrix} \mathbf{u}_x & \mathbf{u}_y & \mathbf{u}_z \\ -\dfrac{3}{7} & -\dfrac{2}{7} & \dfrac{6}{7} \\ \dfrac{6}{7} & -\dfrac{3}{7} & \dfrac{2}{7} \end{vmatrix} = \frac{2}{7}\mathbf{u}_x + \frac{6}{7}\mathbf{u}_y + \frac{3}{7}\mathbf{u}_z = \mathbf{u}_2$$

e verificamos que os vetores formama um triedro direto

(b)

$$[T_R] = \begin{bmatrix} \alpha_{11} & \alpha_{12} & \alpha_{13} \\ \alpha_{21} & \alpha_{22} & \alpha_{23} \\ \alpha_{31} & \alpha_{32} & \alpha_{33} \end{bmatrix} = \begin{bmatrix} \dfrac{6}{7} & -\dfrac{3}{7} & \dfrac{2}{7} \\ \dfrac{2}{7} & \dfrac{6}{7} & \dfrac{3}{7} \\ -\dfrac{3}{7} & -\dfrac{2}{7} & \dfrac{6}{7} \end{bmatrix}$$

(c)

$$\begin{bmatrix} a_1 \\ a_2 \\ a_3 \end{bmatrix} = \begin{bmatrix} \dfrac{6}{7} & -\dfrac{3}{7} & \dfrac{2}{7} \\ \dfrac{2}{7} & \dfrac{6}{7} & \dfrac{3}{7} \\ -\dfrac{3}{7} & -\dfrac{2}{7} & \dfrac{6}{7} \end{bmatrix} \begin{bmatrix} 0 \\ 3 \\ 2 \end{bmatrix} = \begin{bmatrix} -\dfrac{5}{7} \\ \dfrac{24}{7} \\ \dfrac{6}{7} \end{bmatrix}$$

$$\boldsymbol{a} = -\frac{5}{7}\mathbf{u}_1 + \frac{24}{7}\mathbf{u}_2 + \frac{6}{7}\mathbf{u}_3$$

$$\begin{bmatrix} b_1 \\ b_2 \\ b_3 \end{bmatrix} = \begin{bmatrix} \dfrac{6}{7} & -\dfrac{3}{7} & \dfrac{2}{7} \\ \dfrac{2}{7} & \dfrac{6}{7} & \dfrac{3}{7} \\ -\dfrac{3}{7} & -\dfrac{2}{7} & \dfrac{6}{7} \end{bmatrix} \begin{bmatrix} -1 \\ 4 \\ -3 \end{bmatrix} = \begin{bmatrix} -\dfrac{24}{7} \\ \dfrac{13}{7} \\ -\dfrac{23}{7} \end{bmatrix}$$

$$\boldsymbol{b} = -\frac{24}{7}\mathbf{u}_1 + \frac{13}{7}\mathbf{u}_2 - \frac{23}{7}\mathbf{u}_3$$

$$\begin{bmatrix} c_1 \\ c_2 \\ c_3 \end{bmatrix} = \begin{bmatrix} \dfrac{6}{7} & -\dfrac{3}{7} & \dfrac{2}{7} \\ \dfrac{2}{7} & \dfrac{6}{7} & \dfrac{3}{7} \\ -\dfrac{3}{7} & -\dfrac{2}{7} & \dfrac{6}{7} \end{bmatrix} \begin{bmatrix} 2 \\ -2 \\ -2 \end{bmatrix} = \begin{bmatrix} 2 \\ -2 \\ -2 \end{bmatrix}$$

$$\boldsymbol{c} = 2\mathbf{u}_1 - 2\mathbf{u}_2 - 2\mathbf{u}_3$$

que é a mesma expressão no sistema de coordenadas primitivo. Uma interpretação geométrica do comportamento atípico do vetor c é que ele é coincidente com o eixo de rotação.

(d) Translação e Rotação Combinadas

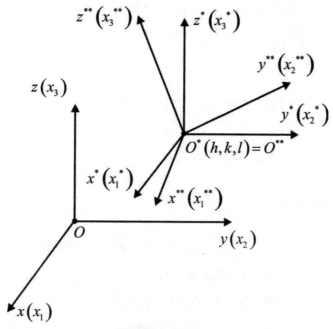

Fig. 3.22

Neste ponto, o estudante já está mais familiarizado com os conceitos relativos à transformação de coordenadas e não há necessidade de tratarmos a translação e rotação sequenciais, primeiramente para o plano e, depois, para o espaço, tendo em vista que a abordagem em três dimensões representa o caso mais geral (vide problema 3.6). Seja, inicialmente, uma translação para a nova origem O^* e, em seguida, uma rotação. Para a translação, utilizando a já conhecida notação simplificada na expressão (3.29), temos

$$\begin{cases} x_1^* = x_1 - h \\ x_2^* = x_2 - k \\ x_3^* = x_3 - l \end{cases}$$

Aplicando em seguida a rotação, podemos expressar

$$\begin{bmatrix} x_1^{**} \\ x_2^{**} \\ x_3^{**} \end{bmatrix} = \begin{bmatrix} \alpha_{11} & \alpha_{12} & \alpha_{13} \\ \alpha_{21} & \alpha_{22} & \alpha_{23} \\ \alpha_{31} & \alpha_{32} & \alpha_{33} \end{bmatrix} \begin{bmatrix} x_1^* \\ x_2^* \\ x_3^* \end{bmatrix} = \begin{bmatrix} \alpha_{11} & \alpha_{12} & \alpha_{13} \\ \alpha_{21} & \alpha_{22} & \alpha_{23} \\ \alpha_{31} & \alpha_{32} & \alpha_{33} \end{bmatrix} \begin{bmatrix} x_1 - h \\ x_2 - k \\ x_3 - l \end{bmatrix} =$$

$$= \begin{bmatrix} \alpha_{11} & \alpha_{12} & \alpha_{13} \\ \alpha_{21} & \alpha_{22} & \alpha_{23} \\ \alpha_{31} & \alpha_{32} & \alpha_{33} \end{bmatrix} \begin{bmatrix} x_1 \\ x_2 \\ x_3 \end{bmatrix} - \begin{bmatrix} \alpha_{11} & \alpha_{12} & \alpha_{13} \\ \alpha_{21} & \alpha_{22} & \alpha_{23} \\ \alpha_{31} & \alpha_{32} & \alpha_{33} \end{bmatrix} \begin{bmatrix} h \\ k \\ l \end{bmatrix}$$

Fazendo

$$\begin{bmatrix} \tilde{\beta}_1 \\ \tilde{\beta}_2 \\ \tilde{\beta}_3 \end{bmatrix} = \begin{bmatrix} \alpha_{11} & \alpha_{12} & \alpha_{13} \\ \alpha_{21} & \alpha_{22} & \alpha_{23} \\ \alpha_{31} & \alpha_{32} & \alpha_{33} \end{bmatrix} \begin{bmatrix} h \\ k \\ l \end{bmatrix}$$

(3.64)

obtemos

$$\begin{bmatrix} x_1^{**} \\ x_2^{**} \\ x_3^{**} \end{bmatrix} = \begin{bmatrix} \alpha_{11} & \alpha_{12} & \alpha_{13} \\ \alpha_{21} & \alpha_{22} & \alpha_{23} \\ \alpha_{31} & \alpha_{32} & \alpha_{33} \end{bmatrix} \begin{bmatrix} x_1 \\ x_2 \\ x_3 \end{bmatrix} - \begin{bmatrix} \tilde{\beta}_1 \\ \tilde{\beta}_2 \\ \tilde{\beta}_3 \end{bmatrix}$$

(3.65a)

Sob forma expandida, vem

$$\begin{cases} x_1^{**} = \alpha_{11} x_1 + \alpha_{12} x_2 + \alpha_{13} x_3 - \tilde{\beta}_1 \\ x_2^{**} = \alpha_{21} x_1 + \alpha_{22} x_2 + \alpha_{23} x_3 - \tilde{\beta}_2 \\ x_3^{**} = \alpha_{31} x_1 + \alpha_{32} x_2 + \alpha_{33} x_3 - \tilde{\beta}_3 \end{cases}$$

(3.65b)

Na forma compacta, podemos colocar

$$x_k^{**} = \sum_{l=1}^{3} \alpha_{kl} x_l - \tilde{\beta}_k \quad (k = 1, 2, 3)$$

(3.65c)

Para obtermos as transformações inversas vamos passar, primeiramente, do sistema dado por $x_1^{**}, x_2^{**}, x_3^{**}$ para o sistema $x_1^{*}, x_2^{*}, x_3^{*}$ e, finalmente, para o sistema x_1, x_2, x_3. Assim sendo, temos

$$\begin{bmatrix} x_1^{*} \\ x_2^{*} \\ x_3^{*} \end{bmatrix} = \begin{bmatrix} \alpha_{11} & \alpha_{21} & \alpha_{31} \\ \alpha_{12} & \alpha_{22} & \alpha_{32} \\ \alpha_{13} & \alpha_{23} & \alpha_{33} \end{bmatrix} \begin{bmatrix} x_1^{**} \\ x_2^{**} \\ x_3^{**} \end{bmatrix}$$

Substituindo as expressões de x_1^{*}, x_2^{*} e x_3^{*}, segue-se

$$\begin{bmatrix} x_1 - h \\ x_2 - k \\ x_3 - l \end{bmatrix} = \begin{bmatrix} \alpha_{11} & \alpha_{21} & \alpha_{31} \\ \alpha_{12} & \alpha_{22} & \alpha_{32} \\ \alpha_{13} & \alpha_{23} & \alpha_{33} \end{bmatrix} \begin{bmatrix} x_1^{**} \\ x_2^{**} \\ x_3^{**} \end{bmatrix}$$

Esta expressão é equivalente a

$$\begin{bmatrix} x_1 \\ x_2 \\ x_3 \end{bmatrix} = \begin{bmatrix} \alpha_{11} & \alpha_{21} & \alpha_{31} \\ \alpha_{12} & \alpha_{22} & \alpha_{32} \\ \alpha_{13} & \alpha_{23} & \alpha_{33} \end{bmatrix} \begin{bmatrix} x_1^{**} \\ x_2^{**} \\ x_3^{**} \end{bmatrix} + \begin{bmatrix} h \\ k \\ l \end{bmatrix}$$

Fazendo

$$\begin{cases} h = \beta_1 \\ k = \beta_2 \\ l = \beta_3 \end{cases} \tag{3.66}$$

obtemos

$$\begin{bmatrix} x_1 \\ x_2 \\ x_3 \end{bmatrix} = \begin{bmatrix} \alpha_{11} & \alpha_{21} & \alpha_{31} \\ \alpha_{12} & \alpha_{22} & \alpha_{32} \\ \alpha_{13} & \alpha_{23} & \alpha_{33} \end{bmatrix} \begin{bmatrix} x_1^{**} \\ x_2^{**} \\ x_3^{**} \end{bmatrix} + \begin{bmatrix} \beta_1 \\ \beta_2 \\ \beta_3 \end{bmatrix} \tag{3.67a}$$

Na forma expandida, temos

$$\begin{cases} x_1 = \alpha_{11} x_1^{**} + \alpha_{21} x_2^{**} + \alpha_{31} x_3^{**} + \beta_1 \\ x_2 = \alpha_{12} x_1^{**} + \alpha_{22} x_2^{**} + \alpha_{32} x_3^{**} + \beta_2 \\ x_3 = \alpha_{13} x_1^{**} + \alpha_{23} x_2^{**} + \alpha_{33} x_3^{**} + \beta_3 \end{cases} \tag{3.67b}$$

Sob forma compacta, ficamos com

$$x_l = \sum_{m=1}^{3} \alpha_{ml} x_m^{**} + \beta_l \quad (l = 1, 2, 3) \tag{3.67c}$$

(e) Inversão dos Eixos Coordenados

Pela figura 3.23, podemos estabelecer

$$\begin{cases} x^* = -x \\ y^* = -y \\ z^* = -z \end{cases} \tag{3.68a}$$

$$\begin{cases} \mathbf{u}_{x^*} = -\mathbf{u}_x \\ \mathbf{u}_{y^*} = -\mathbf{u}_y \\ \mathbf{u}_{z^*} = -\mathbf{u}_z \end{cases} \tag{3.69a}$$

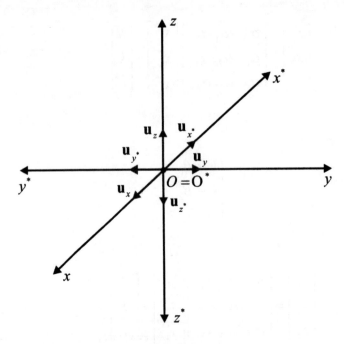

Fig. 3.23

Para um vetor genérico

$$\mathbf{V} = V_x \mathbf{u}_x + V_y \mathbf{u}_y + V_z \mathbf{u}_z$$

ficamos com as expressões

$$\begin{cases} V_{x^*} = -V_x \\ V_{y^*} = -V_y \\ V_{z^*} = -V_z \end{cases} \quad \text{(3.70a)}$$

Sob notação simplificada, temos

$$\begin{cases} x_1^* = -x_1 \\ x_2^* = -x_2 \\ x_3^* = -x_3 \end{cases} \quad \text{(3.68b)}$$

$$\begin{cases} \mathbf{u}_1^* = -\mathbf{u}_1 \\ \mathbf{u}_2^* = -\mathbf{u}_2 \\ \mathbf{u}_3^* = -\mathbf{u}_3 \end{cases} \quad \text{(3.69b)}$$

$$\begin{cases} V_1^* = -V_1 \\ V_2^* = -V_2 \\ V_3^* = -V_3 \end{cases} \quad \text{(3.70b)}$$

Alguns autores encaram este tipo de transformação como sendo uma espécie de rotação. Já justificamos o nosso ponto de vista a esse respeito e, dentro deste aspecto, a presente transformação de coordenadas será tratada como sendo uma "pseudo-rotação". Associada a esta transformação temos, baseados nas expressões dos grupos (3.66) e (3.68), que a matriz associada é

$$[T_{inv}] = \begin{bmatrix} -1 & 0 & 0 \\ 0 & -1 & 0 \\ 0 & 0 & -1 \end{bmatrix} \quad (3.71)$$

uma vez que

$$\cos\phi_{11} = \cos\phi_{22} = \cos\phi_{33} = -1$$

pois

$$\phi_{11} = \phi_{22} = \phi_{33} = 180°$$

e

$$\cos\phi_{12} = \cos\phi_{13} = \cos\phi_{21} = \cos\phi_{23} = \cos\phi_{31} = \cos\phi_{32} = 0$$

já que

$$\phi_{12} = \phi_{13} = \phi_{21} = \phi_{23} = \phi_{31} = \phi_{32} = 90°$$

(f) Reflexão de Coordenadas em um Plano

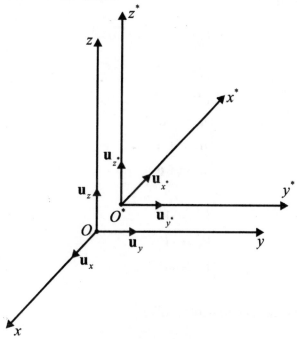

Fig. 3.24

122 Cálculo e Análise Vetoriais com Aplicações Práticas

Vamos tratar aqui, apenas como exemplo, da reflexão no plano yz, ou seja, no plano $x = 0$. Seja a figura 3.24, na qual o plano $x = 0$ age para o sistema x, y, z como sendo um espelho. Assim sendo, o sistema x, y, z é o objeto e x^*, y^*, z^* é a imagem; daí a inversão somente do eixo x. Temos, em decorrência,

$$\begin{cases} x^* = -x \\ y^* = y \\ z^* = z \end{cases} \tag{3.72a}$$

$$\begin{cases} \mathbf{u}_{x^*} = -\mathbf{u}_x \\ \mathbf{u}_{y^*} = \mathbf{u}_y \\ \mathbf{u}_{z^*} = \mathbf{u}_z \end{cases} \tag{3.73a}$$

Para um vetor genérico

$$V = V_x \, \boldsymbol{u}_x + V_y \, \boldsymbol{u}_y + V_z \, \boldsymbol{u}_z$$

temos

$$\begin{cases} V_{x^*} = -V_x \\ V_{y^*} = +V_y \\ V_{z^*} = +V_z \end{cases} \tag{3.74a}$$

Sob notação simplificada, temos

$$\begin{cases} x_1^* = +x_1 \\ x_2^* = +x_2 \\ x_3^* = +x_3 \end{cases} \tag{3.72b}$$

$$\begin{cases} \mathbf{u}_1^* = -\mathbf{u}_1 \\ \mathbf{u}_2^* = +\mathbf{u}_2 \\ \mathbf{u}_3^* = +\mathbf{u}_3 \end{cases} \tag{3.73b}$$

$$\begin{cases} V_1^* = -V_1 \\ V_2^* = +V_2 \\ V_3^* = +V_3 \end{cases} \tag{3.74b}$$

A matriz associada a esta "pseudo-rotação" é

$$\left[T_{\text{ref}} \right]_{x=0} = \begin{bmatrix} -1 & 0 & 0 \\ 0 & 1 & 0 \\ 0 & 0 & 1 \end{bmatrix} \tag{3.75}$$

uma vez que
$$\cos \phi_{11} = -1$$
pois
$$\phi_{11} = 180°$$
e
$$\cos \phi_{22} = \cos \phi_{33} = 1$$
pois
$$\phi_{22} = \phi_{33} = 0$$
e
$$\cos \phi_{12} = \cos \phi_{13} = \cos \phi_{21} = \cos \phi_{23} = \cos \phi_{31} = \cos \phi_{32} = 0$$
pois
$$\phi_{12} = \phi_{13} = \phi_{21} = \phi_{23} = \phi_{31} = \phi_{32} = 90°$$

3.3 - Sistema Cilíndrico Circular[11]

3.3.1 - Características Fundamentais

A utilização deste sistema de coordenadas é conveniente quando o problema a ser resolvido admite uma linha de simetria que, por uma questão de conveniência, adotamos como sendo o eixo z do sistema de coordenadas cartesianas retangulares.

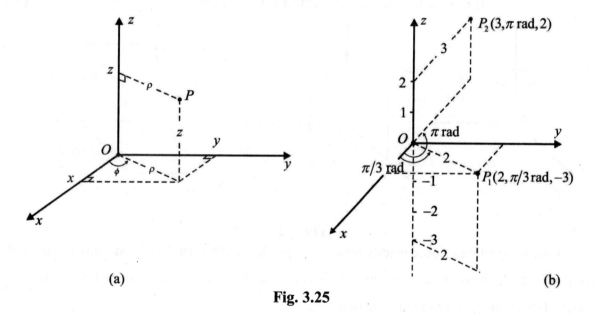

Fig. 3.25

---

[11] Existem também as coordenadas cilíndricas parabólicas e as coordenadas cilíndricas elíticas.

O sistema cilíndrico circular é construído a partir do sistema anterior e, em relação a parte (a) da figura 3.25 temos, para o ponto P, as coordenadas cartesianas (x, y, z) e as coordenadas cilíndricas circulares (ρ, ϕ, z). Estas últimas coordenadas são definidas da seguinte maneira:

1ª) ρ é a distância[12] do ponto P até o eixo z, ou seja, é a distância radial cilíndrica;

2ª) ϕ é o ângulo que o semiplano que passa pelo ponto P e contém o eixo z forma com o plano xz, sendo este último também chamado de plano $y = 0$ ou plano $\phi = 0$; esta coordenada é chamada por alguns de coordenada azimutal ou azimute.

3ª) z é a cota do ponto P com relação ao plano $z = 0$ sendo, portanto, a mesma coordenada z cartesiana retangular.

Temos, pois, diferentemente do sistema cartesiano retangular, **três origens distintas**; uma para cada coordenada.

Na na parte (a) da figura 3.25 a localização de um ponto $P(\rho, \phi, z)$ genérico. A parte (b) da mesma figura apresenta as localizações de dois pontos $P_1(2, \pi/3 \,\text{rad}, -3)$ e $P_2(3, \pi \,\text{rad}, 2)$.

As coordenadas cilíndricas obedecem às seguintes restrições:

$$0 \leq \rho < +\infty \;;\; 0 \leq \phi \leq 2\pi \,(360°) \;;\; -\infty < z < +\infty \qquad (3.76)$$

Os pontos situados no primeiro octante admitem coordenadas variando entre os limites

$$0 < \rho < +\infty \;;\; 0 < \phi < \pi/2 \,(90°) \;;\; 0 < z < +\infty \qquad (3.77)$$

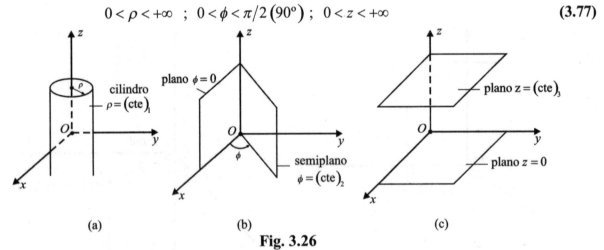

Fig. 3.26

As três superfícies coordenadas básicas: superfície cilíndrica $\rho = (\text{constante})_1$, de comprimento infinito e coaxial com o eixo z; semiplano $(\phi = \text{constante})_2$, contendo o eixo z; e plano $z = (\text{constante})_3$, apresentadas na figura 3.26.

---

[12] Alguns autores utilizam a letra r, ao invés da letra ρ, para representar a coordenada radial cilíndrica. Optamos pela notação ρ a fim de evitar confusão com a coordenada radial esférica, que será objeto de estudo na seção 3.4.

A localização de um ponto $P(\rho,\phi,z)$ pode também ser obtida pela interseção das superfícies coordenadas básicas citadas, conforme aparece, em duas perspectivas, na figura 3.27.

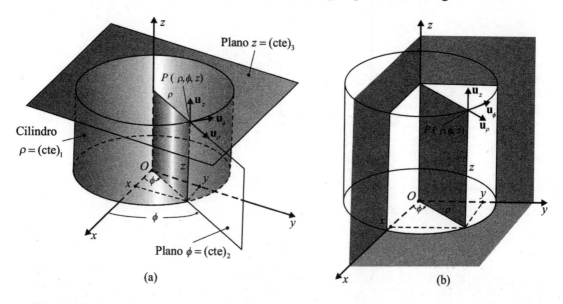

Fig. 3.27 - Localização de um ponto através das superfícies coordenadas básicas

EXEMPLO 3.10

Mostre através de esboços aproximados, incluindo ângulos e dimensões, as interseções das seguintes superfícies em coordenadas cilíndricas:

(a) $\rho = 4, \phi = 60°$; **(b)** $\rho = 4, z = 2$; **(c)** $\phi = 60°, z = 2$.

SOLUÇÃO:

(a)

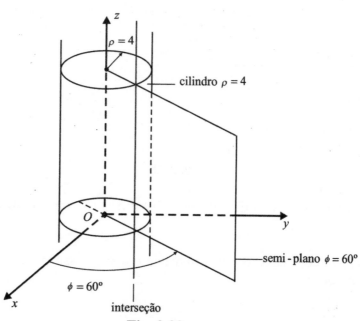

Fig. 3.28

(b)

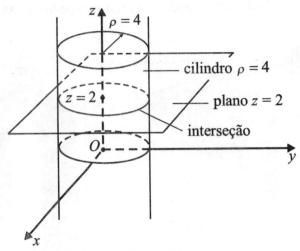

Fig. 3.29

(c)

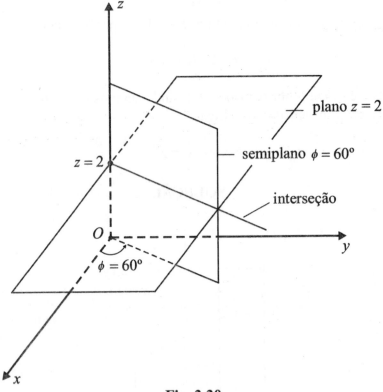

Fig. 3.30

3.3.2 - Relações entre Coordenadas Cilíndricas Circulares e Coordenadas Cartesianas Retangulares

As relações entre as coordenadas dos sistemas em questão são obtidas por inspeção da parte (a) da figura 3.25, o que acarreta

$$\begin{cases} x = \rho \cos\phi \\ y = \rho \operatorname{sen}\phi \end{cases} \quad \begin{cases} \rho = \sqrt{x^2 + y^2} \\ \phi = \operatorname{arc\,tg}\left(\dfrac{y}{x}\right) \end{cases} \tag{3.78}$$
$$z = z$$

EXEMPLO 3.11

Com relação ao ponto $P(5,00;30,0^{\circ};-4,00)$, determine suas coordenadas cartesianas retangulares.

SOLUÇÃO:

Do conjunto de expressões (3.78), segue-se

$$\begin{cases} x = 5,00\cos 30,0^{\circ} = 4,33 \\ y = 5,00\operatorname{sen} 30,0^{\circ} = 2,50 \\ z = -4,00 \end{cases}$$

o que implica

$$P(4,33;2,50;-4,00)$$

EXEMPLO 3.12

Determine as coordenadas cilíndricas circulares do ponto $P(4,33;2,50;-4,00)$.

SOLUÇÃO:

Do conjunto de expressões (3.78), vem

$$\begin{cases} \rho = \sqrt{(4,33)^2 + (2,50)^2} = 5,00 \\ \phi = \operatorname{arc\,tg}\left(\dfrac{2,50}{4,33}\right) = 30,0^{\circ} \\ z = -4,00 \end{cases}$$

o que acarreta

$$P(5,00;30,0^{\circ};-4,00)$$

3.3.3 - Terno Unitário Fundamental

O sistema cilíndrico circular tem como vetores unitários $\mathbf{u}_\rho, \mathbf{u}_\phi, \mathbf{u}_z$[13], respectivamente perpendiculares às superfícies coordenadas especificadas na figura 3.27, obedecendo às regras da mão direita ou do parafuso de rosca à direita, estando ambas ilustradas na parte (a) da figura 3.31. Cada um desses vetores aponta no sentido de crescimento da coordenada correspondente, conforme apresentado na parte (b) da figura 3.31.

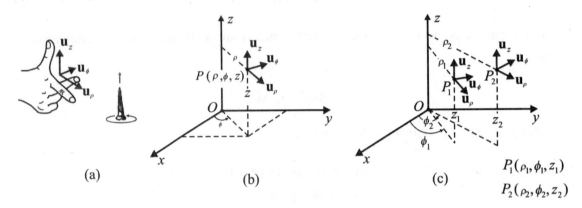

Fig. 3.31

A orientação do vetor unitário $\mathbf{u}_z$ independe da localização do ponto P (repare que ele é o mesmo vetor $\mathbf{u}_z$ do sistema cartesiano). No entanto, as orientações de $\mathbf{u}_\rho$ e $\mathbf{u}_\phi$ variam de ponto para ponto, conforme evidenciado na parte (c) da figura 3.31.

Em relação ao presente terno unitário fundamental, podemos estabelecer:

- Pela definição (2.26), temos

$$\begin{cases} \mathbf{u}_\rho \cdot \mathbf{u}_\rho = \mathbf{u}_\phi \cdot \mathbf{u}_\phi = \mathbf{u}_z \cdot \mathbf{u}_z = 1 \\ \mathbf{u}_\rho \cdot \mathbf{u}_\phi = \mathbf{u}_\rho \cdot \mathbf{u}_z = \mathbf{u}_\phi \cdot \mathbf{u}_z = 0 \end{cases} \tag{3.79}$$

- Pela definição (2.40), concluímos

$$\begin{cases} \mathbf{u}_\rho \times \mathbf{u}_\rho = \mathbf{u}_\phi \times \mathbf{u}_\phi = \mathbf{u}_z \times \mathbf{u}_z = 0 \\ \mathbf{u}_\rho \times \mathbf{u}_\phi = \mathbf{u}_z \ ; \ \mathbf{u}_z \times \mathbf{u}_\rho = \mathbf{u}_\phi \ ; \ \mathbf{u}_\phi \times \mathbf{u}_z = \mathbf{u}_\rho \\ \mathbf{u}_\phi \times \mathbf{u}_\rho = -\mathbf{u}_z \ ; \ \mathbf{u}_\rho \times \mathbf{u}_z = -\mathbf{u}_\phi \ ; \ \mathbf{u}_z \times \mathbf{u}_\phi = -\mathbf{u}_\rho \end{cases} \tag{3.80}$$

3.3.4 - Relações entre os Unitários Fundamentais do Sistema Cilíndrico Circular e os do Sistema Cartesiano Retangular

---

[13] São também utilizadas as seguintes notações alternativas para este terno de vetores:
$\mathbf{i}_\rho, \mathbf{i}_\phi, \mathbf{i}_z - \hat{\rho}, \hat{\phi}, \hat{z} - \mathbf{e}_\rho, \mathbf{e}_\phi, \mathbf{e}_z - \mathbf{a}_\rho, \mathbf{a}_\phi, \mathbf{a}_z$

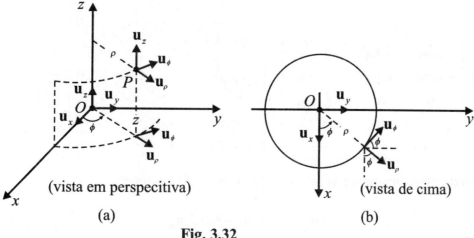

(vista em perspectiva) (a) (vista de cima) (b)

Fig. 3.32

Pela inspeção das partes (a) e (b) da figura 3.32, obtemos

- Para o vetor $\mathbf{u}_\rho$:

$$\begin{cases} (\mathbf{u}_\rho)_x = \cos\phi \\ (\mathbf{u}_\rho)_y = \operatorname{sen}\phi \end{cases}$$

Assim sendo, temos

$$\mathbf{u}_\rho = \cos\phi\,\mathbf{u}_x + \operatorname{sen}\phi\,\mathbf{u}_y$$

- Para o vetor $\mathbf{u}_\phi$:

$$\begin{cases} (\mathbf{u}_\phi)_x = -\operatorname{sen}\phi \\ (\mathbf{u}_\phi)_y = \cos\phi \end{cases}$$

Isto nos permite estabelecer

$$\mathbf{u}_\phi = -\operatorname{sen}\phi\,\mathbf{u}_x + \cos\phi\,\mathbf{u}_y$$

Finalmente, chegamos a

$$\begin{cases} \mathbf{u}_\rho = \cos\phi\,\mathbf{u}_x + \operatorname{sen}\phi\,\mathbf{u}_y = \dfrac{x}{\sqrt{x^2+y^2}}\mathbf{u}_x + \dfrac{y}{\sqrt{x^2+y^2}}\mathbf{u}_y \\ \mathbf{u}_\phi = -\operatorname{sen}\phi\,\mathbf{u}_x + \cos\phi\,\mathbf{u}_y = -\dfrac{y}{\sqrt{x^2+y^2}}\mathbf{u}_x + \dfrac{x}{\sqrt{x^2+y^2}}\mathbf{u}_y \\ \mathbf{u}_z = \mathbf{u}_z \end{cases} \quad (3.81\text{a})$$

Sob forma matricial, segue-se

130 Cálculo e Análise Vetoriais com Aplicações Práticas

$$\begin{bmatrix} \mathbf{u}_\rho \\ \mathbf{u}_\phi \\ \mathbf{u}_z \end{bmatrix} = \begin{bmatrix} \cos\phi & \operatorname{sen}\phi & 0 \\ -\operatorname{sen}\phi & \cos\phi & 0 \\ 0 & 0 & 1 \end{bmatrix} \begin{bmatrix} \mathbf{u}_x \\ \mathbf{u}_y \\ \mathbf{u}_z \end{bmatrix} = \begin{bmatrix} \dfrac{x}{\sqrt{x^2+y^2}} & \dfrac{y}{\sqrt{x^2+y^2}} & 0 \\ -\dfrac{y}{\sqrt{x^2+y^2}} & \dfrac{x}{\sqrt{x^2+y^2}} & 0 \\ 0 & 0 & 1 \end{bmatrix} \begin{bmatrix} \mathbf{u}_x \\ \mathbf{u}_y \\ \mathbf{u}_z \end{bmatrix} \qquad \textbf{(3.81b)}$$

Manipulando algebricamente as relações do grupo (3.81a), obtemos

$$\begin{cases} \mathbf{u}_x = \cos\phi\ \mathbf{u}_\rho - \operatorname{sen}\phi\ \mathbf{u}_\phi \\ \mathbf{u}_y = \operatorname{sen}\phi\ \boldsymbol{u}_\rho + \cos\phi\ \mathbf{u}_\phi \\ \mathbf{u}_z = \mathbf{u}_z \end{cases} \qquad \textbf{(3.82a)}$$

Sob forma matricial, temos

$$\begin{bmatrix} \mathbf{u}_x \\ \mathbf{u}_y \\ \mathbf{u}_z \end{bmatrix} = \begin{bmatrix} \cos\phi & -\operatorname{sen}\phi & 0 \\ \operatorname{sen}\phi & \cos\phi & 0 \\ 0 & 0 & 1 \end{bmatrix} \begin{bmatrix} \mathbf{u}_\rho \\ \mathbf{u}_\phi \\ \mathbf{u}_z \end{bmatrix} \qquad \textbf{(3.82b)}$$

3.3.5 - Elementos Diferenciais de volume, de superfícies e de comprimento

Um elemento diferencial de volume é formado quando nos deslocamos, a partir de um ponto $P(\rho,\phi,z)$, de distâncias diferenciais $d\rho$, $\rho\,d\phi$ e dz, em cada uma das três direções coordenadas, conforme na parte (a) da figura 3.33. A menos das diferenciais de segunda e de terceira ordens, o elemento diferencial de volume, pode ser enacarado como sendo um paralelepípedo retangular, e o seu volume é obtido pela multiplicação das três distâncias diferenciais em questão, o que nos permite expressar

$$dv = \rho\,d\rho\,d\phi\,dz \qquad \textbf{(3.83)}$$

Os elementos diferenciais de superfícies, ilustrados na parte (b) da figura em tela, são dados por

$$\begin{cases} dS_\rho = \rho\,d\phi\,dz\,; \ \ dS_{\rho+d\rho} = (\rho+d\rho)d\phi\,dz \\ dS_{\phi+d\phi} = dS_\phi = d\rho\,dz \\ dS_{z+dz} = dS_z = \rho\,d\rho\,d\phi \end{cases} \qquad \textbf{(3.84)}$$

$$\begin{cases} d\mathbf{S}_\rho = -\rho\,d\phi\,dz\,\mathbf{u}_\rho\,; \ \ d\mathbf{S}_{\rho+d\rho} = (\rho+d\rho)d\phi\,dz\,\mathbf{u}_\rho \\ d\mathbf{S}_\phi = -d\rho\,dz\,\mathbf{u}_\phi\,; \ \ d\mathbf{S}_{\phi+d\phi} = d\rho\,dz\,\mathbf{u}_\phi \\ d\mathbf{S}_z = -\rho\,d\rho\,d\phi\,\mathbf{u}_z\,; \ \ d\mathbf{S}_{z+dz} = -\rho\,d\rho\,d\phi\,\mathbf{u}_z \end{cases} \qquad \textbf{(3.85)}$$

Um deslocamento diferencial entre $P(\rho,\phi,z)$ e $P'(\rho+d\rho,\phi+d\phi,z+dz)$, indicado na parte (c) da figura em questão, tem comprimento dado por

$$|d\mathbf{r}| = \sqrt{(d\rho)^2 + (\rho\, d\phi)^2 + (dz)^2} \tag{3.86}$$

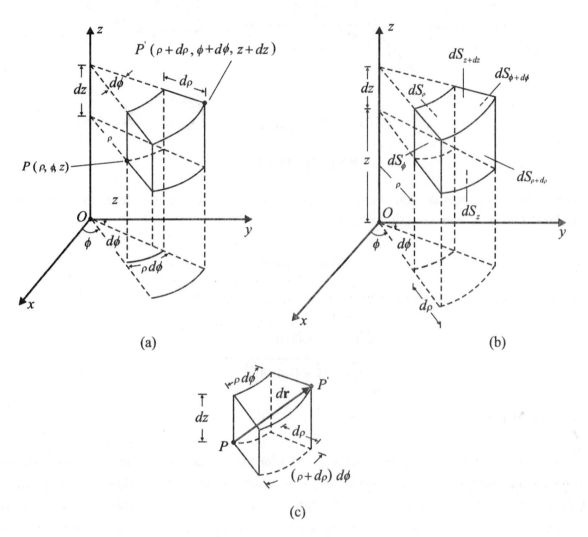

Fig. 3.33

3.3.6 - Vetor Posição r

Por inspeção da parte (a) da figura 3.34 verificamos que, no presente sistema de coordenadas, o vetor posição **r** só possui componentes nas direções relativas aos vetores unitários $\mathbf{u}_\rho$ e $\mathbf{u}_\phi$, de modo que sua expressão é dada por

$$\mathbf{r} = \rho\, \mathbf{u}_\rho + z\, \mathbf{u}_z \tag{3.87}$$

e a expressão do seu módulo é

$$|\mathbf{r}| = \sqrt{\rho^2 + z^2} \tag{3.88}$$

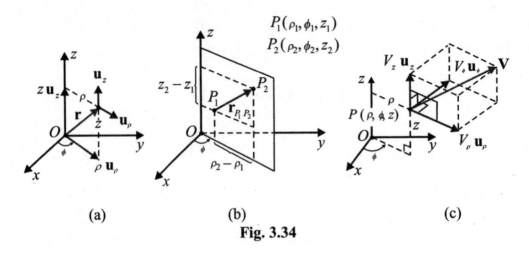

Fig. 3.34

EXEMPLO 3.13

Determine a expressão do vetor posição associado ao ponto definido como sendo $P(5,00;30,0°;-4,00)$, bem como o seu módulo.

SOLUÇÃO:

Pelas expressões (3.87) e (3.88), respectivamente, temos

$$\begin{cases} \mathbf{r} = 5,00\,\mathbf{u}_\rho - 4,00\,\mathbf{u}_z \\ |\mathbf{r}| = \sqrt{(5,00)^2 + (-4,00)^2} = 6,40 \end{cases}$$

3.3.7 - Vetor Distância $\mathbf{r}_{P_1P_2}$

Conforme já é do nosso conhecimento, a coordenada ϕ, também denominada **coordenada azimutal** ou **azimute**, é curvilínea (angular), e o vetor distância entre dois pontos genéricos $P_1(\rho_1,\phi_1,z_1)$ e $P_2(\rho_2,\phi_2,z_2)$ não pode ser determinado a partir da subtração das coordenadas correspondentes. A única exceção a esta regra ocorre quando ambos os pontos pertecem a um mesmo plano ϕ = constante, de acordo com a parte (b) da última figura. Neste caso, temos

$$\mathbf{r}_{P_1P_2} = (\rho_2 - \rho_1)\mathbf{u}_\rho + (z_2 - z_1)\mathbf{u}_z \qquad (3.89)$$

A expressão da distância entre os pontos P_1 e P_2 é

$$|\mathbf{r}_{P_1P_2}| = \sqrt{(\rho_2 - \rho_1)^2 + (z_2 - z_1)^2} \qquad (3.90)$$

EXEMPLO 3.14

Após localizar os pontos em uma figura semelhante a parte (a) da figura 3.25, determine a distância entre o ponto $P(10,00; 90,0°; 5,00)$ e **(a)** $A(15,00; 90,0°; 5,00)$; **(b)** $B(10,00; 270°; 5,00)$; **(c)** $C(10,00; 90,0°; 15,00)$; **(d)** $D(10,00; 12,6°; 4,83)$; **(e)** $E(10,00; 0°, 0)$.

SOLUÇÃO:

Já é do nosso conhecimento que, em geral, não podemos determinar a distância entre dois pontos em função das coordenadas cilíndricas circulares dos mesmos. No entanto, os casos de todos os itens são particulares e imediatamente resolvíveis, com exceção do item (e), para o qual vamos ter que proceder a uma mudança de coordenadas cilíndricas circulares para coordenadas cartesianas retangulares. Do grupo (3.78), vem

$$\begin{cases} x = \rho \cos\phi \\ y = \rho \operatorname{sen}\phi \\ z = z \end{cases}$$

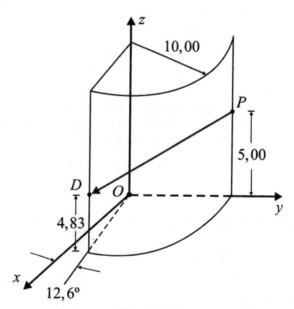

Fig. 3.35

Para os pontos em questão, temos

Ponto $P \begin{cases} x = 10,00 \cos 90,0° = 0 \\ y = 10,00 \operatorname{sen} 90,0° = 10,00 \\ z = 5,00 \end{cases}$ Ponto $D \begin{cases} x = 10,00 \cos 12,6° = 9,76 \\ y = 10 \operatorname{sen} 12,6° = 2,18 \\ z = 4,83 \end{cases}$

Pela expressão (3.12), podemos finalizar

$$|\mathbf{r}_{PD}| = \sqrt{(9,76-0)^2 + (2,18-10,00)^2 + (4,83-5,00)^2} = 12,51$$

134 **Cálculo e Análise Vetoriais com Aplicações Práticas**

RESPOSTAS DOS DEMAIS ITENS: (a) 5,00; **(b)** 20,00; **(c)** 10,00; **(e)** 15,00

3.3.8 - Vetores deslocamentos diferenciais $d\mathbf{r}$ e $d\mathbf{l}$

A expressão do vetor deslocamento diferencial $d\mathbf{r}$, da parte (c) da figura 3.33, em função de suas componentes $d\rho$, $\rho\,d\phi$ e dz, é

$$d\mathbf{r} = d\rho\,\mathbf{u}_\rho + \rho\,d\phi\,\mathbf{u}_\phi + dz\,\mathbf{u}_z \qquad (3.91a)$$

No caso de os pontos P e P' pertencerem a uma mesma curva orientada C do espaço temos $d\mathbf{r} = d\mathbf{l}$, o que nos permite colocar

$$d\mathbf{l} = d\rho\,\mathbf{u}_\rho + \rho\,d\phi\,\mathbf{u}_\phi + dz\,\mathbf{u}_z \qquad (3.91b)$$

3.3.9 - Vetor Unitário $\mathbf{u}_{P_1 P_2}$ [14]

Pela definição de vetor unitário, temos

$$\mathbf{u}_{P_1 P_2} = \frac{\mathbf{r}_{P_1 P_2}}{\left|\mathbf{r}_{P_1 P_2}\right|}$$

e podemos expressar

$$\mathbf{u}_{P_1 P_2} = \frac{(\rho_2 - \rho_1)\mathbf{u}_\rho + (z_2 - z_1)\mathbf{u}_z}{\sqrt{(\rho_2 - \rho_1)^2 + (z_2 - z_1)^2}} \qquad (3.92)$$

3.3.10 - Vetor Genérico V

Pela parte (c) da figura 3.34, depreende-se

$$\mathbf{V} = V_\rho\,\mathbf{u}_\rho + V_\phi\,\mathbf{u}_\phi + V_z\,\mathbf{u}_z \qquad (3.93)$$

O módulo deste vetor é dado por

$$|\mathbf{V}| = \sqrt{V_\rho^2 + V_\phi^2 + V_z^2} \qquad (3.94)$$

3.3.11 - Vetor Unitário Genérico $\mathbf{u}_V$

Pela definição de vetor unitário, temos

$$\mathbf{u}_V = \frac{\mathbf{V}}{\pm|\mathbf{V}|}$$

---

[14] Para dois pontos pertencentes a um plano ϕ =constante

Isto nos conduz a

$$\mathbf{u}_V = \frac{V_\rho \, \mathbf{u}_\rho + V_\phi \, \mathbf{u}_\phi + V_z \, \mathbf{u}_z}{\pm \sqrt{V_\rho^2 + V_\phi^2 + V_z^2}} \qquad (3.95)$$

EXEMPLO 3.15

A expressão de um certo vetor em coordenadas cilíndricas é $\mathbf{V} = \rho^2 \mathrm{sen}\,\phi \, \mathbf{u}_\rho + \rho^2 \cos\phi \, \mathbf{u}_\phi$.

(a) Determine a intensidade do mesmo e um vetor unitário que defina sua direção para $\rho = 2$ e $\phi = 0, 90°, 180°$ e $270°$.

(b) Represente os quatro vetores unitários em um esboço.

SOLUÇÃO:

(a)

A expressão do vetor é

$$\mathbf{V} = \rho^2 \, \mathrm{sen}\,\phi \; \mathbf{u}_\rho + \rho^2 \cos\phi \; \mathbf{u}_\phi$$

que para $\rho = 2$ assume a forma

$$\mathbf{V} = 4\,\mathrm{sen}\,\phi \; \mathbf{u}_\rho + 4\cos\phi \; \mathbf{u}_\phi$$

Da expressão (3.94), vem

$$|\mathbf{V}| = \sqrt{\left(4\,\mathrm{sen}\,\phi\right)^2 + \left(4\cos\phi\right)^2} = 4$$

Pela definição de vetor unitário,

$$\mathbf{u}_V = \frac{\mathbf{V}}{|\mathbf{V}|}$$

o que nos leva a

$$\mathbf{u}_V = \mathrm{sen}\,\phi \; \mathbf{u}_\rho + \cos\phi \; \mathbf{u}_\phi$$

Finalmente, temos

$$\begin{cases} \phi = 0 \rightarrow \mathbf{u}_V = \mathbf{u}_\phi; \phi = 90° \rightarrow \mathbf{u}_V = \mathbf{u}_\rho \\ \phi = 180° \rightarrow \mathbf{u}_V = -\mathbf{u}_\phi; \phi = 270° \rightarrow \mathbf{u}_V = -\mathbf{u}_\rho \end{cases}$$

(b)

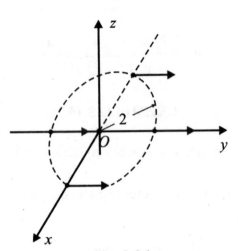

Fig. 3.36

EXEMPLO 3.16

(a) Expresse a equação de temperaturas $T = 240 + z^2 - 2xy$ em coordenadas cilíndricas circulares.

(b) Dada a equação de densidades $d = e^{-z^2}\left(2 + \rho^3 \cos^2 \phi\right)$, em coordenadas cilíndricas circulares, determine o seu valor no ponto $P(-2, -5, 1)$.

SOLUÇÃO:

(a)
Substituindo as relações
$$\begin{cases} x = \rho \cos \phi \\ y = \rho \operatorname{sen} \phi \\ z = z \end{cases}$$

na equação proposta, vem

$$T = 240 + z^2 - 2(\rho \cos \phi)(\rho \operatorname{sen} \phi) = 240 + z^2 - \rho^2 \operatorname{sen}^2 \phi$$

(b)
Neste caso, podemos, por exemplo, converter as coordenadas cartesianas retangulares do ponto P para coordenadas cilíndricas circulares e, depois, substituir na equação em tela. Assim sendo, temos

$$\begin{cases} \rho = \sqrt{x^2 + y^2} = \sqrt{(-2)^2 + (-5)^2} \cong 5{,}4 \\ \phi = \operatorname{arc tg}\left(\dfrac{y}{x}\right) = \operatorname{arc tg}\left(\dfrac{-5}{-2}\right) = \operatorname{arc tg} 2{,}5 \end{cases}$$

Sendo x e y negativos, ϕ é um ângulo de 3º quadrante, logo ficamos com:

$$\phi = 180º + 68,2º = 248,2º$$

Substituindo na expressão em tela, obtemos

$$d = e^{-1}\left[2 + (5,4)^3 \cos^2 248,2º)\right] = 8,7$$

EXEMPLO 3.17

Dado o vetor $\mathbf{V} = z\,\mathbf{u}_x + (1-x)\mathbf{u}_y + (y/x)\mathbf{u}_z$, exprima-o em coordenadas cilíndricas circulares.

SOLUÇÃO:

O primeiro passo é exprimir as componentes do vetor em coordenadas cilíndricas, utilizando as relações do grupo (3.78), o que implica obter

$$\mathbf{V} = z\,\mathbf{u}_x + (1 - \rho\cos\phi)\mathbf{u}_y + \text{tg}\,\phi\,\mathbf{u}_z$$

O segundo passo é levado adiante através das relações entre os ternos unitários fundamentais de ambos os sistemas, o que pode ser feito por meio do grupo (3.82a). Assim sendo, temos

$$\mathbf{V} = z\,(\cos\phi\,\mathbf{u}_\rho - \text{sen}\,\phi\,\mathbf{u}_\phi) + (1 - \cos\phi)(\text{sen}\,\phi\,\mathbf{u}_\rho + \cos\phi\,\mathbf{u}_\phi) + \text{tg}\,\phi\,\mathbf{u}_z =$$

$$= (z\cos\phi + \text{sen}\,\phi - \rho\,\text{sen}\,\phi\cos\phi)\mathbf{u}_\rho + (-z\,\text{sen}\,\phi + \cos\phi - \rho\cos^2\phi)\mathbf{u}_\phi + \text{tg}\,\phi\,\mathbf{u}_z$$

Nota: várias pessoas nos têm questionado a respeito da validade de se determinar o módulo de um vetor a partir das componentes cilíndricas, conforme está posto na expressão (3.92). Alguns chegaram a alegar que componentes não cartesianas de um vetor não são "escalares verdadeiros". A fim de convencê-los, foi elaborado o exemplo a seguir, no qual fica evidenciado que o módulo de um vetor é invariável, e pode ser calculado a partir das suas componentes em qualquer sistema de coordenadas.

EXEMPLO 3.18

Dado o vetor $\mathbf{V} = 2\,\mathbf{u}_x + 3\,\mathbf{u}_y - 5\,\mathbf{u}_z$, cujo ponto inicial é $P(1,2,4)$, determine:

(a) o seu módulo a partir das componentes cartesianas retangulares;

(b) a sua expressão em coordenadas cilíndricas circulares;

(c) o seu módulo a partir das componentes cilíndricas circulares.

138 Cálculo e Análise Vetoriais com Aplicações Práticas

SOLUÇÃO:

(a)

A expressão (3.23) nos permite colocar

$$|\mathbf{V}| = \sqrt{V_x^2 + V_y^2 + V_z^2} = \sqrt{2^2 + 3^2 + (-5)^2} = \sqrt{38}$$

(b)

Pelo grupo (3.82a), temos

$$\begin{cases} \mathbf{u}_x = \cos\phi\,\mathbf{u}_\rho - \operatorname{sen}\phi\,\mathbf{u}_\phi \\ \mathbf{u}_y = \operatorname{sen}\phi\,\mathbf{u}_\rho + \cos\phi\,\mathbf{u}_\phi \\ \mathbf{u}_z = \mathbf{u}_z \end{cases}$$

Pelo grupo (3.78), temos também

$$\begin{cases} \cos\phi = \dfrac{x}{\sqrt{x^2 + y^2}} = \dfrac{1}{\sqrt{5}} \\ \operatorname{sen}\phi = \dfrac{y}{\sqrt{x^2 + y^2}} = \dfrac{2}{\sqrt{5}} \end{cases}$$

Substituindo na expressão do vetor, segue-se

$$\mathbf{V} = 2\left(\frac{1}{\sqrt{5}}\mathbf{u}_\rho - \frac{2}{\sqrt{5}}\mathbf{u}_\phi\right) + 3\left(\frac{2}{\sqrt{5}}\mathbf{u}_\rho + \frac{1}{\sqrt{5}}\mathbf{u}_\phi\right) - 5\mathbf{u}_z$$

Finalmente, chegamos a

$$\mathbf{V} = \frac{8}{\sqrt{5}}\mathbf{u}_\rho - \frac{1}{\sqrt{5}}\mathbf{u}_\phi - 5\mathbf{u}_z$$

(c)

Pela expressão (3.94), temos

$$|\mathbf{V}| = \sqrt{V_\rho^2 + V_\phi^2 + V_z^2} = \sqrt{\left(\frac{8}{\sqrt{5}}\right)^2 + \left(-\frac{1}{\sqrt{5}}\right)^2 + (-5)^2} = \sqrt{\frac{190}{5}} = \sqrt{38}$$

que é o mesmo resultado já obtido com as **componentes cartesianas retangulares**.

3.4 - Sistema Esférico[15]

3.4.1 - Características Fundamentais

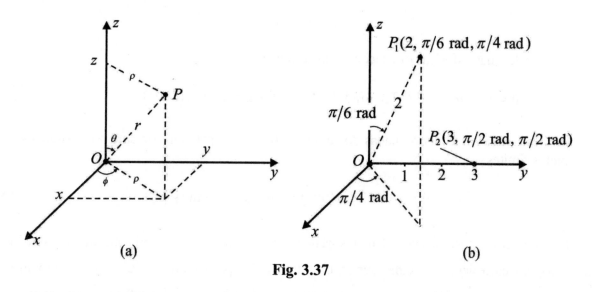

Fig. 3.37

Este tipo de sistema de coordenadas é útil quando o problema a ser resolvido apresenta simetria em relação a um ponto que, por conveniência, adotamos como sendo a origem do sistema cartesiano retangular. O sistema esférico é também construído a partir do sistema cartesiano retangular e, de acordo com a parte (a) da figura 3.37, temos, para um ponto genérico P, as coordenadas cartesianas retangulares (x, y, z) e as coordenadas esféricas (r, θ, ϕ), definidas da seguinte maneira:

1ª) r é a distância do ponto P até a origem do sistema cartesiano associado;

2ª) θ é o ângulo que o segmento $\overline{OP}$ forma com o semi-eixo Oz positivo;

3ª) ϕ é o mesmo ângulo já definido no sistema cilíndrico circular, sendo é chamado por alguns de **coordenada azimutal** ou **azimute**.

Temos mais uma vez, diferentemente do sistema cartesiano retangular, **três origens distintas**, cada qual correspondendo a uma coordenada.

Na parte (a) da figura 3.37 a localização de um ponto $P(r, \theta, \phi)$ genérico. A parte (b) da mesma figura apresenta a localização de dois pontos $P_1(2, \pi/6 \text{ rad}, \pi/4 \text{ rad})$ e $P_2(3, \pi/2 \text{ rad}, \pi/2 \text{ rad})$.

Notas:

(1) Conforme já ressaltado na seção anterior, utilizamos letras diferentes para as coordenadas radiais nos sistemas cilíndrico e esférico.

---

[15] Existem também as coordenadas esferoidais oblongas e as coordenadas esferoidais achatadas, que serão objeto de estudo do capítulo 11 deste livro.

(2) A inspeção da parte (a) da figura 3.25 nos fornece a relação entre as coordenadas radiais nos dois sistemas:

$$\rho = r\,\text{sen}\,\theta \quad ^{16}$$

As coordenadas esféricas obedecem às seguintes restrições:

$$0 \le r < +\infty \;\;;\;\; 0 \le \theta \le \pi\,\text{rad}\,(180°) \;\;;\;\; 0 \le \phi \le 2\pi\,\text{rad}\,(360°) \qquad (3.96)$$

Para este sistema, as coordenadas dos pontos situados no primeiro octante estão situadas entre os seguintes limites:

$$0 < r < +\infty \;\;;\;\; 0 < \theta < \pi/2\,\text{rad}\,(90°) \;\;;\;\; 0 < \phi < \pi/2\,\text{rad}\,(90°) \qquad (3.97)$$

Existem três superfícies coordenadas básicas: superfície esférica $r = (\text{constante})_1$, concêntrica com a origem cartesiana associada; superfície cônica $\theta = (\text{constante})_2$, de comprimento infinito, coaxial com o eixo z e vértice na origem cartesiana; e semiplano $\phi = (\text{constante})_3$, contendo o eixo z, apresentadas na figura 3.38.

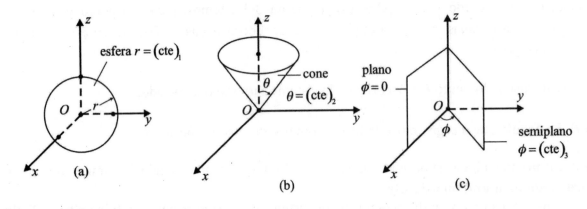

Fig. 3.38

A localização de um ponto $P(\rho,\phi,z)$ pode também ser obtida pela interseção das superfícies coordenadas básicas citadas, conforme mostrado, em duas vistas, na figura 3.39.

---

[16] Esta relação não vai receber aqui a numeração correspondente, uma vez que ela vai aparecer novamen-te, mais adiante, no grupo (3.99).

Sistemas de Coordenadas 141

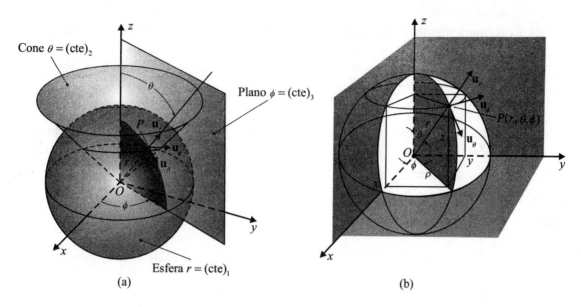

Fig. 3.39 - Localização de um ponto através das superfícies coordenadas básicas

Antes de passarmos à próxima subseção, vamos expor, de modo sucinto, algumas aplicações desse sistema de coordenadas à cartografia:

1ª) Um ponto P_0 da superfície da Terra, de coordenadas esféricas (r_0, θ_0, ϕ_0) dista r_0 unidades de comprimento do centro da Terra, e está localizado em uma esfera de raio r_0 e centro em O, conforme ilustra a parte (a) da figura 3.40. O eixo z intercepta esta esfera nos pólos Norte e Sul, e o plano $z = 0$ a intercepta no equador. Semicírculos cortados por semiplanos contendo os pólos Norte e Sul são chamados "meridianos" e o me-ridiano que intercepta o semi-eixo Ox positivo é denominado "meridiano principal". A coordenada esférica ϕ_0, que é chamada de "longitude" de P_0, mede o ângulo entre o meridiano principal e o meridiano passando por P_0. Na superfície da Terra, o meridiano passando pela cidade de Greenwich, na Inglaterra, é designado como meridiano principal.

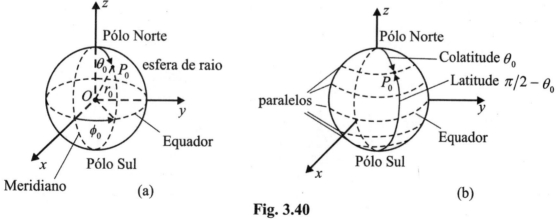

Fig. 3.40

2ª) Círculos cortados na superfície $r = r_0$, por planos perpendiculares ao eixo z, que são paralelos ao plano equatorial ou plano $z = 0$, são chamados "paralelos" e o ângulo medido do equador até um paralelo é chamado de "latitude" do mesmo (ou de qualquer ponto dele), conforme na parte (b) da figura 3.40. Devemos, pois, observar que um ponto $P_0(r_0, \theta_0, \phi_0)$ tem latitude $90° - \theta_0$; quer dizer, o ângulo θ_0 é o complemento da latitude de P_0. Por este motivo, o ângulo θ_0 é chamado de "colatitude" do ponto P_0.

EXEMPLO 3.19

Mostre através de esboços aproximados, incluindo ângulos e dimensões, as interseções das seguintes superfícies em coordenadas esféricas: **(a)** $r = 4$, $\theta = 60°$; **(b)** $r = 4$, $\phi = 15°$; **(c)** $\theta = 60°$, $\phi = 45°$.

SOLUÇÃO:

(a)

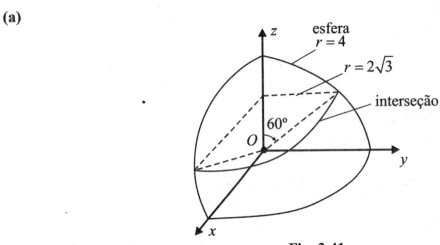

Fig. 3.41

(b)

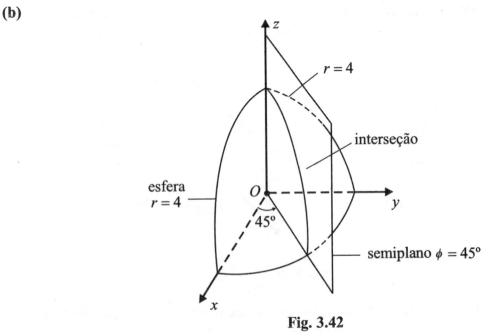

Fig. 3.42

(c)

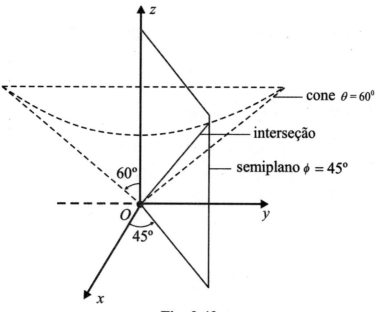

Fig. 3.43

3.4.2 - Relações entre Coordenadas Esféricas e Coordenadas Cartesianas Retangulares

A parte (a) da figura 3.37 nos conduz às relações entre as coordenadas destes dois sistemas, quer dizer,

$$\begin{cases} \phi = \text{arc tg}\left(\dfrac{y}{x}\right) \begin{cases} x = \underbrace{r\,\text{sen}\,\theta}_{=\rho}\,\cos\phi \\[2mm] y = \underbrace{r\,\text{sen}\,\theta}_{=\rho}\,\text{sen}\,\phi \\[2mm] z = r\cos\theta \end{cases} \Bigg\} \; r = \sqrt{x^2 + y^2 + z^2} \\[6mm] \theta = \text{arc cos}\left(\dfrac{z}{\sqrt{x^2+y^2+z^2}}\right) \end{cases}$$

(3.98)

144 Cálculo e Análise Vetoriais com Aplicações Práticas

EXEMPLO 3.20

Determine as coordenadas cartesianas do ponto $P(6,00; 60,0°, 30,0°)$.

SOLUÇÃO:

Do conjunto de expressões (3.98), segue-se

$$\begin{cases} x = 6,00 \operatorname{sen} 60,0° \cos 30,0° = 4,50 \\ y = 6,00 \operatorname{sen} 60,0° \operatorname{sen} 30,0° = 2,60 \\ z = 6,00 \cos 60,0° = 3,00 \end{cases}$$

o que nos leva a

$$P(4,50; 2,60; 3,00)$$

EXEMPLO 3.21

Determine as coordenadas esféricas do ponto $P(4,50; 2,60; 3,00)$.

SOLUÇÃO:

Do conjunto de expressões (3.98), vem

$$\begin{cases} r = \sqrt{(4,50)^2 + (2,60)^2 + (3,00)^2} = 6,00 \\ \theta = \operatorname{arc} \cos\left(\dfrac{3,00}{6,00}\right) = 60,0° \\ \phi = \operatorname{arc} \operatorname{tg}\left(\dfrac{2,60}{4,50}\right) = 30,0° \end{cases}$$

Finalmente, temos

$$P(6,00; 60,0°; 30,0°)$$

3.4.3 - Relações entre Coordenadas Esféricas e Coordenadas Cilíndricas Circulares

É interessante, também, estabelecermos as relações entre as coordenadas cilíndricas circulares e as coordenadas esféricas. Isto é facilmente obtido pela inspeção da parte (a) da figura 3.37, que nos leva às seguintes relações:

$$\begin{cases} \rho = r\operatorname{sen}\theta \\ z = r\cos\theta \end{cases} \quad \begin{cases} r = \sqrt{\rho^2 + z^2} \\ \theta = \operatorname{arc\,cos}\left(\dfrac{z}{\sqrt{\rho^2 + z^2}}\right) \\ \phi = \phi \end{cases} \qquad (3.99)$$

EXEMPLO 3.22

Determine as coordenadas cilíndricas do ponto $P(6,00;60,0^\circ;30,0^\circ)$.

SOLUÇÃO:

Do conjunto de expressões (3.98), temos

$$\begin{cases} \rho = 6,00\operatorname{sen}60,0^\circ = 5,20 \\ \phi = 30,0^\circ \\ z = 6,00\cos 60,0^\circ = 3,00 \end{cases}$$

Finalmente, chegamos a

$$P(5,20;30,0^\circ;3,00)$$

EXEMPLO 3.23

Determine as coordenadas esféricas do ponto $P(5,20;30,0^\circ;3,00)$.

SOLUÇÃO:

Pelo conjunto de expressões (3.99), temos

$$\begin{cases} r = \sqrt{(5,20)^2 + (3,00)^2} = 6,00 \\ \theta = \operatorname{arc\,cos}\left(\dfrac{3,00}{\sqrt{(5,20)^2 + (3)^2}}\right) = 60,0^\circ \\ \phi = 30,0^\circ \end{cases}$$

Finalmente, obtemos

$$P(6,00;60,0^\circ;30,0^\circ)$$

3.4.4 - Terno Unitário Fundamental

Os três vetores unitários fundamentais do sistema de coordenadas esféricas são $\mathbf{u}_r, \mathbf{u}_\theta, \mathbf{u}_\phi$ [17], respectivamente perpendiculares às superfícies ilustradas na figura 3.39, obedecendo às regras da mão direita ou do parafuso de rosca à direita, estando ambas ilustradas na parte (a) da figura 3.44. Cada um desses vetores aponta no sentido de crescimento da coordenada correspondente, como apresentado na parte(b) da figura 3.44.

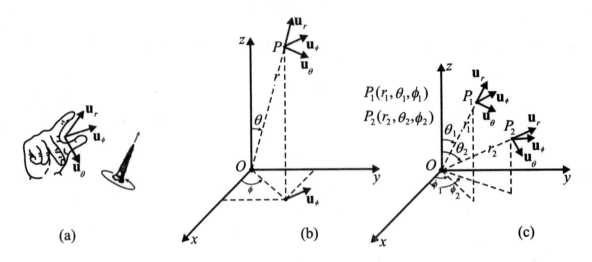

Fig. 3.44

Neste sistema de coordenadas, as orientações dos **três** vetores unitários variam de acordo com a localização do ponto genérico, e na parte (c) da figura 3.44 podemos observar este fato.

Em relação ao presente terno unitário fundamental, temos as seguintes relações:

- Pela definição (2.26), temos

$$\begin{cases} \mathbf{u}_r \cdot \mathbf{u}_r = \mathbf{u}_\theta \cdot \mathbf{u}_\theta = \mathbf{u}_\phi \cdot \mathbf{u}_\phi = 1 \\ \mathbf{u}_r \cdot \mathbf{u}_\theta = \mathbf{u}_r \cdot \mathbf{u}_\phi = \mathbf{u}_\theta \cdot \mathbf{u}_\phi = 0 \end{cases} \qquad (3.100)$$

- Pela definição (2.40), vem

$$\begin{cases} \mathbf{u}_r \times \mathbf{u}_r = \mathbf{u}_\theta \times \mathbf{u}_\theta = \mathbf{u}_\phi \times \mathbf{u}_\phi = 0 \\ \mathbf{u}_r \times \mathbf{u}_\theta = \mathbf{u}_\phi \; ; \; \mathbf{u}_\phi \times \mathbf{u}_r = \mathbf{u}_\theta \; ; \; \mathbf{u}_\theta \times \mathbf{u}_\phi = \mathbf{u}_r \\ \mathbf{u}_\theta \times \mathbf{u}_r = -\mathbf{u}_\phi \; ; \; \mathbf{u}_r \times \mathbf{u}_\phi = -\mathbf{u}_\theta \; ; \; \mathbf{u}_\phi \times \mathbf{u}_\theta = -\mathbf{u}_r \end{cases} \qquad (3.101)$$

---

[17] - Outras notações utilizadas:

$\mathbf{i}_r, \mathbf{i}_\theta, \mathbf{i}_\phi - \hat{\mathbf{r}}, \hat{\boldsymbol{\theta}}, \hat{\boldsymbol{\phi}} - \mathbf{e}_r, \mathbf{e}_\theta, \mathbf{e}_\phi - \mathbf{a}_r, \mathbf{a}_\theta, \mathbf{a}_\phi$

3.4.5 - Relações entre os Unitários Fundamentais do Sistema Esférico e os do Sistema Cartesiano Retangular

O vetor unitário $\mathbf{u}_\phi$ é o mesmo do sistema cilíndrico, conforme depreende-se da parte (b) da figura 3.44. Em relação aos unitários $\mathbf{u}_r$ e $\mathbf{u}_\theta$, utilizando as partes (a) e (b) da figura 3.45, observamos que suas componentes na direção z são obtidas diretamente por meio de uma única projeção. No entanto, as componentes x e y requerem dupla projeção: primeiramente sobre o plano xy, e depois sobre cada eixo em particular. Para o vetor $\mathbf{u}_r$, temos

$$\mathbf{u}_r = \operatorname{sen}\theta\, \mathbf{u}_\rho + \cos\theta\, \mathbf{u}_z$$

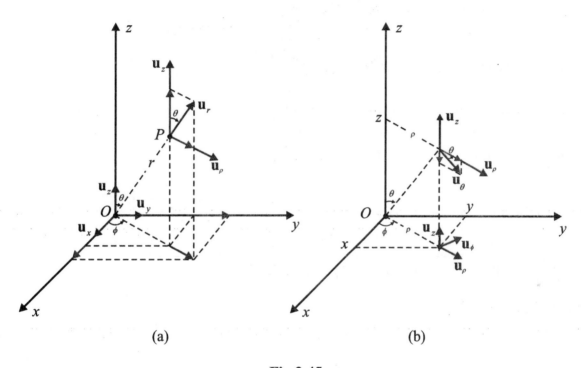

(a)　　　　　　　　　　(b)

Fig.3.45

Entretanto, já é do nosso conhecimento que

$$\mathbf{u}_\rho = \cos\phi\, \mathbf{u}_x + \operatorname{sen}\phi\, \mathbf{u}_y$$

Isto nos permite estabelecer a relação

$$\mathbf{u}_r = \operatorname{sen}\theta\cos\phi\, \mathbf{u}_x + \operatorname{sen}\theta\operatorname{sen}\phi\, \mathbf{u}_y + \cos\theta\, \mathbf{u}_z$$

Raciocínio semelhante nos permite, também, expressar $\mathbf{u}_\theta$ em função do terno unitário cartesiano. Temos, então, o seguinte conjunto de relações:

148   Cálculo e Análise Vetoriais com Aplicações Práticas

$$\begin{cases} \mathbf{u}_r = \operatorname{sen}\theta\,\cos\phi\,\mathbf{u}_x + \operatorname{sen}\theta\,\operatorname{sen}\phi\,\mathbf{u}_y + \cos\theta\,\mathbf{u}_z = \dfrac{x}{\sqrt{x^2+y^2+z^2}}\mathbf{u}_x + \dfrac{y}{\sqrt{x^2+y^2+z^2}}\mathbf{u}_y + \\[4mm] \qquad + \dfrac{z}{\sqrt{x^2+y^2+z^2}}\mathbf{u}_z \\[4mm] \mathbf{u}_\theta = \cos\theta\,\cos\phi\,\mathbf{u}_x + \cos\theta\,\operatorname{sen}\phi\,\mathbf{u}_y - \operatorname{sen}\theta\,\mathbf{u}_z = \\[4mm] \qquad = \dfrac{xz}{\sqrt{\left(x^2+y^2\right)\left(x^2+y^2+z^2\right)}}\mathbf{u}_x + \dfrac{yz}{\sqrt{\left(x^2+y^2\right)\left(x^2+y^2+z^2\right)}}\mathbf{u}_y + \dfrac{\sqrt{x^2+y^2}}{\sqrt{x^2+y^2+z^2}}\mathbf{u}_z \\[4mm] \mathbf{u}_\phi = -\operatorname{sen}\phi\,\mathbf{u}_x + \cos\phi\,\mathbf{u}_y = -\dfrac{y}{\sqrt{x^2+y^2}}\mathbf{u}_x + \dfrac{x}{\sqrt{x^2+y^2}}\mathbf{u}_y \end{cases} \tag{3.102a}$$

Tais relações podem ser expressas também sob forma matricial,

$$\begin{cases} \begin{bmatrix} \mathbf{u}_r \\ \mathbf{u}_\theta \\ \mathbf{u}_\phi \end{bmatrix} = \begin{bmatrix} \operatorname{sen}\theta\cos\phi & \operatorname{sen}\theta\operatorname{sen}\phi & \cos\theta \\ \cos\theta\cos\phi & \cos\theta\operatorname{sen}\phi & -\operatorname{sen}\theta \\ -\operatorname{sen}\phi & \cos\phi & 0 \end{bmatrix} \begin{bmatrix} \mathbf{u}_x \\ \mathbf{u}_y \\ \mathbf{u}_z \end{bmatrix} = \\[6mm] = \begin{bmatrix} \dfrac{x}{\sqrt{x^2+y^2+z^2}} & \dfrac{y}{\sqrt{x^2+y^2+z^2}} & \dfrac{z}{\sqrt{x^2+y^2+z^2}} \\[4mm] \dfrac{xz}{\sqrt{\left(x^2+y^2\right)\left(x^2+y^2+z^2\right)}} & \dfrac{yz}{\sqrt{\left(x^2+y^2\right)\left(x^2+y^2+z^2\right)}} & -\dfrac{\sqrt{x^2+y^2}}{\sqrt{x^2+y^2+z^2}} \\[4mm] -\dfrac{y}{\sqrt{x^2+y^2}} & \dfrac{x}{\sqrt{x^2+y^2}} & 0 \end{bmatrix} \end{cases} \tag{3.102b}$$

Uma simples manipulação algébrica das relações do grupo (3.102a) nos conduz às relações inversas, que são

$$\begin{cases} \mathbf{u}_x = \operatorname{sen}\theta\,\cos\phi\,\mathbf{u}_r + \cos\theta\,\cos\phi\,\mathbf{u}_\theta - \operatorname{sen}\phi\,\mathbf{u}_\phi \\[2mm] \mathbf{u}_y = \operatorname{sen}\theta\,\operatorname{sen}\phi\,\mathbf{u}_r + \cos\theta\,\operatorname{sen}\phi\,\mathbf{u}_\theta + \cos\phi\,\mathbf{u}_\phi \\[2mm] \mathbf{u}_z = \cos\theta\,\mathbf{u}_r - \operatorname{sen}\theta\,\mathbf{u}_\theta \end{cases} \tag{3.103a}$$

Sob forma matricial, temos também

$$\begin{bmatrix} \mathbf{u}_x \\ \mathbf{u}_y \\ \mathbf{u}_z \end{bmatrix} = \begin{bmatrix} \operatorname{sen}\theta\,\cos\phi & \cos\theta\,\cos\phi & -\operatorname{sen}\phi \\ \operatorname{sen}\theta\,\operatorname{sen}\phi & \cos\theta\,\operatorname{sen}\phi & \cos\phi \\ \cos\theta & -\operatorname{sen}\theta & 0 \end{bmatrix} \begin{bmatrix} \mathbf{u}_r \\ \mathbf{u}_\theta \\ \mathbf{u}_\phi \end{bmatrix} \tag{3.103b}$$

3.4.6 - Relações entre os Unitários Fundamentais do Sistema Esférico e os do Sistema Cilíndrico Circular

Anteriormente já vimos que

$$\mathbf{u}_r = \text{sen } \theta \, \mathbf{u}_\rho + \cos \theta \, \mathbf{u}_z$$

O vetor $\mathbf{u}_\phi$ é comum aos dois sistemas, faltando apenas expressar $\mathbf{u}_\theta$ em função dos unitários cilíndricos. Da parte (b) da figura 3.45, temos

$$\mathbf{u}_\theta = \cos \theta \, \mathbf{u}_\rho - \text{sen } \theta \, \mathbf{u}_z$$

Finalmente reunindo as relações em um mesmo grupo, ficamos com

$$\begin{cases} \mathbf{u}_r = \text{sen } \theta \, \mathbf{u}_\rho + \cos \theta \, \mathbf{u}_z = \dfrac{\rho}{\sqrt{\rho^2 + z^2}} \mathbf{u}_\rho + \dfrac{z}{\sqrt{\rho^2 + z^2}} \mathbf{u}_z \\[4mm] \mathbf{u}_\theta = \cos \theta \, \mathbf{u}_\rho - \text{sen } \theta \, \mathbf{u}_z = \dfrac{z}{\sqrt{\rho^2 + z^2}} \mathbf{u}_\rho - \dfrac{\rho}{\sqrt{\rho^2 + z^2}} \mathbf{u}_z \\[4mm] \mathbf{u}_\phi = \mathbf{u}_\phi \end{cases} \qquad (3.104a)$$

$$\begin{bmatrix} \mathbf{u}_r \\ \mathbf{u}_\theta \\ \mathbf{u}_\phi \end{bmatrix} = \begin{bmatrix} \text{sen } \theta & 0 & \cos \theta \\ \cos \theta & 0 & -\text{sen } \theta \\ 0 & 1 & 0 \end{bmatrix} \begin{bmatrix} \mathbf{u}_\rho \\ \mathbf{u}_\phi \\ \mathbf{u}_z \end{bmatrix} = \begin{bmatrix} \dfrac{\rho}{\sqrt{\rho^2 + z^2}} & 0 & \dfrac{z}{\sqrt{\rho^2 + z^2}} \\[4mm] \dfrac{z}{\sqrt{\rho^2 + z^2}} & 0 & -\dfrac{\rho}{\sqrt{\rho^2 + z^2}} \\[4mm] 0 & 1 & 0 \end{bmatrix} \begin{bmatrix} \mathbf{u}_\rho \\ \mathbf{u}_\phi \\ \mathbf{u}_z \end{bmatrix} \qquad (3.104b)$$

$$\begin{cases} \mathbf{u}_\rho = \text{sen } \theta \, \mathbf{u}_r + \cos \theta \, \mathbf{u}_\theta \\ \mathbf{u}_\phi = \mathbf{u}_\phi \\ \mathbf{u}_z = \cos \theta \, \mathbf{u}_r - \text{sen } \theta \, \mathbf{u}_\theta \end{cases} \qquad (3.105a)$$

Na forma matricial, segue-se

$$\begin{bmatrix} \mathbf{u}_\rho \\ \mathbf{u}_\phi \\ \mathbf{u}_z \end{bmatrix} = \begin{bmatrix} \text{sen } \theta & \cos \theta & 0 \\ 0 & 0 & 1 \\ \cos \theta & -\text{sen } \theta & 0 \end{bmatrix} \begin{bmatrix} \mathbf{u}_r \\ \mathbf{u}_\theta \\ \mathbf{u}_\phi \end{bmatrix} \qquad (3.105b)$$

150 Cálculo e Análise Vetoriais com Aplicações Práticas

3.4.7 - Elementos Diferenciais de Volume, de Superfícies e de Comprimento

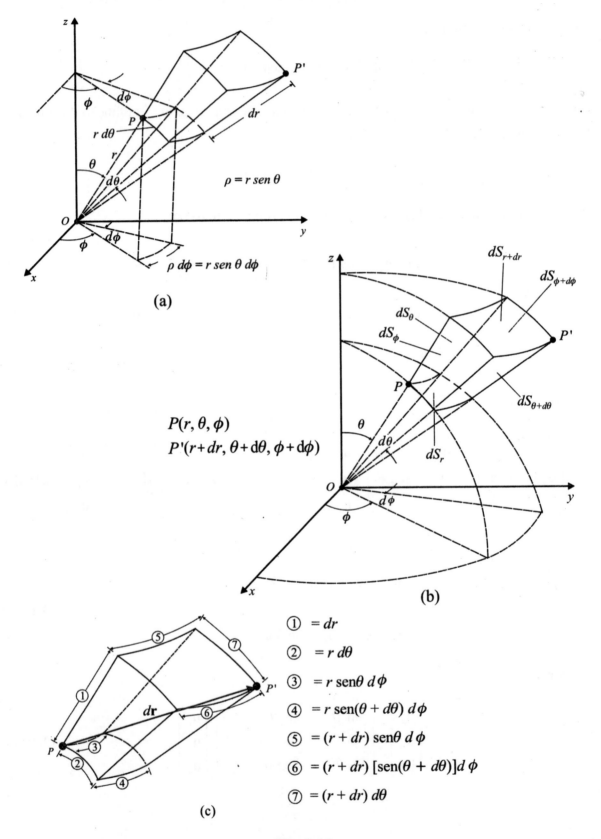

Fig. 3.46

Um volume diferencial é formado quando nos deslocamos a partir de um ponto $P(r,\theta,\phi)$, de distâncias diferenciais dr, $r\,d\theta$ e $r\,\text{sen}\theta\,d\phi$, em cada uma das direções coordenadas, conforme apresentado na parte (a) da figura 3.46. A menos das diferenciais de segunda e de terceira ordens, o elemento diferencial de volume, pode ser encarado como sendo um paralelepípedo retangular, e o seu volume é obtido pela multiplicação das três distâncias diferenciais em questão, o que nos permite expressar

$$dv = r^2\,\text{sen}\theta\,dr\,d\theta\,d\phi \tag{3.106}$$

Os elementos diferenciais de superfícies, representados na parte (b) da figura em questão são dados por

$$\begin{cases} dS_r = r^2\text{sen}\,\theta\,d\theta\,d\phi \quad ; \quad dS_{r+dr} = (r+dr)^2\,\text{sen}\,\theta\,d\theta\,d\phi \\ dS_\theta = r\,\text{sen}\,\theta\,dr\,d\phi \quad ; \quad dS_{\theta+d\theta} = r\,\text{sen}(\theta+d\theta)\,dr\,d\phi \\ dS_\phi = dS_{\phi+d\phi} = r\,dr\,d\theta \end{cases} \tag{3.107}$$

$$\begin{cases} d\mathbf{S}_r = -r^2\text{sen}\,\theta\,d\theta\,d\phi\,\mathbf{u}_r;\quad d\mathbf{S}_{r+dr} = (r+dr)^2\text{sen}\,\theta\,d\theta\,d\phi\,\mathbf{u}_r \\ d\mathbf{S}_\theta = -r\,\text{sen}\,\theta\,dr\,d\phi\,\mathbf{u}_\theta;\quad d\mathbf{S}_{\theta+d\theta} = r\,\text{sen}(\theta+d\theta)\,dr\,d\phi\,\mathbf{u}_\theta \\ d\mathbf{S}_\phi = -r\,dr\,d\theta\,\mathbf{u}_\phi; d\mathbf{S}_{\phi+d\phi} = r\,dr\,d\theta\,\mathbf{u}_\phi \end{cases} \tag{3.108}$$

Um deslocamento diferencial entre $P(r,\theta,\phi)$ e $P'(r+dr,\theta+d\theta,\phi+d\phi)$, mostrado na parte (c) da figura em tela, tem por expressão

$$|d\mathbf{r}| = \sqrt{(dr)^2 + (r\,d\theta)^2 + (r\,\text{sen}\,\theta\,d\phi)^2} \tag{3.109}$$

3.4.8 - Vetor Posição r

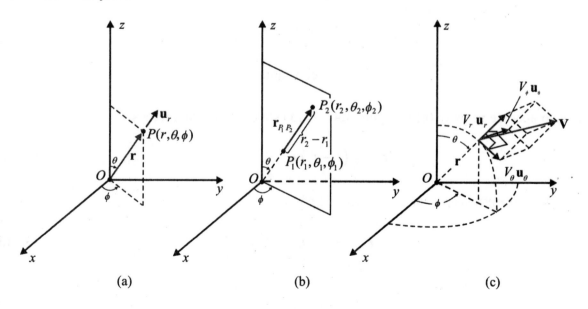

Fig. 3.47

152 **Cálculo e Análise Vetoriais com Aplicações Práticas**

Pela inspeção da parte (a) da figura 3.47, é fácil verificar que, neste sistema de referência, o vetor posição **r** só tem componente radial. Então, sua expressão é

$$\mathbf{r} = r\,\mathbf{u}_r \qquad (3.110)$$

Seu módulo é dado por

$$|\mathbf{r}| = r \qquad (3.111)$$

EXEMPLO 3.24

Determine a expressão do vetor posição associado ao ponto de coordenadas esféricas $P(6,00;60,0^{\circ};30,0^{\circ})$, bem como seu módulo.

SOLUÇÃO:

Pelas expressões (3.110) e (3.111), respectivamente, temos

$$\begin{cases} \mathbf{r} = 6,00\,\mathbf{u}_r \\ |\mathbf{r}| = 6,00 \end{cases}$$

3.4.9 - Vetor distância $\mathbf{r}_{P_1 P_2}$

O sistema esférico tem duas coordenadas angulares: θ e ϕ. Deste modo, não podemos determinar a distância entre dois pontos $P_1(r_1,\theta_1,\phi_1)$ e $P_2(r_2,\theta_2,\phi_2)$ pela subtração das coordenadas correspondentes a fim de encontrar o vetor deslocamento. A única exceção é quando ambos os pontos se encontram sobre uma mesma reta radial, definida pela duas condições

$$\begin{cases} \theta = \text{constante} \\ e \\ \phi = \text{constante} \end{cases}$$

e a situação aparece na parte (b) da figura 3.47. Para esta configuração, temos

$$\mathbf{r}_{P_1 P_2} = (r_2 - r_1)\mathbf{u}_r \qquad (3.112)$$

A distância entre os pontos P_1 e P_2 é dada por

$$\left|\mathbf{r}_{P_1 P_2}\right| = \left|r_2 - r_1\right| \qquad (3.113)$$

3.4.10 - Vetores deslocamentos diferenciais $d\mathbf{r}$ e $d\mathbf{l}$

A expressão do vetor deslocamento diferencial $d\mathbf{r}$, da parte (c) da figura 3.46, em função de suas componentes dr, $r\,d\theta$ e $r\,\text{sen}\,\theta\,d\phi$, é dado por

$$d\mathbf{r} = dr\,\mathbf{u}_r + r\,d\theta\,\mathbf{u}_\theta + r\,\text{sen}\,\theta\,d\phi\,\mathbf{u}_\phi \qquad (3.114\text{a})$$

No caso de os pontos P e P' pertencerem a uma mesma curva orientada C do espaço, temos $d\mathbf{r} = d\mathbf{l}$. Nesta situação, temos também

$$d\mathbf{l} = dr\,\mathbf{u}_r + r\,d\theta\,\mathbf{u}_\theta + r\,\text{sen}\,\theta\,d\phi\,\mathbf{u}_\phi \qquad (3.114\text{b})$$

3.4.11 - Vetor Unitário $\mathbf{u}_{P_1 P_2}$ [18]

Pela definição de vetor unitário, segue-se

$$\mathbf{u}_{P_1 P_2} = \frac{\mathbf{r}_{P_1 P_2}}{\left|\mathbf{r}_{P_1 P_2}\right|}$$

Isto implica

$$\mathbf{u}_{P_1 P_2} = \frac{(r_2 - r_1)\mathbf{u}_r}{|r_2 - r_1|} \qquad (3.115)$$

3.4.12 - Vetor Genérico V

Pela parte (c) da figura 3.47, temos

$$\mathbf{V} = V_r\,\mathbf{u}_r + V_\theta\,\mathbf{u}_\theta + V_\phi\,\mathbf{u}_\phi \qquad (3.116)$$

O módulo deste vetor é dado por

$$|\mathbf{V}| = \sqrt{V_r^2 + V_\theta^2 + V_\phi^2} \qquad (3.117)$$

3.4.13 - Vetor Unitário Genérico $\mathbf{u}_v$

Pela definição de vetor unitário, segue-se

$$\mathbf{u}_v = \frac{\mathbf{V}}{\pm|\mathbf{V}|}$$

---

[18] Para dois pontos P_1 e P_2 pertencentes a uma mesma reta radial.

154 **Cálculo e Análise Vetoriais com Aplicações Práticas**

Isto nos permite estabelecer

$$\mathbf{u_V} = \frac{V_r\,\mathbf{u}_r + V_\theta\,\mathbf{u}_\theta + V_\phi\,\mathbf{u}_\phi}{\pm\sqrt{V_r^2 + V_\theta^2 + V_\phi^2}} \tag{3.118}$$

EXEMPLO 3.25

Dada a expressão cartesiana retangular do vetor $\mathbf{V} = \left(x^2 - y^2\right)\mathbf{u}_y + xz\,\mathbf{u}_z$, exprima-o em coordenadas esféricas no ponto $P\left(4,30^\circ,120^\circ\right)$.

SOLUÇÃO:

$$\text{Dados:}\begin{cases} r = 4 \\[2mm] \theta = 30^\circ \begin{cases} \operatorname{sen}\theta = \dfrac{1}{2} \\[3mm] \cos\theta = \dfrac{\sqrt{3}}{2} \end{cases} \\[10mm] \phi = 120^\circ \begin{cases} \operatorname{sen}\phi = \dfrac{\sqrt{3}}{2} \\[3mm] \cos\phi = -\dfrac{1}{2} \end{cases} \end{cases}$$

Pelo grupo de expressões (3.98), temos

$$\begin{cases} x = r\operatorname{sen}\theta\cos\phi = 4\left(\dfrac{1}{2}\right)\left(-\dfrac{1}{2}\right) = -1 \\[5mm] y = r\operatorname{sen}\theta\operatorname{sen}\phi = 4\left(\dfrac{1}{2}\right)\left(\dfrac{\sqrt{3}}{2}\right) = \sqrt{3} \\[5mm] z = r\cos\theta = 4\left(\dfrac{\sqrt{3}}{2}\right) = 2\sqrt{3} \end{cases}$$

Pelo grupo (3.103a), segue-se

$$\mathbf{u}_y = \operatorname{sen}\theta\operatorname{sen}\phi\,\mathbf{u}_r + \cos\theta\operatorname{sen}\phi\,\mathbf{u}_\theta + \cos\phi\,\mathbf{u}_\phi = \left(\dfrac{1}{2}\right)\left(\dfrac{\sqrt{3}}{2}\right)\mathbf{u}_r + \left(\dfrac{\sqrt{3}}{2}\right)\left(\dfrac{\sqrt{3}}{2}\right)\mathbf{u}_\theta + \left(-\dfrac{1}{2}\right)\mathbf{u}_\phi =$$

$$= \dfrac{\sqrt{3}}{4}\mathbf{u}_r + \dfrac{3}{4}\mathbf{u}_\theta - \dfrac{1}{2}\mathbf{u}_\phi$$

$$\mathbf{u}_z = \cos\theta\,\mathbf{u}_r - \mathrm{sen}\,\theta\,\mathbf{u}_\theta = \frac{\sqrt{3}}{2}\mathbf{u}_r - \frac{1}{2}\mathbf{u}_\theta$$

Substituindo os valores das coordenadas e as expressões dos vetores unitários na expressão do vetor dado, obtemos

$$\mathbf{V} = (1-3)\left(\frac{\sqrt{3}}{4}\mathbf{u}_r + \frac{3}{4}\mathbf{u}_\theta - \frac{1}{2}\mathbf{u}_\phi\right) + (-1)(2\sqrt{3})\left(\frac{\sqrt{3}}{2}\mathbf{u}_r - \frac{1}{2}\mathbf{u}_\theta\right)$$

Finalmente, a expressão procurada

$$\mathbf{V} = -3,870\,\mathbf{u}_r + 0,232\,\mathbf{u}_\theta + \mathbf{u}_\phi$$

QUESTÕES

3.1- O que levaria você a optar pelo uso de um dos três sistemas de coordenadas abordados no presente capítulo, para solucionar um determinado problema?

3.2- Você pode citar alguma vantagem, se é que existe alguma, em efetuarmos uma translação ou rotação de um sistema de coordenadas cartesianas retangulares?

RESPOSTAS DAS QUESTÕES

3.1- A simetria envolvida no problema.

3.2- Por vezes não conseguimos identificar a equação representativa de uma certa curva ou superfície. Por meio de uma rotação ou translação adequadas, a equação pode assumir uma forma facilmente identificável, conforme nos exemplos 3.6 e 3.8.

PROBLEMAS

3.1- (a) Determine o vetor que se extende de $A(-2,4,3)$ a $B(1,4,0)$. **(b)** Ache o vetor unitário dirigido de $C(1,2,3)$ a $D(-3,6,-4)$.

3.2*- Mostre que as equações cartesianas

$$\frac{4x-1}{3} = \frac{1-y}{4} = z+1$$

representam uma reta reta no espaço, determinando:

(a) um ponto qualquer da reta;

(b) o vetor diretor da reta.

156   Cálculo e Análise Vetoriais com Aplicações Práticas

3.3*- (a) Determine as equações vetorial, paramétricas e cartesianas da reta que passa pelos pontos $P_1(-2,4,3)$ e $P_2(5,-1,2)$. **(b)** Encontre as coordenadas dos pontos da reta em questão cujas distâncias ao ponto P_1 são iguais a $10\sqrt{3}$ unidades de comprimento.

3.4- Simplifique a equação $x^2 + 4xy + y^2 = 4$ por meio de uma rotação de 45° e identifique a curva.

3.5- De acordo com a expressão (3.34a), a matriz

$$[T_R] = \begin{bmatrix} \cos\phi & \mathrm{sen}\,\phi \\ -\mathrm{sen}\,\phi & \cos\phi \end{bmatrix}$$

representa uma rotação de eixos no plano. Mostre que

$$[T_R]^2 = [T_R][T_R] = \begin{bmatrix} \cos 2\phi & \mathrm{sen}\,2\phi \\ -\mathrm{sen}\,2\phi & \cos 2\phi \end{bmatrix} \quad \text{e} \quad [T_R]^3 = [T_R][T_R][T_R] = \begin{bmatrix} \cos 3\phi & \mathrm{sen}\,3\phi \\ -\mathrm{sen}\,3\phi & \cos 3\phi \end{bmatrix}$$

e interprete fisicamente tais resultados.

3.6- Mostre que a matriz

$$[T] = \begin{bmatrix} \cos\phi & \mathrm{sen}\,\phi \\ \mathrm{sen}\,\phi & -\cos\phi \end{bmatrix}$$

não representa uma rotação de eixos no plano e dê uma interpretação física para a mesma.

Sugestão: trace os eixos de coordenadas novas e primitivas e compare a matriz $[T]$ com a matriz $[T_R]$ dada pela expressão (3.34a).

3.7- Considere as seguintes matrizes:

(a) $[T_a] = \begin{bmatrix} 1 & 0 & 0 \\ 0 & 1 & 0 \\ 0 & 0 & -1 \end{bmatrix}$; **(b)** $[T_b] = \begin{bmatrix} \sqrt{3}/2 & 1/2 & 0 \\ 1/2 & -\sqrt{3}/2 & 0 \\ 0 & 0 & -1 \end{bmatrix}$; **(c)** $[T_c] = \begin{bmatrix} -1 & 0 & 0 \\ 0 & -1 & 0 \\ 0 & 0 & 1 \end{bmatrix}$

Utilizando os conjuntos de expressões (3.51), (3.52) e (3.53), determine quais representam rotações.

3.8- Em relação à expressão (3.65), determine as constantes α_{kl} e $\hat{\beta}_k$ de tal modo a representar:

(a) Uma translação para um sistema cuja origem está orientada em $(1,3,-4)$.

(b) Uma translação de um sistema cuja origem está no ponto $(1,-1,2)$ para outro cuja origem situa-se em $(0,-3,5)$.

3.9- **(a)** Determine a matriz que representa uma rotação de um ângulo ϕ em torno do eixo z. **(b)** Por meio de partição matricial, você pode identificar alguma matriz notável e interpretar fisicamente este fato?

3.10- Interpretando a reflexão de coordenadas em um plano como sendo uma "pseudo-rotação", determine a matriz associada à reflexão de coordenadas no plano $y = x$.

3.11- Expresse o vetor $\mathbf{V} = \sec \phi \, \mathbf{u}_\phi$ (coordenadas cilíndricas circulares) em coordenadas cartesianas.

3.12- Dado o vetor $\mathbf{V} = \rho \, \mathbf{u}_\rho - 3 \, \mathbf{u}_z$, descreva a direção e sentido do campo no ponto de coordenadas $(4, 60°, 2)$, por intermédio de um vetor unitário expresso em: **(a)** coordenadas cilíndricas circulares; **(b)** coordenadas cartesianas retangulares.

3.13- Expresse o vetor $\mathbf{V} = \rho \left(\mathbf{u}_\phi + \mathbf{u}_z \right)$ em coordenadas cartesianas retangulares.

3.14*- As faces de um volume são definidas por $r = 5$ e 12, $\theta = 20°$ e $80°$, e $\phi = 0,1\,\pi$ e $0,4\,\pi$.

(a) Determine o comprimento do segmento de reta que une dois vértices opostos do volume.

(b) Calcule a área de cada uma das seis faces do mesmo.

(c) Determine o volume do sólido.

3.15*- Uma pessoa viaja de Whashington a Manila.

(a) Descreva o seu vetor deslocamento.

(b) Determine o módulo deste vetor se a latitude e longitude destas cidades são, respectivamente, $39°$ Norte e $77°$ Oeste, $15°$ Norte e $121°$ Leste, e o raio médio da Terra é aproximadamente 6378 km.

3.16- Expresse o campo de temperaturas $T = 240 + z^2 - 2\,xy$ em coordenadas esféricas.

3.17- Expresse o vetor $\mathbf{V} = r \left(\mathbf{u}_\theta + \mathbf{u}_\phi \right)$ em coordenadas cartesianas retangulares.

3.18- Expresse o vetor $\mathbf{V} = (x - y) \mathbf{u}_y$ em coordenadas esféricas.

RESPOSTAS DOS PROBLEMAS

3.1-

(a) $3\mathbf{u}_x - 3\mathbf{u}_z$

(b) $-\dfrac{4}{9}\mathbf{u}_x + \dfrac{4}{9}\mathbf{u}_y - \dfrac{7}{9}\mathbf{u}_z$

3.2-

(a) $(3/4, 1, -1)$

(b) $\mathbf{V} = \dfrac{3}{4}\mathbf{u}_x - 4\mathbf{u}_y + \mathbf{u}_z$

3.3-

(a) $\mathbf{f}(\lambda) = (-2 + 7\lambda)\mathbf{u}_x + (4 - 5\lambda)\mathbf{u}_y + (3 - \lambda)\mathbf{u}_z$ (equação vetorial);

$\begin{cases} x = -2 + 7\lambda \\ y = 4 - 5\lambda \\ z = 3 - \lambda \end{cases}$ (equações paramétricas); $\dfrac{x+2}{7} = \dfrac{y-4}{-5} = \dfrac{z-3}{-1}$ (equações cartesianas)

(b) $P_3'(12, -6, 1)$ e $P_3''(-16, 14, 5)$

3.4- $\dfrac{(x^*)^2}{4/3} - \dfrac{(y^*)^2}{4} = 1$, que representa uma hipérbole de semi-eixos $2\sqrt{3}/3$ e 2.

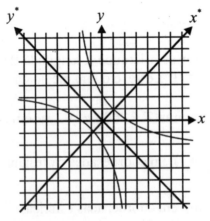

Fig. 3.48 - Resposta do problema 3.4

3.5- $[T_R]^2$ representa uma rotação de 2ϕ no plano xy, que é equivalente a duas rotações de ϕ sucessivas; $[T_R]^3$ representa uma rotação de 3ϕ, que é equivalente a três rotações de ϕ seguidas.

3.6- A matriz em questão representa a seguinte transformação de coordenadas no plano xy:

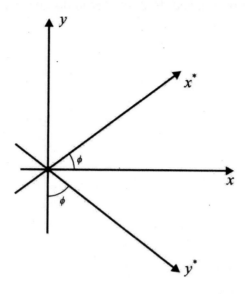

Fig. 3.49 - Resposta do problema 3.6

3.7-

(a) Não representa.

(b) Representa.

(c) Representa.

3.8-

(a) $\alpha_{11} = \alpha_{22} = \alpha_{33} = 1$; $\alpha_{12} = \alpha_{13} = \alpha_{21} = \alpha_{23} = \alpha_{31} = \alpha_{32} = 0$; $\tilde{\beta}_1 = 1, \tilde{\beta}_2 = 3, \tilde{\beta}_3 = -4$

(b) $\alpha_{11} = \alpha_{22} = \alpha_{33} = 1$; $\alpha_{12} = \alpha_{13} = \alpha_{21} = \alpha_{23} = \alpha_{31} = \alpha_{32} = 0$; $\tilde{\beta}_1 = -1, \tilde{\beta}_2 = -2, \tilde{\beta}_3 = 3$

3.9-

(a) $[T_R]_{3\times 3} = \begin{bmatrix} \cos\phi & \sin\phi & 0 \\ -\sin\phi & \cos\phi & 0 \\ \hline 0 & 0 & 1 \end{bmatrix}$

(b) Temos a matriz notável

$$[T_R]_{2\times 2} = \begin{bmatrix} \cos\phi & \sin\phi \\ -\sin\phi & \cos\phi \end{bmatrix}$$

160 **Cálculo e Análise Vetoriais com Aplicações Práticas**

que, de acordo com a expressão (3.34a), é a matriz de rotação no plano xy. Este é um resultado esperado, tendo em vista que uma rotação de ϕ em torno do eixo z equivale a uma rotação de ϕ no plano xy.

3.10- $[T] = \begin{bmatrix} 0 & 1 & 0 \\ 1 & 0 & 0 \\ 0 & 0 & 1 \end{bmatrix}$

3.11- $-\left(\dfrac{y}{x}\right)\mathbf{u}_x + \mathbf{u}_y$

3.12-

(a) $\dfrac{4}{5}\mathbf{u}_\rho - \dfrac{3}{5}\mathbf{u}_z$

(b) $\dfrac{2}{5}\mathbf{u}_x + \dfrac{2\sqrt{3}}{5}\mathbf{u}_y - \dfrac{3}{5}\mathbf{u}_z$

3.13- $-y\,\mathbf{u}_x + x\,\mathbf{u}_y + \sqrt{x^2 + y^2}\ \mathbf{u}_z$

3.14-

(a) $11,19$ unidades de comprimento

(b) $S_{r=5} = 18,05$; $S_{r=12} = 104,00$; $S_{\theta=20^\circ} = 19,18$; $S_{\theta=80^\circ} = 55,20$; $S_{\phi=18^\circ} = S_{\phi=72^\circ} = 62,30$ (unidades de área)

(c) $385,77$ unidades de volume

3.15-

(a) O vetor deslocamento tem ponto inicial na cidade de Washington e ponto terminal na cidade de Manila. Tal vetor atravessa a Terra unindo as duas cidades

(b) 11 233 km

3.16- $240 + r^2\left(\cos^2\theta - \operatorname{sen}2\phi\,\operatorname{sen}^2\theta\right)$

3.17- $\dfrac{1}{\sqrt{x^2+y^2}}\left[\left(xz - y\sqrt{x^2+y^2+z^2}\right)\mathbf{u}_x + \left(yz - x\sqrt{x^2+y^2+z^2}\right)\mathbf{u}_y - \left(x^2+y^2\right)\mathbf{u}_z\right]$

CAPÍTULO 4

Expressões Analíticas para a Álgebra Vetorial

4.1 - Adição e Subtração de Vetores

Sejam os vetores

$$\begin{cases} \mathbf{A} = A_x \mathbf{u}_x + A_y \mathbf{u}_y + A_z \mathbf{u}_z \\ \mathbf{B} = B_x \mathbf{u}_x + B_y \mathbf{u}_y + B_z \mathbf{u}_z \end{cases}$$

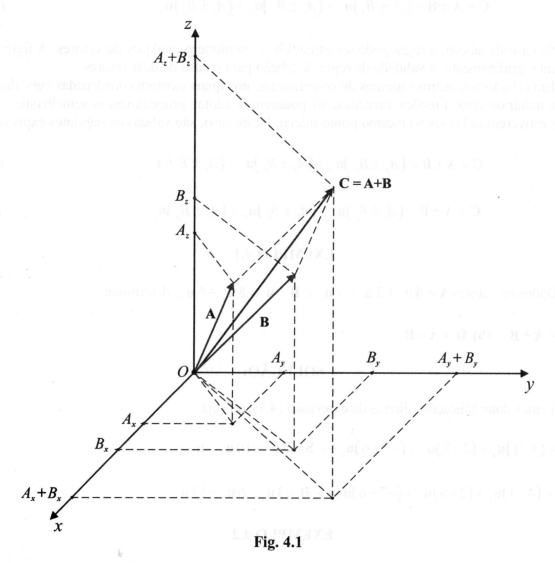

Fig. 4.1

Queremos determinar um vetor **C** tal que

$$\mathbf{C} = \mathbf{A} \pm \mathbf{B}$$

162 Cálculo e Análise Vetoriais com Aplicações Práticas

Substituindo as expressões cartesianas dos vetores, segue-se

$$\mathbf{C} = \mathbf{A} \pm \mathbf{B} = \left(A_x\,\mathbf{u}_x + A_y\,\mathbf{u}_y + A_z\,\mathbf{u}_z \right) \pm \left(B_x\,\mathbf{u}_x + B_y\,\mathbf{u}_y + B_z\,\mathbf{u}_z \right) =$$

$$= A_x\,\mathbf{u}_x + A_y\,\mathbf{u}_y + A_z\,\mathbf{u}_z \pm B_x\,\mathbf{u}_x \pm B_y\,\mathbf{u}_y \pm B_z\,\mathbf{u}_z =$$

$$= A_x\,\mathbf{u}_x \pm B_x\,\mathbf{u}_x + A_y\,\mathbf{u}_y \pm B_y\,\mathbf{u}_y + A_z\,\mathbf{u}_z \pm B_z\,\mathbf{u}_z$$

Reagrupando os termos, obtemos

$$\mathbf{C} = \mathbf{A} \pm \mathbf{B} = \left(A_x \pm B_x \right)\mathbf{u}_x + \left(A_y \pm B_y \right)\mathbf{u}_y + \left(A_z \pm B_z \right)\mathbf{u}_z \tag{4.1}$$

No caso da adição, a regra pode ser estendida a um número qualquer de vetores. A figura 4.1 representa, graficamente, a validade da regra de adição para o caso de dois vetores.

Em relação aos outros sistemas de coordenadas, nos quais existem coordenadas curvilíneas e vetores unitários com direções variantes, só poderemos adotar procedimentos semelhantes se os vetores estiverem referidos ao mesmo ponto inicial. Neste caso, são válidas as seguintes expressões:

$$\mathbf{C} = \mathbf{A} \pm \mathbf{B} = \left(A_\rho \pm B_\rho \right)\mathbf{u}_\rho + \left(A_\phi \pm B_\phi \right)\mathbf{u}_\phi + \left(A_z \pm B_z \right)\mathbf{u}_z \tag{4.2}$$

$$\mathbf{C} = \mathbf{A} \pm \mathbf{B} = \left(A_r \pm B_r \right)\mathbf{u}_r + \left(A_\theta \pm B_\theta \right)\mathbf{u}_\theta + \left(A_\phi \pm B_\phi \right)\mathbf{u}_\phi \tag{4.3}$$

EXEMPLO 4.1

Dados os vetores $\mathbf{A} = 4\,\mathbf{u}_x + 2\,\mathbf{u}_y - 7\,\mathbf{u}_z$ e $\mathbf{B} = \mathbf{u}_x + 8\,\mathbf{u}_y + 6\,\mathbf{u}_z$, determine:

(a) $\mathbf{S} = \mathbf{A} + \mathbf{B}$ e **(b)** $\mathbf{D} = \mathbf{A} - \mathbf{B}$.

SOLUÇÃO:

Temos duas aplicações diretas da expressão (4.1), ou seja,

(a) $\mathbf{S} = \left(4+1 \right)\mathbf{u}_x + \left(2+8 \right)\mathbf{u}_y + \left(-7+6 \right)\mathbf{u}_z \rightarrow \mathbf{S} = 5\,\mathbf{u}_x + 10\,\mathbf{u}_y - \mathbf{u}_z$

(b) $\mathbf{D} = \left(4-1 \right)\mathbf{u}_x + \left(2-8 \right)\mathbf{u}_y + \left(-7-6 \right)\mathbf{u}_z \rightarrow \mathbf{D} = 3\,\mathbf{u}_x - 6\,\mathbf{u}_y - 13\,\mathbf{u}_z$

EXEMPLO 4.2

Determine o vetor resultante do sistema indicado na figura 4.2, sabendo-se que os módulos dos vetores são $|\mathbf{A}| = 3,00$, $|\mathbf{B}| = 1,50$ e $|\mathbf{C}| = 4,00$, utilizando:

(a) método gráfico;

(b) método das componentes escalares;

(c) método das componentes vetoriais.

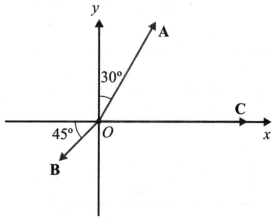

Fig. 4.2

SOLUÇÃO:

(a)

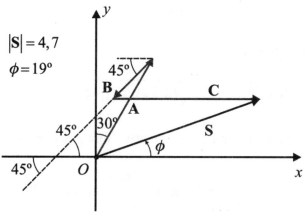

Fig. 4.3

Da construção gráfica ilustrada na figura 4.3, decorre

$$\begin{cases} |\mathbf{S}| = 4,7 \\ \phi = 19° \end{cases}$$

(b)

As componentes escalares dos vetores são

$$\begin{cases} A_x = |\mathbf{A}|\operatorname{sen} 30° = 3,00(0,500) = 1,50 \\ A_y = |\mathbf{A}|\cos 30° = 3,00(0,866) = 2,60 \end{cases}$$
$$\begin{cases} B_x = -|\mathbf{B}|\cos 45° = -1,50(0,707) = -1,06 \\ B_y = -|\mathbf{B}|\operatorname{sen} 45° = -1,50(0,707) = -1,06 \end{cases}$$

$$\begin{cases} C_x = |\mathbf{C}|\cos 0 = 4,00 \\ C_y = |\mathbf{C}|\sen 0 = 0 \end{cases}$$

Temos, então, as componentes escalares do vetor resultante, que são

$$\begin{cases} S_x = A_x + B_x + C_x = 1,50 - 1,06 + 4,00 = 4,44 \\ S_y = A_y + B_y + C_y = 2,60 - 1,06 + 0 = 1,54 \end{cases}$$

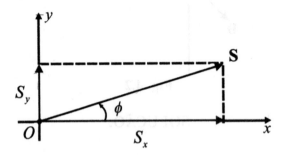

Fig. 4.4

O módulo do vetor resultante é

$$|\mathbf{S}| = \sqrt{S_x^2 + S_y^2} = \sqrt{(4,44)^2 + (1,54)^2} = 4,70$$

O ângulo que ele forma com o semi-eixo x positivo tem por expressão

$$\phi = \arc\tg\left(\frac{S_y}{S_x}\right) = \arc\tg\frac{1,54}{4,44} = \arc\tg 0,347$$

Sendo $S_x > 0$ e $S_y > 0$, o ângulo ϕ é do 1° quadrante, ou seja, $\phi = 19,1°$

(c) Aproveitando os resultados do item precedente, temos as seguintes componentes vetoriais:

$$\begin{cases} \mathbf{A}_x = 1,50\,\mathbf{u}_x \\ \mathbf{A}_y = 2,60\,\mathbf{u}_y \end{cases}$$

$$\begin{cases} \mathbf{B}_x = -1,06\,\mathbf{u}_x \\ \mathbf{B}_y = -1,06\,\mathbf{u}_y \end{cases}$$

$$\begin{cases} \mathbf{C}_x = 4,00\,\mathbf{u}_x \\ \mathbf{C}_y = 0 \end{cases}$$

Deste modo, as componentes vetoriais do vetor resultante são

$$\begin{cases} S_x = 1{,}50\,u_x - 1{,}06\,u_x + 4{,}00\,u_x = 4{,}44\,u_x \\ S_y = 2{,}60\,u_y - 1{,}06\,u_y + 0 = 1{,}54\,u_y \end{cases}$$

o que nos permite, finalmente, expressar o vetor resultante

$$S = 4{,}44\,u_x + 1{,}54\,u_y$$

Aqui o ângulo ϕ é também determinado pela mesma expressão $\phi = \arctan\left(\dfrac{S_y}{S_x}\right)$

EXEMPLO 4.3

Determine o vetor resultante do sistema indicado na figura a seguir, sabendo-se que os módulos dos vetores são $|A| = 4{,}00$, $|B| = 1{,}50$ e $|C| = 6{,}00$, utilizando:

(a) método gráfico;

(b) método das componentes escalares;

(c) método das componentes vetoriais.

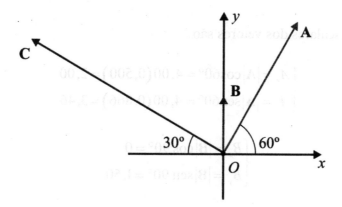

Fig. 4.5

SOLUÇÃO:

(a)
Da construção gráfica ilustrada na figura 4.6, vem

$$\begin{cases} |S| = 8{,}6 \\ \phi = 112° \end{cases}$$

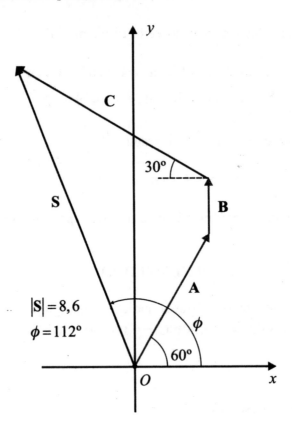

Fig. 4.6

(b)

As componentes escalares dos vetores são

$$\begin{cases} A_x = |\mathbf{A}|\cos 60° = 4,00\,(0,500) = 2,00 \\ A_y = |\mathbf{A}|\operatorname{sen}60° = 4,00\,(0,866) = 3,46 \end{cases}$$

$$\begin{cases} B_x = |\mathbf{B}|\cos 90° = 0 \\ B_y = |\mathbf{B}|\operatorname{sen}90° = 1,50 \end{cases}$$

$$\begin{cases} C_x = -|\mathbf{C}|\cos 30° = -6,00\,(0,866) = -5,20 \\ C_y = |\mathbf{C}|\operatorname{sen}30° = 6,00\,(0,500) = 3,00 \end{cases}$$

As componentes escalares do vetor resultante são

$$\begin{cases} S_x = A_x + B_x + C_x = 2,00 + 0 - 5,20 = -3,20 \\ S_y = A_y + B_y + C_y = 3,46 + 1,50 + 3,00 = 7,96 \end{cases}$$

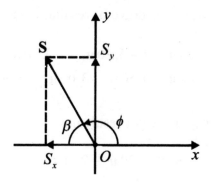

Fig. 4.7

O módulo do vetor resultante é

$$|\mathbf{S}| = \sqrt{S_x^2 + S_y^2} = \sqrt{(-3,20)^2 + (7,96)^2} = 8,58$$

O ângulo que ele forma com o semi-eixo x positivo tem por expressão

$$\phi = \text{arc tg}\left(\frac{S_y}{S_x}\right) = \text{arc tg}\,\frac{7,96}{-3,20} = \text{arc tg}(-2,49)$$

Sendo $S_x < 0$ e $S_y > 0$, o ângulo ϕ é do 2° quadrante, e apelamos para o ângulo auxiliar β, expressando

$$\beta = \text{arc tg}\,\frac{|S_y|}{|S_x|} = \text{arc tg}\,\frac{7,96}{3,20} = \text{arc tg}\,2,49 = 68,1°$$

Finalmente, temos

$$\phi = 180° - \beta = 180° - 68,1° = 111,9°$$

(c)

Aproveitando os resultados do item precedente, temos as seguintes componentes vetoriais:

$$\begin{cases} \mathbf{A}_x = 2,00\,\mathbf{u}_x \\ \mathbf{A}_y = 3,46\,\mathbf{u}_y \end{cases}$$

$$\begin{cases} \mathbf{B}_x = 0 \\ \mathbf{B}_y = 1,50\,\mathbf{u}_y \end{cases}$$

$$\begin{cases} \mathbf{C}_x = -5,20\,\mathbf{u}_x \\ \mathbf{C}_y = 3,00\,\mathbf{u}_y \end{cases}$$

Deste modo, as componentes vetoriais do vetor resultante são

$$\begin{cases} \mathbf{S}_x = 2,00\,\mathbf{u}_x + 0 - 5,20\,\mathbf{u}_x = -3,20\,\mathbf{u}_x \\ \mathbf{S}_y = 3,46\,\mathbf{u}_y + 1,50\,\mathbf{u}_y + 3,00\,\mathbf{u}_y = 7,96\,\mathbf{u}_y \end{cases}$$

o que nos permite, finalmente, expressar o vetor resultante

$$\mathbf{S} = -3,20\,\mathbf{u}_x + 7,96\,\mathbf{u}_y$$

Aqui o ângulo ϕ é também determinado pela expressão

$$\phi = \arctan\left(\frac{S_y}{S_x}\right),$$

cujo resultado é o mesmo já determinado anteriormente

4.2 - Multiplicação de um Vetor por um Escalar

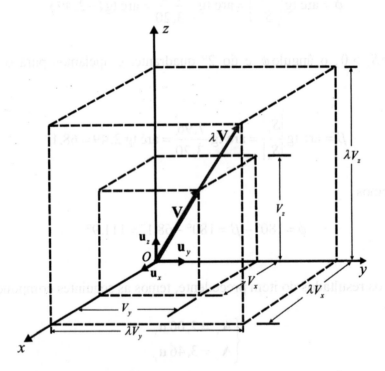

Fig. 4.8 - Multiplicação de um vetor por um escalar

Embora a figura 4.8 só ilustre a validade de uma expressão analítica para o sistema cartesiano retangular, podemos afirmar que são válidas, também, expressões equivalentes para os outros dois sistemas, tendo em vista que a operação em questão é um caso muito particular. Assim sendo, temos

$$\lambda\, \mathbf{V} = \lambda\, V_x\, \mathbf{u}_x + \lambda\, V_y\, \mathbf{u}_y + \lambda\, V_z\, \mathbf{u}_z \tag{4.4}$$

$$\lambda\, \mathbf{V} = \lambda\, V_\rho\, \mathbf{u}_\rho + \lambda\, V_\phi\, \mathbf{u}_\phi + \lambda\, V_z\, \mathbf{u}_z \tag{4.5}$$

$$\lambda\, \mathbf{V} = \lambda\, V_r\, \mathbf{u}_r + \lambda\, V_\theta\, \mathbf{u}_\theta + \lambda\, V_\phi\, \mathbf{u}_\phi \tag{4.6}$$

4.3 - Produto Escalar

Sejam $\mathbf{A}$ e $\mathbf{B}$ dois vetores tais que

$$\begin{cases} \mathbf{A} = A_x\, \mathbf{u}_x + A_y\, \mathbf{u}_y + A_z\, \mathbf{u}_z = A_\rho\, \mathbf{u}_\rho + A_\phi\, \mathbf{u}_\phi + A_z\, \mathbf{u}_z = A_r\, \mathbf{u}_r + A_\theta\, \mathbf{u}_\theta + A_\phi\, \mathbf{u}_\phi \\ \mathbf{B} = B_x\, \mathbf{u}_x + B_y\, \mathbf{u}_y + B_z\, \mathbf{u}_z = B_\rho\, \mathbf{u}_\rho + B_\phi\, \mathbf{u}_\phi + B_z\, \mathbf{u}_z = B_r\, \mathbf{u}_r + B_\theta\, \mathbf{u}_\theta + B_\phi\, \mathbf{u}_\phi \end{cases}$$

A expressão (2.32),

$$\mathbf{A} \cdot (\mathbf{B} + \mathbf{C}) = \mathbf{A} \cdot \mathbf{B} + \mathbf{A} \cdot \mathbf{C}$$

pode ser generalizada, de tal forma que

$$\left(\mathbf{A}_1 + \mathbf{A}_2 + ... + \mathbf{A}_n \right) \cdot \left(\mathbf{B}_1 + \mathbf{B}_2 + ... + \mathbf{B}_m \right) = \mathbf{A}_1 \cdot \mathbf{B}_1 + \mathbf{A}_1 \cdot \mathbf{B}_2 + ... + \mathbf{A}_1 \cdot \mathbf{B}_m + ... + \mathbf{A}_n \cdot \mathbf{B}_1 +$$
$$+ \mathbf{A}_n \cdot \mathbf{B}_2 + ... + \mathbf{A}_n \cdot \mathbf{B}_m$$

Utilizando as expressões cartesianas retangulares de $\mathbf{A}$ e $\mathbf{B}$, podemos estabelecer

$$\mathbf{A} \cdot \mathbf{B} = \left(A_x\, \mathbf{u}_x + A_y\, \mathbf{u}_y + A_z\, \mathbf{u}_z \right) \cdot \left(B_x\, \mathbf{u}_x + B_y\, \mathbf{u}_y + B_z\, \mathbf{u}_z \right) = \left(\underbrace{\mathbf{u}_x \cdot \mathbf{u}_x}_{=1} \right) A_x\, B_x + \left(\underbrace{\mathbf{u}_x \cdot \mathbf{u}_y}_{=0} \right) A_x\, B_y +$$

$$+ \left(\underbrace{\mathbf{u}_x \cdot \mathbf{u}_z}_{=0} \right) A_x\, B_z + \left(\underbrace{\mathbf{u}_y \cdot \mathbf{u}_x}_{=0} \right) A_y\, B_x + \left(\underbrace{\mathbf{u}_y \cdot \mathbf{u}_y}_{=1} \right) A_y\, B_y + \left(\underbrace{\mathbf{u}_y \cdot \mathbf{u}_z}_{=0} \right) A_y\, B_z + \left(\underbrace{\mathbf{u}_z \cdot \mathbf{u}_x}_{=0} \right) A_z\, B_x +$$

$$+ \left(\underbrace{\mathbf{u}_z \cdot \mathbf{u}_y}_{=0} \right) A_z\, B_y + \left(\underbrace{\mathbf{u}_z \cdot \mathbf{u}_z}_{=1} \right) A_z\, B_z$$

em que estão indicados os resultados do conjunto o conjunto de expressões (3.3) e que nos levam a

$$\mathbf{A} \cdot \mathbf{B} = A_x\, B_x + A_y\, B_y + A_z\, B_z \tag{4.7}$$

Nota: se os vetores $\mathbf{A}$ e $\mathbf{B}$ tiverem o mesmo ponto inicial, poderemos obter expressões semelhantes em coordenadas cilíndricas circulares e em coordenadas esféricas. Se os vetores não tiverem o mesmo ponto inicial, deveremos, primeiramente, passar para coordenadas cartesianas retangulares e depois efetuar o produto escalar.

170 **Cálculo e Análise Vetoriais com Aplicações Práticas**

Em coordenadas cilíndricas circulares, lançando mão do conjunto (3.79), temos

$$\mathbf{A} \cdot \mathbf{B} = A_\rho\, B_\rho + A_\phi\, B_\phi + A_z\, B_z \qquad (4.8)$$

Em coordenadas esféricas, por meio do conjunto (3.100), chegamos à expressão

$$\mathbf{A} \cdot \mathbf{B} = A_r\, B_r + A_\theta\, B_\theta + A_\phi\, B_\phi \qquad (4.9)$$

EXEMPLO 4.4

Determine a projeção do vetor $\mathbf{A} = 10\,\mathbf{u}_x + 2\,\mathbf{u}_y + 2\,\mathbf{u}_z$ na direção do vetor $\mathbf{B} = 4\,\mathbf{u}_x - 3\,\mathbf{u}_z$.

SOLUÇÃO:

Pela expressão (2.28), vem

$$\text{proj}_\mathbf{B}\, \mathbf{A} = \mathbf{A} \cdot \mathbf{u}_\mathbf{B} = \frac{\mathbf{A} \cdot \mathbf{B}}{|\mathbf{B}|} = \frac{(10)(4)+(2)(0)+(2)(-3)}{\sqrt{(4)^2 + (-3)^2}} = \frac{34}{5} = 6,8$$

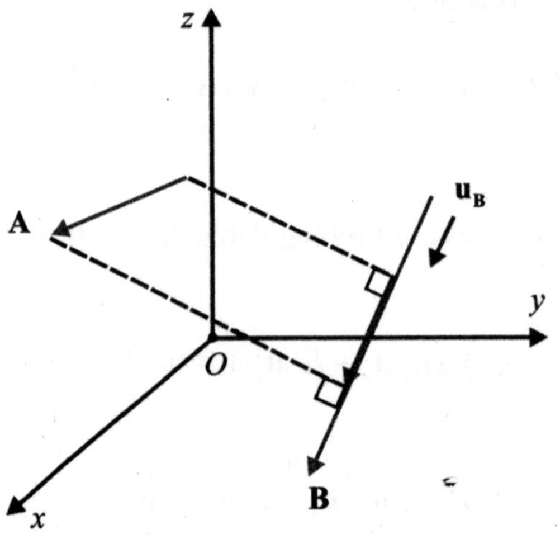

Fig. 4.9

EXEMPLO 4.5

Utilize o produto escalar para verificar que os vetores $\mathbf{A} = 2\,\mathbf{u}_x + 5\,\mathbf{u}_y + 6\,\mathbf{u}_z$ e $\mathbf{B} = 4\,\mathbf{u}_x - 4\,\mathbf{u}_y + 2\,\mathbf{u}_z$ são perpendiculares.

SOLUÇÃO:

Pela expressão (4.7), temos

$$\mathbf{A} \cdot \mathbf{B} = (2)(4) + (5)(-4) + (6)(2) = 0$$

No entanto, de acordo com (2.30),

se $\mathbf{A} \cdot \mathbf{B} = 0 \begin{cases} \text{ou } \mathbf{A} = 0 \\ \text{ou } \mathbf{B} = 0 \\ \text{ou } \mathbf{A} = \mathbf{B} = 0 \\ \text{ou } \alpha = 90^\circ \, (\pi/2 \, \text{rad}) \rightarrow \quad \text{vetores perpendiculares} \end{cases}$

Mas, pela expressão (3.23), temos

$$|\mathbf{V}| = \sqrt{V_x^2 + V_y^2 + V_z^2}$$

o que implica

$$\begin{cases} |\mathbf{A}| = \sqrt{2^2 + 5^2 + 6^2} = \sqrt{4 + 25 + 36} = \sqrt{65} \neq 0 \\ |\mathbf{B}| = \sqrt{4^2 + (-4)^2 + 2^2} = \sqrt{16 + 16 + 4} = \sqrt{36} = 6 \neq 0 \end{cases}$$

e concluímos que devemos ter $\alpha = 90^\circ$, o que significa que os dois vetores são perpendiculares.

EXEMPLO 4.6

Determine o ângulo entre os vetores $\mathbf{A} = 2\mathbf{u}_x + 3\mathbf{u}_y - \mathbf{u}_z$ e $\mathbf{B} = -\mathbf{u}_x + \mathbf{u}_y + 2\mathbf{u}_z$.

SOLUÇÃO:

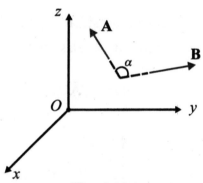

Fig. 4.10

Inicialmente, vamos determinar o produto escalar dos vetores, por intermédio da expressão (4.7),

$$\mathbf{A} \cdot \mathbf{B} = A_x B_x + A_y B_y + A_z B_z = (2)(-1) + (3)(1) + (-1)(2) = -1$$

Pela expressão (3.23), vem

$$|\mathbf{V}| = \sqrt{V_x^2 + V_y^2 + V_z^2}$$

e em decorrência

$$\begin{cases} |\mathbf{A}| = \sqrt{(2)^2 + (3)^2 + (-1)^2} = \sqrt{14} \\ |\mathbf{B}| = \sqrt{(-1)^2 + (1)^2 + (2)^2} = \sqrt{6} \end{cases}$$

Pela expressão (2.27), obtemos

$$\cos\alpha = \frac{\mathbf{A}\cdot\mathbf{B}}{|\mathbf{A}||\mathbf{B}|} = \frac{-1}{\sqrt{14}\sqrt{6}} = -0,109$$

No produto escalar, o ângulo entre os vetores pode estar situado no intervalo definido por $0 \le \alpha \le 180°$ (π rad). Uma vez que o cosseno encontrado é negativo, concluímos que o ângulo procurado deve ser obtuso. Da Trigonometria, segue-se

$$\cos\alpha = -\cos(180° - \alpha)$$

o que nos permite concluir que $\alpha = 96,3°$.

EXEMPLO 4.7*

(a) Determine as equações vetorial e cartesiana de um plano perpendicular ao vetor genérico $\mathbf{V} = A\mathbf{u}_x + B\mathbf{u}_y + C\mathbf{u}_z$ e que passa pelo ponto $P_0(x_0, y_0, z_0)$.

(b) Como uma aplicação numérica imediata, considere o ponto $P_0(-2, 5, 7)$ e o vetor cuja expressão é $\mathbf{V} = 2\mathbf{u}_x + 4\mathbf{u}_y - 3\mathbf{u}_z$ e levante as equações deduzidas no item anterior.

SOLUÇÃO:

(a)

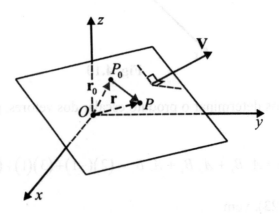

Fig. 4.11

Sejam $\mathbf{r}_0$ o vetor posição de $P_0\left(x_0,y_0,z_0\right)$ e $\mathbf{r}$ o vetor posição de $P\left(x,y,z\right)$, que é um ponto genérico do plano em questão, conforme ilustra a figura 4.11.

O vetor

$$\mathbf{P}_0\mathbf{P} = \mathbf{r} - \mathbf{r}_0$$

pertence ao plano do vetor $\mathbf{V}$. Isto acarreta produto escalar nulo destes dois vetores, ou seja,

$$\mathbf{V}\cdot\left(\mathbf{r} - \mathbf{r}_0\right) = 0 \tag{4.10}$$

Esta é a equação vetorial do plano. A expressão cartesiana do vetor

$$\mathbf{P}_0\mathbf{P} = \mathbf{r} - \mathbf{r}_0,$$

é

$$\mathbf{r} - \mathbf{r}_0 = \left(x - x_0\right)\mathbf{u}_x + \left(y - y_0\right)\mathbf{u}_y + \left(z - z_0\right)\mathbf{u}_z$$

Uma vez que

$$\mathbf{V} = A\,\mathbf{u}_x + B\,\mathbf{u}_y + C\,\mathbf{u}_z,$$

pela expressão (4.7), temos

$$A\left(x - x_0\right) + B\left(y - y_0\right) + C\left(z - z_0\right) = 0 \tag{4.11}$$

que é a equação cartesiana do plano.

(b)

Sendo $P_0\left(-2,5,7\right)$ e $P\left(x,y,z\right)$, de acordo com a expressão (3.10), temos

$$\begin{cases} \mathbf{r}_0 = -2\mathbf{u}_x + 5\mathbf{u}_y + 7\mathbf{u}_z \\ \mathbf{r} = x\,\mathbf{u}_x + y\,\mathbf{u}_y + z\,\mathbf{u}_z \end{cases}$$

Entretanto, pela expressão (4.10),

$$\mathbf{V}\cdot\left(\mathbf{r} - \mathbf{r}_0\right) = 0$$

Uma vez que

$$\begin{cases} \mathbf{V} = 2\,\mathbf{u}_x + 4\,\mathbf{u}_y - 3\,\mathbf{u}_z \\ \mathbf{r} - \mathbf{r}_0 = \left(x+2\right)\mathbf{u}_x + \left(y-5\right)\mathbf{u}_y - \left(z-7\right)\mathbf{u}_z \end{cases}$$

$$(2\mathbf{u}_x + 4\mathbf{u}_y - 3\mathbf{u}_z) \cdot \left[(x+2)\mathbf{u}_x + (y-5)\mathbf{u}_y - (z-7)\mathbf{u}_z\right] = 0$$

que é a equação vetorial do plano. Empregando a expressão (4.7), para obter o produto escalar, chegamos à equação cartesiana do plano

$$2(x+2) + 4(y-5) - 3(z-7) = 0 \rightarrow 2x + 4y - 3z + 5 = 0$$

EXEMPLO 4.8

Se o vetor $\mathbf{V} = V_x \mathbf{u}_x + V_y \mathbf{u}_y + V_z \mathbf{u}_z$ forma ângulos α, β e γ, respectivamente, com os semi-eixos x, y e z positivos, então, α, β e γ são os ângulos diretores de $\mathbf{V}$ e $\cos\alpha$, $\cos\beta$ e $\cos\gamma$ são, respectivamente, os seus cossenos diretores. Mostre que:

(a) $\cos\alpha = \dfrac{V_x}{\sqrt{V_x^2 + V_y^2 + V_z^2}}$, $\cos\beta = \dfrac{V_y}{\sqrt{V_x^2 + V_y^2 + V_z^2}}$, $\cos\gamma = \dfrac{V_z}{\sqrt{V_x^2 + V_y^2 + V_z^2}}$;

(b) $\cos^2\alpha + \cos^2\beta + \cos^2\gamma = 1$;

(c) $\mathbf{u}_V = \cos\alpha\, \mathbf{u}_x + \cos\beta\, \mathbf{u}_y + \cos\gamma\, \mathbf{u}_z$ é um vetor unitário na direção de $\mathbf{V}$.

SOLUÇÃO:

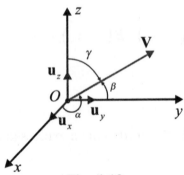

Fig. 4.12

(a) Os cossenos diretores são dados por

$$\begin{cases} \cos\alpha = \dfrac{\mathbf{V} \cdot \mathbf{u}_x}{|\mathbf{V}|} = \dfrac{V_x}{\sqrt{V_x^2 + V_y^2 + V_z^2}} \\[2mm] \cos\beta = \dfrac{\mathbf{V} \cdot \mathbf{u}_y}{|\mathbf{V}|} = \dfrac{V_y}{\sqrt{V_x^2 + V_y^2 + V_z^2}} \\[2mm] \cos\gamma = \dfrac{\mathbf{V} \cdot \mathbf{u}_z}{|\mathbf{V}|} = \dfrac{V_z}{\sqrt{V_x^2 + V_y^2 + V_z^2}} \end{cases}$$

(b) Do item anterior, vem

$$\cos^2\alpha + \cos^2\beta + \cos^2\gamma = \frac{V_x^2 + V_y^2 + V_z^2}{V_x^2 + V_y^2 + V_z^2} = 1$$

(c) Pela definição de vetor unitário, podemos expressar

$$\mathbf{u_V} = \frac{\mathbf{V}}{|\mathbf{V}|} = \frac{V_x\,\mathbf{u}_x + V_y\,\mathbf{u}_y + V_z\,\mathbf{u}_z}{\sqrt{V_x^2 + V_y^2 + V_z^2}} = \cos\alpha\,\mathbf{u}_x + \cos\beta\,\mathbf{u}_y + \cos\gamma\,\mathbf{u}_z$$

4.4 - Produto Vetorial

Sejam mais uma vez os vetores **A** e **B** definidos por suas componentes conforme na seção anterior. A expressão (2.45)

$$\mathbf{A}\times(\mathbf{B}+\mathbf{C}) = \mathbf{A}\times\mathbf{B} + \mathbf{A}\times\mathbf{C}$$

pode ser generalizada para

$$(\mathbf{A}_1 + \mathbf{A}_2 + ... + \mathbf{A}_n)\times(\mathbf{B}_1 + \mathbf{B}_2 + ... + \mathbf{B}_m) = \mathbf{A}_1\times\mathbf{B}_1 + \mathbf{A}_1\times\mathbf{B}_2 + ... + \mathbf{A}_1\times\mathbf{B}_m + ... + \mathbf{A}_n\times\mathbf{B}_1 +$$
$$+\mathbf{A}_n\times\mathbf{B}_2 + ... + \mathbf{A}_n\times\mathbf{B}_m$$

Pelas expressões cartesianas retangulares de **A** e **B**, temos

$$\mathbf{A}\times\mathbf{B} = \left(A_x\,\mathbf{u}_x + A_y\,\mathbf{u}_y + A_z\,\mathbf{u}_z\right)\times\left(B_x\,\mathbf{u}_x + B_y\,\mathbf{u}_y + B_z\,\mathbf{u}_z\right) = \left(\underbrace{\mathbf{u}_x\times\mathbf{u}_x}_{=0}\right)A_x\,B_x +$$

$$+\left(\underbrace{\mathbf{u}_x\times\mathbf{u}_y}_{=\mathbf{u}_z}\right)A_x\,B_y + \left(\underbrace{\mathbf{u}_x\times\mathbf{u}_z}_{=-\mathbf{u}_y}\right)A_x\,B_z + \left(\underbrace{\mathbf{u}_y\times\mathbf{u}_x}_{=-\mathbf{u}_z}\right)A_y\,B_x + \left(\underbrace{\mathbf{u}_y\times\mathbf{u}_y}_{=0}\right)A_y\,B_y +$$

$$+\left(\underbrace{\mathbf{u}_y\times\mathbf{u}_z}_{=\mathbf{u}_x}\right)A_y\,B_z + \left(\underbrace{\mathbf{u}_z\times\mathbf{u}_x}_{=\mathbf{u}_y}\right)A_z\,B_x + \left(\underbrace{\mathbf{u}_z\times\mathbf{u}_y}_{=-\mathbf{u}_x}\right)A_z\,B_y + \left(\underbrace{\mathbf{u}_z\times\mathbf{u}_z}_{=0}\right)A_z\,B_z$$

em que estão indicados os resultados do conjunto o conjunto de expressões (3.4) e que nos conduzem a

$$\mathbf{A}\times\mathbf{B} = \left(A_y\,B_z - A_z\,B_y\right)\mathbf{u}_x + \left(A_z\,B_x - A_x\,B_z\right)\mathbf{u}_y + \left(A_x\,B_y - A_y\,B_x\right)\mathbf{u}_z \tag{4.12a}$$

expressão esta que pode ser expressa na forma de determinante, objetivando sua memorização, quer dizer,

176   **Cálculo e Análise Vetoriais com Aplicações Práticas**

$$\mathbf{A} \times \mathbf{B} = \begin{vmatrix} \mathbf{u}_x & \mathbf{u}_y & \mathbf{u}_z \\ A_x & A_y & A_z \\ B_x & B_y & B_z \end{vmatrix} \qquad (4.12b)$$

Do mesmo modo que para o produto escalar, se os dois vetores tiverem o mesmo ponto inicial, poderemos obter expressões semelhantes em coordenadas cilíndricas circulares e em coordenadas esféricas. Caso contrário, deveremos passá-los, primeiramente, para coordenadas cartesianas retangulares e depois efetuar o produto vetorial.

Em coordenadas cilíndricas circulares, utilizando-se o conjunto (3.80), temos

$$\mathbf{A} \times \mathbf{B} = \left(A_\phi B_z - A_z B_\phi\right)\mathbf{u}_\rho + \left(A_z B_\rho - A_\rho B_z\right)\mathbf{u}_\phi + \left(A_\rho B_\phi - A_\phi B_\rho\right)\mathbf{u}_z \qquad (4.13a)$$

Alternativamente,

$$\mathbf{A} \times \mathbf{B} = \begin{vmatrix} \mathbf{u}_\rho & \mathbf{u}_\phi & \mathbf{u}_z \\ A_\rho & A_\phi & A_z \\ B_\rho & B_\phi & B_z \end{vmatrix} \qquad (4.13b)$$

Em coordenadas esféricas, por meio do conjunto (3.101), chegamos a

$$\mathbf{A} \times \mathbf{B} = \left(A_\theta B_\phi - A_\phi B_\theta\right)\mathbf{u}_r + \left(A_\phi B_r - A_r B_\phi\right)\mathbf{u}_\theta + \left(A_r B_\theta - A_\theta B_r\right)\mathbf{u}_\phi \qquad (4.14a)$$

Na forma de determinante, temos

$$\mathbf{A} \times \mathbf{B} = \begin{vmatrix} \mathbf{u}_r & \mathbf{u}_\theta & \mathbf{u}_\phi \\ A_r & A_\theta & A_\phi \\ B_r & B_\theta & B_\phi \end{vmatrix} \qquad (4.14b)$$

EXEMPLO 4.9

Determine a área do triângulo cujos vértices são os pontos $A(1,-1,0)$, $B(2,1,-1)$ e $C(-1,1,2)$.

SOLUÇÃO:

Dois lados do triângulo são representados pelos seguintes vetores:

$$\begin{cases} \mathbf{AB} = (2-1)\mathbf{u}_x + \left[1-(-1)\right]\mathbf{u}_y + (-1-0)\mathbf{u}_z = \mathbf{u}_x + 2\mathbf{u}_y - \mathbf{u}_z \\ \mathbf{AC} = (-1-1)\mathbf{u}_x + \left[1-(-1)\right]\mathbf{u}_y + (2-0)\mathbf{u}_z = -2\mathbf{u}_x + 2\mathbf{u}_y + 2\mathbf{u}_z \end{cases}$$

O vetor

$$\mathbf{AB} \times \mathbf{AC} = \begin{vmatrix} \mathbf{u}_x & \mathbf{u}_y & \mathbf{u}_z \\ 1 & 2 & -1 \\ -2 & 2 & 2 \end{vmatrix} = 6\,\mathbf{u}_x + 6\,\mathbf{u}_z,$$

tem módulo igual a

$$\left| \mathbf{AB} \times \mathbf{AC} \right| = \sqrt{36+36} = 6\sqrt{2}$$

que é igual a área do paralelogramo formado a partir de $\mathbf{AB}$ e $\mathbf{AC}$ (vide subseção 2.7.3). A área do triângulo é a metade da área do paralelogramo, ou seja, $3\sqrt{2}$ unidades de área.

EXEMPLO 4.10

Determine um vetor unitário perpendicular a ambos os vetores $\mathbf{A} = 2\,\mathbf{u}_x + \mathbf{u}_y - \mathbf{u}_z$ e $\mathbf{B} = \mathbf{u}_x - \mathbf{u}_y + 2\,\mathbf{u}_z$.

SOLUÇÃO:

Sendo o vetor $\mathbf{N} = \mathbf{A} \times \mathbf{B}$ é perpendicular aos vetores em tela, basta, temos que encontrar um vetor unitário na direção de $\mathbf{N}$.

Pela expressão (4.12b), segue-se

$$\mathbf{N} = \begin{vmatrix} \mathbf{u}_x & \mathbf{u}_y & \mathbf{u}_z \\ 2 & 1 & -1 \\ 1 & -1 & 2 \end{vmatrix} = \mathbf{u}_x - 5\,\mathbf{u}_y - 3\,\mathbf{u}_z$$

Pela definição de vetor unitário, decorre

$$\mathbf{u_N} = \frac{\mathbf{N}}{\pm \left| \mathbf{N} \right|} = \frac{\mathbf{u}_x - 5\,\mathbf{u}_y - 3\,\mathbf{u}_z}{\sqrt{1^2 + (-5)^2 + (-3)^2}} \rightarrow \mathbf{u_N} = \pm \frac{1}{\sqrt{35}}\left(\mathbf{u}_x - 5\,\mathbf{u}_y - 3\,\mathbf{u}_z \right)$$

Cumpre observar que ambos os sinais são pertinentes, pois estamos procurando um vetor unitário na **direção** de $\mathbf{N}$ e não apenas no **sentido** de $\mathbf{N}$.

EXEMPLO 4.11*

Determine a menor distância entre o ponto $P(4,-1,5)$ e a reta que passa pelos pontos $P_1(-1,2,0)$ e $P_2(1,1,4)$.

SOLUÇÃO:

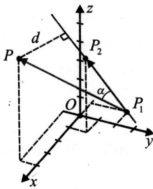

Fig. 4.13

De acordo com a figura 4.13, a distância procurada é dada por

$$d = \overline{P_1P} \sin \alpha$$

Introduzindo vetores, vem

$$\begin{cases} \mathbf{P_1P} = 5\mathbf{u}_x - 3\mathbf{u}_y + 5\mathbf{u}_z \\ \mathbf{P_1P_2} = 2\mathbf{u}_x - \mathbf{u}_y + 4\mathbf{u}_z \end{cases}$$

Então, segue-se

$$d = |\mathbf{P_1P}|\operatorname{sen}\alpha = \frac{|\mathbf{P_1P}||\mathbf{P_1P_2}|\operatorname{sen}\alpha}{|\mathbf{P_1P_2}|} = \frac{|\mathbf{P_1P} \times \mathbf{P_1P_2}|}{|\mathbf{P_1P_2}|}$$

em que

$$\mathbf{P_1P} \times \mathbf{P_1P_2} = \begin{vmatrix} \mathbf{u}_x & \mathbf{u}_y & \mathbf{u}_z \\ 5 & -3 & 5 \\ 2 & -1 & 4 \end{vmatrix} = -7\mathbf{u}_x - 10\mathbf{u}_y + \mathbf{u}_z$$

Assim sendo, temos

$$\begin{cases} |\mathbf{P_1P} \times \mathbf{P_1P_2}| = \sqrt{(-7)^2 + (-10)^2 + 1^2} = \sqrt{150} \\ |\mathbf{P_1P_2}| = \sqrt{2^2 + (-1)^2 + 4^2} = \sqrt{21} \end{cases}$$

Finalmente, podemos determinar a distância

$$d = \frac{\sqrt{150}}{\sqrt{21}} = \sqrt{\frac{150}{21}} \text{ unidades de comprimento}$$

EXEMPLO 4.12*

Determine a menor distância entre a reta que une os pontos $P_1(1,2,-1)$ e $P_2(1,-1,1)$ e a que une os pontos $P_3(2,-2,1)$ e $P_4(2,0,-2)$.

SOLUÇÃO:

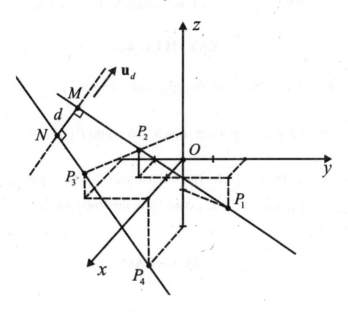

Fig. 4.14

Consideremos os vetores

$$\begin{cases} \mathbf{P_1P_2} = -3\,\mathbf{u}_y + 2\,\mathbf{u}_z \\ \mathbf{P_4P_3} = -2\,\mathbf{u}_y + 3\,\mathbf{u}_z \end{cases}$$

A menor distância d é tomada segundo a perpendicular às retas suportes dos vetores $\mathbf{P_1P_2}$ e $\mathbf{P_4P_3}$, ou seja, na direção do vetor $\mathbf{P_4P_3} \times \mathbf{P_1P_2}$. Temos que

$$\mathbf{P_4P_3} \times \mathbf{P_1P_2} = \begin{vmatrix} \mathbf{u}_x & \mathbf{u}_y & \mathbf{u}_z \\ 0 & -2 & 3 \\ 0 & -3 & 2 \end{vmatrix} = 5\,\mathbf{u}_x$$

O vetor unitário $\mathbf{u}_d$ desta direção é $\mathbf{u}_d = \mathbf{u}_x$. Finalmente, a distância d pode ser determinada a partir do módulo da projeção escalar do vetor $\mathbf{P_3P_2}$ na direção do vetor $\mathbf{u}_d$. Assim sendo, pela expressão (2.28), podemos colocar

$$d = \left|\mathbf{P_3P_2} \cdot \mathbf{u}_d\right|$$

180   **Cálculo e Análise Vetoriais com Aplicações Práticas**

Uma vez que

$$P_3P_2 = -u_x + u_y$$

temos

$$\left| P_3P_2 \cdot u_d \right| = \left| -1 \right| \to d = 1 \text{ unidade de comprimento}$$

EXEMPLO 4.13*

Seja uma força $F = \left(3\,u_x - 2\,u_y - u_z\right)N$, cuja linha de ação passa pelo ponto $Q(2,-1,3)$ m.

(a) Determine o momento polar da força em relação ao ponto $P(1,2,3)$m.

(b) Dados os pontos $P(1,2,3)$m e $P'(3,1,1)$m, determine o torque ou momento axial da força em relação ao eixo apoiado nos mancais E e E', conforme ilustrado na figura 2.49, sabendo-se que o eixo contém os pontos P e P'.

SOLUÇÃO:

(a)

Pela expressão (2.49), temos

$$\tau_P = r_{PQ} \times F$$

Uma vez que

$$r_{PQ} = (2-1)u_x + (-1-2)u_y = u_x - 3\,u_y$$

podemos expressar

$$\tau_P = \begin{vmatrix} u_x & u_y & u_z \\ 1 & -3 & 0 \\ 3 & -2 & -1 \end{vmatrix} \to \tau_P = \left(3\,u_x + u_y + 7\,u_z\right)N.m$$

(b)

Pela expressão (2.59a), temos

$$\tau_{EE'} = \tau_P \cdot u_{EE'}$$

O vetor que une os pontos P e P' tem por expressão

$$r_{PP'} = (3-1)u_x + (1-2)u_y + (1-3)u_z = 2\,u_x - u_y - 2\,u_z$$

O vetor unitário nesta direção é

$$\mathbf{u}_{PP'} = \frac{\mathbf{r}_{PP'}}{|\mathbf{r}_{PP'}|} = \frac{2\mathbf{u}_x - \mathbf{u}_y - 2\mathbf{u}_z}{\sqrt{(2)^2 + (-1)^2 + (-2)^2}} = \frac{2}{3}\mathbf{u}_x - \frac{1}{3}\mathbf{u}_y - \frac{2}{3}\mathbf{u}_z$$

Uma vez que o eixo contém os pontos P e P', podemos determinar

$$\mathbf{u}_{EE'} = \mathbf{u}_{PP'} = \frac{2}{3}\mathbf{u}_x - \frac{1}{3}\mathbf{u}_y - \frac{2}{3}\mathbf{u}_z$$

Finalmente, pela expressão (2.59a), obtemos

$$\tau_{EE'} = \boldsymbol{\tau}_P \cdot \mathbf{u}_{EE'} = (3)\left(\frac{2}{3}\right) + (1)\left(-\frac{1}{3}\right) + (7)\left(-\frac{2}{3}\right) = -\frac{9}{3} = -3 \text{ N.m}$$

O sinal negativo significa que a força tende a produzir rotação no sentido negativo em relação ao eixo EE', ou seja, de forma contrária àquela ilustrada na figura 2.49.

EXEMPLO 4.14

Determine o torque sobre a barra PQ da figura 4.15, sabendo-se que

$$\begin{cases} \mathbf{F} = (-20\,\mathbf{u}_x)\text{N} \\ \overline{PQ} = 3,0 \text{ m} \end{cases}$$

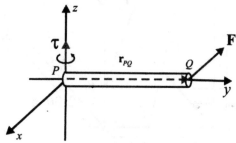

Fig. 4.15

SOLUÇÃO:

Pela expressão (2.49), temos

$$\boldsymbol{\tau}_P = \mathbf{r}_{PQ} \times \mathbf{F}$$

Da figura, vem

$$\mathbf{r}_{PQ} = (3,0\,\mathbf{u}_y)\text{m}$$

Assim sendo, temos

$$\tau_P = \begin{vmatrix} \mathbf{u}_x & \mathbf{u}_y & \mathbf{u}_z \\ 0 & 3,0 & 0 \\ -20 & 0 & 0 \end{vmatrix} \to \tau_P = (60\,\mathbf{u}_z)\,\text{N.m}$$

EXEMPLO 4.15*[1]

Relativamente ao sistema de forças ilustrado na figura 4.16, determine:

(a) a força resultante;

(b) o momento polar resultante em relação à origem.

Dados: $|\mathbf{F}_1| = 200\,\text{N}$; $|\mathbf{F}_2| = 100\,\text{N}$; $|\mathbf{F}_3| = 120\,\text{N}$

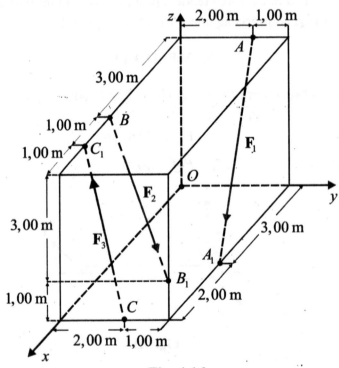

Fig. 4.16

SOLUÇÃO:

(a)
Conforme já é do nosso conhecimento, o vetor resultante de um sistema de vetores é igual a soma (vetorial, é claro!) dos vetores do sistema. A regra da adição de dois vetores pode ser estendida a um número qualquer de vetores, de modo que as componentes do vetor resultante são

---

[1] Antes de se dedicar a este exemplo, o estudante deve revisar o conceito de cossenos diretores de um vetor, que é apresentado no exemplo 4.8.

Expressões Analíticas para a Álgebra Vetorial 183

obtidas a partir da soma algébrica das componentes correspondentes dos vetores do sistema. Para calcular as componentes, é necessário determinar os cossenos diretores de cada uma das retas suportes (direções) das forças em questão. Vamos iniciar a solução determinando os cossenos diretores de cada uma das retas suportes das forças.

- Determinação dos cossenos diretores:

Para determinar os cossenos diretores, consideremos os vetores distâncias entre dois pontos AA_1, BB_1 e CC_1, sobre os suportes respectivos das forças F_1, F_2 e F_3. As componentes destes vetores são (vide figura 4.16)

$$AA_1 = \begin{cases} 3,00 - 0 = 3,00 \\ 3,00 - 2,00 = 1,00 \\ 0 - 4,00 = -4,00 \end{cases} \quad BB_1 = \begin{cases} 5,00 - 3,00 = 2,00 \\ 3,00 - 0 = 3,00 \\ 1,00 - 4,00 = -3,00 \end{cases} \quad CC_1 = \begin{cases} 4,00 - 5,00 = -1,00 \\ 0 - 2,00 = -2,00 \\ 4,00 - 0 = 4,00 \end{cases}$$

Os módulos destes vetores são, portanto, dados por

$$\begin{cases} |AA_1| = \sqrt{(3,00)^2 + (1,00)^2 + (-4,00)^2} = 5,10 \\ |BB_1| = \sqrt{(2,00)^2 + (3,00)^2 + (-3,00)^2} = 4,69 \\ |CC_1| = \sqrt{(-1,00)^2 + (-2,00)^2 + (4,00)^2} = 4,58 \end{cases}$$

Nomeando por α, β e γ os ângulos das forças dadas, respectivamente com os eixos x, y e z, temos

- Para F_1 : $\begin{cases} \cos\alpha_{F_1} = \dfrac{3,00}{5,10} = 0,588 \\ \cos\beta_{F_1} = \dfrac{1,00}{5,10} = 0,196 \\ \cos\gamma_{F_1} = \dfrac{-4,00}{5,10} = -0,784 \end{cases}$

- Para F_2 : $\begin{cases} \cos\alpha_{F_2} = \dfrac{2,00}{4,69} = 0,426 \\ \cos\beta_{F_2} = \dfrac{3,00}{4,69} = 0,640 \\ \cos\gamma_{F_2} = \dfrac{-3,00}{4,69} = -0,640 \end{cases}$

184 Cálculo e Análise Vetoriais com Aplicações Práticas

$$\bullet \quad \text{Para } \mathbf{F}_3 : \begin{cases} \cos \alpha_{\mathbf{F}_3} = \dfrac{-1,00}{4,58} = -0,218 \\[3mm] \cos \beta_{\mathbf{F}_3} = \dfrac{-2,00}{4,58} = -0,436 \\[3mm] \cos \gamma_{\mathbf{F}_3} = \dfrac{4,00}{4,58} = 0,872 \end{cases}$$

- Determinação dos vetores unitários de $\mathbf{F}_1, \mathbf{F}_2$ e $\mathbf{F}_3$:

$$\begin{cases} \mathbf{u}_{\mathbf{F}_1} = \left(\cos \alpha_{\mathbf{F}_1}\right)\mathbf{u}_x + \left(\cos \beta_{\mathbf{F}_1}\right)\mathbf{u}_y + \left(\cos \gamma_{\mathbf{F}_1}\right)\mathbf{u}_z = 0,588\,\mathbf{u}_x + 0,196\,\mathbf{u}_y - 0,784\,\mathbf{u}_z \\[2mm] \mathbf{u}_{\mathbf{F}_2} = \left(\cos \alpha_{\mathbf{F}_2}\right)\mathbf{u}_x + \left(\cos \beta_{\mathbf{F}_2}\right)\mathbf{u}_y + \left(\cos \gamma_{\mathbf{F}_2}\right)\mathbf{u}_z = 0,426\,\mathbf{u}_x + 0,640\,\mathbf{u}_y - 0,640\,\mathbf{u}_z \\[2mm] \mathbf{u}_{\mathbf{F}_3} = \left(\cos \alpha_{\mathbf{F}_3}\right)\mathbf{u}_x + \left(\cos \beta_{\mathbf{F}_3}\right)\mathbf{u}_y + \left(\cos \gamma_{\mathbf{F}_3}\right)\mathbf{u}_z = -0,218\,\mathbf{u}_x - 0,436\,\mathbf{u}_y + 0,872\,\mathbf{u}_z \end{cases}$$

- Determinação dos vetores $\mathbf{F}_1, \mathbf{F}_2$ e $\mathbf{F}_3$:

$$\begin{cases} \mathbf{F}_1 = |\mathbf{F}_1|\,\mathbf{u}_{\mathbf{F}_1} = (200\,\text{N})\left(0,588\,\mathbf{u}_x + 0,196\,\mathbf{u}_y - 0,784\,\mathbf{u}_z\right) = \\[2mm] \quad = \left(117,6\,\mathbf{u}_x + 39,2\,\mathbf{u}_y - 156,8\,\mathbf{u}_z\right)\text{N} \\[2mm] \mathbf{F}_2 = |\mathbf{F}_2|\,\mathbf{u}_{\mathbf{F}_2} = (100\,\text{N})\left(0,426\,\mathbf{u}_x + 0,640\,\mathbf{u}_y - 0,640\,\mathbf{u}_z\right) = \\[2mm] \quad = \left(42,6\,\mathbf{u}_x + 64,0\,\mathbf{u}_y - 64,0\,\mathbf{u}_z\right)\text{N} \\[2mm] \mathbf{F}_3 = |\mathbf{F}_3|\,\mathbf{u}_{\mathbf{F}_3} = (120\,\text{N})\left(-0,218\,\mathbf{u}_x - 0,436\,\mathbf{u}_y + 0,872\,\mathbf{u}_z\right) = \\[2mm] \quad = \left(-26,2\,\mathbf{u}_x - 52,3\,\mathbf{u}_y + 104,6\,\mathbf{u}_z\right)\text{N} \end{cases}$$

- Determinação da resultante de $\mathbf{F}_1, \mathbf{F}_2$ e $\mathbf{F}_3$:

$$\mathbf{F} = \left[\left(117,6+42,6-26,2\right)\mathbf{u}_x + \left(39,2+64,0-52,3\right)\mathbf{u}_y + \left(-156,8-64,0+104,6\right)\mathbf{u}_z\right]\text{N} =$$

$$= \left(134,0\,\mathbf{u}_x + 50,9\,\mathbf{u}_y - 116,2\,\mathbf{u}_z\right)\text{N}$$

- Determinação do módulo da resultante de $\mathbf{F}_1, \mathbf{F}_2$ e $\mathbf{F}_3$:

$$|\mathbf{F}| = \left[\sqrt{(134,0)^2 + (50,9)^2 + (-116,2)^2}\right]\text{N} = 184,5\,\text{N}$$

- Determinação dos cossenos diretores da resultante $\mathbf{F}$:

$$\begin{cases} \cos\alpha_{\mathbf{F}} = \dfrac{F_x}{|\mathbf{F}|} = \dfrac{134,0}{184,5} = 0,726 \\[3mm] \cos\beta_{\mathbf{F}} = \dfrac{F_y}{|\mathbf{F}|} = \dfrac{50,9}{184,5} = 0,276 \\[3mm] \cos\gamma_{\mathbf{F}} = \dfrac{F_z}{|\mathbf{F}|} = \dfrac{-116,2}{184,5} = -0,630 \end{cases}$$

(b)

De acordo com a expressão (2.49), o momento de uma força em relação a um pólo P é dado por

$$\boldsymbol{\tau}_P = \mathbf{r}_{PQ} \times \mathbf{F}$$

sendo Q um **ponto qualquer** da reta suporte ou linha de ação da força. Uma vez que o pólo em questão é a origem, basta considerar o vetor posição de um ponto qualquer da reta suporte de cada força, ou seja,

$$\mathbf{r}_{PQ} = \mathbf{r}$$

Assim sendo, temos

- Determinação dos vetores posição de pontos arbitrários dos suportes das forças:

    - para $\mathbf{F}_1 : \mathbf{r}_A = \left(2,00\,\mathbf{u}_y + 4,00\,\mathbf{u}_z\right)\mathrm{m}$ (ponto A)
    - para $\mathbf{F}_2 : \mathbf{r}_B = \left(3,00\,\mathbf{u}_x + 4,00\,\mathbf{u}_z\right)\mathrm{m}$ (ponto B)
    - para $\mathbf{F}_3 : \mathbf{r}_C = \left(5,00\,\mathbf{u}_x + 2,00\,\mathbf{u}_y\right)\mathrm{m}$ (ponto C)

- Determinação dos momentos das forças:

    - Força $\mathbf{F}_1$:

$$\boldsymbol{\tau}_1 = \mathbf{r}_A \times \mathbf{F}_1 = \begin{vmatrix} \mathbf{u}_x & \mathbf{u}_y & \mathbf{u}_z \\ 0 & 2,00 & 4,00 \\ 117,6 & 39,2 & -156,8 \end{vmatrix} = \left(-470,4\,\mathbf{u}_x + 470,4\,\mathbf{u}_y - 235,2\,\mathbf{u}_z\right)\mathrm{N.m}$$

    - Força $\mathbf{F}_2$:

$$\boldsymbol{\tau}_2 = \mathbf{r}_B \times \mathbf{F}_2 = \begin{vmatrix} \mathbf{u}_x & \mathbf{u}_y & \mathbf{u}_z \\ 3,00 & 0 & 4,00 \\ 42,6 & 64,0 & -64,0 \end{vmatrix} = \left(-256,0\,\mathbf{u}_x + 362,4\,\mathbf{u}_y + 192,0\,\mathbf{u}_z\right)\mathrm{N.m}$$

- Força $\mathbf{F}_3$:

$$\boldsymbol{\tau}_3 = \mathbf{r}_C \times \mathbf{F}_3 = \begin{vmatrix} \mathbf{u}_x & \mathbf{u}_y & \mathbf{u}_z \\ 5,00 & 2,00 & 0 \\ -26,2 & -52,3 & 104,6 \end{vmatrix} = (209,2\,\mathbf{u}_x - 523,0\,\mathbf{u}_y - 209,1\,\mathbf{u}_z)\,\text{N.m}$$

- Determinação do momento resultante:

$$\boldsymbol{\tau} = \left[(470,4 - 256,0 + 209,2)\mathbf{u}_x + (470,4 + 362,4 - 523,0)\mathbf{u}_y + (-235,2 + 192,0 - 209,1\,\mathbf{u}_z)\right]\text{N.m} = (-517,2\,\mathbf{u}_x + 309,8\,\mathbf{u}_y - 252,3\,\mathbf{u}_z)\,\text{N.m}$$

- Determinação do módulo do momento resultante:

$$|\boldsymbol{\tau}| = \sqrt{(-517,2)^2 + (309,8)^2 + (-252,3)^2} = 653,5\,\text{N.m}$$

- Determinação dos cossenos diretores do vetor momento resultante:

$$\begin{cases} \cos\alpha_\tau = \dfrac{\tau_x}{|\boldsymbol{\tau}|} = \dfrac{-517,2}{653,5} = -0,791 \\[2mm] \cos\beta_\tau = \dfrac{\tau_y}{|\boldsymbol{\tau}|} = \dfrac{309,8}{653,5} = 0,474 \\[2mm] \cos\gamma_\tau = \dfrac{\tau_z}{|\boldsymbol{\tau}|} = \dfrac{-252,3}{653,5} = -0,386 \end{cases}$$

- Resumo dos resultados:

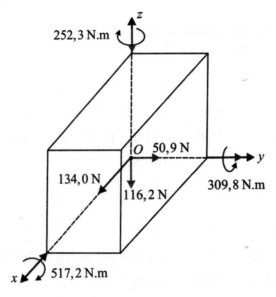

Fig. 4.17

Os resultados obtidos foram agrupados na figura 4.17, na qual estão indicadas as componentes da força e do momento resultantes.

4.5 - Produto Misto

Além dos vetores **A** e **B** já definidos anteriormente, vamos agora também conside-rar o vetor **C**, cujas expressões são

$$\mathbf{C} = C_x\,\mathbf{u}_x + C_y\,\mathbf{u}_y + C_z\,\mathbf{u}_z = C_\rho\,\mathbf{u}_\rho + C_\phi\,\mathbf{u}_\phi + C_z\,\mathbf{u}_z = C_r\,\mathbf{u}_r + C_\theta\,\mathbf{u}_\theta + C_\phi\,\mathbf{u}_\phi$$

Em coordenadas cartesianas retangulares, já utilizando a expressão (4.12a), temos a seguinte expressão para o produto misto:

$$(\mathbf{A}\times\mathbf{B})\cdot\mathbf{C} = \Big[\big(A_y\,B_z - A_z B_y\big)\mathbf{u}_x + \big(A_z\,B_x - A_x\,B_z\big)\mathbf{u}_y + \big(A_x\,B_y - A_y\,B_x\big)\mathbf{u}_z\Big] \cdot$$
$$\cdot\big(C_x\,\mathbf{u}_x + C_y\,\mathbf{u}_y + C_z\,\mathbf{u}_z\big)$$

Utilizando a propriedade distributiva do produto escalar e o conjunto (3.3), temos

$$(\mathbf{A}\times\mathbf{B})\cdot\mathbf{C} = A_y\,B_z\,C_x - A_z\,B_y\,C_x + A_z\,B_x\,C_y - A_x\,B_z\,C_y + A_x\,B_y\,C_z - A_y\,B_x\,C_z \qquad \textbf{(4.15a)}$$

Alternativamente, temos também

$$(\mathbf{A}\times\mathbf{B})\cdot\mathbf{C} = \begin{vmatrix} A_x & A_y & A_z \\ B_x & B_y & B_z \\ C_x & C_y & C_z \end{vmatrix} \qquad \textbf{(4.15b)}$$

Se os vetores **A**, **B** e **C** tiverem ponto inicial comum, podemos instituir as expressões para coordenadas cilíndricas circulares e para coordenadas esféricas.

Em coordenadas cilíndricas circulares, já lançando mão da expressão (4.13a), temos

$$(\mathbf{A}\times\mathbf{B})\cdot\mathbf{C} = \Big[\big(A_\phi\,B_z - A_z\,B_\phi\big)\mathbf{u}_\rho + \big(A_z\,B_\rho - A_\rho\,B_z\big)\mathbf{u}_\phi + \big(A_\rho\,B_\phi - A_\phi\,B_\rho\big)\mathbf{u}_z\Big] \cdot$$
$$\cdot\big(C_\rho\,\mathbf{u}_\rho + C_\phi\,\mathbf{u}_\phi + C_z\,\mathbf{u}_z\big)$$

Utilizando a propriedade distributiva para o produto escalar e o conjunto (3.79), chegamos a

$$(\mathbf{A}\times\mathbf{B})\cdot\mathbf{C} = A_\phi\,B_z\,C_\rho - A_z\,B_\phi\,C_\rho + A_z\,B_\rho\,C_\phi - A_\rho\,B_z\,C_\phi + A_\rho\,B_\phi\,C_z - A_\phi\,B_\rho\,C_z \qquad \textbf{(4.16a)}$$

188 **Cálculo e Análise Vetoriais com Aplicações Práticas**

Na forma de determinante, temos

$$(\mathbf{A}\times\mathbf{B})\cdot\mathbf{C} = \begin{vmatrix} A_\rho & A_\phi & A_z \\ B_\rho & B_\phi & B_z \\ C_\rho & C_\phi & C_z \end{vmatrix} \qquad (4.16b)$$

Em coordenadas esféricas, já empregando a expressão (4.14a), podemos estabelecer

$$(\mathbf{A}\times\mathbf{B})\cdot\mathbf{C} = \left[\left(A_\theta B_\phi - A_\phi B_\theta\right)\mathbf{u}_r + \left(A_\phi B_r - A_r B_\phi\right)\mathbf{u}_\theta + \left(A_r B_\theta - A_\theta B_r\right)\mathbf{u}_\phi\right]\cdot$$
$$\cdot\left(C_r \mathbf{u}_r + C_\theta \mathbf{u}_\theta + C_\phi \mathbf{u}_\phi\right)$$

Utilizando a propriedade distributiva para o produto escalar e o conjunto (3.100), temos

$$(\mathbf{A}\times\mathbf{B})\cdot\mathbf{C} = A_\theta B_\phi C_r - A_\phi B_\theta C_r + A_\phi B_r C_\theta - A_r B_\phi C_\theta + A_r B_\theta C_\phi - A_\theta B_r C_\phi \qquad (4.17a)$$

Alternativamente, temos

$$(\mathbf{A}\times\mathbf{B})\cdot\mathbf{C} = \begin{vmatrix} A_r & A_\theta & A_\phi \\ B_r & B_\theta & B_\phi \\ C_r & C_\theta & C_\phi \end{vmatrix} \qquad (4.17b)$$

EXEMPLO 4.16

Determine o volume do paralelepípedo cujas arestas são definidas a partir dos vetores $\mathbf{A} = -\mathbf{u}_x + 2\mathbf{u}_y + 3\mathbf{u}_z$, $\mathbf{B} = \mathbf{u}_y + 2\mathbf{u}_z$ e $\mathbf{C} = \mathbf{u}_x - 3\mathbf{u}_y - \mathbf{u}_z$.

SOLUÇÃO:

A expressão (2.57) nos conduz a

$$v_{\text{paralelepípedo}} = \left|(\mathbf{A}\times\mathbf{B})\cdot\mathbf{C}\right|$$

Da expressão (4.15 b), segue-se

$$(\mathbf{A}\times\mathbf{B})\cdot\mathbf{C} = \begin{vmatrix} -1 & 2 & 3 \\ 0 & 1 & 2 \\ 1 & -3 & -1 \end{vmatrix} = -4$$

Assim sendo, temos

$$v = 4 \text{ unidades de volume}$$

EXEMPLO 4.17*

Determine a equação cartesiana do plano que passa por três pontos genéricos que são $P_1(x_1,y_1,z_1)$, $P_2(x_2,y_2,z_2)$ e $P_3(x_3,y_3,z_3)$.

SOLUÇÃO:

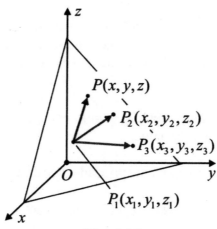

Fig. 4.18

Seja $P(x,y,z)$ um ponto genérico do plano que passa por três pontos: $P_1(x_1,y_1,z_1)$, $P_2(x_2,y_2,z_2)$ e $P_3(x_3,y_3,z_3)$. Sendo os quatros pontos coplanares, também o serão os seguintes vetores:

$$\begin{cases} \mathbf{P_1P} = (x-x_1)\mathbf{u}_x + (y-y_1)\mathbf{u}_y + (z-z_1)\mathbf{u}_z \\ \mathbf{P_1P_2} = (x_2-x_1)\mathbf{u}_x + (y_2-y_1)\mathbf{u}_y + (z_2-z_1)\mathbf{u}_z \\ \mathbf{P_1P_3} = (x_3-x_1)\mathbf{u}_x + (y_3-y_1)\mathbf{u}_y + (z_3-z_1)\mathbf{u}_z \end{cases}$$

o que, pela nota da subseção 2.8.3, implica produto misto nulo, ou seja

$$(\mathbf{P_1P} \times \mathbf{P_1P_2}) \cdot \mathbf{P_1P_3}$$

Adaptando a expressão (4.15b), temos

$$\begin{vmatrix} x-x_1 & y-y_1 & z-z_1 \\ x_2-x_1 & y_2-y_1 & z_2-z_1 \\ x_3-x_1 & y_3-y_1 & z_3-z_1 \end{vmatrix} = 0 \qquad (4.18a)$$

e alternativamente

$$\begin{vmatrix} y_2-y_1 & z_2-z_1 \\ y_3-y_1 & z_3-z_1 \end{vmatrix}(x-x_1) + \begin{vmatrix} z_2-z_1 & x_2-x_1 \\ z_3-z_1 & x_3-x_1 \end{vmatrix}(y-y_1) + \begin{vmatrix} x_2-x_1 & y_2-y_1 \\ x_3-x_1 & y_3-y_1 \end{vmatrix}(z-z_1) = 0 \qquad (4.18b)$$

4.6 - Triplo Produto Vetorial

Para este tipo de operação não é conveniente deduzir uma expressão, pois fica bem mais complicado do que efetuar as operações indicadas, em sequência, conforme é sugerido pela própria expressão $\mathbf{A} \times (\mathbf{B} \times \mathbf{C})$.

QUESTÕES

4.1- (a) A que restrição fica sujeita a utilização das fórmulas que nos dão a soma, a subtração, o produto escalar, o produto vetorial e o produto misto de vetores em coordenadas cilíndricas circulares e em coordenadas esféricas? **(b)** Por que não existe tal restrição para o sistema cartesiano retangular?

4.2- (a) Você pode determinar univocamente o ângulo entre os dois vetores $\mathbf{A}$ e $\mathbf{B}$ do exemplo 4.6 empregando a expressão (2.41)? **(b)** Explique.

4.3*- Critique a seguinte demonstração da propriedade distributiva do produto vetorial:

$$\mathbf{A} \times (\mathbf{B} + \mathbf{C}) = \mathbf{A} \times \mathbf{B} + \mathbf{A} \times \mathbf{C}$$

"Pela expressão (4.12b), podemos estabelecer

$$\mathbf{A} \times (\mathbf{B} + \mathbf{C}) = \begin{vmatrix} \mathbf{u}_x & \mathbf{u}_y & \mathbf{u}_z \\ A_x & A_y & A_z \\ B_x + C_x & B_y + C_y & B_z + C_z \end{vmatrix}$$

Desenvolvendo o determinante, chegamos a

$$\mathbf{A} \times (\mathbf{B} + \mathbf{C}) = \begin{vmatrix} \mathbf{u}_x & \mathbf{u}_y & \mathbf{u}_z \\ A_x & A_y & A_z \\ B_x & B_y & B_z \end{vmatrix} + \begin{vmatrix} \mathbf{u}_x & \mathbf{u}_y & \mathbf{u}_z \\ A_x & A_y & A_z \\ C_x & C_y & C_z \end{vmatrix} = \mathbf{A} \times \mathbf{B} + \mathbf{A} \times \mathbf{C}$$

o que demonstra a proposição inicial de modo bem mais fácil que na subseção 2.7.4."

RESPOSTAS DAS QUESTÕES

4.1- (a) Os vetores devem ter ponto inicial comum. Um cuidado especial deve, entretanto, ser tomado quando o ponto inicial é a origem. Sejam, pois, os vetores $\mathbf{A}$ e $\mathbf{B}$ apresen-tados na figura e os sistemas cartesiano retangular e cilíndrico circular, por exemplo. Para um ponto qualquer do espaço, exceto a origem, se os dois vetores tem ponto inicial comum, está implícito que estão referidos ao mesmo terno fundamental do ponto. Entretanto, em relação à origem e o sistema cilíndrico circular em tela, vemos que os unitários $\mathbf{u}_\rho$ e $\mathbf{u}_\phi$ devem ser especificados, uma vez que eles têm direções indefinidas neste ponto.

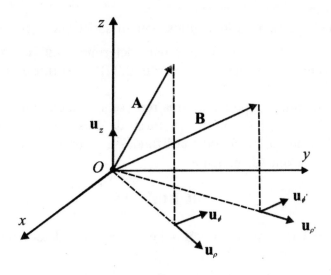

Fig. 4.19 - Resposta da questão 4.1.

(b) Porque os vetores unitários no sistema cartesiano retangular têm orientações fixas, independentemente da localização do ponto no espaço.

4.2-

(a) Não.

(b)

O vetor $\mathbf{A} \times \mathbf{B}$ é obtido a partir de (4.12b), o que nos permite obter

$$\mathbf{A} \times \mathbf{B} = \begin{vmatrix} \mathbf{u}_x & \mathbf{u}_y & \mathbf{u}_z \\ 2 & 3 & -1 \\ -1 & 1 & 2 \end{vmatrix} = 7\mathbf{u}_x - 3\mathbf{u}_y + 5\mathbf{u}_z$$

Assim sendo, temos

$$|\mathbf{A} \times \mathbf{B}| = \sqrt{7^2 + (-3)^2 + 5^2} = \sqrt{83}$$

Por outro lado, os módulos dos vetores são

$$\begin{cases} |\mathbf{A}| = \sqrt{2^2 + 3^2 + (-1)^2} = \sqrt{14} \\ |\mathbf{B}| = \sqrt{(-1)^2 + 1^2 + 2^2} = \sqrt{6} \end{cases}$$

Pela expressão (2.41), vem

$$\alpha = \operatorname{arc\,sen}\left(\frac{|\mathbf{A} \times \mathbf{B}|}{|\mathbf{A}||\mathbf{B}|}\right) = \operatorname{arc\,sen}\left(\frac{\sqrt{83}}{\sqrt{14}\sqrt{6}}\right) = \operatorname{arc\,sen}(0,994)$$

192 Cálculo e Análise Vetoriais com Aplicações Práticas

Já que $0 \le \alpha \le 180° (\pi\,\text{rad})$, dois ângulos podem satisfazer a esta última equação: $83,7°$ e $96,3°$. Assim, a expressão (2.41) é insuficiente para determinar **univocamente** o ângulo entre os dois vetores. Já o mesmo não ocorre com a expressão (2.27), conforme apresentado no exemplo 4.6.

4.3- Tal demonstração é imprópria, pois a mesma representa um círculo vicioso, isto é, tautologia[2]. Isto porque a expressão que nos dá o produto vetorial de dois vetores na for-ma de determinante, empregada na demonstração, foi deduzida utilizando-se a propriedade distributiva do produto vetorial que, aliás, é o que se quer demonstrar.

PROBLEMAS

4.1- Dados os vetores $\mathbf{A} = 3\,\mathbf{u}_x - 5\,\mathbf{u}_y + 8\,\mathbf{u}_z$ e $\mathbf{B} = 4\,\mathbf{u}_x - 2\,\mathbf{u}_y - \mathbf{u}_z$, determine $\mathbf{A} \cdot \mathbf{B}$.

4.2- Em relação aos vetores $\mathbf{A} = 3\,\mathbf{u}_x + 2\,\mathbf{u}_y + \mathbf{u}_z$ e $\mathbf{B} = -\mathbf{u}_x - 4\,\mathbf{u}_y - \mathbf{u}_z$, determine:

(a) $(\mathbf{A} + \mathbf{B}) \cdot (2\mathbf{A} - \mathbf{B})$;

(b) $\mathbf{A} \cdot \mathbf{A}$

(c) $0 \cdot \mathbf{B}$

4.3- Sejam os vetores $\mathbf{A} = 4\,\mathbf{u}_x + \lambda\,\mathbf{u}_y - \mathbf{u}_z$ e $\mathbf{B} = \lambda\,\mathbf{u}_x + 2\,\mathbf{u}_y + 3\,\mathbf{u}_z$ e os pontos $C(4, -1, 2)$ e $D(3, 2, -1)$. Determine o valor de λ de tal forma que $\mathbf{A} \cdot (\mathbf{B} + \mathbf{DC}) = 7$.

4.4- Sendo $|\mathbf{A}| = 5$, $|\mathbf{B}| = 4$ e $\mathbf{A} \cdot \mathbf{B} = 2$, determine $(4\mathbf{A} - 3\mathbf{B}) \cdot (-\mathbf{A} + 5\mathbf{B})$.

4.5- Mostre que os vetores $\mathbf{A} = \mathbf{u}_x - 2\,\mathbf{u}_y + 3\,\mathbf{u}_z$ e $\mathbf{B} = 4\,\mathbf{u}_x + 5\,\mathbf{u}_y + 2\,\mathbf{u}_z$ são perpendiculares.

4.6- Determine o valor de λ para que os vetores $\mathbf{A} = \mathbf{u}_x - \lambda\,\mathbf{u}_y + 3\,\mathbf{u}_z$ e $\mathbf{B} = 4\,\mathbf{u}_x + 5\,\mathbf{u}_y + 2\,\mathbf{u}_z$ sejam perpendiculares.

4.7- Determine o ângulo entre os vetores do problema 4.1.

---

[2] Segundo **Aurélio Buarque de Holanda**, renomado linguista e autor de famoso dicionário da Língua Portuguesa, tautologia é um vício de linguagem que consiste em dizer, por formas diversas, sempre a mesma coisa, ou seja, uma série de círculos viciosos. Os exemplos clássicos são os famosos 'subir para cima' e o 'descer para baixo'. Mas há outros, como você pode ver na lista a seguir: elo de ligação; acaba-mento final; certeza absoluta; quantia exata; nos dias 8, 9 e 10, inclusive; juntamente com; expressamente proibido; em duas metades iguais; sintomas indicativos; há muitos anos atrás; vereador da cidade; outra alternativa; detalhes minuciosos; a razão é porque; anexo junto à carta; de sua livre escolha; superávit positivo; déficit negativo; todos foram unânimes; conviver junto; fato real; encarar de frente; multidão de pessoas; amanhecer o dia; criação nova; retornar de novo; empréstimo temporário; surpresa inesperada; es-colha opcional; planejar antecipadamente; abertura inaugural; continuar a permanecer; a última versão definitiva; possivelmente poderá ocorrer; comparecer em pessoa; gritar bem alto; propriedade caracte-rística; demasiadamente excessivo; a seu critério pessoal e exceder em muito.

4.8- Sabendo que o vetor $\mathbf{V} = 2\,\mathbf{u}_x + \mathbf{u}_y - \mathbf{u}_z$ forma um ângulo de $60°$ com o vetor $\mathbf{AB}$ definido pelos pontos $A(3,1,-2)$ e $B(4,0,\lambda)$, calcule o valor de λ.

4.9- Determine os ângulos internos do triângulo cujos vértices são os pontos $A(-1,0,2)$, $B(2,1,-1)$ e $C(1,-2,2)$.

4.10*- Determine o ponto $A(a,a,0)$ da reta $y = x$, pertencente ao plano $z = 0$ (plano xy), tal que o vetor $\mathbf{AB}$ seja perpendicular ao segmento de reta $\overline{OA}$. O ponto O é a origem e o ponto B é $(2,4,-3)$.

4.11- Determine a projeção escalar do vetor $\mathbf{A} = 2\,\mathbf{u}_x + 2\,\mathbf{u}_y + \mathbf{u}_z$ sobre o vetor $\mathbf{B} = 2\,\mathbf{u}_x + 10\,\mathbf{u}_y - 11\,\mathbf{u}_z$.

4.12*- No ponto $C(2,30°,5)$, um vetor é expresso, em coordenadas cilíndricas, como sendo $\mathbf{A} = 20\,\mathbf{u}_\rho - 30\,\mathbf{u}_\phi + 10\,\mathbf{u}_z$. Determine:

(a) $|\mathbf{A}|$ no ponto C;

(b) a distância da origem ao ponto C;

(c) o ângulo entre o vetor $\mathbf{A}$ e a superfície $\rho = 2$, no ponto C.

4.13*- Com relação a um cubo de aresta a determine:

(a) o ângulo entre sua diagonal e uma de suas arestas;

(b) o ângulo entre sua diagonal e a diagonal de uma das faces.

4.14*- Sejam os vetores $\mathbf{A}$ e $\mathbf{B}$, tais que $|\mathbf{A}| = a$ e $|\mathbf{B}| = b$. Mostre que o vetor $\mathbf{C} = \dfrac{a\mathbf{B} + b\mathbf{A}}{a + b}$ bissecciona o ângulo formado por $\mathbf{A}$ e $\mathbf{B}$.

4.15- Usando a notação do problema anterior, mostre que os vetores $a\mathbf{B} + b\mathbf{A}$ e $b\mathbf{A} - a\mathbf{B}$ são perpendiculares.

4.16*- Empregando métodos vetoriais mostre que a distância d do ponto $P_0(x_0, y_0)$ à reta $Ax + By + C = 0$ é $d = \dfrac{|A\,x_0 + B\,y_0 + C|}{+\sqrt{A^2 + B^2}}$.

4.17- Utilizando os resultados do exemplo 4.8, determine:

(a) os ângulos que o vetor $\mathbf{V} = 2\,\mathbf{u}_x + 3\,\mathbf{u}_y + \mathbf{u}_z$ forma com os eixos coordenados;

(b) um vetor unitário na direção e sentido do vetor $\mathbf{V}$.

194   **Cálculo e Análise Vetoriais com Aplicações Práticas**

4.18- Determine os ângulos diretores do vetor $V = 2\,u_x - 2\,u_y$.

4.19- Os ângulos diretores de um vetor V são α, 45° e 60°. Determine o valor de α.

4.20- Os ângulos diretores de um vetor V são 60°, 120° e γ. Sabendo que $|V| = 4$, determine a expressão do vetor V.

4.21- Dado o vetor $V = 5\,u_x - 2\,u_y + u_z$, determine a expressão de um vetor unitário u tal que:

(a) $u \parallel V$;

(b) $u \perp V$ e u está plano $z = 0$ (plano xy).

4.22*- Determine a distância entre o ponto $P(-2,1,5)$ e a reta que passa pelos pontos $P_1(1,2,-5)$ e $P_2(7,5,-9)$.

4.23*- Determine a menor distância entre a reta que une os pontos $P_1(1,2,3)$ e $P_2(-1,0,2)$ e a que une os pontos $P_3(0,1,7)$ e $P_4(2,0,5)$.

4.24- Determine um vetor N perpendicular ao plano determinado pelos três pontos $A(1,-1,2)$, $B(2,0,-1)$ e $C(0,2,1)$.

4.25- Determine a distância da origem ao plano ABC do problema anterior, projetando OA sobre o vetor normal N.

4.26*- Determine a distância do ponto $P(1,-2,1)$ ao plano determinado pelos pontos $A(2,4,1)$, $B(-1,0,1)$ e $C(-1,4,2)$.

4.27- Sejam dois vetores $A = 5\,u_\rho - 8\,u_\phi + 3\,u_z$ e $B = -4\,u_\rho + 2\,u_\phi + 10\,u_z$, em coordenadas cilíndricas circulares, referidos ao mesmo ponto inicial. Determine:

(a) o produto $A \cdot B$;

(b) a componente escalar de A na direção de B;

(c) a componente vetorial de A na direção de B;

(d) o produto $A \times B$;

(e) um vetor unitário normal a ambos os vetores A e B.

4.28- A expressão de um vetor A, em coordenadas esféricas, no ponto $(5, 120°, 75°)$, é $A = -12\,u_r - 5\,u_\theta + 15\,u_\phi$. Determine a componente vetorial de A que é:

(a) normal à superfície esférica $r = 5$;

(b) tangente à superfície esférica $r = 5$;

(c) tangente ao cone $\theta = 120°$.

(d) Determinar um vetor unitário perpendicular à **A** e tangente ao cone $\theta = 120°$.

4.29- Determine um vetor **A** tal que ele seja perpendicular ao eixo y e satisfaça a equação vetorial $\mathbf{C} = \mathbf{A} \times \mathbf{B}$, na qual $\mathbf{B} = 4\mathbf{u}_x - 2\mathbf{u}_y - \mathbf{u}_z$ e $\mathbf{C} = \mathbf{u}_x - \mathbf{u}_y - 4\mathbf{u}_z$.

4.30- Considerando os vetores $\mathbf{A} = \mathbf{u}_x - \mathbf{u}_y - 4\mathbf{u}_z$ e $\mathbf{B} = 3\mathbf{u}_x + 2\mathbf{u}_y - 2\mathbf{u}_z$, determine um vetor que seja:

(a) perpendicular aos vetores **A** e **B** e tenha módulo qualquer;

(b) perpendicular ao vetores **A** e **B** e tenha módulo unitário;

(c) perpendicular aos vetores **A** e **B** e tenha módulo igual a 5.

(d) perpendicular ao vetores **A** e **B** e tenha componente z igual a -8.

4.31- Determine o vetor **V** que satisfaça simultaneamente as seguintes condições:

(a) $\mathbf{V} \cdot (3\mathbf{u}_x + 2\mathbf{u}_y) = 6$;

(b) $\mathbf{V} \times (2\mathbf{u}_y + 3\mathbf{u}_z) = 2\mathbf{u}_x$

4.32- Determine a área do triângulo de vértices $A(2,3,1)$, $B(2,-2,0)$ e $C(1,2,-3)$.

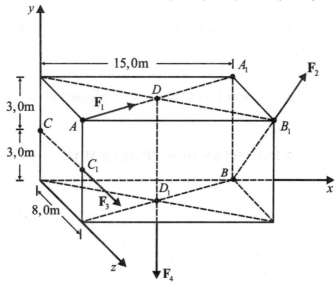

Fig. 4.20 - Problema 4.33

196   **Cálculo e Análise Vetoriais com Aplicações Práticas**

4.33*- Em relação ao sistema de forças ilustrado na figura 4.20, determine:

(a) a força resultante;

(b) o momento polar resultante em relação à origem.

Dados: $|\mathbf{F}_1| = 34,0\,\mathrm{kgf}; |\mathbf{F}_2| = 25,0\,\mathrm{kgf}; |\mathbf{F}_3| = 24,0\,\mathrm{kgf}; |\mathbf{F}_4| = 6,0\,\mathrm{kgf}$.

4.34- Verifique se são coplanares os vetores $\mathbf{A} = 2\,\mathbf{u}_x - \mathbf{u}_y + \mathbf{u}_z, \mathbf{B} = \mathbf{u}_x - \mathbf{u}_z$ e $\mathbf{C} = -\mathbf{u}_x + 3\,\mathbf{u}_y - \mathbf{u}_z$.

4.35- Determine o valor de λ para que os vetores $\mathbf{A} = 2\,\mathbf{u}_x + \lambda\,\mathbf{u}_y$, $\mathbf{B} = \mathbf{u}_x - \mathbf{u}_y + 2\,\mathbf{u}_z$ e $\mathbf{C} = 2\,\mathbf{u}_x - \mathbf{u}_y + 4\,\mathbf{u}_z$, sejam coplanares.

4.36- Determine o valor de λ para que o volume do paralelepípedo formado a partir dos vetores $\mathbf{A} = 3\,\mathbf{u}_x + \lambda\,\mathbf{u}_y - 2\,\mathbf{u}_z, \mathbf{B} = \mathbf{u}_x - \mathbf{u}_y$ e $\mathbf{C} = 2\,\mathbf{u}_x - \mathbf{u}_y + 2\,\mathbf{u}_z$ seja igual a 32 unidades de volume.

4.37- Considerando os pontos $A(2,1,3)$, $B(2,7,4)$, $C(3,2,3)$ e $D(1,-2,3)$, determine o volume do paralelepípedo formado a partir dos vetores $\mathbf{AB}, \mathbf{AC}$ e $\mathbf{AD}$.

4.38- Dados os quatros pontos $A(1,1,1)$, $B(0,0,2)$, $C(0,3,0)$ e $D(4,0,0)$, determine:

(a) o volume do tetraedro $ABCD$;

(b) o ângulo entre as arestas $\overline{AB}$ e $\overline{AC}$.

4.39- Dados os vetores $\mathbf{A} = 4\,\mathbf{u}_x + 3\,\mathbf{u}_y - \mathbf{u}_z, \mathbf{B} = \mathbf{u}_x - \mathbf{u}_y + 2\,\mathbf{u}_z$ e $\mathbf{C} = \mathbf{u}_x - 3\,\mathbf{u}_y - \mathbf{u}_z$, determine o produto $\mathbf{C} \cdot (\mathbf{A} \times \mathbf{B})$.

4.40- Determine o conjunto de vetores recíproco ao conjunto $2\,\mathbf{u}_x + 3\,\mathbf{u}_y - \mathbf{u}_z$, $\mathbf{u}_x - \mathbf{u}_y - 2\,\mathbf{u}_z$, $-\mathbf{u}_x + 2\,\mathbf{u}_y + 2\,\mathbf{u}_z$.

4.41- Prove que o sistema formado pelo termo unitário fundamental $\mathbf{u}_x, \mathbf{u}_y, \mathbf{u}_z$, é recíproco a si mesmo.

RESPOSTAS DOS PROBLEMAS

4.1- 14

4.2-

(a) -2

(b) 14

(c) 0

4.3- 3

4.4- -294

4.5- $\mathbf{A}\cdot\mathbf{B}=0\rightarrow\mathbf{A}\perp\mathbf{B}$

4.6- 2

4.7- $72^{\circ}\left(72^{\circ}1'29''\right)$

4.8- $-4\,(\text{raiz dupla})$

4.9- $\widehat{\mathrm{A}}=\hat{\mathrm{C}}\cong71,1^{\circ}\left(71^{\circ}4'5,4''\right);\hat{\mathrm{B}}=37,8^{\circ}\left(37^{\circ}51'49,1''\right)$

4.10- $A\left(3,3,0\right)$

4.11- $13/15$

4.12-

(a) $37,4$

(b) $5,39$

(c) $57,7^{\circ}\left(57^{\circ}40'20,7''\right)$

4.13-

(a) $54,7^{\circ}\left(54^{\circ}44'8,2''\right)$

(b) $35,3^{\circ}\left(35^{\circ}15'51,8''\right)$

4.17-

(a) $\alpha\cong57,7^{\circ}\left(57^{\circ}41'9,2''\right);\beta\cong36,7^{\circ}\left(36^{\circ}41'57,2''\right);\gamma\cong74,5^{\circ}\left(74^{\circ}29'55,1''\right)$

(b) $\dfrac{2}{\sqrt{14}}\mathbf{u}_{x}+\dfrac{3}{\sqrt{14}}\mathbf{u}_{y}+\dfrac{1}{\sqrt{14}}\mathbf{u}_{z}$

4.18- $\alpha=45^{\circ};\beta=135^{\circ};\gamma=90^{\circ}$

4.19- $\alpha'=60^{\circ};\alpha''=120^{\circ}$

4.20- $2\,\mathbf{u}_x - 2\,\mathbf{u}_y \pm 2\sqrt{2}\,\mathbf{u}_z$

4.21-

(a) $\pm\dfrac{1}{\sqrt{30}}\left(5\,\mathbf{u}_x - 2\,\mathbf{u}_y + \mathbf{u}_z\right)$

(b) $\pm\dfrac{1}{\sqrt{29}}\left(2\,\mathbf{u}_x + 5\,\mathbf{u}_y\right)$

4.22- 7 unidades de comprimento

4.23- 3 unidades de comprimento

4.24- $\lambda\left(2\,\mathbf{u}_x + \mathbf{u}_y + \mathbf{u}_z\right)$, em que λ é um escalar qualquer não nulo.

4.25- $\dfrac{\sqrt{6}}{2}$ unidades de comprimento

4.26- $\dfrac{14}{13}$ unidades de comprimento

4.27-

(a) -6

(b) $-\dfrac{\sqrt{30}}{10}$

(c) $0,2\,\mathbf{u}_\rho - 0,1\,\mathbf{u}_\phi - 0,5\,\mathbf{u}_z$

(d) $-86\,\mathbf{u}_\rho - 62\,\mathbf{u}_\phi - 22\,\mathbf{u}_z$

(e) $\pm\left(0,794\,\mathbf{u}_\rho + 0,573\,\mathbf{u}_\phi + 0,203\,\mathbf{u}_z\right)$

4.28-

(a) $-12\,\mathbf{u}_r$

(b) $-5\,\mathbf{u}_\theta + 15\,\mathbf{u}_\phi$

(c) $-12\,\mathbf{u}_r + 15\,\mathbf{u}_\phi$

(d) $\pm(0,781\mathbf{u}_r + 0,625\mathbf{u}_\phi)$

4.29- $\mathbf{u}_x + \mathbf{u}_z$

4.30-

(a) A questão apresenta infinitas soluções, que são representadas por $\lambda(10\mathbf{u}_x - 10\mathbf{u}_y + 5\mathbf{u}_z)$, $\lambda \in \mathbb{R}$.

(b) A questão apresenta duas soluções, que são: $\pm\left(\dfrac{2}{3}\mathbf{u}_x - \dfrac{2}{3}\mathbf{u}_y + \dfrac{1}{3}\mathbf{u}_z\right)$

(c) Uma única solução: $\dfrac{10}{3}\mathbf{u}_x - \dfrac{10}{3}\mathbf{u}_y + \dfrac{5}{3}\mathbf{u}_z$

(d) Uma única solução: $-16\mathbf{u}_x + 16\mathbf{u}_y - 8\mathbf{u}_z$

4.31- $3\mathbf{u}_y + \dfrac{7}{2}\mathbf{u}_z$

4.32- $\dfrac{3\sqrt{43}}{2}$ unidades de área

4.33-

(a) $\mathbf{F} = (30,0\mathbf{u}_x + 9,00\mathbf{u}_y + 28,0\mathbf{u}_z)\,\text{kgf}$

(b) $\boldsymbol{\tau} = (-60\mathbf{u}_y)\,\text{kgf.m}$

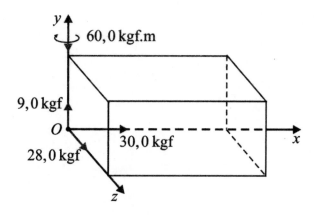

Fig. 4.21 - Resposta do problema 4.33

4.34- $(\mathbf{A},\mathbf{B},\mathbf{C}) = 7 \neq 0$ e os vetores não são coplanares.

200 Cálculo e Análise Vetoriais com Aplicações Práticas

4.35- -10

4.36- $\lambda' = -20;\ \lambda'' = 12$

4.37- 2 unidades de volume

4.38-

(a) $\dfrac{1}{3}$ unidade de volume

(b) $118,1^\circ\left(118^\circ\,7'31,8''\right)$

4.39- 39

4.40- $\dfrac{1}{3}\left(2\,\mathbf{u}_x + \mathbf{u}_z\right);\ \dfrac{1}{3}\left(-8\,\mathbf{u}_x + \mathbf{u}_y - 7\,\mathbf{u}_z\right);\ \dfrac{1}{3}\left(-7\,\mathbf{u}_x + \mathbf{u}_y - 5\,\mathbf{u}_z\right)$

CAPÍTULO 5

Campo de uma Grandeza Física

5.1 - Definições

O campo de uma grandeza física é uma região do espaço ou do plano na qual a cada ponto está associada uma grandeza, cuja função representativa ou lei de variação com a posição e com o tempo é conhecida.

Coube a **Faraday** a introdução do conceito de **campo** na primeira metade do século XIX.

O campo é sempre representado por uma função e, na prática, **denomina-se campo à própria função. Se o campo é de uma grandeza escalar** (temperatura, altitude, pressão, potencial, etc.) **temos uma função escalar associada; se o campo é de uma grandeza vetorial** (deslocamento, velocidade, aceleração, força, etc.) **temos uma função vetorial representativa.** Também aqui cabe a mesma generalização feita para as grandezas físicas. Se a grandeza é tensorial, dizemos que um campo tensorial está definido se a cada ponto de uma região, num espaço de n dimensões, corresponde um tensor definido. Esse campo é vetorial ou escalar conforme o tensor seja, respectivamente, de ordem um ou de ordem zero. Entretanto, devemos notar que um **tensor ou campo tensorial** não é apenas o conjunto de seus componentes em um determinado sistema de coordenadas, mas todos os conjuntos possíveis sob qualquer transformação de coordenadas. **Em nosso curso, nos limitaremos aos campos escalares e aos campos vetoriais.**

Os campos independentes do tempo são ditos estacionários, estáticos ou invariantes no tempo[1]; caso contrário, eles são denominados dinâmicos.

Um campo é dito uniforme quando não varia com a posição, mas pode variar com o tempo. Um campo é dito constante quando não varia nem com a posição nem com o tempo. Deste modo, o campo gravitacional, em uma região restrita da superfície terrestre, pode ser considerado, para muitos fins, como sendo um campo vetorial constante.

Cumpre também ressaltar, que a teoria dos campos foi desenvolvida em conexão com o estudo do movimento dos fluidos, tendo, portanto, o mesmo vocabulário associado. Também por isso, **quase sempre**, é associado ao conceito de campo um outro conceito: o de **fonte**. No caso do campo ser escalar, isto não representa nenhuma vantagem conceitual. Já para os campos vetoriais, as **fontes**, divididas em **dois tipos — de fluxo ou de escoamento, associada ao conceito de divergência, e de circulação ou de vórtice, acoplada ao conceito de rotacional —** garantem, geralmente, uma interpretação física imediata das propriedades dos campos, conforme veremos mais adiante. Entretanto, às vezes, a fonte não tem existência física e, em outros casos, é apenas um recurso puramente matemático (vide questões 9.10 e 9.11).

É mandatório observar que, para um campo estático, também chamado de estacionário ou invariante no tempo, a(s) posição(ões) da(s) fonte(s) que lhe é(são) associada(s) é que não varia(m) com o tempo, mas o campo pode variar, de ponto para ponto, com a posição. Um exemplo disso é o campo potencial eletrostático produzido por uma carga puntiforme estática. A carga está parada, mas a intensidade do campo varia com o inverso da distância à carga.

---

[1] Dependendo do caso, pode ser mais adequado utilizar uma ou outra denominação. Por exemplo: com relação ao o campo de velocidades $\mathbf{v} = \left(x^2 y z^3 \right)\mathbf{u}_x$, dizer que ele é um campo estático ou estacionário não seria adequado, visto que ele é um campo de velocidades e velocidade significa movimento. Aqui fica mais adequado dizer que ele é invariante no tempo.

202 Cálculo e Análise Vetoriais com Aplicações Práticas

5.2 - Funções Escalares e Funções Vetoriais de Variáveis Escalares

Conforme já colocado na seção anterior, temos

Campo de uma grandeza escalar $\rightleftarrows$ Função escalar

Campo de uma grandeza Vetorial $\rightleftarrows$ Função Vetorial

Dizemos que Φ é uma função escalar de um simples escalar u, para um dado intervalo de valores de u, se para cada u do intervalo corresponde um valor de Φ. A expressão

$$\Phi = f(u) = \Phi(u) \tag{5.1}$$

representa, de modo adequado, a dependência de Φ com relação à u. Grande parte da teoria sobre funções escalares de uma única variável se reporta a um intervalo fechado do tipo

$$u_1 \leq u \leq u_2$$

que também pode ser representado sob a forma

$$[u_1 \quad u_2]$$

Funções de duas ou mais variáveis têm tratamento teórico bastante diferenciado daquelas de apenas uma variável. Para uma variável, o intervalo fechado $u_1 \leq u \leq u_2$ é adequado, mas, para duas variáveis, não podemos, simplesmente, fazer uma transição para o retângulo definido por

$$u_1 \leq u \leq u_2 \text{ e } v_1 \leq v \leq v_2,$$

pois, frequentemente, estão envolvidas regiões mais complicadas. Um estudo mais aprofundado de tais funções está além do propósito do presente trabalho, mas pode ser levado a termo em livros que tratam a Análise de modo mais avançado como, por exemplo, **"Volume and Integral"** de **Werner W. Rogosinski,** publicado por Interscience Publishers, New York, em 1952.

Dizemos que um vetor **V** é uma função vetorial de uma única variável escalar u, para um intervalo de valores de u, se a cada u do intervalo corresponde um vetor **V**. Uma função vetorial **V** pode ser expressa em função de componentes, no sistema cartesiano retangular, na forma

$$\mathbf{V} = V_x(u)\mathbf{u}_x + V_y(u)\mathbf{u}_y + V_z(u)\mathbf{u}_z \tag{5.2}$$

em que $V_x(u)$, $V_y(u)$ e $V_z(u)$ são definidas no intervalo de valores de u.

Uma função vetorial **V**, da mesma forma que uma função escalar Φ, pode ser também função de duas ou mais variáveis como, por exemplo: x, y, z e t. Isto implica que em um certo instante t, em cada ponto $P(x, y, z)$ de uma certa região do $\mathbb{R}^3$, existem um número e uma direção associadas a **V**. Como casos especiais de funções escalares e de funções vetoriais de variáveis escalares, temos as funções escalares de ponto (ou de posição) e as funções vetoriais de ponto (ou de posição).

Evidentemente que as funções de ponto, **no caso estático**, são funções do raio vetor do ponto, ou vetor posição do ponto, e são denotadas conforme definido a seguir.

- Funções escalares de ponto:

$$\Phi = \Phi(P) = \Phi(\mathbf{r}) \tag{5.3a}$$

$$\begin{cases} \Phi = \Phi(x,y,z) \\ \Phi = \Phi(\rho,\phi,z) \\ \Phi = \Phi(r,\theta,\phi) \end{cases} \tag{5.3b}$$

sendo que (5.3a) representa o caso geral e (5.3b) os casos particulares dos três sistemas até agora estudados.

- Funções vetoriais de ponto:

$$\mathbf{V} = \mathbf{V}(P) = \mathbf{V}(\mathbf{r}) \tag{5.4a}$$

$$\begin{cases} \mathbf{V} = V_x(x,y,z)\mathbf{u}_x + V_y(x,y,z)\mathbf{u}_y + V_z(x,y,z)\mathbf{u}_z \\ \mathbf{V} = V_\rho(\rho,\phi,z)\mathbf{u}_\rho + V_\phi(\rho,\phi,z)\mathbf{u}_\phi + V_z(\rho,\phi,z)\mathbf{u}_z \\ \mathbf{V} = V_r(r,\theta,\phi)\mathbf{u}_r + V_\theta(r,\theta,\phi)\mathbf{u}_\theta + V_\phi(r,\theta,\phi)\mathbf{u}_\phi \end{cases} \tag{5.4b}$$

sendo que (5.4 a) representa o caso geral e (5.4 b) os particulares.

No **caso dinâmico,** as funções de ponto são funções do raio vetor do ponto e do tempo, e são denotadas conforme adiante.

- Funções escalares de ponto:

$$\Phi = \Phi(P,t) = \Phi(\mathbf{r},t) \tag{5.5a}$$

ou

$$\begin{cases} \Phi = \Phi(x,y,z,t) \\ \Phi = \Phi(\rho,\phi,z,t) \\ \Phi = \Phi(r,\theta,\phi,t) \end{cases} \tag{5.5b}$$

- Funções vetoriais de ponto:

$$\mathbf{V} = \mathbf{V}(P,t) = \mathbf{V}(\mathbf{r},t) \tag{5.6a}$$

$$\begin{cases} \mathbf{V} = V_x\left(x,y,z,t\right)\mathbf{u}_x + V_y\left(x,y,z,t\right)\mathbf{u}_y + V_z\left(x,y,z,t\right)\mathbf{u}_z \\ \mathbf{V} = V_\rho\left(\rho,\phi,z,t\right)\mathbf{u}_\rho + V_\phi\left(\rho,\phi,z,t\right)\mathbf{u}_\phi + V_z\left(\rho,\phi,z,t\right)\mathbf{u}_z \\ \mathbf{V} = V_r\left(r,\theta,\phi,t\right)\mathbf{u}_r + V_\theta\left(r,\theta,\phi,t\right)\mathbf{u}_\theta + V_\phi\left(r,\theta,\phi,t\right)\mathbf{u}_\phi \end{cases} \tag{5.6b}$$

5.3 - Campos Escalares

5.3.1 - Exemplificações

Pelo que já foi afirmado na seção 5.1, podemos citar como exemplos de campos escalares: a distribuição de temperatura em um dado meio, a distribuição de pressão ao longo de um certo fluido, as cotas de elevação (alturas) de um certo terreno acidentado, o potencial gravitacional dos pontos de uma região na qual existe um sistema de massas, o potencial eletrostático dos pontos do espaço devido a uma distribuição de cargas elétricas, etc. É também importante ressaltar que, genericamente, um campo escalar é representado por Φ, mas, em alguns casos particulares, conforme alguns que foram citados nesta subseção, empregamos outras letras para simbolizá-los:

- Campo de temperaturas $\rightarrow T$;

- Campo de pressões $\rightarrow p$;

- Campo de elevações $\rightarrow h$;

- Campo potencial gravitacional $\rightarrow V$;

- Campo potencial elétrico $\rightarrow V$.

A seguir apresentamos algumas funções representativas de campos escalares:

1ª) $T = x^2 + y^2 + z^2 \rightarrow$ Campo estático de temperaturas devido a uma fonte puntual de calor, centrada na origem do sistema cartesiano retangular.

2ª) $p = p_0 + \dfrac{\mu\,\omega^2\rho^2}{2} - \mu\,g\,z \rightarrow$ Campo estático de pressões em um fluido em rotação uniforme em torno do eixo z do sistema cilíndrico circular.

3ª) $V = \dfrac{1}{4\pi\,\varepsilon_0}\dfrac{q}{r} \rightarrow$ Campo potencial eletrostático devido a uma carga puntiforme centrada na origem do sistema cartesiano, em função da coordenada esférica r.

4ª) $\mu = t^2\mu_0 \rightarrow$ Campo uniforme da massa específica de uma tinta à qual está sendo acrescentada uma certa base ao longo do tempo.

5ª) $V = 50\,\text{Volts} \rightarrow$ Campo potencial constante de um condutor em equilíbrio eletrostático.

6ª) $T = \dfrac{400}{\sqrt{t}} + 100\left(\dfrac{\rho}{a}\right)^2 \cos 2\phi \to$ Campo dinâmico de temperaturas devido a um cilindro muito longo, cujo eixo coincide com o eixo z do sistema cilíndrico circular.

5.3.2 - Continuidade

Não são raros os casos em que a função $\Phi(\mathbf{r},t)$ representativa do campo torna-se descontínua em alguns pontos. Dizemos, então, que $\Phi(\mathbf{r},t)$ apresenta singularidades nestes pontos. Em nosso curso, salvo declaração em contrário, as funções escalares serão sempre assumidas como sendo univalentes, finitas e contínuas em todo o seu domínio.

5.3.3 - Superfícies Isotímicas

Se os pontos nos quais a função escalar Φ porventura assumir valores constantes constituírem superfícies, as mesmas serão denominadas **superfícies isotímicas**[2]. Se o campo escalar Φ variar também com o tempo, o conceito de **superfície isotímica** é aplicado fixando-se, instantaneamente, o tempo, isto é, fazendo-se $t = t_k$, sendo t_k o valor do tempo no instante considerado. Sua representação simbólica é

$$\begin{cases} \Phi(\mathbf{r},t_k) = \text{constante} \\ \text{ou} \\[4pt] \begin{cases} \Phi = \Phi(x,y,z,t_k) = \text{constante} \\ \Phi = \Phi(\rho,\phi,z,t_k) = \text{constante} \\ \Phi = \Phi(r,\theta,\phi,t_k) = \text{constante} \end{cases} \end{cases} \tag{5.7}$$

Obtemos uma **superfície isotímica** em correspondência com cada valor particular atribuído à constante.

Se a função escalar Φ é considerada univalente, cada ponto do campo escalar está contido em uma única superfície isotímica. Em outras palavras: superfícies isotímicas não se interceptam mutuamente, elas se estendem umas ao lado das outras. Os pontos para os quais $\Phi(\mathbf{r},t_k) = \text{constante}$, podem também constituir um volume ou uma linha, casos nos quais existem, respectivamente, um **volume isotímico** ou uma **linha isotímica**.

Eventualmente, um dado valor da função $\Phi(\mathbf{r},t_k)$ só se realiza em um ou mais pontos discretos, ou até mesmo em nenhum ponto.

As **superfícies isotímicas** dizem-se **equipotenciais** quando $\Phi(\mathbf{r},t_k)$ representa potencial; **isotermas** ou **isotérmicas** quando $\Phi(\mathbf{r},t_k)$ representa temperatura; **isóbaras** ou **isobáricas**

---

[2] A referência bibliográfica nº28 utiliza, na página 5, as seguintes palavras para explicar a origem do vocábulo: **isotimic surfaces** (from the Greek isotimos, of equal worth; iso=equal, timos=worth). Em Português, temos: **superfícies isotímicas** (do grego isotimos, de igual valor; iso=igual, timos=valor).

quando $\Phi(\mathbf{r},t_k)$ **representa pressão**; e **de nível** quando $\Phi(\mathbf{r},t_k)$ **representa altitude** (altura) ou **profundidade**.

Nota: alguns autores preferem se referir às superfícies isotímicas como superfícies de nível, de um modo geral (vide referência bibliográfica nº 23), embora, na verdade, esta última denominação só devesse ser utilizada no caso de a função escalar representar altitude (valores positivos) ou profundidade (valores negativos).

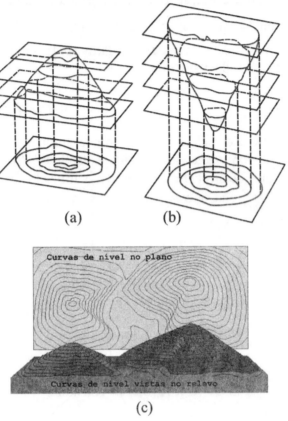

Fig. 5.1

A parte (a) da figura 5.1 representa o levantamento das linhas de nível de uma elevação, obtidas através das interseções das superfícies de nível com a superfície lateral do relevo. Tais superfícies são planos paralelos ao plano de nível zero, comumente adotado como estando ao nível do mar. A parte (b) da figura 5.1 apresenta o levantamento de uma série de linhas de nível relativas à profundidade, em que as mesmas são determinadas a partir das interseções das superfícies de nível com as paredes laterais da depressão no terreno. Estas técnicas são o fundamento para construção dos mapas topográficos e das cartas náuticas. A parte (c) da figura em questão mostra um exemplo estilizado de topografia, mas em um exemplo real, conforme aparece na parte (h) da figura 9.4, as altitudes ou alturas do relevo estão obrigatoriamente indicadas.

EXEMPLO 5.1

Determine as superfícies isotímicas associadas aos seguintes campos escalares:

(a) $\Phi(x,y,z) = x^2 + y^2 + z^2$

(b) $\Phi(x,y,z)= x^2 + y^2 + 2z^2$

SOLUÇÃO:

(a)

$$x^2 + y^2 + z^2 = \text{constante} = K$$

O lugar geométrico representado pela equação é uma família de superfícies esféricas concêntricas com a origem (vide problema 5.3). O raio de cada esfera é obtido a partir dos valores assumido pela constante K, de tal forma que $R = \sqrt{K}$.

(b)

$$x^2 + y^2 + 2z^2 = \text{constante} = K \rightarrow \frac{x^2}{K} + \frac{y^2}{K} + \frac{z^2}{\dfrac{K}{2}} = 1$$

O lugar geométrico representado pela equação é uma família elipsoides de revolução, centrados na origem, semieixos $a = b = \sqrt{K}$ e $c = \sqrt{K/2}$ (vide problema 5.3). Os semieixos de cada elipsoide da família são obtidos a partir dos valores assumidos pela constante K.

5.3.4 - Casos Particulares

- **Campo Plano:** é também denominado campo bidimensional, e é todo aquele definido somente para pontos de um plano (π). Se o plano for o plano $xy\,(z = 0)$, teremos

$$\begin{cases} \Phi = \Phi(x,y,t) \\ \text{ou} \\ \Phi = \Phi(\rho,\phi,t) \end{cases} \tag{5.8}$$

sendo a primeira em coordenadas cartesianas retangulares e a segunda em coordenadas polares[3].

EXEMPLO 5.2

Determine as linhas isotímicas associadas ao campo estático e plano $\Phi = xy$.

SOLUÇÃO:

Do conjunto (5.8), decorre

$$xy = \text{constante} = K$$

que representa uma família de hipérboles equiláteras. Na figura 5.2 aparecem várias linhas isotímicas, obtidas a partir da variação de K.

---

[3] coordenadas cilíndricas circulares no plano xy (plano $z = 0$).

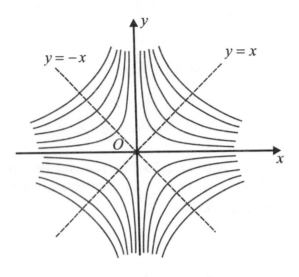

Fig. 5.2

- **Campo Plano-Paralelo:** é todo campo associado a uma reta fixa (λ) tal que a função escalar de ponto é constante nos pontos de qualquer reta paralela à reta (λ) e contida no campo, embora variando de valor de reta para reta. Sob muitos aspectos, o estudo de tal campo pode ser restrito a um único plano (π) que intercepta a reta (λ). Dá-se preferência a um plano perpendicular à reta (λ) e, assim, a translação desse plano segundo a reta (λ) reproduz o campo nos demais pontos do espaço a três dimensões. Se a reta (λ) for coincidente com o eixo z, pode-se escolher como plano (π) o plano xy, resultando

$$\begin{cases} \Phi = \Phi(x,y,t) \text{ ou } \Phi = \Phi(\rho,\phi,t) \\ e \\ \dfrac{\partial \Phi}{\partial z} = 0 \end{cases} \quad (5.9)$$

As **superfícies isotímicas** do campo são cilíndricas (nem todas necessariamente de revolução) e interceptam o plano (π) segundo **linhas isotímicas**.

EXEMPLO 5.3

Determine os traços das **superfícies isotímicas** (linhas isotímicas) associadas ao campo estático e plano-paralelo

$$\begin{cases} \Phi = k \ln \left[\dfrac{(x+a)^2 + y^2}{(x-a)^2 + y^2} \right]^{\frac{1}{2}} \\ e \\ \dfrac{\partial \Phi}{\partial z} = 0 \end{cases}$$

no plano xy.

SOLUÇÃO:

Fazendo Φ = constante, obtemos

$$\left[\frac{(x+a)^2+y^2}{(x-a)^2+y^2}\right]^{\frac{1}{2}} = \text{constante} = K \rightarrow \frac{(x+a)^2+y^2}{(x-a)^2+y^2} = K^2 \rightarrow$$

$$\rightarrow (x+a)^2 + y^2 = K^2(x-a)^2 + K^2 y^2 \rightarrow$$

$$\rightarrow x^2 + 2a\left(\frac{1+K^2}{1-K^2}\right)x + y^2 + a^2 = 0 \qquad \text{(i)}$$

A equação do círculo de centro $C(h,0)$ e raio R é

$$(x-h)^2 + y^2 - R^2 = 0$$

Desenvolvendo, temos

$$x^2 - 2h\,x + h^2 + y^2 - R^2 = 0 \qquad \text{(ii)}$$

Comparando as equações (i) e (ii), obtemos

$$\begin{cases} h = \left(\dfrac{K^2+1}{K^2-1}\right)a \\ h^2 - R^2 = a^2 \end{cases}$$

Assim sendo, podemos estabelecer

$$R^2 = h^2 - a^2 = \left[\left(\frac{K^2+1}{K^2-1}\right)a\right]^2 - a^2 = \frac{(K^4+2K^2+1)a^2 - (K^4-2K^2+1)a^2}{(K^2-1)^2} = \frac{4K^2a^2}{(K^2-1)^2}$$

o que resulta

$$R = \frac{2Ka}{\left|K^2-1\right|}$$

Então, concluímos que as linhas isotímicas no plano xy são círculos de centro em $C(h,0)$, sendo

$$h = \left(\frac{K^2+1}{K^2-1}\right)a$$

e raio

$$R = \frac{2Ka}{|K^2 - 1|}$$

Variando K, obtemos as diversas linhas isotímicas representadas na figura 5.3.

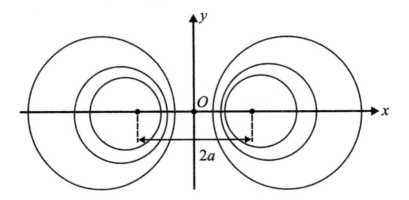

Fig. 5.3

- **Campo Central:** é todo campo associado a um ponto fixo P'(centro do campo) tal que a função escalar de ponto $\Phi(\mathbf{r},t)$ é função apenas da distância $R = \overline{P'P}$ de centro do campo ao ponto P e do tempo. No caso estático, ele é função tão somente da distância $R = \overline{P'P}$. Este campo tem a mesma determinação em todos os pontos de uma dada superfície esférica (genérica) de centro em P'. Por este motivo, ele também é denominado campo esférico. Simbolicamente, temos

$$\Phi = \Phi(R,t) \qquad (5.10)$$

Quando o ponto P' coincide com a origem do sistema de referência, podemos expressar simplesmente

$$\Phi = \Phi(\mathbf{r},t) \qquad (5.11)$$

em que, pelo grupo de expressões (3.94), temos

$$r = \sqrt{x^2 + y^2 + z^2}$$

EXEMPLO 5.4

Faça um esboço das superfícies isotímicas associadas ao campo estático e central $\Phi = KR$, sendo $K = $ constante > 0, $R = \overline{P'P}$ e estando P' situado em (x', y', z').

SOLUÇÃO:

As superfícies isotímicas são esferas centradas no ponto P'. A superfície para a qual $\Phi = 0$ degenera no ponto P'.

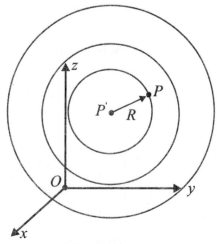

Fig. 5.4

- **Campo Axial ou Cilíndrico:** é um caso particular do campo plano-paralelo e é todo campo associado a uma reta fixa (λ) (eixo do campo) tal que a função escalar de ponto é função exclusiva da distância R do ponto ao eixo. Este campo tem a mesma determinação para todos os pontos de uma certa superfície cilíndrica de revolução (genérica) com eixo (λ). As superfícies isotímicas interceptam o plano normal à reta (λ) segundo circunferências concêntricas. Qualquer plano contendo o eixo (λ) é plano de simetria. Simbolicamente, temos

$$\Phi = \Phi(R,t) \tag{5.12}$$

Se o eixo do campo for coincidente com o eixo z, temos

$$\begin{cases} \Phi = \Phi(\rho,t) \\ e \\ \dfrac{\partial \Phi}{\partial z} = 0 \end{cases} \tag{5.13}$$

em que

$$\rho = \sqrt{x^2 + y^2}$$

EXEMPLO 5.5

Faça um esboço das superfícies isotímicas associadas ao campo estático e axial,

$$\begin{cases} \Phi = x^2 + y^2 \\ e \\ \dfrac{\partial \Phi}{\partial z} = 0 \end{cases}.$$

SOLUÇÃO:

Temos um campo estático axial e as superfícies isotímicas cilíndricas se encontram representadas na figura 5.5.

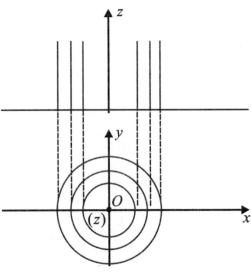

Fig. 5.5

5.4 - Campos Vetoriais

5.4.1 - Exemplificações

Também em acordância com a seção 5.1, podemos citar alguns exemplos de campos vetoriais: o conjunto dos vetores-posição dos pontos do espaço, as velocidades dos pontos de um sólido ou de um gás, o campo elétrico, o campo magnético, o campo gravitacional, etc. Também devemos ressaltar que, genericamente, um campo vetorial é representado pelo símbolo **V**, mas em alguns casos particulares, conforme alguns que foram citados nesta subseção, empregamos outras letras para simbolizá-los:

- Campo de posições → **r** ;

- Campo de velocidades → **v** ;

- Campo elétrico → **E** ;

- Campo magnético → **B** ;

- Campo gravitacional $\rightarrow \mathcal{G}$ [4]

A seguir, apresentamos algumas funções representativas de campos vetoriais:

1ª) $\mathbf{E} = \dfrac{1}{4\pi\varepsilon_0}\dfrac{q}{r^2}\mathbf{u}_r \rightarrow$ Campo eletrostático devido a uma carga puntiforme[5] centrada na origem, em função das coordenadas esféricas.

2ª) $\mathbf{B} = \dfrac{\mu_0 i}{2\pi\rho}\mathbf{u}_\phi \rightarrow$ Campo magnetostático devido a um filamento de corrente[6] contínua, de comprimento muito longo e coincidente com o eixo z.

3ª) $\mathbf{v} = \mathrm{v}_o\, y(d-y)\mathbf{u}_x \rightarrow$ Campo invariante no tempo de velocidades da água em um canal de irrigação que tem lados retos, paralelos, afastados de d metros e alinhados com o eixo x.

4ª) $\mathbf{B} = B_0 t^2 \mathbf{u}_z \rightarrow$ Campo uniforme no interior de um volume cilíndrico cujo eixo é paralelo ao eixo z.

5ª) $\mathbf{B} = B_0 \mathbf{u}_z \rightarrow$ Campo constante no interior de um volume cilíndrico cujo eixo é paralelo ao eixo z.

6ª) $\mathbf{E} = -E_m \cos(\omega t - \beta z)\mathbf{u}_y \rightarrow$ Campo eletrodinâmico no interior de uma linha de transmissão em forma de duas lâminas condutoras paralelas, muito longas e de pequena separação entre as mesmas.

5.4.2 - Continuidade

Da mesma forma que as funções escalares, muitas vezes, as funções vetoriais são descontínuas em alguns pontos, linhas e superfícies, ou seja, apresentam singularidades. Em nosso trabalho, salvo declaração expressa em contrário, a função vetorial genérica $\mathbf{V}$ é assumida como sendo univalente, finita e contínua em todo o seu domínio.

---

[4] A aceleração da gravidade $\mathbf{g}$ deve ser considerada como sendo o campo gravitacional nas vizinhanças da superfície da Terra.

[5] Corpo eletrizado com a forma ou aparência de ponto e cujas dimensões são desprezíveis em presença das distâncias a outros corpos eletrizados.

[6] Condutor cujo diâmetro da seção reta ou seção transversal é desprezível em presença do seu compri-mento.

EXEMPLO 5.6

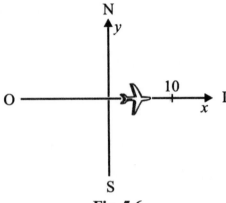

Fig. 5.6

Em uma viagem intercontinental o campo de velocidades do vento em uma dada região e altitude na qual voa um jato de cruzeiro, é representado pela função

$$\mathbf{v} = \frac{(-3x^2 + 48x - 20)\mathbf{u}_x - (6x - 20)\mathbf{u}_y}{10 + 4y^2} \quad (m/s)$$

Assumindo uma altitude constante, a Terra como sendo plana e um vôo de deslocamento curto ao longo do eixo x desde $x = 0$ até $x = 10$ unidades de comprimento (100 km), $\mathbf{u}_x$ dirigido para o Leste e $\mathbf{u}_y$ dirigido para o Norte, determine:

(a) a posição e a intensidade do máximo vento de cauda encontrado;

(b) repetir para o vento contrário;

(c) repetir para o vento lateral;

(d) Haverá vento de cauda mais favorável em alguma outra latitude? Em caso afirmativo, em qual?

SOLUÇÃO:

Uma vez que o deslocamento é feito ao longo do eixo x, fazendo $y = 0$ na expressão da velocidade do vento, obtemos

$$\mathbf{v} = \frac{(-3x^2 + 48x - 20)\mathbf{u}_x - (6x - 20)\mathbf{u}_y}{10}$$

O vento de cauda e o vento contrário, dado o sentido de deslocamento do avião, são obtidos, respectivamente, quando $v_x > 0$ e $v_x < 0$. Vamos pesquisar a variação da função velocidade do vento, dada por

$$v_x = \frac{-3x^2 + 48x - 20}{10}\,(\text{m}/\text{s})$$

A derivada primeira nos conduz a

$$\frac{d\,v_x}{dx} = \frac{-6x + 48}{10} = 0 \to x = 8 \to v_x = 17,2\,\text{m}/\text{s}$$

A derivada segunda implica

$$\frac{d^2\,v_x}{dx^2} = -\frac{6}{10} < 0 \to \quad \text{ponto de máximo}$$

Temos também

$$x = 0 \to v_x = -2\,\text{m}/\text{s}$$

e

$$x = 10 \to v_x = 16\,\text{m}/\text{s}$$

O vento lateral é

$$v_y = 20 - 6x$$

de modo que

$$x = 0 \to v_y = 20\,\text{m}/\text{s}$$

e

$$x = 10 \to v_y = -40\,\text{m}/\text{s}$$

A partir da figura 5.7, concluímos:

1º) o maior valor de vento de cauda é $17,2\,\text{m/s}\,(\cong 62\,\text{km/h})$ e ocorre na posição $x = 8$ unidades de comprimento ($80\,\text{km}$);

2º) o maior vento contrário é $2\,\text{m/s}$ ($7,2\,\text{km/h}$) e ocorre na posição $x = 0,43$ unidade de comprimento ($4,3\,\text{km}$);

3º) o maior vento lateral é $40\,\text{m/s}$ ($144\,\text{km/h}$) e ocorre na posição $x = 10$ unidades de comprimento ($100\,\text{km}$);

4º) não há vento de cauda maior que $17,2\,\text{m/s}$, pois $10 + 4y^2$ é mínimo para $y = 0$.

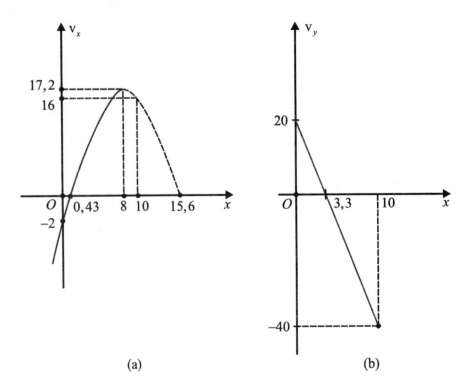

(a)   (b)

Fig. 5.7

EXEMPLO 5.7

Dado o campo vetorial $\mathbf{V} = y\,\mathbf{u}_x + x\,\mathbf{u}_y$, do plano $z = 0$ (plano xy), faça um esboço usando pequenas setas, a fim de indicar a intensidade e direção deste campo em 16 pontos situados na região $0 \le x \le 3$, $0 \le y \le 3$, $z = 0$, em que x e y são inteiros.

SOLUÇÃO:

A intensidade do campo é dada por

$$|\mathbf{V}| = \sqrt{V_x^2 + V_y^2} = \sqrt{y^2 + x^2},$$

e o ângulo que o vetor forma com o semi-eixo x positivo tem por expressão

$$\phi = \operatorname{arc\,tg}\left(\frac{V_y}{V_x}\right) = \operatorname{arc\,tg}\left(\frac{x}{y}\right)$$

Nota: para $x = y = 0$ o ângulo ϕ não é definido, uma vez que o vetor nulo não tem direção.

Listando as diversas opções de pontos em uma tabela, segue-se

x	y	$V_x = y$	$V_y = x$	$\phi = arc\ tg\left(\dfrac{x}{y}\right)$	$|\mathbf{V}| = \sqrt{y^2 + x^2}$
0	0	0	0		0
0	1	1	0	0	1
0	2	2	0	0	1,41
0	3	3	0	0	1,73
1	0	0	1	90,0°	1
1	1	1	1	45,0°	1,41
1	2	2	1	26,6°	2,24
1	3	3	1	18,4°	3,16
2	0	0	2	90,0°	2
2	1	1	2	63,4°	2,24
2	2	2	2	45,0°	2,83
2	3	3	2	33,7°	3,61
3	0	0	3	90,0°	3
3	1	1	3	71,6°	3,16
3	2	2	3	56,3°	3,61
3	3	3	3	45,0°	4,24

Tab. 5.1

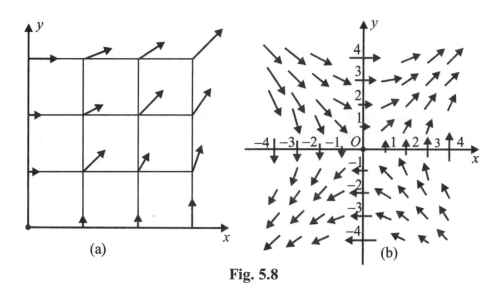

Fig. 5.8

A parte (a) da figura 5.8 apresenta os vetores para o número de pontos pedidos no enunciado. Na figura parte (b) da mesma, temos um número maior de pontos. É instrutivo, mais tarde, comparar esta última com a figura para a resposta ao item (e) do problema 5.9.

5.4.3 - Linhas de Campo[7]

O conceito de linhas de campo, que também foi introduzido por **Faraday**, é de grande valia para o estudo da Fluidodinâmica e do Eletromagnetismo. Embora as linhas não tenham existência real, elas ajudam sobremaneira na visualização do comportamento do campo vetorial no tocante à intensidade (quanto mais próximas forem as linhas umas das outras, maior será a intensidade do mesmo), direção e sentido.

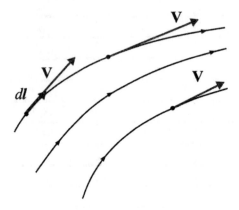

Fig. 5.9

Entende-se por linha de campo toda linha que apresenta em cada ponto a direção do vetor campo. Em outras palavras: o vetor campo é sempre tangente às linhas em cada ponto. Em consequência, as linhas de campo têm um sentido concordante com o do vetor campo.

Considerando-se um vetor de comprimento diferencial dl, tangente a uma linha em um ponto genérico, podemos afirmar que este vetor é paralelo ao vetor **V** representativo do campo, tendo em vista que este último, por definição, é tangente às linhas em cada ponto. Podemos, agora, estabelecer para os dois vetores paralelos, a equação vetorial das linhas do campo **V**, que é

$$dl \times \mathbf{V} = 0 \qquad (5.14)$$

Expressando **V** e dl em função de suas componentes nos três sistemas de coordenadas já analisados, e efetuando o produto vetorial, obtemos as equações diferenciais das linhas de campo procuradas, ou seja,

$$\begin{cases} \dfrac{dx}{V_x} = \dfrac{dy}{V_y} = \dfrac{dz}{V_z} \\[2mm] \dfrac{d\rho}{V_\rho} = \dfrac{\rho\, d\phi}{V_\phi} = \dfrac{dz}{V_z} \\[2mm] \dfrac{dr}{V_r} = \dfrac{r\, d\theta}{V_\theta} = \dfrac{r\,\mathrm{sen}\,\theta\, d\phi}{V_\phi} \end{cases} \qquad (5.15)$$

Para especificar melhor tais proporções, vamos proceder, em detalhes, para um dos sistemas; o cartesiano retangular, por exemplo. Substituindo as expressões dos vetores dl e **V** na expressão (4.12 b), temos

---

[7] Também chamadas de linhas vetoriais, conforme preferem alguns autores (vide preferência bibliográ-fica nº 23).

$$dl \times \mathbf{V} = \begin{vmatrix} \mathbf{u}_x & \mathbf{u}_y & \mathbf{u}_z \\ dx & dy & dz \\ V_x & V_y & V_z \end{vmatrix} = \left(dy\,V_z - dz\,V_y\right)\mathbf{u}_x + \left(dz\,V_x - dx\,V_z\right)\mathbf{u}_y + \left(dx\,V_y - dy\,V_x\right)\mathbf{u}_z = 0$$

Para que o resultado seja nulo, as três componentes devem ser nulas, quer dizer,

$$\begin{cases} dy\,V_z - dz\,V_y = 0 \rightarrow dy\,V_z = dz\,V_y \rightarrow \dfrac{dy}{V_y} = \dfrac{dz}{V_z} \\[3mm] dz\,V_x - dx\,V_z = 0 \rightarrow dz\,V_x = dx\,V_z \rightarrow \dfrac{dx}{V_x} = \dfrac{dz}{V_z} \\[3mm] dx\,V_y - dy\,V_x = 0 \rightarrow dx\,V_y = dy\,V_x \rightarrow \dfrac{dx}{V_x} = \dfrac{dy}{V_y} \end{cases} \qquad (5.16)$$

Temos, então, três equações diferenciais, que podem ser colocadas sob a forma de proporções. Reunindo as três proporções, encontramos o primeiro conjunto do já apresentado grupo (5.15), qual seja,

$$\frac{dx}{V_x} = \frac{dy}{V_y} = \frac{dz}{V_z}$$

Aliás, este conjunto de **três equações diferenciais** poderia ter sido obtido diretamente, bastando aplicarmos à segunda e à terceira linha do determinante acima a propriedade que nos garante um determinante é nulo se duas filas (linhas ou colunas) quaisquer são proporcionais. Raciocínios análogos nos levam a obter os dois outros conjuntos do citado grupo, ressaltando que cada um deles é composto por três razões.

Se o campo vetorial **V** variar também com o tempo, o conceito de linha vetorial é aplicado fixando-se instantaneamente t, isto é, fazendo-se $t = t_k$, sendo t_k o valor do tempo no instante considerado. As componentes do campo vetorial são três funções escalares de ponto, de tal modo que podemos estabelecer

$$\begin{cases} V_x = V_x\left(x,y,z,t_k\right), \quad V_y = V_y\left(x,y,z,t_k\right), \quad V_z = V_z\left(x,y,z,t_k\right) \\ V_\rho = V_\rho\left(\rho,\phi,z,t_k\right), \ V_\phi = V_\phi\left(\rho,\phi,z,t_k\right), \ V_z = V_z\left(\rho,\phi,z,t_k\right) \\ V_r = V_r\left(r,\theta,\phi,t_k\right), \quad V_\theta = V_\theta\left(r,\theta,\phi,t_k\right), \ V_\phi = V_\phi\left(r,\theta,\phi,t_k\right) \end{cases} \qquad (5.17)$$

Para cada sistema de coordenadas, temos três equações diferenciais, mas somente duas são necessárias, uma vez que uma linha vetorial genérica pode ser entendida como sendo a interseção de apenas duas superfícies. Integrando as equações diferenciais que constam no grupo (5.15), chegamos a

$$\begin{cases} \Phi_1(x,y,z)=C_1, \quad \Phi_2(x,y,z)=C_2 \\ \Phi_1(\rho,\phi,z)=C_1, \quad \Phi_2(\rho,\phi,z)=C_2 \\ \Phi_1(r,\theta,\phi)=C_1, \quad \Phi_2(r,\theta,\phi)=C_2 \end{cases} \qquad \textbf{(5.18)}$$

que consideradas simultaneamente definem a família das linhas de campo (que geralmente são curvas reversas) dependentes de duas constantes arbitrárias C_1 e C_2. Se uma das funções dadas $(V_x, V_y, V_z, V_\rho, V_\phi, \text{etc})$ for identicamente nula, concluímos, do grupo (5.16), que as linhas de campo estão situadas ao longo de uma superfície definida pela coordenada correspondente com valor constante. Embora apresentemos algumas exemplificações a seguir, isto ficará mais claro com os exemplos resolvidos de 5.8 até 5.12. Temos, então:

1º) se $V_z = 0$ (vide exemplo 5.8), com $V_x \neq 0$ e $V_y \neq 0$, temos $dz = 0 \rightarrow z =$ constante, o que indica que as linhas de campo se desenvolvem ao longo de planos $z =$ constante, quer dizer: planos paralelos ao plano xy. Uma vez que, neste caso, $z = 0$, as linhas estão situadas no plano xy;

2º) se $V_\rho = 0$ (vide exemplo 5.9, 2º método), $d\rho = 0 \rightarrow \rho =$ constante, e as linhas de campo se desenvolvem ao longo de uma superfície cilíndrica $\rho =$ constante, coaxial com o eixo z;

3º) se $V_\rho = V_z = 0$ (vide exemplo 5.11), $d\rho = dz = 0 \rightarrow \rho =$ constante e $z =$ constante e, por isso, as linhas se desenvolvem na interseção das superfícies $\rho =$ constante e $z =$ constante, sendo, portanto, circunferências centradas no eixo z e paralelas ao plano xy;

4º) se $V_\theta = V_\phi = 0$ (vide exemplo 5.12), $d\theta = d\phi = 0 \rightarrow \theta =$ constante e $\phi =$ constante, ou seja, as linhas se desenvolvem na interseção do cone $\theta =$ constante com o semi-plano $\phi =$ constante; logo são retas radiais.

Se numa região R, para o sistema definido por (5.18) forem satisfeitas as condições de existência e unicidade da solução das equações diferenciais, então, por cada ponto $\left[P_0(x_0,y_0,z_0),(\rho_0,\phi_0,z_0) \text{ou} (r_0,\theta_0,\phi_0) \right]$, **passa uma e somente uma linha[8] de campo, tal que**

$$\begin{cases} \Phi_1(x,y,z)=\Phi_1(x_0,y_0,z_0), \quad \Phi_2(x,y,z)=\Phi_2(x_0,y_0,z_0) \\ \Phi_1(\rho,\phi,z)=\Phi_1(\rho_0,\phi_0,z_0), \quad \Phi_2(\rho,\phi,z)=\Phi_2(\rho_0,\phi_0,z_0) \\ \Phi_1(r,\theta,\phi)=\Phi_1(r_0,\theta_0,\phi_0), \quad \Phi_2(r,\theta,\phi)=\Phi_2(r_0,\theta_0,\phi_0) \end{cases} \qquad \textbf{(5.19)}$$

---

[8] Aliás, sendo o campo vetorial uma função univalente, as linhas de campo não podem mesmo se cruzar. Caso isto acontecesse, o campo vetorial teria múltipla orientação no ponto de cruzamento de duas ou mais linhas, o que iria chocar-se com o conceito de univalência.

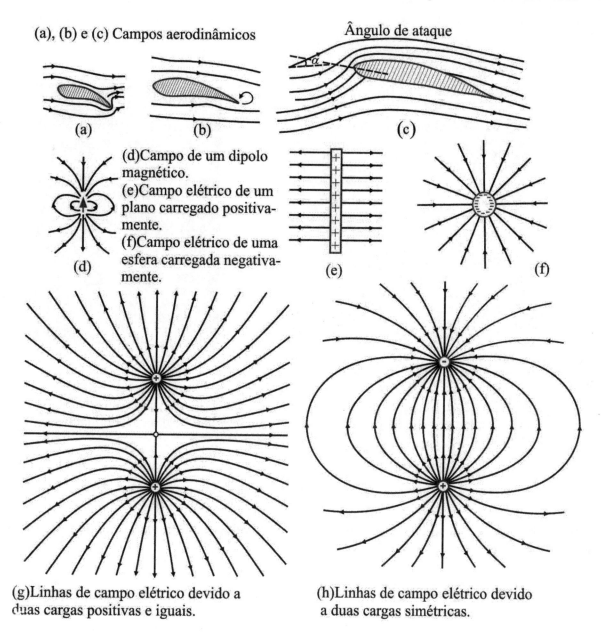

Fig. 5.10

A figura 5.10 ilustra exemplos de campos aerodinâmicos nas partes (a), (b) e (c), de um campo magnético na parte (d) e de campos elétricos nas partes (e), (f), (g) e (h).

Em certos casos, as linhas de um campo vetorial podem ser obtidas mediante processos experimentais. Por exemplo, espalhando-se limalha de ferro sobre a superfície de um campo de forças magnéticas, obtemos espectros magnéticos que materializam as linhas de força. Exemplos deste método aparecem na figura a seguir. Mais adiante, na subseção 9.5.5 do capítulo 9 (vide volume 2 desta obra), analisaremos um método experimental, usando talco, para determinar as linhas de campo da água movimentando-se em um tanque (vide figura 9.31).

222   Cálculo e Análise Vetoriais com Aplicações Práticas

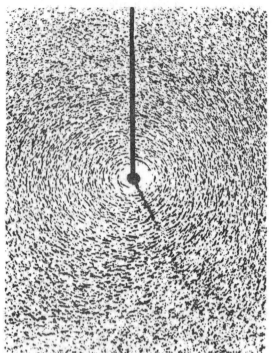

(a) Limalha de ferro em torno de um fio percorrido por uma corrente elétrica intensa. Compare com o campo do exemplo 5.11.

(b) Limalha de ferro espalhada sobre um papel situado logo acima de uma barra imantada.

Fig. 5.11

EXEMPLO 5.8

(a) Determine a equação cartesiana retangular das linhas vetoriais do campo vetorial descrito no exemplo anterior.

(b) Ilustre, em um diagrama, algumas linhas de campo.

SOLUÇÃO:

Substituindo as componentes vetoriais no grupo de equações (5.15), temos

$$\frac{dx}{y} = \frac{dy}{x} = \frac{dz}{0}$$

Estamos diante de um aparente absurdo, visto que não existe a divisão por zero. Em realidade, as proporções definidas no grupo (5.15) só têm sentido quando os denominadores das razões, que são as componentes do campo vetorial genérico, não forem nulos. Quando ocorre a nulidade para o denominador, vai ocorrer também para o correspondente numerador, dando origem a uma forma indeterminada do tipo $0/0$. Esta indeterminação pode ser facilmente "levantada" se aplicarmos a propriedade das proporções denominada "regra da multiplicação em cruz" ou "regra da multiplicação cruzada": são iguais os produtos dos meios e dos extremos, isto é,

$$\frac{a}{b} = \frac{c}{d} \to ad = bc \quad \text{ou} \quad bc = ad$$

Consideremos a proporção

$$\frac{dy}{x} = \frac{dz}{0} \to 0\, dy = x\, dz \to x\, dz = 0$$

Para $x \neq 0$ devemos ter

$$dz = 0 \to \quad z = \text{constante}$$

Consideremos a proporção

$$\frac{dx}{y} = \frac{dz}{0} \to 0\, dx = y\, dz \to y\, dz = 0$$

Para $y \neq 0$ devemos ter

$$dz = 0 \to \quad z = \text{constante}$$

Assim sendo, concluímos que, para $x \neq 0$ e $y \neq 0$, temos

$$dz = 0 \to \quad z = \text{constante}$$

O enunciado afirma que o campo vetorial está situado no plano $z = 0$, o que nos permite estabelecer que $z = 0$.

Ainda do conjunto de equações, segue-se

$$\frac{dx}{y} = \frac{dy}{x} \to x\, dx = y\, dy$$

Integrando, temos

$$\int x\, dx = \int y\, dy$$

o que implica

$$x^2 = y^2 + C \to x^2 - y^2 = C$$

e esta é a equação de uma família de hipérboles equiláteras. Atribuindo valores à constante C, podemos traçar algumas linhas vetoriais, conforme ilustrado na figura 5.12. Cabe ao estudante julgar qual é o procedimento mais fácil; o deste exemplo ou o do anterior?

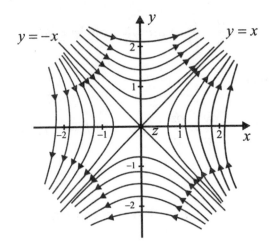

Fig. 5.12

Nota: já ressaltamos nesta subseção que, para cada sistema de coordenadas, temos três equações diferenciais, mas somente duas são necessárias, uma vez que uma linha vetorial genérica pode ser entendida como sendo a interseção de apenas duas superfícies. Assim, as duas primeiras equações consideradas conduziram ao mesmo resultado $dz = 0 \rightarrow z = $ constante, ou seja, uma dessas equações é redundante pelo motivo já explanado. Nos exemplos subsequentes, só usaremos duas equações e, quando ocorrerem denominadores nulos, provocando numeradores também nulos, as indeterminações serão levantadas diretamente, bastando que você tenha em mente o que foi feito neste exemplo.

EXEMPLO 5.9*

Determine a linha do campo vetorial $\mathbf{V} = -y\,\mathbf{u}_x + x\,\mathbf{u}_y + b\,\mathbf{u}_z$ (b é constante) que passa pelo ponto $(1,0,0)$.

SOLUÇÃO:

- Primeiro método:

Escrevendo as equações diferenciais das linhas de campo, temos

$$\frac{dx}{-y} = \frac{dy}{x} = \frac{dz}{b}$$

Pela equação

$$\frac{dx}{-y} = \frac{dy}{x}$$

segue-se

$$x\,dx = -y\,dy$$

Integrando, vem

$$\int x\,dx = -\int y\,dy$$

o que acarreta

$$x^2 = -y^2 + C_1 \rightarrow x^2 + y^2 = C_1$$

Introduzindo o parâmetro ϕ, podemos estabelecer as seguintes soluções:

$$\begin{cases} x = \sqrt{C_1}\,\cos\phi \\ \text{e} \\ y = \sqrt{C_1}\,\operatorname{sen}\phi \end{cases}$$

Assim sendo, a equação

$$\frac{dy}{x} = \frac{dz}{b}$$

assume a forma

$$\frac{\sqrt{C_1}\,\cos\phi\,d\phi}{\sqrt{C_1}\,\cos\phi} = \frac{dz}{b} \rightarrow dz = b\,d\phi$$

Integrando, chegamos a

$$\int dz = \int b\,d\phi$$

o que implica

$$z = b\,\phi + C_2$$

e ficamos então com o seguinte conjunto de equações:

$$\begin{cases} x = \sqrt{C_1}\,\cos\phi \\ y = \sqrt{C_1}\,\operatorname{sen}\phi \\ z = b\,\phi + C_2 \end{cases}$$

Impondo a condição da linha passar pelo ponto $(1,0,0)$, vem

$$\begin{cases} 1 = \sqrt{C_1}\,\cos\phi \\ 0 = \sqrt{C_1}\,\operatorname{sen}\phi \\ 0 = b\,\phi + C_2 \end{cases}$$

As duas primeiras equações são satisfeitas para

$$\begin{cases} \phi = 2\,k\,\pi\,, \quad k = 0, \pm 1, \pm 2, \pm 3\ldots \\ \text{e} \\ C_1 = 1 \end{cases}$$

Assumindo o valor $k = 0$, temos $\phi = 0$, que substituído na última equação conduz ao valor $C_2 = 0$. A linha de campo é, pois, definida pelo seguinte grupo de equações:

$$\begin{cases} x = \cos\phi \\ y = \operatorname{sen}\phi \\ z = b\,\phi \end{cases}$$

que é a representação analítica de uma hélice circular de raio igual a 1 e passo $2\,\pi\,b$, a qual aparece na figura 5.13.

- Segundo método:

Empregando os grupos de expressões (3.78) e (3.82a), vamos determinar a expressão de $\mathbf{V}$ em coordenadas cilíndricas circulares, decorrendo

$$\mathbf{V} = -y\,\mathbf{u}_x + x\,\mathbf{u}_y + b\,\mathbf{u}_z = -\rho\,\operatorname{sen}\phi\left(\cos\phi\,\mathbf{u}_\rho - \operatorname{sen}\phi\,\mathbf{u}_\phi\right) + \rho\cos\phi\left(\operatorname{sen}\phi\,\mathbf{u}_\rho + \cos\phi\,\mathbf{u}_\phi\right) +$$
$$+ b\,\mathbf{u}_z = \rho\,\mathbf{u}_\phi + b\,\mathbf{u}_z$$

Substituindo as componentes nas equações diferenciais do grupo (5.15), obtemos

$$\frac{d\rho}{0} = \frac{\rho\,d\phi}{\rho} = \frac{dz}{b}$$

Da equação

$$\frac{d\rho}{0} = \frac{\rho\,d\phi}{\rho}$$

vem

$$\rho\,d\rho = 0$$

Para $\rho \neq 0$, temos

$$d\rho = 0 \rightarrow \quad \rho = C_1 = \text{constante}$$

Isto nos leva a concluir que as linhas de campo se desenvolvem ao longo de superfícies cilíndricas coaxiais com o eixo z.

Também do conjunto de equações diferenciais, decorre

$$\frac{\rho\, d\phi}{\rho} = \frac{dz}{b} \rightarrow dz = b\, d\phi$$

Integrando, chegamos a

$$\int dz = \int b\, d\phi$$

o que nos leva a

$$z = b\,\phi + C_2$$

Fazendo $z = z_0$ para $\phi = 0$, obtemos

$$C_2 = z_0 \rightarrow z = b\,\phi + z_0$$

O conjunto de equações

$$\begin{cases} \rho = \text{constante} \\ z = b\,\phi + z_0 \end{cases}$$

representa uma família de hélices cilíndricas de passo igual a $2\pi\, b$. Isto significa que para cada cilindro de raio genérico ρ temos uma hélice se desenvolvendo com passo $p = 2\,\pi\, b$. As coordenadas cilíndricas correspondentes ao ponto $(x = 1, y = 0, z = 0)$ são $(\rho = 1, \phi = 0, z = 0)$. Substituindo-se no conjunto de equações acima, obtemos a hélice que passa pelo ponto em questão, que é

$$\begin{cases} \rho = 1 \\ z = b\,\phi \end{cases}$$

Este conjunto é equivalente ao outro

$$\begin{cases} x^2 + y^2 = 1 \\ z = b\,\phi \end{cases}$$

já encontrado anteriormente.

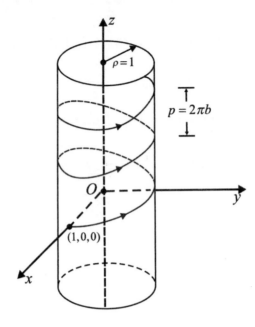

Fig. 5.13

5.4.4 - Casos Particulares

- **Campo Plano:** também é chamado de campo bidimensional, sendo todo aquele definido somente em pontos de um plano (π). Se o campo for definido no plano xy, suas formas representativas são

$$\begin{cases} \mathbf{V} = \mathbf{V}(x,y,t) \\ \text{ou} \\ \mathbf{V} = \mathbf{V}(\rho,\phi,t) \end{cases} \quad (5.20)$$

sendo a primeira em coordenadas cartesianas retangulares e a segunda em coordenadas polares[9].

EXEMPLO 5.10

Esboce as linhas de campo associadas ao campo estático e plano $\mathbf{V} = x\,\mathbf{u}_x + y\,\mathbf{u}_y$, sabendo-se que o mesmo está situado no plano xy.

SOLUÇÃO:

Substituindo as componentes no grupo de equações (5.15), temos

$$\frac{dx}{x} = \frac{dy}{y} = \frac{dz}{0}$$

Para $x \neq 0$ e $y \neq 0$, podemos estabelecer

---

[9] coordenadas cilíndricas circulares no plano xy (plano $z = 0$).

$$dz = 0 \rightarrow z = \text{constante}$$

O enunciado afirma que o campo vetorial está situado no plano $z = 0$, o que nos permite estabelecer que $z = 0$.

Ainda do conjunto de equações, segue-se

$$\frac{dx}{x} = \frac{dy}{y}$$

Integrando, obtemos

$$\int \frac{dx}{x} = \int \frac{dy}{y}$$

Assim sendo, chegamos a

$$\ln x = \ln y + K'$$

Fazendo

$$K' = \ln C,$$

ficamos com

$$\ln x = \ln y + \ln C$$

Aplicando a propriedade da soma dos logaritmos, segue-se

$$\ln x = \ln\left(y\,C\right)$$

Pela igualdade dos logaritmandos, vem

$$y = \frac{1}{C}x$$

Fazendo $K = 1/C$, obtemos

$$y = K\,x$$

Esta equação representa um feixe de retas passando pela origem e pertencentes ao plano xy. O esboço vem a seguir.

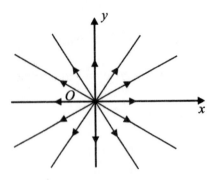

Fig. 5.14

- **Campo Plano-Paralelo:** conforme já mencionado para os campos escalares, é todo campo associado a uma reta (λ) tal que a função vetorial é constante nos pontos de qualquer reta paralela à reta (λ) e contida no campo, embora variando de valor de reta para reta. Sob a maioria dos aspectos, o estudo de tal campo pode ser restrito a um único plano (π) que intercepta a reta, preferencialmente sendo o plano (π) perpendicular à reta (λ), o que permite que uma translação deste plano, segundo a reta, reproduza o campo nos demais pontos do espaço em três dimensões $\left(\mathbb{R}^3\right)$. Se a reta ($\lambda$) coincidir com o eixo z, pode-se escolher o plano xy como sendo o plano (π), o que acarreta

$$\begin{cases} \mathbf{V} = \mathbf{V}(x,y,t) \\ \text{ou} \\ \mathbf{V} = \mathbf{V}(\rho,\phi,t) \\ \text{e} \\ \dfrac{\partial \mathbf{V}}{\partial z} = 0 \end{cases} \quad (5.21)$$

EXEMPLO 5.11*

A expressão que nos dá o campo magnético $\mathbf{B}$, em um ponto $P(\rho,\phi,z)$, devido a um fio de comprimento infinito coincidente com o eixo z, percorrido por uma corrente i é expresso, no vácuo e em coordenadas cilíndricas circulares, por $\mathbf{B} = \dfrac{\mu_0 i}{2\pi\rho}\mathbf{u}_\phi$ (SI), sendo μ_0 a permeabilidade do vácuo, cujo valor é $4\pi \times 10^{-7}$ H/m (SI). Determine as equações das linhas de campo e esboce-as graficamente.

SOLUÇÃO:

- Primeiro método:

Substituindo as componentes do vetor em coordenadas cilíndricas no grupo de equações (5.15), podemos estabelecer

$$\frac{d\rho}{0} = \frac{\rho\, d\phi}{\dfrac{\mu_0\, i}{2\pi\, \rho}} = \frac{dz}{0}$$

Sendo $\rho \neq 0$, temos

- $d\rho = 0 \to \rho = C_1 = \text{constante}$, e as linhas de campo se desenvolvem ao longo de superfícies cilíndricas de raio genérico ρ.

- $dz = 0 \to z = C_2 = \text{constante}$, e as linhas de campo se desenvolvem ao longo de planos paralelos ao plano xy (plano $z = 0$).

As interseções dos cilindros com os planos mencionados nos dão as linhas de campo, que são, evidentemente, circunferências centradas no eixo z, cujos planos são paralelos ao plano $z = 0$. A representação de tais linhas aparece na figura 5.15.

- Segundo método:

Vamos converter a expressão do campo, para coordenadas cartesianas retangulares, lançando mão dos grupos de expressões (3.78) e (3.81a), isto é,

$$\mathbf{B} = \frac{\mu_0\, i}{2\pi\, \rho}\mathbf{u}_\phi = \frac{\mu_0 i}{2\pi\, \rho}\left(-\operatorname{sen}\phi\, \mathbf{u}_x + \cos\phi\, \mathbf{u}_y\right) = \frac{\mu_0 i}{2\pi\, \rho^2}\left(-\rho\operatorname{sen}\phi\, \mathbf{u}_x + \rho\cos\phi\, \mathbf{u}_y\right) =$$

$$= \frac{\mu_0\, i}{2\pi\, (x^2 + y^2)}\left(-y\, \mathbf{u}_x + x\, \mathbf{u}_y\right)$$

Substituindo as componentes do vetor em coordenadas cartesianas retangulares no grupo de equações (5.15), obtemos

$$\frac{dx}{-y} = \frac{dy}{x} = \frac{dz}{0}$$

Então, segue-se

- $\dfrac{dx}{-y} = \dfrac{dy}{x} \to x\, dx = -y\, dy$

Integrando, chegamos a

$$\int x\, dx = -\int y\, dy \to x^2 + y^2 = C_1 = \text{constante} = R^2$$

que representa uma circunferência centrada no eixo z.

- Para $x \neq 0$ e $y \neq 0$, temos

$$dz = 0 \to z = C_2 = \text{constante}$$

que representa planos paralelos ao plano $z = 0$. Assim, mais uma vez, concluímos que as linhas de campo são circunferências, centradas no eixo z, e situadas em planos paralelos ao plano $z = 0$.

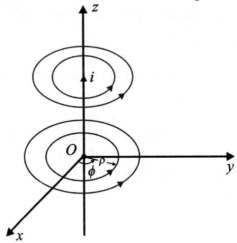

Fig. 5.15

- **Campo Central:** é todo campo associado a um ponto fixo P'(centro do campo, tal que os vetores **V** tenham linhas de ação que passam por P'.

Simbolicamente, podemos estabelecer

$$\mathbf{V} = \Phi(P,t)\mathbf{R} = \Phi(R,t)\mathbf{R} \tag{5.22}$$

Quando o ponto P' coincide com a origem do sistema cartesiano, temos

$$\mathbf{V} = \Phi(P,t)\mathbf{r} = \Phi(r,t)\mathbf{r} \tag{5.23}$$

Os raios vetores podem ser expressos em função dos seus vetores unitários, isto é,

$$\begin{cases} \mathbf{R} = R\,\mathbf{u_R} \\ \text{e} \\ \mathbf{r} = r\,\mathbf{u}_r \end{cases}$$

Isto nos permite expressar

$$\mathbf{V} = \psi(P,t)\mathbf{u_R} = \psi(R,t)\mathbf{u_R} \tag{5.24}$$

ou então,

$$\mathbf{V} = \psi(P,t)\mathbf{u}_r = \psi(r,t)\mathbf{u}_r \tag{5.25}$$

Um exemplo de campo estático e central está na força exercida pelo Sol sobre a Terra quando esta descreve sua órbita elíptica, estando o Sol situado em um dos focos, conforme retratado na figura 5.16.

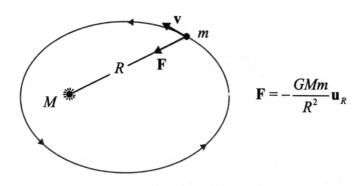

Fig. 5.16

EXEMPLO 5.12

Demonstre que em um campo estático e central $\mathbf{V} = \psi(r)\mathbf{u}_r$, as linhas de campo são retas passando pela origem.

DEMONSTRAÇÃO:

Substituindo as componentes do vetor em coordenadas esféricas no grupo de equações (5.15), podemos estabelecer

$$\frac{dr}{\psi(r)} = \frac{r\,d\theta}{0} = \frac{r\,\text{sen}\,\theta\,d\phi}{0}$$

Então, temos

- Para $\psi(r) \neq 0$ e $r \neq 0$ → $d\theta = 0$ → $\theta = C_1 =$ constante → superfície cônica.

- Para $\psi(r) \neq 0$, $r \neq 0$ e $\text{sen}\,\theta \neq 0$ → $d\phi = 0$ → $\phi = C_2 =$ constante → plano contendo o eixo z.

As interseções das superfícies assinaladas são retas genéricas passando pela origem, conforme mostrado na figura 5.17.

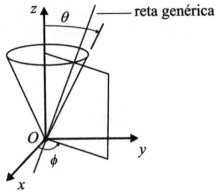

Fig. 5.17

- **Campo Esférico:** é o caso particular e importante do campo central, que tem intensidade dependendo exclusivamente da distância $R = \overline{P'P}$. Simbolicamente, temos

$$\begin{cases} \mathbf{V} = \Phi(R)\mathbf{R} \\ \text{ou} \\ \mathbf{V} = \psi(R)\mathbf{u}_R \end{cases} \quad (5.26)$$

Se os pontos P e P' forem coincidentes, ou seja, $P' \equiv P$, temos

$$\begin{cases} \mathbf{V} = \Phi(r)\mathbf{r} \\ \text{ou} \\ \mathbf{V} = \psi(r)\mathbf{u}_r \end{cases} \quad (5.27)$$

EXEMPLO 5.13*

(a) Determine as superfícies equipotenciais e as linhas de campo, associadas a uma carga elétrica puntiforme q situada na origem, em uma região de vácuo, sabendo-se que o potencial eletrostático e o campo eletrostático em um ponto $P(r,\theta,\phi)$ são dados, respectivamente, por

$$\begin{cases} \Phi(r,\theta,\phi) = \dfrac{1}{4\pi\varepsilon_0}\dfrac{q}{r} \\ \mathbf{E}(r,\theta,\phi) = \dfrac{1}{4\pi\varepsilon_0}\dfrac{q}{r^2}\mathbf{u}_r \end{cases}$$

em que $1/4\pi\varepsilon_0$ é uma constante, que no Sistema Internacional (SI) é igual a $9{,}0\times 10^9\,\text{Nm}^2/\text{C}^2$, sendo que temos $\varepsilon_0 = 8{,}9\times 10^{-12}\,\text{C}^2/\text{Nm}^2$, como sendo a permissividade do vácuo.

(b) Esboce algumas superfícies equipotenciais e linhas de campo, assumindo que a carga q seja positiva.

SOLUÇÃO:

(a)

- Superfícies equipotenciais:

Pelo grupo de equações (5.7), em coordenadas esféricas, vem

$$\Phi(r,\theta,\phi) = \frac{1}{4\pi\varepsilon_0}\frac{q}{r} = \text{constante} \to r = \text{constante}$$

indicando que as superfícies equipotenciais são esféricas e concêntricas com a origem e temos um campo esférico de potenciais.

- Linhas de campo:

Pela expressão

$$\mathbf{E}(r,\theta,\phi) = \frac{1}{4\pi\varepsilon_0}\frac{q}{r^2}\mathbf{u}_r$$

concluímos que o campo eletrostático também é um campo esférico. Assim sendo, as linhas são radiais e uniformemente divergentes.

(b)

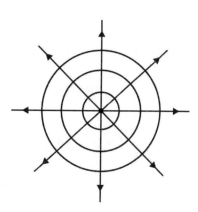

Fig. 5.18

- **Campo Axial ou Cilíndrico:** é todo campo perpendicular à uma reta fixa (λ) (eixo do campo), tendo intensidade e direção dependendo apenas da distância R do ponto à reta (λ). Este campo tem a mesma intensidade para todos os pontos de uma superfície cilíndrica de raio R. e é um caso particular do campo plano-paralelo. Um exemplo deste tipo de campo é o campo eletrostático produzido por uma distribuição linear e uniforme de cargas ao longo de uma direção.

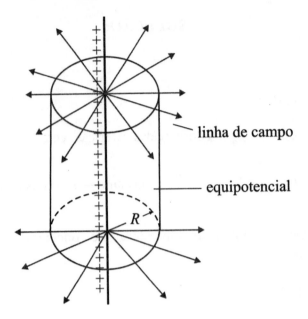

Fig. 5.19

Simbolicamente, temos

$$\begin{cases} \mathbf{V} = \Phi(R)\mathbf{R} \\ \text{ou} \\ \mathbf{V} = \psi(R)\mathbf{u}_R \end{cases} \qquad (5.28)$$

Se o eixo do campo for coincidente com o eixo z, ficamos com

$$\begin{cases} \mathbf{V} = \Phi(\rho)\boldsymbol{\rho} \\ \text{ou} \\ \mathbf{V} = \psi(\rho)\mathbf{u}_\rho \end{cases} \qquad (5.29)$$

em que

$$\rho = \sqrt{x^2 + y^2}$$

5.4.5 - Tubos de Campo, Tubos de Fluxo e Tubos de Vórtice

Conforme já mencionado na seção 5.1, existem dois tipos de fontes associadas aos campos vetoriais: **fontes de fluxo** ou **fontes de escoamento** e **fontes de circulação** ou **fontes de vórtice**. Conforme a natureza da fonte associada ao campo, é usual denominar as linhas de campo como sendo, respectivamente, **linhas de fluxo** ou **linhas de escoamento** e **linhas de circulação** ou **linhas de vórtice**.

No caso particular de um **campo de forças**, as linhas vetoriais são denominadas **linhas de força**.

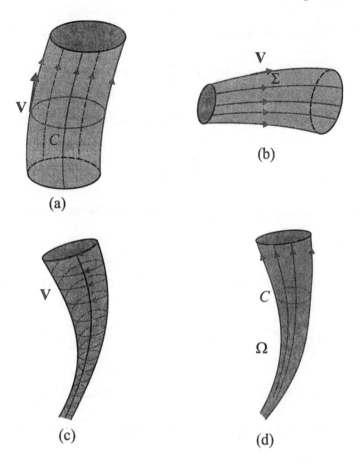

Fig. 5.20 - Tubos de campo

Se considerarmos um contorno fechado C, dentro de um campo vetorial **V**, de tal modo que a orientação do campo seja sempre normal ao contorno, o lugar geométrico das linhas de campo nos pontos de C é denominado **tubo de campo**. Em outras palavras: **tubo de campo** é uma superfície (Σ) gerada pelas linhas de campo ao longo de uma curva fechada C, conforme ilustrado na figura 5.20. A exemplo das linhas de campo, os tubos também podem variar com o tempo.

No caso de as linhas de campo serem **linhas de força**, teremos um **tubo de força**.

Genericamente falando, se o **tubo de campo** é formado por **linhas de fluxo** ou **linhas de escoamento** (campo vetorial associado à **fontes de fluxo** ou **fontes de escoamento**), ele se denomina **tubo de fluxo** ou **tubo de escoamento**. Em contrapartida, se o tubo é formado por **linhas de vórtice** ou **linhas de circulação** ele se denomina **tubo de vórtice** ou **tubo de circulação**. O **vórtice, redemoinho,** ou **torvelinho,** tem como característica a rotação, conforme ilustrado na parte (c) da figura 5.20, na qual o tubo foi construído a partir das linhas do campo vetorial **V**. Este mesmo **tubo de vórtice** pode, também, ser construído a partir das **linhas de vorticidade**, ou seja, das linhas do campo Ω associado, cuja definição veremos logo a seguir. Esta última construção está na parte (d) da figura em tela.

A intensidade de um tubo de fluxo é definida como sendo

$$\Psi = \iint_S \mathbf{V} \cdot d\mathbf{S} \qquad (5.30)$$

em que S é uma seção reta qualquer do tubo. Esta operação, denominada fluxo, será vista, mais adiante, na subseção 8.2.3.

238 Cálculo e Análise Vetoriais com Aplicações Práticas

Para um tubo de vórtice temos uma intensidade:

$$\Gamma = \iint_S \Omega \cdot d\mathbf{S} \tag{5.31}$$

na qual S é uma seção reta qualquer do tubo e Ω é a **vorticidade** ou **vetor vórtice** do mesmo, definida por

$$\Omega = \nabla \times \mathbf{V} \tag{5.32}$$

e o conceito de rotacional indicado na última expressão será objeto de análise na seção 9.5.

Notas:

(1) Para uma definição alternativa da intensidade de um tubo de vórtice vide exemplo 10.13.

(2) Quando a seção reta do tubo é elementar (dS), ele é denominado tubo elementar ou filamento de campo.

(3) Quando a intensidade de um tubo é unitária, temos um tubo unitário.

(4) O conceito **tubo de fluxo** é largamente empregado nas disciplinas Eletromagnetismo e Fluido-dinâmica.

5.5 - Invariância

Fisicamente, uma função escalar de ponto, ou campo escalar $\Phi(x,y,z,t)$, calculada para um dado ponto, para um determinado instante de tempo, deve ser o mesmo, qualquer que seja o sistema de coordenadas utilizado (vide problema 5.1). Um exemplo disto é um campo de temperaturas em uma dada região do espaço. A temperatura em um ponto qualquer tem um certo valor, independentemente do sistema de coordenadas a ser empregado. Caso isto não fosse verdade, em um mesmo ponto poderíamos ter múltiplos valores de temperatura.

Assim sendo, se $T(x,y,z,t)$ representa um campo de temperaturas no instante de tempo t, a temperatura no ponto $P(x,y,z)$, quando utilizamos o sistema de coordenadas x, y, z, e $T^*(\xi,\eta,\varepsilon,t)$ representa a temperatura no ponto $P(\xi,\eta,\varepsilon)$, em relação ao sistema de coordenadas ξ,η,ε, devemos ter

$$T(x,y,z,t) = T^*(\xi,\eta,\varepsilon,t)$$

Vale lembrar que, em nosso curso, tratamos, inicialmente, apenas de coordenadas cartesianas retangulares, coordenadas cilíndricas circulares e coordenadas esféricas. As coordenadas curvilíneas generalizadas serão abordadas no capítulo 11. Consideremos dois sistemas de coordenadas cartesianas retangulares, x, y, z e x^*, y^*, z^*, que guardam entre si as relações de transformações analisadas na subseção 3.2.10. Diremos que uma dada função escalar $\Phi(x,y,z,t)$ é um **invariante** ou **função escalar própria** sob tais transformações se

$$\Phi(x,y,z,t) = \Phi^*\left(x^*,y^*,z^*,t\right) \tag{5.33}$$

Por exemplo, o campo escalar estático $x^2 + y^2 + z^2$ é um **invariante** sob uma rotação de eixos, pois

$$x^2 + y^2 + z^2 = \left(x^*\right)^2 + \left(y^*\right)^2 + \left(z^*\right)^2$$

Alguns autores preferem considerar que uma **função escalar é um invariante sob transformações próprias** (rotação e translação de eixos) e **sob transformações impróprias** (inversão de eixos e reflexão de coordenadas em um plano). **Uma função pseudo-escalar é um invariante sob transformações próprias e muda de sinal sob transformações impróprias** (vide capítulo 1 da referência bibliográfica nº 14).

Analogamente, uma função vetorial de ponto ou campo vetorial $\mathbf{V}(x,y,z,t)$ é um **invariante ou função vetorial própria** se

$$\mathbf{V}(x,y,z,t) = \mathbf{V}^*\left(x^*,y^*,z^*,t\right) \tag{5.34}$$

Esta identidade será verificada se

$$\begin{aligned}
V_1(x,y,z,t)\mathbf{u}_x + V_2(x,y,z,t)\mathbf{u}_y + V_3(x,y,z,t)\mathbf{u}_z = \\
= V_1^*\left(x^*,y^*,z^*,t\right)\mathbf{u}_{x^*} + V_2^*\left(x^*,y^*,z^*,t\right)\mathbf{u}_{y^*} + V_3^*\left(x^*,y^*,z^*,t\right)\mathbf{u}_{z^*}.
\end{aligned} \tag{5.35}$$

Semelhantemente, alguns autores definem a **função vetorial como sendo aquela que é invariante sob transformações próprias e impróprias e como função pseudo-vetorial aquela que é invariante sob transformações próprias e que troca de sinal sob transformações impróprias.**

EXEMPLO 5.14

Se $\mathbf{A}$ e $\mathbf{B}$ são vetores demonstre que $\mathbf{A} \cdot \mathbf{B}$ é um escalar verdadeiro e não um pseudo-escalar.

DEMONSTRAÇÃO:

Para que o produto escalar seja um escalar verdadeiro, ele deve ser invariante sob transformações próprias e sob transformações impróprias. Sejam dois sistemas de coordenadas, $x_1, x_2, x_3\,(x,y,z)$ e $x_1^*, x_2^*, x_3^*\left(x^*, y^*, z^*\right)$, que permitem expressar

$$\begin{cases}
\mathbf{A} \cdot \mathbf{B} = A_1\,B_1 + A_2\,B_2 + A_3\,B_3 \\
\left(\mathbf{A} \cdot \mathbf{B}\right)^* = A_1^*\,B_1^* + A_2^*\,B_2^* + A_3^*\,B_3^*
\end{cases}$$

Vamos aplicar o teste de invariância a cada tipo de transformação:

240 **Cálculo e Análise Vetoriais com Aplicações Práticas**

- Translação:

Pelas expressões do grupo (3.32), temos

$$\begin{cases} A_1^* = A_1, \quad A_2^* = A_2, \quad A_3^* = A_3 \\ B_1^* = B_1, \quad B_2^* = B_2, \quad B_3^* = B_3 \end{cases}$$

Assim sendo, ficamos com

$$(\mathbf{A} \cdot \mathbf{B})^* = A_1^* B_1^* + A_2^* B_2^* + A_3^* B_3^* = A_1 B_1 + A_2 B_2 + A_3 B_3 = \mathbf{A} \cdot \mathbf{B}$$

Concluímos que o produto escalar é invariante sob uma translação de eixos coordenados.

- Rotação:

Pelas expressões do grupo (3.48c), temos

$$\begin{cases} A_1^* = \alpha_{11} A_1 + \alpha_{12} A_2 + \alpha_{13} A_3 \\ A_2^* = \alpha_{21} A_1 + \alpha_{22} A_2 + \alpha_{23} A_3 \\ A_3^* = \alpha_{31} A_1 + \alpha_{32} A_2 + \alpha_{33} A_3 \\ B_1^* = \alpha_{11} B_1 + \alpha_{12} B_2 + \alpha_{13} B_3 \\ B_2^* = \alpha_{21} B_1 + \alpha_{22} B_2 + \alpha_{23} B_3 \\ B_3^* = \alpha_{31} B_1 + \alpha_{32} B_2 + \alpha_{33} B_3 \end{cases}$$

Substituindo na expressão do produto escalar, obtemos

$$(\mathbf{A} \cdot \mathbf{B})^* = A_1^* B_1^* + A_2^* B_2^* + A_3^* B_3^* = (\alpha_{11} A_1 + \alpha_{12} A_2 + \alpha_{13} A_3)(\alpha_{11} B_1 + \alpha_{12} B_2 + \alpha_{13} B_3) +$$
$$+ (\alpha_{21} A_1 + \alpha_{22} A_2 + \alpha_{23} A_3)(\alpha_{21} B_1 + \alpha_{22} B_2 + \alpha_{23} B_3) + (\alpha_{31} A_1 + \alpha_{32} A_2 + \alpha_{33} A_3)(\alpha_{31} B_1 + \alpha_{32} B_2 + \alpha_{33} B_3)$$

Multiplicando e ordenando os termos, segue-se

$$(\mathbf{A} \cdot \mathbf{B})^* = A_1 B_1 \underbrace{\left(\alpha_{11}^2 + \alpha_{21}^2 + \alpha_{31}^2 \right)}_{=1(\text{eq } 3.52)} + A_2 B_2 \underbrace{\left(\alpha_{12}^2 + \alpha_{22}^2 + \alpha_{32}^2 \right)}_{=1(\text{eq } 3.52)} + A_3 B_3 \underbrace{\left(\alpha_{13}^2 + \alpha_{23}^2 + \alpha_{33}^2 \right)}_{=1(\text{eq } 3.52)} +$$

$$+ A_1 B_2 \underbrace{\left(\alpha_{11} \alpha_{12} + \alpha_{21} \alpha_{22} + \alpha_{31} \alpha_{32} \right)}_{=0(\text{eq } 3.51)} + A_1 B_3 \underbrace{\left(\alpha_{11} \alpha_{13} + \alpha_{21} \alpha_{23} + \alpha_{31} \alpha_{33} \right)}_{=0(\text{eq } 3.51)} +$$

$$+ A_2 B_1 \underbrace{\left(\alpha_{12} \alpha_{11} + \alpha_{22} \alpha_{21} + \alpha_{32} \alpha_{31} \right)}_{=0(\text{eq } 3.51)} + A_2 B_3 \underbrace{\left(\alpha_{12} \alpha_{13} + \alpha_{22} \alpha_{23} + \alpha_{32} \alpha_{33} \right)}_{=0(\text{eq } 3.51)} +$$

$$+A_3\,B_1\left(\underbrace{\alpha_{13}\,\alpha_{11}+\alpha_{23}\,\alpha_{21}+\alpha_{33}\,\alpha_{31}}_{=0\,(eq\,3.51)}\right)+A_3\,B_2\left(\underbrace{\alpha_{13}\,\alpha_{12}+\alpha_{23}\,\alpha_{22}+\alpha_{33}\,\alpha_{32}}_{=0\,(eq\,3.51)}\right)=$$

$$=A_1\,B_1+A_2\,B_2+A_3\,B_3=\mathbf{A}\cdot\mathbf{B}$$

Concluímos que o produto escalar é invariante sob uma rotação do sistema de coordenadas.

- Inversão de Eixos:

De acordo com as expressões do grupo (3.70b), podemos estabelecer

$$\begin{cases}A_1^*=-A_1\\A_2^*=-A_2\\A_3^*=-A_3\end{cases}$$
$$\begin{cases}B_1^*=-B_1\\B_2^*=-B_2\\B_3^*=-B_3\end{cases}$$

Deste modo, o produto escalar é dado por

$$\left(\mathbf{A}\cdot\mathbf{B}\right)^*=A_1^*\,B_1^*+A_2^*\,B_2^*+A_3^*\,B_3^*=\left(-A_1\right)\left(-B_1\right)+\left(-A_2\right)\left(-B_2\right)+$$
$$+\left(-A_3\right)\left(-B_3\right)=A_1\,B_1+A_2\,B_2+A_3\,B_3=\mathbf{A}\cdot\mathbf{B}$$

Concluímos, pois, que o produto escalar é invariante sob a inversão de eixos coordenados.

- Reflexão de Coordenadas em um Plano:

Assumindo que o plano em questão seja o plano $x=0$ e de acordo com o grupo de expressões (3.74b), podemos expressar

$$\begin{cases}A_1^*=-A_1\\A_2^*=-A_2\\A_3^*=-A_3\end{cases}$$
$$\begin{cases}B_1^*=-B_1\\B_2^*=-B_2\\B_3^*=-B_3\end{cases}$$

Substituindo na expressão do produto escalar, obtemos

242 Cálculo e Análise Vetoriais com Aplicações Práticas

$$(\mathbf{A} \cdot \mathbf{B})^* = A_1^* B_1^* + A_2^* B_2^* + A_3^* B_3^* = (-A_1)(-B_1) + A_2 B_2 + A_3 B_3 =$$

$$= A_1 B_1 + A_2 B_2 + A_3 B_3 = \mathbf{A} \cdot \mathbf{B}$$

Concluímos que o produto escalar é invariante sob a reflexão de coordenadas em um plano.

Conclusão final: uma vez que o produto escalar é invariante tanto sob transformações próprias como sob transformações impróprias, fica demonstrado que ele é um escalar verdadeiro e não um pseudo-escalar.

QUESTÕES

5.1*- Qual é a diferença entre uma grandeza escalar e um campo escalar? E entre uma grandeza vetorial e um campo vetorial?

5.2- Na seção 5.1, foi estabelecido que um campo é dito uniforme quando não varia com a posição, mas pode variar com o tempo, e que um campo é dito constante quando não varia nem com a posição nem com o tempo. **(a)** No movimento retilíneo uniforme (MRU), a velocidade não varia nem com a posição nem com o tempo. Assim sendo, não seria mais adequado se ele fosse chamado de movimento retilíneo constante? **(b)** No movimento retilíneo uniformemente variado (MRUV), a aceleração é constante. Não seria mais apropriado se ele se chamasse movimento retilíneo variado de modo constante?

5.3- Por que as superfícies isotímicas não se interceptam mutuamente? Dê um exemplo.

5.4- Você pode dar exemplos de volumes isotímicos?

5.5*- (a) Por quê as linhas de um campo vetorial não podem se cruzar? **(b)** A parte (g) da figura 5.10 parece, no entanto, contrariar tal realidade, pois as linhas de campo aparentemente se cruzam no ponto central. Você pode elucidar este aparente paradoxo?

5.6- Um campo esférico é o mesmo que um campo central quando tratamos de campos escalares. No entanto, o mesmo não ocorre quando tratamos de campos vetoriais. Explicar o motivo desta diferença.

RESPOSTA DAS QUESTÕES

5.1- Uma grandeza, quer seja escalar ou vetorial, é um valor (valor, direção e sentido se for vetorial) em uma dada posição e em um determinado instante de tempo. O campo representa o valor de uma grandeza em uma região, quer dizer, o campo é uma distribuição espacial da grandeza.

5.2-

(a) Não, não seria. De um modo geral, a velocidade varia durante um movimento. Se o movimento é retilíneo e sua velocidade é constante, ele é dito uniforme, pois a posição do móvel varia com o tempo. Para este tipo de movimento temos

$$\begin{cases} s = s_0 + \mathrm{v}t \to \Delta s = s - s_0 = \mathrm{v}t \\ \mathrm{v} = \text{constante} \neq 0 \\ a = \text{constante} = 0 \end{cases}$$

e devemos notar que a variação de posição é diretamente proporcional à variação de tempo, sendo a velocidade a constante de proporcionalidade. Seria, inclusive, uma impropriedade chamá-lo de movimento retilíneo constante, pois movimento, por si só, já significa variação de posição com o tempo.

(b) Não, também não seria. Em geral, a aceleração varia durante um movimento. Se o movimento tem aceleração constante, ele é dito uniformemente variado. Para este tipo de movimento, temos

$$\begin{cases} s = s_0 + \mathrm{v}_0 t + \dfrac{1}{2}at^2 \to \Delta s = s - s_0 = \mathrm{v}_0 t + \dfrac{1}{2}at^2 \\ \mathrm{v} = \mathrm{v}_0 + at \to \Delta \mathrm{v} = \mathrm{v} - \mathrm{v}_0 = at \\ a = \text{constante} = 0 \end{cases}$$

e devemos notar que a variação de velocidade do móvel é diretamente proporcional à variação de tempo, sendo a aceleração a constante de proporcionalidade.

5.3- Se o campo é escalar, ele é representado por uma função escalar Φ. Fazendo $\Phi = \text{constante}$, e atribuindo valores à constante encontraremos as representações analíticas das diversas superfícies isotímicas associadas ao campo escalar. Se a função escalar é univalente, cada ponto do espaço está contido em uma única superfície isotímica. Seja, por exemplo, um campo tridimensional de temperaturas e duas superfícies isotérmicas em particular: a primeira, por hipótese, com sendo o lugar geométrico dos pontos do espaço cuja temperatura é 27°C e a segunda como sendo o lugar geométrico dos pontos do espaço cuja temperatura é 30°C. Não há sentido físico nessas superfícies se interceptarem, pois, se isso pudesse ocorrer, haveria um duplo valor de temperatura para os pontos de interseção, o que seria um absurdo.

5.4-

1°) O espaço ocupado por um condutor em equilíbrio eletrostático é um volume equipotencial.

2°) O espaço ocupado por um condutor em equilíbrio térmico é um volume isotérmico.

5.5-

(a) Sendo o campo vetorial univalente, as linhas do mesmo não podem se cruzar, pois, caso isso acontecesse, no ponto de cruzamento de duas ou mais linhas, o campo vetorial teria múltipla orientação, o que iria chocar-se com o conceito de univalência do mesmo. A figura 5.21 ilustra uma situação absurda em que o campo no ponto P tem dupla orientação.

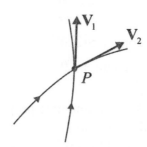

Fig. 5.21 - Resposta da questão 5.5

(b) As linhas de campo não se cruzam neste ponto, pois que, no mesmo, o campo resultante é nulo e, como sabemos, o vetor nulo não tem direção definida.

5.6- A melhor explicação para isto se baseia no movimento da Terra em torno do Sol, conforme ilustrado na figura 5.16. A força de atração do Sol sobre a Terra constitui um campo de força do tipo central. Repare, entretanto, que ao longo de sua trajetória a Terra sofre ação de uma força que tem intensidade e direção variáveis, embora a mesma aponte sempre para o Sol. Se no seu movimento em torno do Sol, a Terra descrevesse uma circunferência, ao invés de uma elipse, aí sim teríamos um campo central e esférico, pois para uma mesma distância R, constante ao longo do movimento, teríamos uma força de intensidade constante e apenas direção (apontando para o centro) variável.

PROBLEMAS

5.1- Dado o campo escalar $\Phi = x$, determine:

(a) suas expressões em coordenadas cilíndricas circulares e em coordenadas esféricas;

(b) a equação das superfícies isotímicas nos três sistemas de coordenadas;

(c) o seu valor no ponto $P(3,4,12)$.

(d) Verifique esta determinação no ponto para os outros dois sistemas de coordenadas.
(e) O que se pode concluir a respeito dos resultados dos itens (c) e (d)?

5.2- Dado o campo $\Phi = y/x^2$, do plano xy, determine:

(a) suas linhas isotímicas;

(b) a representação gráfica das linhas isotímicas correspondentes aos valores $\Phi = 1$ e $\Phi = 2$.

5.3*- As equações a seguir representam as seguintes superfícies:

- $x^2 + y^2 + z^2 = a^2$ → esfera de raio a centrada na origem (vide seção 6.12 do anexo 6).

- $\dfrac{x^2}{a^2}+\dfrac{y^2}{b^2}+\dfrac{z^2}{c^2}=1 \rightarrow$ elipsoide concêntrico com a origem e semieixos coincidentes com os eixos x, y e z, de comprimentos, respectivamente, a, b e c (vide seção 6.13 do anexo 6).

- $\dfrac{x^2}{a^2}+\dfrac{y^2}{b^2}=\dfrac{z}{c} \rightarrow$ paraboloide elíptico coaxial com o eixo z e apoiado na origem (seção 6.14 do anexo 6).

- $\dfrac{x^2}{a^2}+\dfrac{y^2}{b^2}=\dfrac{z^2}{c^2} \rightarrow$ cone elíptico coaxial com o eixo z (seção 6.15 do anexo 6).

- $\dfrac{x^2}{a^2}+\dfrac{y^2}{b^2}-\dfrac{z^2}{c^2}=1 \rightarrow$ hiperboloide de uma folha coaxial com o eixo z (seção 6.16 do anexo 6).

- $\dfrac{x^2}{a^2}-\dfrac{y^2}{b^2}-\dfrac{z^2}{c^2}=1 \rightarrow$ hiperboloide de duas folhas coaxial com o eixo z (seção 6.17 do anexo 6).

- $\dfrac{y^2}{b^2}-\dfrac{x^2}{a^2}=\dfrac{z}{c}, \quad c>0 \rightarrow$ paraboloide hiperbólico (seção 6.18 do anexo 6).

Para cada uma das sete funções escalares dadas a seguir, esboce a estrutura geométrica de uma superfície isotímica qualquer, assinalando o parâmetro λ da superfície esboçada bem como o seu valor escalar Φ correspondente.

(a) $x^2 + y^2 + z^2 = \lambda\,\Phi$

(b) $x^2 + y^2 + \dfrac{z^2}{4} = \lambda\,\Phi$

(c) $x^2 + \dfrac{y^2}{4} = \lambda z\,\Phi$

(d) $x^2 + \dfrac{y^2}{4} = \dfrac{\lambda z^2}{4}\,\Phi$

(e) $x^2 + \dfrac{y^2}{4} - z^2 = \lambda\,\Phi$

(f) $x^2 - \dfrac{y^2}{4} - z^2 = \lambda\,\Phi$

(g) $y^2 - \dfrac{x^2}{4} = \lambda z\,\Phi$

em que λ é um escalar qualquer.

246 **Cálculo e Análise Vetoriais com Aplicações Práticas**

5.4*- Um campo de radiação é representado por

$$V = 2000(y-z)\mathbf{u}_x + 1000x\,\mathbf{u}_y - 1000\,\mathbf{u}_z \left(W/m^2\right)$$

(a) Especifique a orientação e intensidade do mesmo no ponto $P(2,1,0)$.

(b) Qual é a intensidade máxima deste campo na região limitada pelos planos $x = \pm 1$, $y = \pm 1$ e $z = \pm 1$?

5.5*- O campo de velocidade das moléculas de um gás é representado por

$$v = \left[50\left(x\,\mathbf{u}_x + y\,\mathbf{u}_y + z\,\mathbf{u}_z\right)/\left(x^2 + y^2 + z^2 + 2\right)\right](cm/s)$$

Em relação ao ponto $P(-2,3,1)$, determine:

(a) a intensidade do campo;

(b) a orientação do mesmo;

(c) a equação da superfície na qual a intensidade da velocidade é $10\,cm/s$.

5.6- Dado o campo vetorial $V = 2\rho\cos\phi\,\mathbf{u}_\rho + \rho\,\mathbf{u}_\phi$, em coordenadas cilíndricas circulares, faça um esboço, usando pequenas setas, a fim de indicar a intensidade e direção deste campo em alguns pontos da região $0 \le \phi \le \pi/2\,\mathrm{rad}$, $0 \le \rho \le 3$.

5.7- Idem em relação ao campo $V = 2\cos\theta\,\mathbf{u}_r + \mathrm{sen}\,\theta\,\mathbf{u}_\theta$, em coordenadas esféricas, para a região $0 \le \theta \le \pi/2\,\mathrm{rad}$, $0 \le r \le 3$.

5.8- Determine as superfícies equipotenciais e as linhas de campo associadas a uma película esférica de raio R, centrada na origem e uniformemente eletrizada positivamente, sabendo-se que o campo potencial e o campo eletrostático são dados, respectivamente, por

$$\Phi = \frac{K}{R} \text{ e } E = 0 \quad , \quad r < R$$

$$\Phi = \frac{K}{r} \text{ e } E = \frac{K}{r^2}\mathbf{u}_r \quad , \quad r > R$$

sendo K uma constante positiva.

5.9- Determine as linhas de campo dos seguintes campos vetoriais do plano $z = 0$:

(a) $V = \dfrac{a\cos\phi}{\rho^3}\mathbf{u}_\rho + \dfrac{a\,\mathrm{sen}\,\phi}{2\rho^3}\mathbf{u}_\phi$; **(b)** $V = x\,\mathbf{u}_x - y\,\mathbf{u}_y$; **(c)** $V = -x\,\mathbf{u}_x + y\,\mathbf{u}_y$;

(b) $V = y \, \mathbf{u}_x - x \, \mathbf{u}_y$; **(e)** $V = \dfrac{1}{x} \mathbf{u}_x + \dfrac{1}{y} \mathbf{u}_y$

5.10- Determine a linha do campo vetorial $V = x^2 \mathbf{u}_x - y^3 \mathbf{u}_y + z^2 \mathbf{u}_z$ que passa pelo ponto de coordenadas $(1/2, -1/2, 1)$.

5.11- Determine as linhas de campo de $V = -by \, \mathbf{u}_x + bx \, \mathbf{u}_y + c\left(x^2 + y^2\right)\mathbf{u}_z$.

5.12*- **(a)** Determine as equações das linhas do campo vetorial $V = c \times \mathbf{r}$, sendo c um vetor constante e $\mathbf{r}$ o vetor posição de um ponto genérico do espaço. **(b)** Esboce as linhas de campo.

5.13*- Dado um fluido em escoamento, o campo das velocidades de suas partículas é uma função de ponto e do tempo $\mathbf{v} = \mathbf{v}(P, t)$. As linhas de fluxo são expressas por

$$ \frac{dx}{\mathrm{v}_x\left(x,y,z,t_k\right)} = \frac{dy}{\mathrm{v}_y\left(x,y,z,t_k\right)} = \frac{dz}{\mathrm{v}_z\left(x,y,z,t_k\right)} $$

em que t_k é um instante genérico que foi fixado arbitrariamente.

(a) Mostre que a trajetória de cada partícula (linha da corrente) obedece a um conjunto de equações diferenciais da forma

$$ \frac{dx}{\mathrm{v}_x} = \frac{dy}{\mathrm{v}_y} = \frac{dz}{\mathrm{v}_z} = dt $$

(b) Explique a diferença entre linhas de fluxo e linhas de corrente.

5.14- O campo de velocidades no escoamento de um fluido é dado por $\mathbf{v} = 2t^2 x \, \mathbf{u}_x + y \, \mathbf{u}_y + 2z \, \mathbf{u}_z$. Determine:

(a) as equações das linhas de fluxo;

(b) as equações das linhas de corrente.

5.15- Dado o campo $V(P,t)$, determine a condição a que o mesmo deve satisfazer para que suas linhas vetoriais não variem com o tempo.

5.16- Se A, B, C e D são vetores, demonstre que:

(a) $A \times B$ é um pseudo-vetor;
(b) $A \cdot (B \times C)$ é um pseudo-escalar;

(c) $(A \times B) \cdot (C \times D)$ é um escalar.

RESPOSTAS DOS PROBLEMAS

5.1-

(a) $\Phi = \rho\cos\phi$ (coordenadas cilíndricas circulares); $\Phi = r\,\text{sen}\,\theta\cos\phi$ (coordenadas esféricas).

(b) x = constante (coordenadas cartesianas retangulares); $\rho\cos\phi$ = constante (coordenadas cilíndricas circulares); $r\,\text{sen}\,\theta\cos\phi$ = constante (coordenadas esféricas).

(c) $\Phi(3,4,12) = 3$

(d) $\Phi(5;53,1°;12) = 3$; $\Phi(13;22,6°;53,1°) = 3$

(e) O valor do campo deve independer do sistema de coordenadas empregado, conforme garantido na seção 5.5.

5.2-

(a) A equação das linhas isotímicas é $y = Cx^2$, sendo C uma constante, que representa uma família de parábolas com vértice na origem, para as quais o eixo y é um eixo de simetria.

(b)

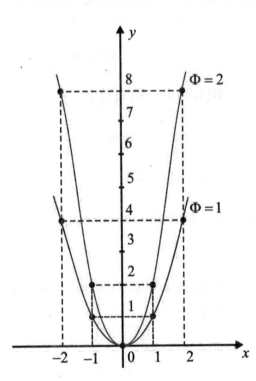

Fig. 5.22 - Resposta do problema 5.2(b)

5.3- Os esboços correspondem a $\lambda = \Phi = 1$.

(a) $x^2 + y^2 + z^2 = 1 \to$ esfera centrada na origem e raio unitário.

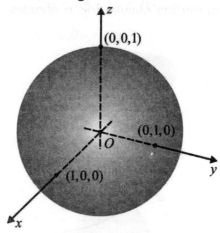

Fig. 5.23 - Resposta do problema 5.3(a)

(b) $x^2 + y^2 + \dfrac{z^2}{4} = 1 \to$ elipsoide de revolução, para o qual $a = b = 1$ e $c = 2$.

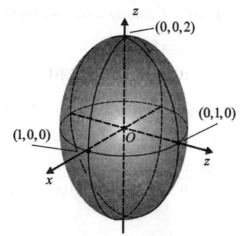

Fig. 5.24 - Resposta do problema 5.3(b)

(c) $x^2 + \dfrac{y^2}{4} = z \to$ paraboloide elíptico, para o qual $a = c = 1$ e $a = 1$ e $b = 2$.

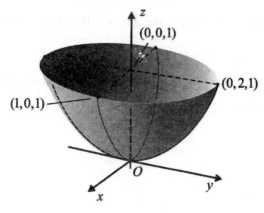

Fig. 5.25 - Resposta do problema 5.3(c)

(d) $x^2 + \dfrac{y^2}{4} = \dfrac{z^2}{4}$ → cone elíptico, para o qual $a = 1$ e $b = c = 2$.

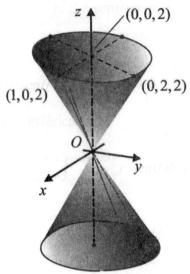

Fig. 5.26 - Resposta do problema 5.3(d)

(e) $x^2 + \dfrac{y^2}{4} - z^2 = 1$ → hiperboloide de uma folha, para o qual $a = c = 1$ e $b = 2$.

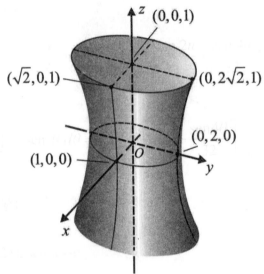

Fig. 5.27 - Resposta do problema 5.3(e)

(f) $x^2 - \dfrac{y^2}{4} - z^2 = 1$ → hiperboloide de duas folhas, para o qual $a = c = 1$ e $b = 2$.

Campo de uma Grandeza Física 251

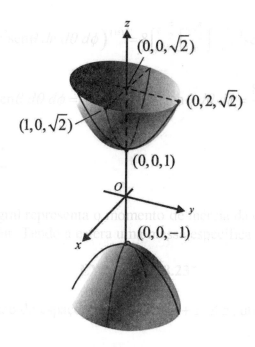

Fig. 5.28 - Resposta do problema 5.3(f)

(g) $y^2 - \dfrac{x^2}{4} = z \rightarrow$ paraboloide hiperboloide, para o qual $a = 2$ e $b = c = 1$.

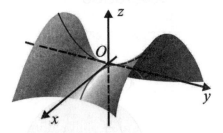

Fig. 5.29 - Resposta do problema 5.3(g)

5.4-

(a) $|V(P)| = 3000 \text{ W/m}^2$; direção do vetor unitário $\dfrac{1}{3}(2\mathbf{u}_x + 2\mathbf{u}_y - \mathbf{u}_z)$

(b) $|V|_{máx} = 3000\sqrt{2} \text{ W/m}^2$ para $x = \pm 1$ e $y - z = \pm 2$.

5.5-

(a) $|v(P)| = \dfrac{50}{16}\sqrt{14}$ cm/s

(b) $\mathbf{u}_v(P) = \dfrac{1}{\sqrt{14}}(-2\mathbf{u}_x + 3\mathbf{u}_y + \mathbf{u}_z)$

(c) Existem duas superfícies para as quais temos $|v| = 10$ cm/s, que são: $x^2 + y^2 + z^2 = 0,192$ e $x^2 + y^2 + z^2 = 20,8$, que são esferas centradas na origem e raios, respectivamente, iguais a 0,438 cm e 4,56 cm.

5.6-

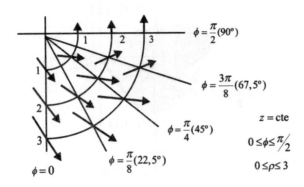

Fig. 5.30 - Resposta do problema 5.6

5.7-

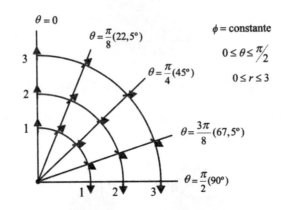

Fig. 5.31 - Resposta do problema 5.7

5.8-

$r < R$: a região interior à película é um espaço equipotencial e não existem linhas de campo.

$r > R$: as superfícies equipotenciais são esferas concêntricas com a película e as linhas de campo são retas uniformemente divergentes, perpendiculares à superfície da película e que se originam na mesma.

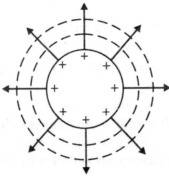

Fig. 5.32 - Resposta do problema 5.8

5.9- Todos os campos deste problema são planos e suas linhas situam-se no plano $z = 0$.

(a) $\rho = k\,\text{sen}^2\,\phi \rightarrow$ lemniscata de **Bernoulli**.

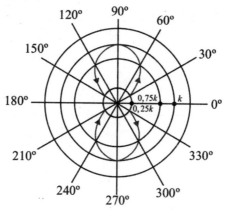

Fig. 5.33 - Resposta do problema 5.9(a)

(b) $xy = C \rightarrow$ família de hipérboles equiláteras.

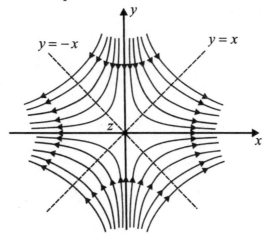

Fig. 5.34 - Resposta do problema 5.9(b)

(c) $xy = C \rightarrow$ família de hipérboles equiláteras.

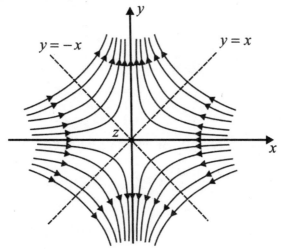

(d) $x^2 + y^2 = C \to$ família de circunferências.

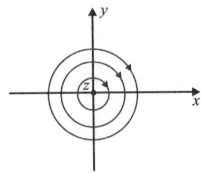

Fig. 5.36 - Resposta do problema 5.9(d)

(e) $x^2 - y^2 = C \to$ família de hipérboles equiláteras.

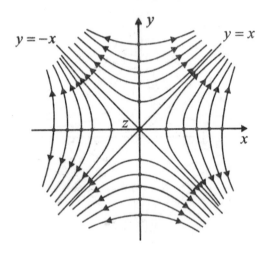

Fig. 5.37 - Resposta do problema 5.9(e)

5.10- A linha pedida é representada pelas equações

$$\begin{cases} \dfrac{1}{x} + \dfrac{1}{2y^2} = 4 \\ \dfrac{1}{x} - \dfrac{1}{z} = 1 \end{cases}$$

5.11- As linhas de campo são hélices cilíndricas de raio dado por $r = \sqrt{C_1}$ e passo definido por $p = 2\pi\, C_1\,(c/b)$, representadas pelas equações

- em coordenadas cartesianas retangulares $\to \begin{cases} x = \sqrt{C_1}\cos\phi \\ y = \sqrt{C_1}\,\text{sen}\,\phi \\ z = C_1\,(c/b)\phi + C_2 \end{cases}$

- em coordenadas cilíndricas circulares → $\begin{cases} r = \sqrt{C_1} \\ z = C_1(c/b)\phi + C_2 \end{cases}$

em que C_1 e C_2 são constantes.

5.12-

(a) As linhas de campo são as interseções de esferas concêntricas com a origem e planos ortogonais ao vetor **c**. Isto acarreta linhas circulares com centros sobre a reta suporte do vetor **c**. Tais linhas são representadas em coordenadas cartesianas retangulares, na forma escalar, pelas equações

$$\begin{cases} x^2 + y^2 + z^2 = C_1, \ C_1 = \text{constante} > 0 \\ c_1 x + c_2 y + c_3 z = C_2, \ C_2 = \text{constante} \end{cases}$$

Na forma vetorial, temos

$$\begin{cases} \mathbf{r} \cdot \mathbf{r} = r^2 = \text{constante} \\ \mathbf{c} \cdot \mathbf{r} = \text{constante} \end{cases}$$

(b)

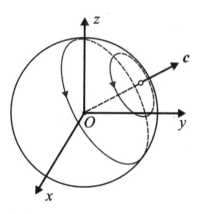

Fig. 5.38- Resposta do problema 5.12(b)

5.13-

(b) Uma linha de fluxo é a trajetória de uma única partícula do fluido, e uma linha de corrente é uma curva tal que a tangente à mesma, em qualquer ponto, fornece a direção da velocidade nesse ponto, sendo determinada num certo instante de tempo. No escoamento uniforme (velocidade invariante no tempo), as linhas de corrente não variam com o tempo e coincidem com **as linhas de fluxo**.

5.14-

(a) Para um determinado instante $t = t_k$ temos as equações

256 Cálculo e Análise Vetoriais com Aplicações Práticas

$$\frac{1}{C_1}x^{C_2} = y = C_3\sqrt{z}$$

em que C_1, $C_2 = \dfrac{1}{2(t_k)^2}$ e C_3 são constantes.

(b) Temos as equações paramétricas

$$\begin{cases} x = K_1 t^3 \\ y = K_2 t \\ z = K_3 t \end{cases}$$

nas quais K_1, K_2 e K_3 são constantes.

5.15- A condição é que tenhamos $\mathbf{V}(P,t) = \mathbf{V}(P)f(t)$, em que $\mathbf{V}(P)$ é uma função vetorial de ponto (função apenas da posição do ponto P) e $f(t)$ é uma função escalar do tempo.

CAPÍTULO 6

Derivação de Vetores

6.1 - Derivação Ordinária de Vetores

6.1.1 - Conceito Geral

Seja $\mathbf{V}(u)$ uma função vetorial de apenas uma variável escalar u. Pela definição de derivada, temos

$$\frac{\Delta \mathbf{V}}{\Delta u} = \frac{\mathbf{V}(u+\Delta u) - \mathbf{V}(u)}{\Delta u} \qquad (6.1)$$

em que Δu representa um incremento de u (vide figura 6.1).

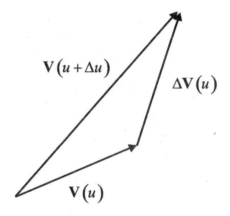

Fig. 6.1

A derivada do vetor $\mathbf{V}(u)$ em relação ao escalar u é dada por

$$\frac{d\mathbf{V}(u)}{du} = \lim_{\Delta u \to 0} \frac{\Delta \mathbf{V}}{\Delta u} = \lim_{\Delta u \to 0} \frac{\mathbf{V}(u+\Delta u) - \mathbf{V}(u)}{\Delta u} \qquad (6.2)$$

se este limite existir.

6.1.2 - Derivação Sucessiva

Uma vez que $d\mathbf{V}/du$ é um vetor que é também função de u, podemos considerar sua derivada em relação à variável u. Se existir, essa derivada é representada sob a forma $d^2\mathbf{V}/du^2$. E assim por diante para as derivadas de ordem superior.

6.1.3 – Notações

Diversas são as notações utilizadas para significar a derivada vetorial. A mais comum de todas é a que foi utilizada acima, $d\mathbf{V}/du$. Outras notações usuais são indicadas a seguir:

1ª) Notação de **Lagrange** $\rightarrow \mathbf{V}'$

2ª) Notação de **Arbogast**[1] $\rightarrow D\,\mathbf{V}$

3ª) Notação de **Cauchy** $\rightarrow D_u\mathbf{V}(u)$

4ª) Notação de **Newton**, especificamente quando a variável é o tempo $\rightarrow \dot{\mathbf{V}}$

6.1.4 - Curvas no Espaço

Se, em particular, $\mathbf{V}(u)$ é o vetor posição $\mathbf{r}(u)$ que liga a origem do sistema cartesiano retangular a um ponto $P(x,y,z)$ genérico, então

$$\mathbf{r}(u) = x(u)\mathbf{u}_x + y(u)\mathbf{u}_y + z(u)\mathbf{u}_z \tag{6.3}$$

e a função vetorial $\mathbf{r}(u)$ define x, y e z como funções de u.

Quando u varia, a extremidade de $\mathbf{r}(u)$ descreve uma curva orientada C no espaço, cujas equações paramétricas são

$$\begin{cases} x = x(u) \\ y = y(u) \\ z = z(u) \end{cases} \tag{6.4}$$

Assim sendo, temos

$$\frac{\Delta\mathbf{r}}{\Delta u} = \frac{\mathbf{r}(u+\Delta u)-\mathbf{r}(u)}{\Delta u} \tag{6.5}$$

que é um vetor de mesma direção que o vetor $\Delta\mathbf{r}$ (vide figura 6.2).

Se o limite a seguir existir,

$$\lim_{\Delta u \to 0}\frac{\Delta\mathbf{r}}{\Delta u} = \frac{d\mathbf{r}}{du} \tag{6.6}$$

ele será um vetor na direção da tangente à curva C no ponto $P(x,y,z)$ e dado por

---

[1] **Arbogast [Louis François Antoine Arbogast (1759-1803)]** - matemático francês com vários trabalhos sobre Cálculo Diferencial e Integral.

$$\frac{d\mathbf{r}}{du} = \frac{dx(u)}{du}\mathbf{u}_x + \frac{dy(u)}{du}\mathbf{u}_y + \frac{dz(u)}{du}\mathbf{u}_z \qquad (6.7)$$

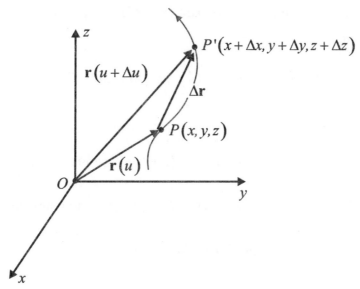

Fig. 6.2

Se a variável u representa o tempo t,

$$\frac{d\mathbf{r}(t)}{dt}$$

representa o vetor velocidade $\mathbf{v}(t)$ com que a extremidade do vetor $\mathbf{r}(t)$ descreve a curva. Da mesma forma,

$$\frac{d\mathbf{v}(t)}{dt} = \frac{d^2\mathbf{r}(t)}{dt^2}$$

representa sua aceleração $a(t)$ ao longo da curva. Temos então

$$\mathbf{v}(t) = \frac{d\mathbf{r}(t)}{dt} \qquad (6.8)$$

e

$$a(t) = \frac{d\mathbf{v}(t)}{dt} = \frac{d^2\mathbf{r}(t)}{dt^2} \qquad (6.9)$$

6.1.5 - Continuidade e Diferenciabilidade

Uma função escalar $\Phi(u)$ é dita contínua em u se

260 **Cálculo e Análise Vetoriais com Aplicações Práticas**

$$\lim_{\Delta u \to 0} \Phi\left(u + \Delta u\right) = \Phi\left(u\right)$$

Analogamente, $\Phi\left(u\right)$ é contínua em u se, para cada número positivo ε, podemos encontrar um número positivo δ, tal que

$$\left|\Phi\left(u + \Delta u\right) - \Phi\left(u\right)\right| < \varepsilon \;\; \text{para} \;\; \left|\Delta u\right| < \delta \tag{6.10}$$

Diz-se que uma função vetorial

$$\mathbf{V}\left(u\right) = V_1\left(u\right)\mathbf{u}_x + V_2\left(u\right)\mathbf{u}_y + V_3\left(u\right)\mathbf{u}_z$$

é contínua em u se as três funções escalares $R_1\left(u\right), R_2\left(u\right)$ e $R_3\left(u\right)$ são contínuas em u ou se

$$\lim_{\Delta u \to 0} \mathbf{V}\left(u + \Delta u\right) = \mathbf{V}\left(u\right)$$

Semelhantemente, $\mathbf{V}\left(u\right)$ é contínua em u se para cada número positivo ε podemos ter um número positivo δ tal que

$$\left|\mathbf{V}\left(u + \Delta u\right) - \mathbf{V}\left(u\right)\right| < \varepsilon \;\; \text{para} \;\; \left|\Delta u\right| < \delta \tag{6.11}$$

Uma função escalar ou vetorial de u é derivável de ordem n se existir a sua enésima derivada. A menos que se estabeleça o contrário, vamos considerar como sendo derivável, até a ordem necessária para a devida discussão, todas as funções que forem estudadas em nosso curso.

EXEMPLO 6.1

Dado $\mathbf{V} = \operatorname{sen} t\, \mathbf{u}_x + \cos t\, \mathbf{u}_y + t\, \mathbf{u}_z$, determine:

(a) $\dfrac{d\mathbf{V}}{dt}$; **(b)** $\dfrac{d^2\mathbf{V}}{dt^2}$; **(c)** $\left|\dfrac{d\mathbf{V}}{dt}\right|$; **(d)** $\left|\dfrac{d^2\mathbf{V}}{dt^2}\right|$

SOLUÇÃO:

(a)

$$\frac{d\mathbf{V}}{dt} = \frac{d}{dt}\left(\operatorname{sen} t\right)\mathbf{u}_x + \frac{d}{dt}\left(\cos t\right)\mathbf{u}_y + \frac{d}{dt}\left(t\right)\mathbf{u}_z = \cos t\, \mathbf{u}_x - \operatorname{sen} t\, \mathbf{u}_y + \mathbf{u}_z$$

(b)

$$\frac{d^2\mathbf{V}}{dt^2} = \frac{d}{dt}\left(\frac{d\mathbf{V}}{dt}\right) = \frac{d}{dt}\left(\cos t\right)\mathbf{u}_x + \frac{d}{dt}\left(-\operatorname{sen} t\right)\mathbf{u}_y + \frac{d}{dt}\left(1\right)\mathbf{u}_z = -\operatorname{sen} t\, \mathbf{u}_x - \cos t\, \mathbf{u}_y$$

(c)

$$\left|\frac{d\mathbf{V}}{dt}\right| = \sqrt{\left(\cos t\right)^2 + \left(-\operatorname{sen} t\right)^2 + \left(1\right)^2} = \sqrt{2}$$

(d)

$$\left|\frac{d^2\mathbf{V}}{dt^2}\right| = \sqrt{\left(-\operatorname{sen} t\right)^2 + \left(-\cos t\right)^2} = 1$$

EXEMPLO 6.2

Uma partícula move-se ao longo de uma curva cujas equações paramétricas são as seguintes: $x = e^{-t}, y = 2\cos 3t, z = 2\operatorname{sen} 3t$, expressas em metros, sendo t o tempo expresso em segundos.

(a) Determine sua velocidade e sua aceleração num tempo qualquer.

(b) Ache os módulos dos vetores do item (a) para $t = 0$.

SOLUÇÃO:

(a)

O vetor posição da partícula é

$$\mathbf{r}\left(t\right) = x\left(t\right)\mathbf{u}_x + y\left(t\right)\mathbf{u}_y + z\left(t\right)\mathbf{u}_z = e^{-t}\mathbf{u}_x + 2\cos 3t\,\mathbf{u}_y + 2\operatorname{sen} 3t\,\mathbf{u}_z\,\left(\mathrm{m}\right)$$

Então, de acordo com a expressão (6.8), o vetor velocidade é dado por

$$\mathbf{v}\left(t\right) = \frac{d\mathbf{r}\left(t\right)}{dt} = -e^{-t}\mathbf{u}_x - 6\operatorname{sen} 3t\,\mathbf{u}_y + 6\cos 3t\,\mathbf{u}_z\,\left(\mathrm{m/s}\right)$$

Pela expressão (6.9), temos o vetor aceleração

$$a\left(t\right) = \frac{d\mathbf{v}\left(t\right)}{dt} = e^{-t}\mathbf{u}_x - 18\cos 3t\,\mathbf{u}_y - 18\operatorname{sen} 3t\,\mathbf{u}_z\,\left(\mathrm{m/s^2}\right)$$

(b)

Para $t = 0$, segue-se

$$\mathbf{v} = -\mathbf{u}_x + 6\,\mathbf{u}_z\,\left(\mathrm{m/s}\right)$$

e

$$a = \mathbf{u}_x - 18\,\mathbf{u}_y\,\left(\mathrm{m/s^2}\right)$$

Assim sendo, o módulo da velocidade para $t = 0$ é

$$|v(0)| = \sqrt{(-1)^2 + (6)^2} = \sqrt{37} \text{ m/s}$$

O módulo da aceleração no mesmo instante é

$$|a(0)| = \sqrt{(1)^2 + (-18)^2} = \sqrt{325} \text{ m/s}^2$$

EXEMPLO 6.3

Uma curva C é definida pelas equações paramétricas $x = x(l), y = y(l), z = z(l)$, sendo l o comprimento do arco de C medido a partir de um ponto fixo da curva. Se $\mathbf{r}$ é o vetor posição de um ponto qualquer da curva, mostre que $d\mathbf{r}/dl$ é um vetor unitário tangente à curva C.

SOLUÇÃO:

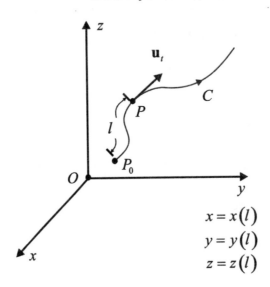

Fig. 6.3

O vetor

$$\frac{d\mathbf{r}}{dl} = \frac{d}{dl}(x\mathbf{u}_x + y\mathbf{u}_y + z\mathbf{u}_z) = \frac{dx}{dl}\mathbf{u}_x + \frac{dy}{dl}\mathbf{u}_y + \frac{dz}{dl}\mathbf{u}_z$$

é tangente à curva definida pelas equações $x = x(l), y = y(l), z = z(l)$. Para mostrar que ele tem módulo unitário basta notar que

$$\left|\frac{d\mathbf{r}}{dl}\right| = \sqrt{\left(\frac{dx}{dl}\right)^2 + \left(\frac{dy}{dl}\right)^2 + \left(\frac{dz}{dl}\right)^2} = \sqrt{\frac{(dx)^2 + (dy)^2 + (dz)^2}{(dl)^2}} = \sqrt{\frac{(dl)^2}{(dl)^2}} = 1$$

Isto é realmente verdade porque, pela expressão (3.14b), temos

$$dl = dx\,\mathbf{u}_x + dy\,\mathbf{u}_y + dz\,\mathbf{u}_z$$

o que implica

$$\left(dl\right)^2 = \left(|dl|\right)^2 = \left(dx\right)^2 + \left(dy\right)^2 + \left(dz\right)^2$$

Podemos, então, expressar

$$\mathbf{u}_t = \frac{d\mathbf{r}}{dl} = \frac{dx(l)}{dl}\mathbf{u}_x + \frac{dy(l)}{dl}\mathbf{u}_y + \frac{dz(l)}{dl}\mathbf{u}_z \qquad (6.12)$$

6.2 - Propriedades da Derivação Ordinária de Vetores

6.2.1 - Para Vetores Genéricos

Se $\mathbf{A}$, $\mathbf{B}$, $\mathbf{C}$ são funções vetoriais diferenciáveis de um escalar u, e Φ é uma função escalar diferenciável, também do mesmo escalar u, temos as seguintes propriedades:

$1^a)\ \dfrac{d}{du}\left(\mathbf{A}+\mathbf{B}\right) = \dfrac{d\mathbf{A}}{du} + \dfrac{d\mathbf{B}}{du}$ (distributiva em relação à adição vetorial) $\qquad (6.13)$

$2^a)\ \dfrac{d}{du}\left(\mathbf{A}\cdot\mathbf{B}\right) = \dfrac{d\mathbf{A}}{du}\cdot\mathbf{B} + \mathbf{A}\cdot\dfrac{d\mathbf{B}}{du}$ (distributiva em relação ao produto escalar) $\qquad (6.14)$

$3^a)\ \dfrac{d}{du}\left(\mathbf{A}\times\mathbf{B}\right) = \dfrac{d\mathbf{A}}{du}\times\mathbf{B} + \mathbf{A}\times\dfrac{d\mathbf{B}}{du}$ (distributiva em relação ao produto vetorial) $\qquad (6.15)$

$4^a)\ \dfrac{d}{du}\left(\Phi\mathbf{A}\right) = \dfrac{d\Phi}{du}\mathbf{A} + \Phi\dfrac{d\mathbf{A}}{du}$ (distributiva em relação ao produto de um vetor por um escalar)

$$(6.16)$$

$5^a)\ \dfrac{d}{du}\left[\mathbf{A}\cdot\left(\mathbf{B}\times\mathbf{C}\right)\right] = \dfrac{d\mathbf{A}}{du}\cdot\left(\mathbf{B}\times\mathbf{C}\right) + \mathbf{A}\cdot\left(\dfrac{d\mathbf{B}}{du}\times\mathbf{C}\right) + \mathbf{A}\cdot\left(\mathbf{B}\times\dfrac{d\mathbf{C}}{du}\right)$ (distributiva em relação ao produto misto) $\qquad (6.17)$

$6^a)\ \dfrac{d}{du}\left[\mathbf{A}\times\left(\mathbf{B}\times\mathbf{C}\right)\right] = \dfrac{d\mathbf{A}}{du}\times\left(\mathbf{B}\times\mathbf{C}\right) + \mathbf{A}\times\left(\dfrac{d\mathbf{B}}{du}\times\mathbf{C}\right) + \mathbf{A}\times\left(\mathbf{B}\times\dfrac{d\mathbf{C}}{du}\right)$ (distributiva em relação ao triplo produto vetorial) $\qquad (6.18)$

$7^a)$ Se $u = f(s)$ é diferenciável, temos

$$\frac{d\mathbf{A}(u)}{ds} = \frac{d\mathbf{A}(u)}{du}\frac{du(u)}{ds} \quad \text{(derivação em cadeia ou regra da cadeia)} \qquad (6.19)$$

DEMONSTRAÇÕES:

1ª) $\dfrac{d}{du}(\mathbf{A}+\mathbf{B})=\dfrac{d\mathbf{A}}{du}+\dfrac{d\mathbf{B}}{du}$

Façamos

$$\mathbf{V}=\mathbf{A}+\mathbf{B}$$

Se u sofre uma variação Δu, os vetores $\mathbf{V}$, $\mathbf{A}$ e $\mathbf{B}$ sofrem variações correspondentes, as quais chamaremos, respectivamente, $\Delta\mathbf{V}, \Delta\mathbf{A}$ e $\Delta\mathbf{B}$. Evidentemente, temos

$$\mathbf{V}+\Delta\mathbf{V}=(\mathbf{A}+\Delta\mathbf{A})+(\mathbf{B}+\Delta\mathbf{B})$$

o que implica

$$\Delta\mathbf{V}=\Delta\mathbf{A}+\Delta\mathbf{B}$$

Formando a relação incremental, temos

$$\frac{\Delta\mathbf{V}}{\Delta u}=\frac{\Delta\mathbf{A}}{\Delta u}+\frac{\Delta\mathbf{B}}{\Delta u}$$

Passando ao limite quando Δu tende para zero, segue-se

$$\lim_{\Delta u\to 0}\frac{\Delta\mathbf{V}}{\Delta u}=\lim_{\Delta u\to 0}\frac{\Delta\mathbf{A}}{\Delta u}+\lim_{\Delta u\to 0}\frac{\Delta\mathbf{B}}{\Delta u}$$

Portanto, ficamos com

$$\frac{d\mathbf{V}}{du}=\frac{d\mathbf{A}}{du}+\frac{d\mathbf{B}}{du}$$

Isto é equivalente a

$$\frac{d}{du}(\mathbf{A}+\mathbf{B})=\frac{d\mathbf{A}}{du}+\frac{d\mathbf{B}}{du}$$

2ª) $\dfrac{d}{du}(\mathbf{A}\cdot\mathbf{B})=\dfrac{d\mathbf{A}}{du}\cdot\mathbf{B}+\mathbf{A}\cdot\dfrac{d\mathbf{B}}{du}$

Ponhamos

$$\Phi=\mathbf{A}\cdot\mathbf{B}$$

em que Φ é uma função escalar de u. Uma variação Δu em u nos conduz às variações incrementais $\Delta\Phi, \Delta\mathbf{A}$ e $\Delta\mathbf{B}$, de tal modo que

$$\Phi + \Delta\Phi = (\mathbf{A} + \Delta\mathbf{A}) \cdot (\mathbf{B} + \Delta\mathbf{B}) = \mathbf{A} \cdot \mathbf{B} + \Delta\mathbf{A} \cdot \mathbf{B} + \mathbf{A} \cdot \Delta\mathbf{B} + \Delta\mathbf{A} \cdot \Delta\mathbf{B}$$

Este resultado nos leva a

$$\Delta\Phi = \Delta\mathbf{A} \cdot \mathbf{B} + \mathbf{A} \cdot \Delta\mathbf{B} + \Delta\mathbf{A} \cdot \Delta\mathbf{B}$$

Formando a razão incremental e passando ao limite quando Δu tende para zero, obtemos

$$\lim_{\Delta u \to 0} \frac{\Delta\Phi}{\Delta u} = \lim_{\Delta u \to 0} \frac{\Delta\mathbf{A}}{\Delta u} \cdot \mathbf{B} + \lim_{\Delta u \to 0} \mathbf{A} \cdot \frac{\Delta\mathbf{B}}{\Delta u} + \lim_{\Delta u \to 0} \Delta\mathbf{A} \cdot \frac{\Delta\mathbf{B}}{\Delta u}$$

Quando Δu tende para zero, $\Delta\mathbf{A}$ também tende, o que nos permite expressar

$$\lim_{\Delta u \to 0} \Delta\mathbf{A} \cdot \frac{\Delta\mathbf{B}}{\Delta u} = 0$$

Finalmente, introduzindo a notação de derivada, temos

$$\frac{d\Phi}{du} = \frac{d\mathbf{A}}{du} \cdot \mathbf{B} + \mathbf{A} \cdot \frac{d\mathbf{B}}{du}$$

o que nos garante

$$\frac{d}{du}(\mathbf{A} \cdot \mathbf{B}) = \frac{d\mathbf{A}}{du} \cdot \mathbf{B} + \mathbf{A} \cdot \frac{d\mathbf{B}}{du}$$

3ª) $\dfrac{d}{du}(\mathbf{A} \times \mathbf{B}) = \dfrac{d\mathbf{A}}{du} \times \mathbf{B} + \mathbf{A} \times \dfrac{d\mathbf{B}}{du}$

Façamos

$$\mathbf{V} = \mathbf{A} \times \mathbf{B}$$

Uma variação Δu em u acarretará variações $\Delta\mathbf{V}, \Delta\mathbf{A}$ e $\Delta\mathbf{B}$, respectivamente, aos vetores $\mathbf{V}, \mathbf{A}$ e $\mathbf{B}$. Temos então

$$\mathbf{V} + \Delta\mathbf{V} = (\mathbf{A} + \Delta\mathbf{A}) \times (\mathbf{B} + \Delta\mathbf{B}) = \mathbf{A} \times \mathbf{B} + \Delta\mathbf{A} \times \mathbf{B} + \mathbf{A} \times \Delta\mathbf{B} + \Delta\mathbf{A} \times \Delta\mathbf{B}$$

A variação de $\mathbf{V}$ é dada por

$$\Delta\mathbf{V} = \Delta\mathbf{A} \times \mathbf{B} + \mathbf{A} \times \Delta\mathbf{B} + \Delta\mathbf{A} \times \Delta\mathbf{B}$$

Formando a relação incremental e passando ao limite quando Δu tende para zero, temos que

$$\lim_{\Delta u \to 0} \frac{\Delta \mathbf{V}}{\Delta u} = \lim_{\Delta u \to 0} \frac{\Delta \mathbf{A}}{\Delta u} \times \mathbf{B} + \lim_{\Delta u \to 0} \mathbf{A} \times \frac{\Delta \mathbf{B}}{\Delta u} + \lim_{\Delta u \to 0} \Delta \mathbf{A} \times \frac{\Delta \mathbf{B}}{\Delta u}$$

Quando Δu tende para zero, $\Delta \mathbf{A}$ também tende, logo segue-se

$$\lim_{\Delta u \to 0} \Delta \mathbf{A} \times \frac{\Delta \mathbf{B}}{\Delta u} = 0$$

Empregando a notação de derivada, obtemos

$$\frac{d\mathbf{V}}{du} = \frac{d\mathbf{A}}{du} \times \mathbf{B} + \mathbf{A} \times \frac{d\mathbf{B}}{du}$$

Isto é equivalente a

$$\frac{d}{du}\left(\mathbf{A} \times \mathbf{B}\right) = \frac{d\mathbf{A}}{du} \times \mathbf{B} + \mathbf{A} \times \frac{d\mathbf{B}}{du}$$

4ª) $\dfrac{d}{du}\left(\Phi \mathbf{A}\right) = \dfrac{d\Phi}{du}\mathbf{A} + \Phi\dfrac{d\mathbf{A}}{du}$

Seja

$$\mathbf{V} = \Phi \mathbf{A}$$

Quando u varia de Δu, $\mathbf{V}$ varia de $\Delta \mathbf{V}$, Φ de $\Delta \Phi$ e $\mathbf{A}$ de $\Delta \mathbf{A}$ e podemos expressar

$$\mathbf{V} + \Delta \mathbf{V} = \left(\Phi + \Delta \Phi\right)\left(\mathbf{A} + \Delta \mathbf{A}\right) = \Phi \mathbf{A} + \Delta \Phi\, \mathbf{A} + \Phi\, \Delta \mathbf{A} + \Delta \Phi\, \Delta \mathbf{A}$$

A variação de $\mathbf{V}$ é dada por

$$\Delta \mathbf{V} = \Delta \Phi\, \mathbf{A} + \Phi\, \Delta \mathbf{A} + \Delta \Phi\, \Delta \mathbf{A}$$

O limite da relação incremental, quando Δu tende a zero, é

$$\lim_{\Delta u \to 0} \frac{\Delta \mathbf{V}}{\Delta u} = \lim_{\Delta u \to 0} \frac{\Delta \Phi}{\Delta u}\mathbf{A} + \lim_{\Delta u \to 0} \Phi\frac{\Delta \mathbf{A}}{\Delta u} + \lim_{\Delta u \to 0} \Delta \Phi\frac{\Delta \mathbf{A}}{\Delta u}$$

Quando Δu tende para zero, $\Delta \mathbf{A}$ também tende, o que nos conduz a

$$\lim_{\Delta u \to 0} \Delta \Phi\frac{\Delta \mathbf{A}}{\Delta u} = 0$$

Utilizando a notação de derivada, obtemos

$$\frac{d\mathbf{V}}{du} = \frac{d\Phi}{du}\mathbf{A} + \Phi\frac{d\mathbf{A}}{du}$$

que é equivalente a

$$\frac{d}{du}(\Phi\mathbf{A}) = \frac{d\Phi}{du}\mathbf{A} + \Phi\frac{d\mathbf{A}}{du}$$

5ª) $\frac{d}{du}\big[\mathbf{A}\cdot(\mathbf{B}\times\mathbf{C})\big] = \frac{d\mathbf{A}}{du}\cdot(\mathbf{B}\times\mathbf{C}) + \mathbf{A}\cdot\left(\frac{d\mathbf{B}}{du}\times\mathbf{C}\right) + \mathbf{A}\cdot\left(\mathbf{B}\times\frac{d\mathbf{C}}{du}\right)$

Fazendo

$$\mathbf{V} = \mathbf{B}\times\mathbf{C}$$

e aplicando a segunda propriedade, obtemos

$$\frac{d}{du}[\mathbf{A}\cdot\mathbf{V}] = \frac{d\mathbf{A}}{du}\cdot\mathbf{V} + \mathbf{A}\cdot\frac{d\mathbf{V}}{du}$$

Voltando à forma original, segue-se

$$\frac{d}{du}\big[\mathbf{A}\cdot(\mathbf{B}\times\mathbf{C})\big] = \frac{d\mathbf{A}}{du}\cdot(\mathbf{B}\times\mathbf{C}) + \mathbf{A}\cdot\frac{d}{du}(\mathbf{B}\times\mathbf{C})$$

Aplicando a propriedade distributiva do produto escalar ao segundo termo do segundo membro da expressão anterior, chegamos a

$$\frac{d}{du}\big[\mathbf{A}\cdot(\mathbf{B}\times\mathbf{C})\big] = \frac{d\mathbf{A}}{du}\cdot(\mathbf{B}\times\mathbf{C}) + \mathbf{A}\cdot\left(\frac{d\mathbf{B}}{du}\times\mathbf{C}\right) + \mathbf{A}\cdot\left(\mathbf{B}\times\frac{d\mathbf{C}}{du}\right)$$

6ª) $\frac{d}{du}\big[\mathbf{A}\times(\mathbf{B}\times\mathbf{C})\big] = \frac{d\mathbf{A}}{du}\times(\mathbf{B}\times\mathbf{C}) + \mathbf{A}\times\left(\frac{d\mathbf{B}}{du}\times\mathbf{C}\right) + \mathbf{A}\times\left(\mathbf{B}\times\frac{d\mathbf{C}}{du}\right)$

Façamos

$$\mathbf{V} = \mathbf{B}\times\mathbf{C}$$

e apliquemos a terceira propriedade, o que nos garante

$$\frac{d}{du}[\mathbf{A}\times\mathbf{V}] = \frac{d\mathbf{A}}{du}\times\mathbf{V} + \mathbf{A}\times\frac{d\mathbf{V}}{du}$$

Voltando à forma original, ficamos com a expressão

$$\frac{d}{du}\big[\mathbf{A}\times(\mathbf{B}\times\mathbf{C})\big] = \frac{d\mathbf{A}}{du}\times(\mathbf{B}\times\mathbf{C}) + \mathbf{A}\times\frac{d}{du}(\mathbf{B}\times\mathbf{C})$$

Aplicando novamente terceira propriedade, mas agora ao segundo termo do segundo membro da última expressão, podemos estabelecer

$$\frac{d}{du}\Big[\mathbf{A}\times(\mathbf{B}\times\mathbf{C})\Big]=\frac{dA}{du}\times(\mathbf{B}\times\mathbf{C})+\mathbf{A}\times\left(\frac{dB}{du}\times\mathbf{C}+\mathbf{B}\times\frac{dC}{du}\right)$$

Aplicando a propriedade distributiva do produto vetorial, finalmente, temos

$$\frac{d}{du}\Big[\mathbf{A}\times(\mathbf{B}\times\mathbf{C})\Big]=\frac{d\mathbf{A}}{du}\times(\mathbf{B}\times\mathbf{C})+\mathbf{A}\times\left(\frac{d\mathbf{B}}{du}\times\mathbf{C}\right)+\mathbf{A}\times\left(\mathbf{B}\times\frac{d\mathbf{C}}{du}\right)$$

7ª) $\dfrac{d\mathbf{A}(u)}{ds}=\dfrac{d\mathbf{A}(u)}{du}\dfrac{du(u)}{ds}$, em que $u=f(s)$

Apliquemos a regra geral simultaneamente às duas funções $\mathbf{A}(u)$ e $u=f(s)$.

Um acréscimo Δu conduz a $\mathbf{A}(u)+\Delta\mathbf{A}=\mathbf{A}(u+\Delta u)$. Assim sendo, chegamos a

$$\frac{\Delta\mathbf{A}}{\Delta u}=\frac{\mathbf{A}(u+\Delta u)-\mathbf{A}(u)}{\Delta u} \qquad\qquad \textbf{(i)}$$

Entretanto, um acréscimo Δs conduz a

$$u+\Delta u=f(s+\Delta s)$$

Deste modo, temos

$$\frac{\Delta u}{\Delta s}=\frac{f(s+\Delta s)-f(s)}{\Delta s} \qquad\qquad \textbf{(ii)}$$

Os primeiros membros de (i) e de (ii) mostram uma forma de razão entre o acréscimo de cada função e o acréscimo da variável correspondente e os segundos membros fornecem as mesmas razões em outra forma. Antes de passar ao limite, façamos o produto destas duas razões, escolhendo, para tanto, as formas dos primeiros membros, vem

$$\frac{\Delta\mathbf{A}}{\Delta s}=\frac{\Delta\mathbf{A}}{\Delta u}\ \frac{\Delta u}{\Delta s}$$

Fazendo $\Delta s\to 0$, teremos $\Delta u\to 0$ e a igualdade acima fornece

$$\frac{d\mathbf{A}}{ds}=\frac{d\mathbf{A}}{du}\ \frac{du}{ds}$$

6.2.2 - Para o vetor $\mathbf{r} = r\,\mathbf{u}_r$ (vetor posição em coordenadas esféricas)

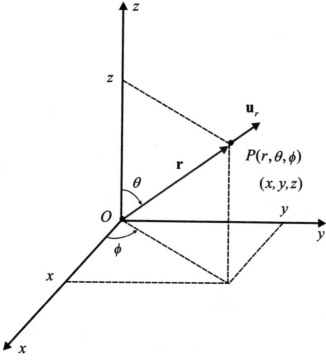

Fig. 6.4

De acordo com a expressão (3.110), o vetor posição em coordenadas esféricas é dado por

$$\mathbf{r} = r\,\mathbf{u}_r$$

Temos, pois, três situações a considerar.

1ª) $\mathbf{r}$ é um vetor de direção constante e módulo variável: neste caso, a trajetória descrita pela extremidade de $\mathbf{r}$ é um vetor de mesma direção que $\mathbf{r}$, e sua derivada, sendo tangente à citada trajetória, só pode ter a mesma direção do vetor original.

Conclusão: a derivada de um vetor de direção constante é um outro vetor de mesma direção e sentido que o primeiro.

A derivada do vetor é expressa por

$$\frac{d\mathbf{r}}{du} = \frac{dr}{du}\mathbf{u}_r \qquad (6.20)$$

2ª) $\mathbf{r}$ é um vetor de direção variável e módulo constante: nesta situação, a trajetória descrita pela extremidade do vetor é uma curva situada sobre uma esfera de raio r centrada na origem. Assim, o vetor derivada, tangente à trajetória em cada ponto P, é perpendicular ao raio $\overline{OP}$ da esfera.

Conclusão: a derivada de um vetor de módulo constante é um outro vetor perpendicular à direção do vetor originário.

270 Cálculo e Análise Vetoriais com Aplicações Práticas

Entretanto, se a direção do vetor **r** variar com a coordenada ϕ, ou seja $\phi = \phi(u)$, temos

$$\frac{d\mathbf{r}}{du} = r\frac{d\phi}{du}\mathbf{u}_\phi \tag{6.21}$$

3ª) r é um vetor constante em módulo e direção: se tanto o módulo quanto a direção do vetor forem constantes, sua derivada é nula, já que teria que ser, ao mesmo tempo, perpendicular e coincidente com o vetor originário.

Conclusão: a derivada de um vetor constante em módulo, direção e sentido é nula.

Sob forma de expressão, sendo $|\mathbf{r}|$, θ e ϕ constantes, podemos estabelecer

$$\frac{d\mathbf{r}}{du} = 0 \tag{6.22}$$

DEMONSTRAÇÕES:

1ª) Se θ e ϕ são constantes e se $|\mathbf{r}|$ é variável,

$$\frac{d\mathbf{r}}{du} = \frac{dr}{du}\mathbf{u}_r$$

De acordo com a expressão (6.16), temos

$$\frac{d\mathbf{r}}{du} = \frac{d}{du}(r\,\mathbf{u}_r) = \frac{dr}{du}\mathbf{u}_r + r\frac{d\mathbf{u}_r}{du} \tag{i}$$

Pela definição de vetor unitário, temos também

$$\mathbf{u}_r = \frac{\mathbf{r}}{|\mathbf{r}|} = \frac{x\,\mathbf{u}_x + y\,\mathbf{u}_y + z\,\mathbf{u}_z}{\sqrt{x^2 + y^2 + z^2}} = \cos\alpha\,\mathbf{u}_x + \cos\beta\,\mathbf{u}_y + \cos\gamma\,\mathbf{u}_z$$

em que $\cos\alpha$, $\cos\beta$ e $\cos\gamma$, cossenos diretores de **r** (vide exemplo 4.8), são constantes, tendo em vista que a direção de $\mathbf{u}_r$ é constante no presente caso. Pela expressão (6.7), segue-se

$$\frac{d\mathbf{u}_r}{du} = \frac{d}{du}(\cos\alpha)\mathbf{u}_x + \frac{d}{du}(\cos\beta)\mathbf{u}_y + \frac{d}{du}(\cos\gamma)\mathbf{u}_z = 0 \tag{ii}$$

Substituindo (ii) em (i), ficamos com

$$\frac{d\mathbf{r}}{du} = 0$$

2ª) Se $|\mathbf{r}|$ e θ são constantes e $\phi = \phi(u)$, temos

$$\frac{d\mathbf{r}}{du} = r\frac{d\phi}{du}\mathbf{u}_\phi$$

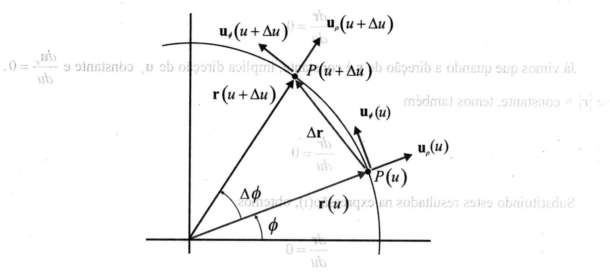

Fig. 6.5

Pela definição de derivada vetorial, vem

$$\frac{d\mathbf{r}}{du} = \lim_{\Delta u \to 0}\frac{\Delta \mathbf{r}}{\Delta u}$$

Sabemos, da Trigonometria, que o comprimento de arco é igual ao raio vezes o ângulo subtendido expresso em radianos. Da figura 6.5, em que a direção de **r** varia de um ângulo $\Delta\phi$, em um cone θ = constante, observa-se

$$|\Delta\mathbf{r}| = r\,\Delta\phi$$

Quando fazemos o limite $\Delta u \to 0$, temos

$$|\Delta\mathbf{r}| = dr = r\,d\phi$$

Uma vez que o arco tende para zero, a direção de $\Delta\mathbf{r}$ é a do unitário $\mathbf{u}_\phi$ no ponto $P(u)$. Podemos, então, expressar

$$\lim_{\Delta u \to 0}\frac{\Delta\mathbf{r}}{\Delta u} = \lim_{\Delta u \to 0} r\frac{\Delta\phi}{\Delta u}\mathbf{u}_\phi = r\frac{d\phi}{du}\mathbf{u}_\phi$$

Finalmente, temos

$$\frac{d\mathbf{r}}{du} = r\frac{d\phi}{du}\mathbf{u}_\phi$$

272   **Cálculo e Análise Vetoriais com Aplicações Práticas**

que é um vetor perpendicular a **r**, tendo em vista que $\mathbf{u}_r$ e $\mathbf{u}_\phi$ são perpendiculares.

3ª) Se $|\mathbf{r}|$, θ e ϕ são constantes, temos

$$\frac{d\mathbf{r}}{du} = 0$$

Já vimos que quando a direção de **r** é constante, implica direção de $\mathbf{u}_r$ constante e $\dfrac{d\mathbf{u}_r}{du} = 0$.

Se $|\mathbf{r}|$ = constante, temos também

$$\frac{dr}{du} = 0$$

Substituindo estes resultados na expressão(i), obtemos

$$\frac{d\mathbf{r}}{du} = 0$$

EXEMPLO 6.4

Se $\mathbf{A} = 5t^2 \mathbf{u}_x + t\,\mathbf{u}_y - t^3 \mathbf{u}_z$ e $\mathbf{B} = \operatorname{sen} t\,\mathbf{u}_x - \cos t\,\mathbf{u}_y$, determine:

(a) $\dfrac{d}{dt}(\mathbf{A} \cdot \mathbf{B})$; **(b)** $\dfrac{d}{dt}(\mathbf{A} \times \mathbf{B})$; **(c)** $\dfrac{d}{dt}(\mathbf{A} \cdot \mathbf{A})$

SOLUÇÃO:

(a)
- Primeiro método:

$$\frac{d}{dt}(\mathbf{A} \cdot \mathbf{B}) = \frac{d\mathbf{A}}{dt} \cdot \mathbf{B} + \mathbf{A} \cdot \frac{d\mathbf{B}}{dt} = \left(10t\,\mathbf{u}_x + \mathbf{u}_y - 3t^2 \mathbf{u}_z\right) \cdot \left(\operatorname{sen} t\,\mathbf{u}_x - \cos t\,\mathbf{u}_y\right) +$$

$$+ \left(5t^2 \mathbf{u}_x + t\,\mathbf{u}_y - t^3 \mathbf{u}_z\right) \cdot \left(\cos t\,\mathbf{u}_x + \operatorname{sen} t\,\mathbf{u}_y\right) =$$

$$= 10t\operatorname{sen} t - \cos t + 5t^2 \cos t + t\operatorname{sen} t = \left(5t^2 - 1\right)\cos t + 11t\operatorname{sen} t$$

- Segundo método:

Temos que

$$\mathbf{A} \cdot \mathbf{B} = 5t^2 \operatorname{sen} t - t\cos t$$

Isto nos permite expressar

$$\frac{d}{dt}(\mathbf{A}\cdot\mathbf{B}) = \frac{d}{dt}\left(5t^2\,\mathrm{sen}\,t - t\cos t\right) = 10t\,\mathrm{sen}\,t + 5t^2\cos t - \cos t + t\,\mathrm{sen}\,t =$$

$$= \left(5t^2 - 1\right)\cos t + 11\,t\,\mathrm{sen}\,t$$

(b)

- Primeiro método:

$$\frac{d}{dt}(\mathbf{A}\times\mathbf{B}) = \frac{d\mathbf{A}}{dt}\times\mathbf{B} + \mathbf{A}\times\frac{d\mathbf{B}}{dt} =$$

$$= \begin{vmatrix} \mathbf{u}_x & \mathbf{u}_y & \mathbf{u}_z \\ 10t & 1 & -3t^2 \\ \mathrm{sen}\,t & -\cos t & 0 \end{vmatrix} + \begin{vmatrix} \mathbf{u}_x & \mathbf{u}_y & \mathbf{u}_z \\ 5t^2 & t & -t^2 \\ \cos t & -\mathrm{sen}\,t & 0 \end{vmatrix} =$$

$$= \left(t^3\,\mathrm{sen}\,t - 3t^2\cos t\right)\mathbf{u}_x - \left(t^3\cos t + 3t^2\,\mathrm{sen}\,t\right)\mathbf{u}_y + \left(5t^2\,\mathrm{sen}\,t - \mathrm{sen}\,t - 11t\cos t\right)\mathbf{u}_z$$

- Segundo método:

Temos que

$$\mathbf{A}\times\mathbf{B} = \begin{vmatrix} \mathbf{u}_x & \mathbf{u}_y & \mathbf{u}_z \\ 5t^2 & t & -t^3 \\ \mathrm{sen}\,t & -\cos t & 0 \end{vmatrix} = -t^3\cos t\,\mathbf{u}_x - t^3\,\mathrm{sen}\,t\,\mathbf{u}_y + \left(-5t^2\cos t - t\,\mathrm{sen}\,t\right)\mathbf{u}_z$$

Isto nos permite estabelecer

$$\frac{d}{dt}(\mathbf{A}\times\mathbf{B}) = \left(t^3\,\mathrm{sen}\,t - 3t^2\cos t\right)\mathbf{u}_x - \left(t^3\cos t + 3t^2\,\mathrm{sen}\,t\right)\mathbf{u}_y + \left(5t^2\,\mathrm{sen}\,t - \mathrm{sen}\,t - 11t\cos t\right)\mathbf{u}_z$$

(c)

- Primeiro método:

$$\frac{d}{dt}(\mathbf{A}\cdot\mathbf{A}) = \frac{d\mathbf{A}}{dt}\cdot\mathbf{A} + \mathbf{A}\cdot\frac{d\mathbf{A}}{dt} = 2\mathbf{A}\cdot\frac{d\mathbf{A}}{dt} = 2\left(5t^2\mathbf{u}_x + t\mathbf{u}_y - t^3\mathbf{u}_z\right)\cdot\left(10t\mathbf{u}_x + \mathbf{u}_y - 3t^2\mathbf{u}_z\right) = 100t^3 + 2t + 6t^5$$

- Segundo método:

Temos que

$$\mathbf{A}\cdot\mathbf{A} = \left(5t^2\right)^2 + \left(t\right)^2 + \left(-t^3\right)^2 = 25t^4 + t^2 + t^6$$

Isto nos conduz a

$$\frac{d}{dt}(\mathbf{A}\cdot\mathbf{A}) = 100\,t^3 + 2\,t + 6\,t^5$$

EXEMPLO 6.5*

Uma partícula se move no plano *xy*. Determine as componentes da velocidade e da aceleração em função das coordenadas polares[2] (ρ, ϕ). Particularize para o caso de um movimento circular uniforme.

SOLUÇÃO:

O vetor posição da partícula em coordenadas cilíndricas é dado pela expressão (3.87),

$$\mathbf{r} = \rho\,\mathbf{u}_\rho + z\,\mathbf{u}_z$$

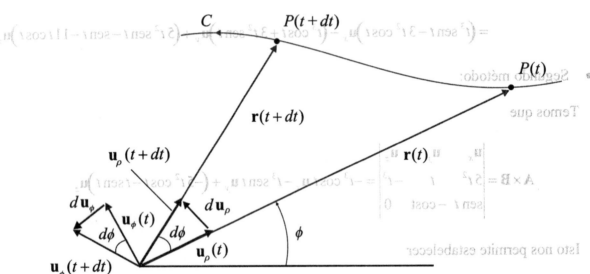

Fig. 6.6

Uma vez que o movimento é no plano *xy*, temos $z = 0$, o que implica

$$\mathbf{r} = \rho\,\mathbf{u}_\rho$$

Pela definição de velocidade, segue-se

$$\mathbf{v} = \frac{d\mathbf{r}}{dt} = \frac{d}{dt}(\rho\,\mathbf{u}_\rho) = \frac{d\rho}{dt}\mathbf{u}_\rho + \rho\frac{d\mathbf{u}_\rho}{dt}$$

As derivadas dos vetores unitários podem ser obtidas a partir da regra de derivação de um vetor de módulo constante ou pela simples observação da figura 6.6. Temos, então,

---

[2] coordenadas cilíndricas circulares no plano *xy* (plano $z = 0$).

$$\begin{cases} \dfrac{d\mathbf{u}_\rho}{dt} = \dfrac{d\phi}{dt}\mathbf{u}_\phi \\[4mm] \dfrac{d\mathbf{u}_\phi}{dt} = -\dfrac{d\phi}{dt}\mathbf{u}_\rho \end{cases}$$

(6.24b)

Assim sendo, ficamos com

$$\mathbf{v} = \frac{d\rho}{dt}\mathbf{u}_\rho + \rho\frac{d\phi}{dt}\mathbf{u}_\phi \qquad (6.23a)$$

Para a aceleração, temos

$$\boldsymbol{a} = \frac{d\mathbf{v}}{dt} = \frac{d}{dt}\left[\frac{d\rho}{dt}\mathbf{u}_\rho + \rho\frac{d\phi}{dt}\mathbf{u}_\phi\right] = \frac{d^2\rho}{dt^2}\mathbf{u}_\rho + \frac{d\rho}{dt}\frac{d\mathbf{u}_\rho}{dt} + \frac{d\rho}{dt}\frac{d\phi}{dt}\mathbf{u}_\phi + \rho\frac{d^2\phi}{dt^2}\mathbf{u}_\rho$$

$$+\rho\frac{d\phi}{dt}\frac{d\mathbf{u}_\phi}{dt} = \frac{d^2\rho}{dt^2}\mathbf{u}_\rho + \frac{d\rho}{dt}\frac{d\phi}{dt}\mathbf{u}_\phi + \frac{d\rho}{dt}\frac{d\phi}{dt}\mathbf{u}_\phi + \rho\frac{d^2\phi}{dt^2}\mathbf{u}_\phi - \rho\left(\frac{d\phi}{dt}\right)^2\mathbf{u}_\rho$$

Reagrupando os termos em $\mathbf{u}_\rho$ e $\mathbf{u}_\phi$, podemos expressar

$$\boldsymbol{a} = \left[\frac{d^2\rho}{dt^2} - \rho\left(\frac{d\phi}{dt}\right)^2\right]\mathbf{u}_\rho + \left[\rho\frac{d^2\phi}{dt^2} + 2\frac{d\rho}{dt}\frac{d\phi}{dt}\right]\mathbf{u}_\phi \qquad (6.24a)$$

No movimento circular uniforme o raio ρ é constante, o que acarreta $d\rho/dt = 0$.

Neste movimento a velocidade angular é constante e a velocidade é constante em módulo, sendo que a relação entre ambas é obtida considerando-se que em um intervalo de tempo t a partícula descreve um arco de comprimento $l = \rho\phi$. Derivando, obtemos

$$\mathrm{v} = \frac{dl}{dt} = \frac{d}{dt}(\rho\phi) = \rho\frac{d\phi}{dt} = \rho\omega,$$

sendo

$$\omega = \frac{d\phi}{dt} = \text{constante},$$

a velocidade angular da partícula. Em consequência, temos também que a aceleração angular é

$$\alpha = \frac{d\omega}{dt} = \frac{d}{dt}\left(\frac{d\theta}{dt}\right) = \frac{d^2\theta}{dt^2} = 0,$$

e as expressões (6.23a) e (6.24a) assumem, respectivamente, as formas

$$\mathbf{v} = \mathrm{v}\,\mathbf{u}_\phi \qquad (6.23b)$$

e

$$a = -\frac{v^2}{\rho}\mathbf{u}_\rho \qquad (6.24b)$$

aceleração esta denominada aceleração normal ou aceleração centrípeta, cuja orientação é sempre apontando para o centro da trajetória.

Nota: as expressões (6.23a) e (6.24a) serão obtidas também, por outro método, no exemplo 7.5 do próximo capítulo.

EXEMPLO 6.6

Se um vetor **A** tem módulo constante nas direção variável, mostre que **A** e $d\mathbf{A}/du$ são perpendiculares, sendo u um escalar qualquer, desde que $|d\mathbf{A}/du|$ seja diferente de zero.

DEMONSTRAÇÃO:

Uma vez que **A** tem módulo constante, podemos colocar

$$\mathbf{A}.\mathbf{A} = \text{constante}$$

o que acarreta

$$\frac{d}{du}(\mathbf{A}.\mathbf{A}) = \mathbf{A}.\frac{d\mathbf{A}}{du} + \frac{d\mathbf{A}}{du}.\mathbf{A} = 2\mathbf{A}.\frac{d\mathbf{A}}{du} = 0$$

Fica, então, claro que sendo

$$\mathbf{A}.\frac{d\mathbf{A}}{du} = 0$$

temos que **A** é perpendicular à $d\mathbf{A}/du$, desde que tenhamos

$$\left|\frac{d\mathbf{A}}{du}\right| \neq 0$$

6.3 - Derivação Parcial de Vetores

6.3.1 - Conceito Geral

Se **V** é uma função vetorial que depende de mais de uma variável escalar, digamos u, v, w por exemplo, temos $\mathbf{V} = \mathbf{V}(u,v,w)$. A derivada parcial de **V** em relação a u é definida como sendo

$$\frac{\partial \mathbf{V}}{\partial u} = \lim_{\Delta u \to 0} \frac{\mathbf{V}(u+\Delta u,v,w) - \mathbf{V}(u,v,w)}{\Delta u} \qquad (6.25)$$

se este limite existir. Analogamente, temos

$$\frac{\partial \mathbf{V}}{\partial v} = \lim_{\Delta v \to 0} \frac{\mathbf{V}(u, v + \Delta v, w) - \mathbf{V}(u, v, w)}{\Delta v} \tag{6.26}$$

e

$$\frac{\partial \mathbf{V}}{\partial w} = \lim_{\Delta w \to 0} \frac{\mathbf{V}(u, v, w + \Delta w) - \mathbf{V}(u, v, w)}{\Delta w} \tag{6.27}$$

serão as derivadas parciais de $\mathbf{V}$ em relação às variáveis v e w, respectivamente, se tais limites também existirem.

O símbolo ∂ foi instituído por **Jacobi**[3], tornando-se uma extensão da notação de **Leibiniz** para as derivadas de funções de múltiplas variáveis. É chamado também, por alguns autores antigos, de 'd-round' (dê-redondo, em Português), bastando consultar a página 563 de nossa referência bibliográfica n° 55. Já os livros mais atuais, conforme consta nas páginas 272 e 273 do volume 2 da referência n° 53, chamam este operador de 'del', devido a sua similaridade com a letra grega minúscula δ, mas na verdade ele é apenas um outro tipo de d. Optando pela notação mais atual, temos

$$\frac{\partial \mathbf{V}}{\partial u} \to \text{"del } \mathbf{V} \text{ del } u\text{"}$$

$$\frac{\partial \mathbf{V}}{\partial v} \to \text{"del } \mathbf{V} \text{ del } v\text{"}$$

$$\frac{\partial \mathbf{V}}{\partial w} \to \text{"del } \mathbf{V} \text{ del } w\text{"}$$

6.3.2 - Derivação Sucessiva

Definem-se as derivadas parciais de ordem superior da mesma maneira que no Cálculo Diferencial. Assim, por exemplo,

$$\begin{cases} \dfrac{\partial^2 \mathbf{V}}{\partial u^2} = \dfrac{\partial}{\partial u}\left(\dfrac{\partial \mathbf{V}}{\partial u}\right); \dfrac{\partial^2 \mathbf{V}}{\partial v^2} = \dfrac{\partial}{\partial v}\left(\dfrac{\partial \mathbf{V}}{\partial v}\right); \dfrac{\partial^2 \mathbf{V}}{\partial w^2} = \dfrac{\partial}{\partial w}\left(\dfrac{\partial \mathbf{V}}{\partial w}\right) \\[3mm] \dfrac{\partial^2 \mathbf{V}}{\partial u\, \partial v} = \dfrac{\partial}{\partial u}\left(\dfrac{\partial \mathbf{V}}{\partial v}\right); \dfrac{\partial^2 \mathbf{V}}{\partial v\, \partial u} = \dfrac{\partial}{\partial v}\left(\dfrac{\partial \mathbf{V}}{\partial u}\right); \dfrac{\partial^3 \mathbf{V}}{\partial u\, \partial w^2} = \dfrac{\partial}{\partial u}\left(\dfrac{\partial^2 \mathbf{V}}{\partial w^2}\right) \end{cases}$$

Repare também que na derivada parcial

---

[3] **Jacobi [Carl Gustav Jacob Jacobi (1804-1851)]** - um dos cientistas alemães de maior êxito do século XIX. Desenvolveu a teoria dos determinantes e das transformações em uma ferramenta importante para a avaliação da integral múltipla e para a resolução das equações diferenciais, além de aplicar métodos de transformação para estudar as integrais como aquelas que surgem no cálculo do comprimento do arco. Assim como **Euler**, **Jacobi** era um escritor que produzia bastante, um perito em Cálculo, em Matemática e em diversas áreas aplicadas.

278 **Cálculo e Análise Vetoriais com Aplicações Práticas**

$$\frac{\partial^2 \mathbf{V}}{\partial u\, \partial v} = \frac{\partial}{\partial u}\left(\frac{\partial \mathbf{V}}{\partial v}\right)$$

(6.26)

primeiro ocorre a derivação em relação à variável v e depois em relação à variável u, muito embora a ordem de derivação seja indiferente, pois se $\mathbf{V}$ tiver derivadas parciais contínuas de segunda ordem, da mesma forma que para as funções escalares, já vistas na derivação ordinária, teremos

$$\frac{\partial^2 \mathbf{V}}{\partial u\, \partial v} = \frac{\partial^2 \mathbf{V}}{\partial v\, \partial u}$$

Ficamos com

$$\frac{\partial^2 \mathbf{V}}{\partial u^2} \rightarrow \text{“del dois } \mathbf{V} \text{ del } u \text{ dois”}$$

$$\frac{\partial^2 \mathbf{V}}{\partial v^2} \rightarrow \text{“del dois } \mathbf{V} \text{ del } v \text{ dois”}$$

$$\frac{\partial^2 \mathbf{V}}{\partial w^2} \rightarrow \text{“del dois } \mathbf{V} \text{ del } w \text{ dois”}$$

$$\frac{\partial^2 \mathbf{V}}{\partial u\, \partial v} \rightarrow \text{“del dois } \mathbf{V} \text{ del } u \text{ del } v \text{ ”}$$

$$\frac{\partial^2 \mathbf{V}}{\partial v\, \partial u} \rightarrow \text{“del dois } \mathbf{V} \text{ del } v \text{ del } u \text{”}$$

$$\frac{\partial^3 \mathbf{V}}{\partial u\, \partial w^2} \rightarrow \text{“del dois } \mathbf{V} \text{ del } u \text{ del } w \text{ dois”}$$

6.3.3 - Notações

A notação mais usual é a empregada até então, qual seja,

Entretanto, alguns autores empregam também a notação

$$\begin{cases} \mathbf{V}_u = \dfrac{\partial \mathbf{V}}{\partial u}\,;\ \mathbf{V}_v = \dfrac{\partial \mathbf{V}}{\partial v}\,;\ \mathbf{V}_w = \dfrac{\partial \mathbf{V}}{\partial w}\,;\ \mathbf{V}_{uu} = \dfrac{\partial^2 \mathbf{V}}{\partial u^2}\,; \\[2mm] \mathbf{V}_{vu} = \dfrac{\partial^2 \mathbf{V}}{\partial u\, \partial v}\,;\ \mathbf{V}_{uv} = \dfrac{\partial^2 \mathbf{V}}{\partial v\, \partial u}\,;\ \mathbf{V}_{uuu} = \dfrac{\partial^2 \mathbf{V}}{\partial u^3} \end{cases}$$

e assim por diante. Verifique que na mesma fica explícita a ordem na qual a derivação é efetuada; por exemplo,

$$\mathbf{V}_{vu} \equiv \frac{\partial^2 \mathbf{V}}{\partial u \, \partial v}$$

em que, primeiramente, a derivação é efetuada em relação à variável v e, depois, em relação à variável u.

6.3.4 - Superfícies no Espaço

Na subseção 6.1.4 vimos que expressões vetoriais do tipo

$$\mathbf{r}(u) = x(u)\mathbf{u}_x + y(u)\mathbf{u}_y + z(u)\mathbf{u}_z \quad (6.30)$$

descrevem curvas no espaço. A representação paramétrica das curvas no espaço, de acordo com a expressão (6.4), é

$$\begin{cases} x = x(u) \\ y = y(u) \\ z = z(u) \end{cases} \quad (6.31)$$

As superfícies são geralmente descritas pelas equações paramétricas do tipo

$$\begin{cases} x = x(u,v) \\ y = y(u,v) \\ z = z(u,v) \end{cases} \quad (6.28)$$

em que u e v são parâmetros.

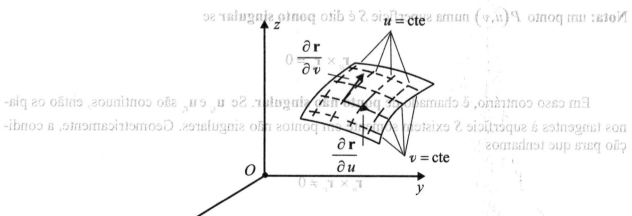

Fig. 6.7

280   **Cálculo e Análise Vetoriais com Aplicações Práticas**

Se v é fixo, isto é, $v = c$, uma constante, então (6.28) se transforma numa expressão com um único parâmetro, que descreve uma curva no espaço ao longo da qual u varia. Esta curva é representada por $v = c$. Portanto, para cada v existirá uma curva no espaço. Analogamente, v varia ao longo da curva $u = k$, uma constante. O lugar geométrico de todas as curvas $v = c$ e $u = k$, forma uma superfície S. Os **parâmetros** u e v são chamados de **coordenadas curvilíneas** do ponto P na superfície S e as curvas em u e v são chamadas **curvas paramétricas**. Se o ponto terminal do vetor posição $\mathbf{r}_P$ gera a superfície S, então, da expressão (6.28), obtemos

$$\mathbf{r}(u,v) = x(u,v)\mathbf{u}_x + y(u,v)\mathbf{u}_y + z(u,v)\mathbf{u}_z \qquad (6.29)$$

Adaptando a expressão (6.7) à situação, decorre

$$\mathbf{r}_u = \frac{\partial \mathbf{r}}{\partial u} = \frac{\partial x(u,v)}{\partial u}\mathbf{u}_x + \frac{\partial y(u,v)}{\partial u}\mathbf{u}_y + \frac{\partial z(u,v)}{\partial u}\mathbf{u}_z \qquad (6.30)$$

em que $\mathbf{r}_u$ é um vetor unitário tangente à curva $v =$ constante, no ponto. Temos também

$$\mathbf{r}_v = \frac{\partial \mathbf{r}}{\partial v} = \frac{\partial x(u,v)}{\partial v}\mathbf{u}_x + \frac{\partial y(u,v)}{\partial v}\mathbf{u}_y + \frac{\partial z(u,v)}{\partial v}\mathbf{u}_z \qquad (6.31)$$

sendo que $\mathbf{r}_v$ é um vetor tangente à uma curva $u =$ constante no ponto P. Em consequência, no ponto P, o vetor $\mathbf{r}_u \times \mathbf{r}_v$ é normal à superfície S em P. Visto que

$$\left|\mathbf{r}_u \times \mathbf{r}_v\right|$$

é o módulo deste vetor, a expressão do vetor unitário normal à superfície S no ponto P é

$$\mathbf{u}_n = \frac{\mathbf{r}_u \times \mathbf{r}_v}{\left|\mathbf{r}_u \times \mathbf{r}_v\right|} \qquad (6.32)$$

Nota: um ponto $P(u,v)$ numa superfície S é dito **ponto singular** se

$$\mathbf{r}_u \times \mathbf{r}_v = 0$$

Em caso contrário, é chamado de **ponto não singular**. Se $\mathbf{u}_{r_u}$ e $\mathbf{u}_{r_v}$ são contínuos, então os planos tangentes à superfície S existem somente em pontos não singulares. Geometricamente, a condição para que tenhamos

$$\mathbf{r}_u \times \mathbf{r}_v \neq 0$$

é que as curvas $u = k$ e $v = c$ (nas quais k e c são constantes), sejam não singulares e não sejam tangentes entre si no seu ponto de interseção.

6.3.5 - Continuidade e Diferenciabilidade

As considerações feitas acerca da continuidade e da diferenciabilidade de funções de uma variável aplicam-se também a funções de duas ou mais variáveis. Assim, por exemplo, diz-se que $\Phi(u,v)$ é contínua em um ponto $P(u,v)$ se

$$\lim_{\substack{\Delta u \to 0 \\ \Delta v \to 0}} \Phi(u + \Delta u, v + \Delta v) = \Phi(u,v)$$

ou se para cada número ε positivo existir um número positivo δ tal que tenhamos

$$\left| \Phi(u + \Delta u, v + \Delta v) - \Phi(u,v) \right| < \varepsilon \quad \text{para} \quad |\Delta u| < \delta \text{ e } |\Delta v| < \delta$$

As mesmas definições são válidas para o caso de funções vetoriais. Utilizaremos o termo diferenciável para funções de duas ou mais variáveis para significar que elas possuem derivadas parciais de primeira ordem contínuas (alguns autores empregam este termo num sentido ligeiramente mais restrito).

EXEMPLO 6.7*

Determine as derivadas parciais dos vetores unitários fundamentais dos sistemas de coordenadas já estudados, em relação a cada uma das coordenadas do sistema correspondente.

SOLUÇÃO:

Para o sistema cartesiano, temos três vetores constantes em módulo, direção e sentido, de modo que as derivadas são nulas. Já para os outros dois sistemas, podemos utilizar os resultados do exemplo 6.6 ou trabalhar com as relações entre os vetores unitários dos sistemas. Em relação ao sistema cilíndrico circular, por exemplo, de acordo com o grupo de expressões (3.81a), temos

$$\begin{cases} \mathbf{u}_\rho = \cos\phi\, \mathbf{u}_x + \operatorname{sen}\phi\, \mathbf{u}_y \\ \text{e} \\ \mathbf{u}_\phi = -\operatorname{sen}\phi\, \mathbf{u}_x + \cos\phi\, \mathbf{u}_y \end{cases}$$

Assim sendo, podemos expressar

$$\frac{\partial \mathbf{u}_\phi}{\partial \phi} = -\cos\phi\, \mathbf{u}_x - \operatorname{sen}\phi\, \mathbf{u}_y = -\mathbf{u}_\rho$$

De forma mais direta, então, temos

$$\frac{\partial \mathbf{u}_\phi}{\partial \phi} = -\mathbf{u}_\rho$$

Para o sistema esférico, de acordo com o grupo (3.102a), temos

282 Cálculo e Análise Vetoriais com Aplicações Práticas

$$\mathbf{u}_\theta = \cos\theta\ \cos\phi\ \mathbf{u}_x + \cos\theta\ \operatorname{sen}\phi\ \mathbf{u}_y - \operatorname{sen}\theta\ \mathbf{u}_z$$

Isto nos permite expressar

$$\frac{\partial \mathbf{u}_\theta}{\partial \phi} = -\cos\theta\operatorname{sen}\phi\,\mathbf{u}_x + \cos\theta\cos\phi\,\mathbf{u}_y = \cos\theta\left(\underbrace{-\operatorname{sen}\phi\,\mathbf{u}_x + \cos\phi\,\mathbf{u}_y}_{\mathbf{u}_\phi}\right) = \cos\theta\,\mathbf{u}_\phi$$

Para os demais vetores, é só adotar procedimentos semelhantes. Vamos, então, reunir os resultados no grupo de expressões (6.33), conforme a seguir:

$$
\left\{
\begin{array}{lll}
\dfrac{\partial \mathbf{u}_x}{\partial x} = 0 & \dfrac{\partial \mathbf{u}_y}{\partial x} = 0 & \dfrac{\partial \mathbf{u}_z}{\partial x} = 0 \\[2mm]
\dfrac{\partial \mathbf{u}_x}{\partial y} = 0 & \dfrac{\partial \mathbf{u}_y}{\partial y} = 0 & \dfrac{\partial \mathbf{u}_z}{\partial y} = 0 \\[2mm]
\dfrac{\partial \mathbf{u}_x}{\partial z} = 0 & \dfrac{\partial \mathbf{u}_y}{\partial z} = 0 & \dfrac{\partial \mathbf{u}_z}{\partial z} = 0 \\[2mm]
\dfrac{\partial \mathbf{u}_\rho}{\partial \rho} = 0 & \dfrac{\partial \mathbf{u}_\phi}{\partial \rho} = 0 & \dfrac{\partial \mathbf{u}_z}{\partial \rho} = 0 \\[2mm]
\dfrac{\partial \mathbf{u}_\rho}{\partial \phi} = \mathbf{u}_\phi & \dfrac{\partial \mathbf{u}_\phi}{\partial \phi} = -\mathbf{u}_\rho & \dfrac{\partial \mathbf{u}_z}{\partial \phi} = 0 \\[2mm]
\dfrac{\partial \mathbf{u}_\rho}{\partial z} = 0 & \dfrac{\partial \mathbf{u}_\phi}{\partial z} = 0 & \dfrac{\partial \mathbf{u}_z}{\partial z} = 0 \\[2mm]
\dfrac{\partial \mathbf{u}_r}{\partial r} = 0 & \dfrac{\partial \mathbf{u}_\theta}{\partial r} = 0 & \dfrac{\partial \mathbf{u}_\phi}{\partial r} = 0 \\[2mm]
\dfrac{\partial \mathbf{u}_r}{\partial \theta} = \mathbf{u}_\theta & \dfrac{\partial \mathbf{u}_\theta}{\partial \theta} = -\mathbf{u}_r & \dfrac{\partial \mathbf{u}_\phi}{\partial \theta} = 0 \\[2mm]
\dfrac{\partial \mathbf{u}_r}{\partial \phi} = \operatorname{sen}\theta\,\mathbf{u}_\phi & \dfrac{\partial \mathbf{u}_\theta}{\partial \phi} = \cos\theta\,\mathbf{u}_\phi & \dfrac{\partial \mathbf{u}_\phi}{\partial \phi} = -\operatorname{sen}\theta\,\mathbf{u}_r - \cos\theta\,\mathbf{u}_\theta
\end{array}
\right. \tag{6.33}
$$

EXEMPLO 6.8

Se $\mathbf{V} = \left(2x^2 y - x^4\right)\mathbf{u}_x + \left(e^{xy} - y\operatorname{sen} x\right)\mathbf{u}_y + \left(x^2\cos y\right)\mathbf{u}_z$, determine:

(a) $\dfrac{\partial \mathbf{V}}{\partial x}$; **(b)** $\dfrac{\partial \mathbf{V}}{\partial y}$; **(c)** $\dfrac{\partial^2 \mathbf{V}}{\partial x^2}$; **(d)** $\dfrac{\partial^2 \mathbf{V}}{\partial y^2}$; **(e)** $\dfrac{\partial^2 \mathbf{V}}{\partial x\,\partial y}$; **(f)** $\dfrac{\partial^2 \mathbf{V}}{\partial y\,\partial x}$; **(g)** $\dfrac{\partial^3 \mathbf{V}}{\partial x\,\partial y^2}$

SOLUÇÃO:

(a)

$$\frac{\partial \mathbf{V}}{\partial x} = \left[\frac{\partial}{\partial x}\left(2x^2 y - x^4\right)\right]\mathbf{u}_x + \left[\frac{\partial}{\partial x}\left(e^{xy} - y\,\operatorname{sen} x\right)\right]\mathbf{u}_y + \left[\frac{\partial}{\partial x}\left(x^2 \cos y\right)\right]\mathbf{u}_z =$$

$$= \left(4xy - 4x^3\right)\mathbf{u}_x + \left(y\,e^{xy} - y\cos x\right)\mathbf{u}_y + 2x\cos y\,\mathbf{u}_z$$

(b)

$$\frac{\partial \mathbf{V}}{\partial y} = \left[\frac{\partial}{\partial y}\left(2x^2 y - x^4\right)\right]\mathbf{u}_x + \left[\frac{\partial}{\partial y}\left(e^{xy} - y\,\operatorname{sen} x\right)\right]\mathbf{u}_y + \left[\frac{\partial}{\partial y}\left(x^2 \cos y\right)\right]\mathbf{u}_z =$$

$$= 2x^2 \mathbf{u}_x + (x\,e^{xy} - \operatorname{sen} x)\mathbf{u}_y - x^2 \operatorname{sen} y\,\mathbf{u}_z$$

(c)

$$\frac{\partial^2 \mathbf{V}}{\partial x^2} = \frac{\partial}{\partial x}\left(\frac{\partial \mathbf{V}}{\partial x}\right) = \left[\frac{\partial}{\partial x}\left(4xy - 4x^3\right)\right]\mathbf{u}_x + \left[\frac{\partial}{\partial x}\left(y\,e^{xy} - y\cos x\right)\right]\mathbf{u}_y + \left[\frac{\partial}{\partial x}\left(2x\cos y\right)\right]\mathbf{u}_z =$$

$$= \left(4y - 12x^2\right)\mathbf{u}_x + \left(y^2 e^{xy} + y\,\operatorname{sen} x\right)\mathbf{u}_y + 2\cos y\,\mathbf{u}_z$$

(d)

$$\frac{\partial^2 \mathbf{V}}{\partial y^2} = \frac{\partial}{\partial y}\left(\frac{\partial \mathbf{V}}{\partial y}\right) = \left[\frac{\partial}{\partial y}\left(2x^2\right)\right]\mathbf{u}_x + \left[\frac{\partial}{\partial y}\left(x\,e^{xy} - \operatorname{sen} x\right)\right]\mathbf{u}_y + \left[\frac{\partial}{\partial y}\left(-x^2 \operatorname{sen} y\right)\right]\mathbf{u}_z =$$

$$= 0 + x^2 e^{xy}\mathbf{u}_y - x^2 \cos y\,\mathbf{u}_z = x^2 e^{xy}\mathbf{u}_y - x^2 \cos y\,\mathbf{u}_z$$

(e)

$$\frac{\partial^2 \mathbf{V}}{\partial x\,\partial y} = \frac{\partial}{\partial x}\left(\frac{\partial \mathbf{V}}{\partial y}\right) = \left[\frac{\partial}{\partial x}\left(2x^2\right)\right]\mathbf{u}_x + \left[\frac{\partial}{\partial x}\left(x\,e^{xy} - \operatorname{sen} x\right)\right]\mathbf{u}_y + \left[\frac{\partial}{\partial x}\left(-x^2 \operatorname{sen} y\right)\right]\mathbf{u}_z =$$

$$= 4x\,\mathbf{u}_x + \left(e^{xy} + xy\,e^{xy} - \cos x\right)\mathbf{u}_y - 2x\,\operatorname{sen} y\,\mathbf{u}_z$$

(f)

$$\frac{\partial^2 \mathbf{V}}{\partial y\,\partial x} = \frac{\partial}{\partial y}\left(\frac{\partial \mathbf{V}}{\partial x}\right) = \left[\frac{\partial}{\partial y}\left(4xy - 4x^3\right)\right]\mathbf{u}_x + \left[\frac{\partial}{\partial y}\left(y\,e^{xy} - y\cos x\right)\right]\mathbf{u}_y + \left[\frac{\partial}{\partial y}\left(2x\cos y\right)\right]\mathbf{u}_z =$$

$$= 4x\,\mathbf{u}_x + \left(xy\,e^{xy} + e^{xy} - \cos x\right)\mathbf{u}_y - 2x\,\operatorname{sen} y\,\mathbf{u}_z$$

284   Cálculo e Análise Vetoriais com Aplicações Práticas

(g)

$$\frac{\partial^3 \mathbf{V}}{\partial x \, \partial y^2} = \frac{\partial}{\partial x}\left(\frac{\partial^2 \mathbf{V}}{\partial y^2}\right) = \left[\frac{\partial}{\partial x}(0)\right]\mathbf{u}_x + \left[\frac{\partial}{\partial x}\left(x^2 e^{xy}\right)\right]\mathbf{u}_y + \left[\frac{\partial}{\partial x}\left(-x^2 \cos y\right)\right]\mathbf{u}_z =$$

$$= 0\,\mathbf{u}_x + \left(2x\,e^{xy} + x^2 y\,e^{xy}\right)\mathbf{u}_y - 2x\cos y\,\mathbf{u}_z = \left(2x\,e^{xy} + x^2 y\,e^{xy}\right)\mathbf{u}_y - 2x\cos y\,\mathbf{u}_z$$

EXEMPLO 6.9

Se $\Phi(x,y,z) = xy^2 z$ e $\mathbf{A} = xz\,\mathbf{u}_x - xy^2\mathbf{u}_y + yz^2\mathbf{u}_z$, determine $\partial^3(\Phi\mathbf{A})/\partial x^2 \partial z$ no ponto definido por $P(2,-1,1)$.

SOLUÇÃO:

Inicialmente, temos

$$\Phi\mathbf{A} = \left(xy^2 z\right)\!\left(xz\right)\mathbf{u}_x - \left(xy^2 z\right)\!\left(xy^2\right)\mathbf{u}_y + \left(xy^2 z\right)\!\left(yz^2\right)\mathbf{u}_z = x^2 y^2 z^2\mathbf{u}_x - x^2 y^4 z\,\mathbf{u}_y + xy^3 z^3\mathbf{u}_z$$

Assim sendo, ficamos com

$$\frac{\partial}{\partial z}(\Phi\mathbf{A}) = \frac{\partial}{\partial z}\left(x^2 y^2 z^2\right)\mathbf{u}_x + \frac{\partial}{\partial z}\left(-x^2 y^4 z\right)\mathbf{u}_y + \frac{\partial}{\partial z}\left(xy^3 z^3\right)\mathbf{u}_z = \left(2x^2 y^2 z\right)\mathbf{u}_x -$$

$$-\left(x^2 y^4\right)\mathbf{u}_y + \left(3xy^3 z^2\right)\mathbf{u}_z$$

o que implica

$$\frac{\partial^2}{\partial x \, \partial z}(\Phi\mathbf{A}) = \frac{\partial}{\partial x}\left[\frac{\partial}{\partial z}(\Phi\mathbf{A})\right] = \frac{\partial}{\partial x}\left(2x^2 y^2 z\right)\mathbf{u}_x + \frac{\partial}{\partial x}\left(-x^2 y^4\right)\mathbf{u}_y + \frac{\partial}{\partial x}\left(3xy^3 z^2\right)\mathbf{u}_z = \left(4x\,y^2\,z\right)\mathbf{u}_x -$$

$$-\left(2xy^4\right)\mathbf{u}_y + \left(3y^3 z^2\right)\mathbf{u}_z$$

e em decorrência

$$\frac{\partial^3}{\partial x^2 \partial z}(\Phi\mathbf{A}) = \frac{\partial}{\partial x}\left[\frac{\partial^2}{\partial x \, \partial z}(\Phi\mathbf{A})\right] = \frac{\partial}{\partial x}\left(4xy^2 z\right)\mathbf{u}_x + \frac{\partial}{\partial x}\left(-2xy^4\right)\mathbf{u}_y + \frac{\partial}{\partial x}\left(3y^3 z^2\right) = 4y^2 z\,\mathbf{u}_x - 2y^4\mathbf{u}_y$$

Substituindo as coordenadas do ponto $P(2,-1,1)$, obtemos

$$\frac{\partial^3}{\partial x^2 \partial z}(\Phi\mathbf{A}) = 4\,\mathbf{u}_x - 2\,\mathbf{u}_y$$

EXEMPLO 6.10*

Determine um vetor unitário normal a uma superfície definida pelas seguintes equações paramétricas em um ponto P genérico: $x = x, y = y, z = z(x,y)$.

SOLUÇÃO:

Pela expressão (6.29), a superfície S pode ser representada por

$$\mathbf{r}(x,y) = x\,\mathbf{u}_x + y\,\mathbf{u}_y + z(x,y)\mathbf{u}_z$$

Logo, pelas expressões (6.30) e (6.31), os vetores tangentes à curva em um ponto genérico são dados por

$$\begin{cases} \mathbf{r}_u = \dfrac{\partial \mathbf{r}}{\partial x} = \dfrac{\partial x}{\partial x}\mathbf{u}_x + \dfrac{\partial y}{\partial x}\mathbf{u}_y + \dfrac{\partial z}{\partial x}\mathbf{u}_z = \mathbf{u}_x + \dfrac{\partial z(x,y)}{\partial x}\mathbf{u}_z \\[4mm] \mathbf{r}_v = \dfrac{\partial \mathbf{r}}{\partial y} = \dfrac{\partial x}{\partial y}\mathbf{u}_x + \dfrac{\partial y}{\partial y}\mathbf{u}_y + \dfrac{\partial z}{\partial y}\mathbf{u}_z = \mathbf{u}_y + \dfrac{\partial z(x,y)}{\partial y}\mathbf{u}_z \end{cases}$$

Entretanto, o produto vetorial $\mathbf{r}_u \times \mathbf{r}_v$ é

$$\mathbf{r}_u \times \mathbf{r}_v = \begin{vmatrix} \mathbf{u}_x & \mathbf{u}_y & \mathbf{u}_z \\[2mm] 1 & 0 & \dfrac{\partial z(x,y)}{\partial x} \\[4mm] 0 & 1 & \dfrac{\partial z(x,y)}{\partial y} \end{vmatrix} = \dfrac{-\partial z(x,y)}{\partial x}\mathbf{u}_x - \dfrac{\partial z(x,y)}{\partial y}\mathbf{u}_y + \mathbf{u}_z$$

cujo módulo é

$$\left| \mathbf{r}_u \times \mathbf{r}_v \right| = \sqrt{\left[\dfrac{\partial z(x,y)}{\partial x} \right]^2 + \left[\dfrac{\partial z(x,y)}{\partial y} \right]^2 + 1}$$

Em virtude de (6.32), o vetor unitário normal tem por expressão

$$\mathbf{u}_n = \dfrac{\mathbf{r}_u \times \mathbf{r}_v}{\left| \mathbf{r}_u \times \mathbf{r}_v \right|} = \dfrac{\dfrac{-\partial z(x,y)}{\partial x}\mathbf{u}_x - \dfrac{\partial z(x,y)}{\partial y}\mathbf{u}_y + \mathbf{u}_z}{\sqrt{\left[\dfrac{\partial z(x,y)}{\partial x} \right]^2 + \left[\dfrac{\partial z(x,y)}{\partial y} \right]^2 + 1}} \qquad (6.34)$$

6.4 - Propriedades da Derivação Parcial de Vetores

Se $\mathbf{A}$, $\mathbf{B}$, $\mathbf{C}$ são funções vetoriais diferenciáveis de u, v e w, por exemplo, e Φ é uma função escalar dessas mesmas variáveis, temos as seguintes propriedades para a derivação parcial de vetores que, no caso, vão ser referidas à variável u, mas que são ex-tensivas às demais variáveis:

286 **Cálculo e Análise Vetoriais com Aplicações Práticas**

$1^a)$ $\dfrac{\partial}{\partial u}(A+B)=\dfrac{\partial A}{\partial u}+\dfrac{\partial B}{\partial u}$ (distributiva em relação à adição vetorial) $\hspace{2cm}$ **(6.35)**

$2^a)$ $\dfrac{\partial}{\partial u}(A \times B)=\dfrac{\partial A}{\partial u}\times B+A\times\dfrac{\partial B}{\partial u}$ (distributiva em relação ao produto escalar) $\hspace{1cm}$ **(6.36)**

$3^a)$ $\dfrac{\partial}{\partial u}(A \times B)=\dfrac{\partial A}{\partial u}\times B+A\times\dfrac{\partial B}{\partial u}$ (distributiva em relação ao produto vetorial) $\hspace{1cm}$ **(6.37)**

$4^a)$ $\dfrac{\partial}{\partial u}(\Phi A)=\dfrac{\partial \Phi}{\partial u}A+\Phi\dfrac{\partial A}{\partial u}$ (distributiva em relação ao produto de um vetor por um escalar)

$$\hspace{12cm}\textbf{(6.38)}$$

$5^a)\dfrac{\partial}{\partial u}\left[A\times(B\times C)\right]=\dfrac{\partial A}{\partial u}\times(B\times C)+A\times\left(\dfrac{\partial B}{\partial u}\times C\right)+A\times\left(B\times\dfrac{\partial C}{\partial u}\right)$ (distributiva em relação ao

produto misto) $\hspace{10cm}$ **(6.39)**

$6^a)$ $\dfrac{\partial}{\partial u}\left[A\times(B\times C)\right]=\dfrac{\partial A}{\partial u}\times(B\times C)+A\times\left(\dfrac{\partial B}{\partial u}\times C\right)+A\times\left(B\times\dfrac{\partial C}{\partial u}\right)$ (distributiva em relação ao triplo

produto vetorial) $\hspace{10cm}$ **(6.40)**

$7^a)$ Se $u=f(s)$ é diferenciável, temos

$$\dfrac{\partial A(s)}{\partial s}=\dfrac{\partial A\left[f(s)\right]}{\partial s}=\dfrac{\partial A(s)}{\partial u}\dfrac{df(s)}{ds} \quad \text{(derivação em cadeia ou regra da cadeia)} \hspace{2cm}\textbf{(6.41)}$$

Nota: as demonstrações são análogas àquelas das propriedades de derivação ordinária de vetores, abordadas na seção 6.2.

EXEMPLO 6.11

Se A é uma função vetorial das variáveis escalares x, y, z, t, em que x, y e z são funções de t, demonstre que

$$\dfrac{dA}{dt}=\dfrac{\partial A}{\partial t}+\dfrac{\partial A}{\partial x}\dfrac{dx}{dt}+\dfrac{\partial A}{\partial y}\dfrac{dy}{dt}+\dfrac{\partial A}{\partial z}\dfrac{dz}{dt}$$

na hipótese de serem deriváveis as funções.

DEMONSTRAÇÃO:

Admitamos

$$A=A_1(x,y,z,t)\mathbf{u}_x+A_2(x,y,z,t)\mathbf{u}_y+A_3(x,y,z,t)\mathbf{u}_z$$

Temos, então, a diferencial

$$d\mathbf{A} = dA_1\,\mathbf{u}_x + dA_2\,\mathbf{u}_y + dA_3\,\boldsymbol{u}_z = \left[\frac{\partial A_1}{\partial t}dt + \frac{\partial A_1}{\partial x}dx + \frac{\partial A_1}{\partial y}dy + \frac{\partial A_1}{\partial z}dz\right]\mathbf{u}_x +$$

$$+\left[\frac{\partial A_2}{\partial t}dt + \frac{\partial A_2}{\partial x}dx + \frac{\partial A_2}{\partial y}dy + \frac{\partial A_2}{\partial z}dz\right]\mathbf{u}_y + \left[\frac{\partial A_3}{\partial t}dt + \frac{\partial A_3}{\partial x}dx + \frac{\partial A_3}{\partial y}dy + \frac{\partial A_3}{\partial z}dz\right]\mathbf{u}_z =$$

$$=\left[\frac{\partial A_1}{\partial t}\mathbf{u}_x + \frac{\partial A_2}{\partial t}\mathbf{u}_y + \frac{\partial A_3}{\partial t}\mathbf{u}_z\right]dt + \left[\frac{\partial A_1}{\partial x}\mathbf{u}_x + \frac{\partial A_2}{\partial x}\mathbf{u}_y + \frac{\partial A_3}{\partial x}\mathbf{u}_z\right]dx +$$

$$+\left[\frac{\partial A_1}{\partial y}\mathbf{u}_x + \frac{\partial A_2}{\partial y}\mathbf{u}_y + \frac{\partial A_3}{\partial y}\mathbf{u}_z\right]dy + \left[\frac{\partial A_1}{\partial z}\mathbf{u}_x + \frac{\partial A_2}{\partial z}\mathbf{u}_y + \frac{\partial A_3}{\partial z}\mathbf{u}_z\right]dz =$$

$$=\frac{\partial \mathbf{A}}{\partial t}dt + \frac{\partial \mathbf{A}}{\partial x}dx + \frac{\partial \mathbf{A}}{\partial y}dy + \frac{\partial \mathbf{A}}{\partial z}dz$$

Finalmente, chegamos a

$$\frac{d\mathbf{A}}{dt} = \frac{\partial \mathbf{A}}{\partial t} + \frac{\partial \mathbf{A}}{\partial x}\frac{dx}{dt} + \frac{\partial \mathbf{A}}{\partial y}\frac{dy}{dt} + \frac{\partial \mathbf{A}}{\partial z}\frac{dz}{dt} \qquad (6.42)$$

6.5 - Vetor Diferencial

O conceito de vetor diferencial é imediato, decorrendo do conceito de derivada, tal como em Análise Matemática. Chamando de $\mathbf{V}'$ a derivada do vetor $\mathbf{V}$ em relação à variável u, temos

$$\frac{d\mathbf{V}}{du} = \mathbf{V}' \qquad (6.43a)$$

e o vetor diferencial $d\mathbf{V}$ é definido como sendo

$$d\mathbf{V} = \mathbf{V}'\,du \qquad (6.43b)$$

É evidente a extensão das regras da derivação de vetores à diferenciação dos mesmos:

1^a) $d(\mathbf{A} + \mathbf{B}) = d\mathbf{A} + d\mathbf{B}$ (distributiva em relação à adição vetorial) $\qquad (6.44)$

2^a) $d(\mathbf{A} \cdot \mathbf{B}) = d\mathbf{A} \cdot \mathbf{B} + \mathbf{A} \cdot d\mathbf{B}$ (distributiva em relação ao produto escalar) $\qquad (6.45)$

3^a) $d(\mathbf{A} \times \mathbf{B}) = d\mathbf{A} \times \mathbf{B} + \mathbf{A} \times d\mathbf{B}$ (distributiva em relação ao produto vetorial) $\qquad (6.46)$

4^a) $d(\Phi\mathbf{A}) = d\Phi\,\mathbf{A} + \Phi\,d\mathbf{A}$ (distributiva em relação ao produto de um vetor por um escalar)

$$(6.47)$$

5ª) $d[\mathbf{A} \cdot (\mathbf{B} \times \mathbf{C})] = d\mathbf{A} \cdot (\mathbf{B} \times \mathbf{C}) + \mathbf{A} \cdot (d\mathbf{B} \times \mathbf{C}) + \mathbf{A} \cdot (\mathbf{B} \times d\mathbf{C})$ (distributiva em relação ao produto misto) (6.48)

6ª) $d[\mathbf{A} \times (\mathbf{B} \times \mathbf{C})] = d\mathbf{A} \times (\mathbf{B} \times \mathbf{C}) + \mathbf{A} \times (d\mathbf{B} \times \mathbf{C}) + \mathbf{A} \times (\mathbf{B} \times d\mathbf{C})$ (distributiva em relação ao triplo produto vetorial) (6.49)

7ª) Se $A = A(x, y, z)$, então, temos

$$d\mathbf{A} = \frac{\partial \mathbf{A}}{\partial x} dx + \frac{\partial \mathbf{A}}{\partial y} dy + \frac{\partial \mathbf{A}}{\partial z} dz \text{ (diferencial total)} \quad (6.50)$$

6.6 - Geometria Diferencial

6.6.1 - Definição

É a parte da derivação vetorial que está relacionada ao estudo de curvas e superfícies no espaço.

6.6.2 - Triedro de Serret-Frenet [4]

(a) Vetor Unitário Tangente

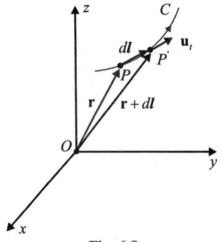

Fig. 6.8

Se C é uma curva orientada do espaço definida pela função vetorial $\mathbf{r}(u)$, então já vimos que $d\mathbf{r}/du$ é um vetor na direção da tangente à curva C (vide subseção 6.1.4). Se o escalar u for o comprimento do arco medido a partir de um ponto fixo de C, então

---

[4] **Serret [Alfred Serret (1819-1885)]** - geômetra francês estudioso das curvaturas de flexão e torção das curvas reversas, daí o nome do triedro.

Frenet [Jean-Frederic Frenet (1816-1900)] - matemático francês com trabalhos na mesma área de **Serret**, daí o nome do triedro também lhe ser associado, embora os trabalhos de **Serret** tenham sido publicados antes dos seus, em 1851.

$$\frac{d\mathbf{r}}{du} = \frac{d\mathbf{r}}{dl}$$

é um vetor unitário tangente à curva C, que é designado por $\mathbf{u}_t$ (vide exemplo 6.3), conforme ilustrado na figura 6.8.

Podemos, agora, expressar

$$\mathbf{u}_t = \frac{d\mathbf{r}}{dl} \tag{6.51}$$

O vetor $\mathbf{u}_t$ é o primeiro vetor do triedro de **Serret-Frenet**. Uma vez que

$$\frac{d\mathbf{r}}{du} = \frac{d\mathbf{r}}{dl}\frac{dl}{du}$$

temos

$$\frac{d\mathbf{r}}{du} = \frac{dl}{du}\mathbf{u}_t \tag{6.52}$$

Tal expressão evidencia o fato do módulo da derivada do vetor posição ser igual a derivada do arco da trajetória e, no caso de u ser igual ao comprimento de arco l, esta derivada ser o próprio vetor unitário tangente.

(b) Curvatura e Torção

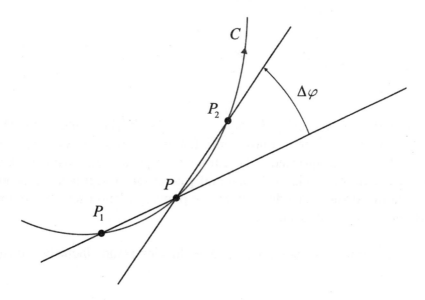

Fig. 6.9

Seja a curva C, representada na figura 6.9, uma curva qualquer do espaço. Sejam P_1, P e P_2 três pontos vizinhos desta curva. Tracemos as cordas $\overline{P_1P}$ e $\overline{PP_2}$ que formam entre si um ângulo $\Delta\varphi$. Quando os pontos P_1 e P_2 tendem para o ponto P, ambas as cordas tendem para a tangente, e o ângulo $\Delta\varphi$ tende para o ângulo diferencial $d\varphi$ entre duas tangentes infinitesimalmente próximas. A expressão (6.53), que aparece logo a seguir, se chama, em Geometria Diferencial, **primeira curvatura**, ou, simplesmente, **curvatura**.

$$k = \frac{d\varphi}{dl} \qquad (6.53)$$

Os três pontos P_1, P e P_2 determinam sempre um plano, que, no limite quando os pontos tendem para o mesmo ponto P, é chamado **plano osculador**. O círculo, sempre determinado pelos três pontos P_1, P e P_2, quando os pontos P_1 e P_2 tendem para o ponto P, tende, no limite, para o **círculo osculador**, cujo raio, que é o inverso da curvatura k, é o raio de curvatura R, dado pela expressão

$$R = \frac{1}{k} = \frac{dl}{d\varphi} \qquad (6.54)$$

O **centro do círculo osculador** é o **centro de curvatura**, em relação ao ponto P.
Considerando, agora, sobre a curva C, dois pontos, infinitamente próximos, P e P', teremos dois planos osculadores, fazendo entre si um ângulo diedro infinitesimal $d\lambda$. Chama-se, em Geometria, **segunda curvatura**, ou, simplesmente, **torção** τ, a expressão

$$\tau = \frac{d\lambda}{dl} \qquad (6.55)$$

O inverso desta relação é o raio de torção σ, dado por

$$\sigma = \frac{1}{\tau} = \frac{dl}{d\lambda} \qquad (6.56)$$

Notas:

(1) Todas as retas tiradas no espaço, pelo ponto P, perpendicularmente à direção da tangente à curva, no ponto P, são normais à curva. Entre a infinidade de normais possíveis, existem duas muito importantes para o estudo das propriedades das curvas no espaço tridimensional. A primeira delas, a que existe no plano osculador, é chamada **normal principal**; a segunda, perpendicular ao plano osculador, é chamada **binormal**. Quando a curva C é plana, o plano osculador é o próprio plano da curva e há apenas uma normal a considerar.

(2) Voltaremos a estes conceitos mais adiante, quando eles serão, inclusive, ilustrados na figura 6.11.

(c) Vetor Curvatura e Vetor Unitário Normal

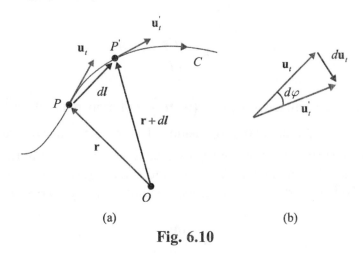

Fig. 6.10

Consideremos na parte (a) da figura 6.10, dois pontos, P e P', infinitamente próximos e sobre a curva C. Em cada um desses pontos há um vetor unitário tangente, $\mathbf{u}_t$ em P e $\mathbf{u}'_t$ em P', que só diferem, em direção, de um ângulo diferencial $d\varphi$. A parte (b) da figura 6.10 nos permite colocar

$$|d\mathbf{u}_t| = |\mathbf{u}_t| d\varphi = d\varphi$$

pois

$$|\mathbf{u}_t| = 1$$

Uma vez que

$$k = \frac{d\varphi}{dl}$$

segue-se

$$\left|\frac{d\mathbf{u}_t}{dl}\right| = k$$

Isto significa que o módulo da derivada do vetor $\mathbf{u}_t$, em relação ao comprimento de arco l, é a curvatura k, o que justifica a definição do vetor curvatura $\mathbf{k}$, que é

$$\mathbf{k} = \frac{d\mathbf{u}_t}{dl} \tag{6.57a}$$

Em virtude da expressão (6.12),

$$\mathbf{u}_t = \frac{d\mathbf{r}}{dl}$$

podemos expressar também

$$k = \frac{d^2\mathbf{r}}{dl^2} \qquad (6.57b)$$

Uma vez que $d\mathbf{u}_t$ está situado no plano $\left(\mathbf{u}_t, \mathbf{u}_t'\right)$, definido pelas duas tangentes sucessivas, segue-se que $d\mathbf{u}_t$ está contido no plano osculador. Como, além disso, $d\mathbf{u}_t$ é perpendicular à tangente, ele é também normal à trajetória, e sua direção é, portanto, a da normal principal no ponto considerado. O seu sentido é, evidentemente, centrípeto (vide figura 6.10), ou seja, apontando para o centro de curvatura. Todo esse raciocínio é também válido, claro, para o vetor curvatura

$$k = \frac{d\mathbf{u}_t}{dl}$$

O vetor unitário sobre esta normal principal, orientado para o centro de curvatura, é o chamado vetor unitário normal $\mathbf{u}_n$. Este vetor $\mathbf{u}_n$ é o segundo vetor do triedro de **Serret-Frenet**.

Face ao exposto e devido às definições, podemos expressar

$$k = \frac{d\mathbf{u}_t}{dl} = k\,\mathbf{u}_n \qquad (6.57c)$$

que é a primeira das famosas fórmulas de **Serret-Frenet.**

(d) Vetor Unitário Binormal

Para completar o triedro de **Serret-Frenet**, vamos considerar um terceiro vetor unitário, perpendicular aos outros dois, definido por

$$\mathbf{u}_b = \mathbf{u}_t \times \mathbf{u}_n$$

O vetor $\mathbf{u}_b$, sendo perpendicular ao mesmo tempo à tangente e à normal principal, está situado segundo a binormal, sendo, por isso, chamado de vetor unitário binormal. Este vetor $\mathbf{u}_b$ é o terceiro vetor do triedro de **Serret-Frenet.**

O triedro de **Serret-Frenet**, também conhecido como triedro principal, é constituído, então, pelos seguintes vetores unitários:

1º) Vetor unitário tangente $\rightarrow \mathbf{u}_t$

2º) Vetor unitário normal $\rightarrow \mathbf{u}_n$

3º) Vetor unitário binormal $\rightarrow \mathbf{u}_b$

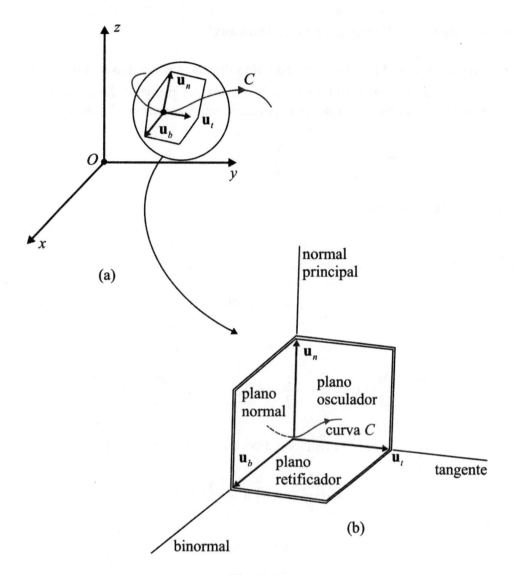

Fig. 6.11

Ele é um terno direto, tal como o terno fundamental $\mathbf{u}_x, \mathbf{u}_y, \mathbf{u}_z$, e temos as relações

$$\begin{cases} \mathbf{u}_b = \mathbf{u}_t \times \mathbf{u}_n \\ \mathbf{u}_t = \mathbf{u}_n \times \mathbf{u}_b \\ \mathbf{u}_n = \mathbf{u}_b \times \mathbf{u}_t \end{cases} \quad (6.58)$$

Deste modo, o terno $\mathbf{u}_t, \mathbf{u}_n, \mathbf{u}_b$ forma um sistema de coordenadas retangulares positivo (direto), localizado em um ponto qualquer de C. Este sistema de coordenadas chama-se triedro no ponto. Quando o comprimento do arco l varia, o sistema de coordena-das se desloca e, por isso, o triedro é conhecido como **triedro móvel**.

6.6.3 - Fórmulas de Serret-Frenet e Vetor de Darboux[5]

As fórmulas de **Serret-Frenet** são um conjunto de relações ligando os vetores $\mathbf{u}_t, \mathbf{u}_n, \mathbf{u}_b$ e suas derivadas em relação ao comprimento de arco da curva C. A primeira dessas relações já foi vista, anteriormente, quando tratamos dos vetores curvatura e unitário normal. Tal relação é

$$\frac{d\mathbf{u}_t}{dl} = k\,\mathbf{u}_n$$

Vamos, pois, às outras duas:

- Tendo em vista que

$$\mathbf{u}_b = \mathbf{u}_t \times \mathbf{u}_n$$

temos

$$\frac{d\mathbf{u}_b}{dl} = \frac{d\mathbf{u}_t}{dl} \times \mathbf{u}_n + \mathbf{u}_t \times \frac{d\mathbf{u}_n}{dl} = k\,\underbrace{\mathbf{u}_n \times \mathbf{u}_n}_{=0} + \mathbf{u}_t \times \frac{d\mathbf{u}_n}{dl} = \mathbf{u}_t \times \frac{d\mathbf{u}_n}{dl}$$

Assim sendo, pela interpretação física do produto misto de vetores, temos

$$\mathbf{u}_t \cdot \frac{d\mathbf{u}_b}{dl} = \mathbf{u}_t \cdot \left(\mathbf{u}_t \times \frac{d\mathbf{u}_n}{dl} \right) = 0$$

Donde se conclui que $\mathbf{u}_t$ é perpendicular ao vetor

$$\frac{d\mathbf{u}_b}{dl}$$

Uma vez que

$$\mathbf{u}_b \cdot \mathbf{u}_b = 1$$

temos

---

[5] **Darboux [Gaston Darboux (1842-1917)]** - matemático francês, discípulo indireto de **Gaspar Monge** e de **Bernard Riemman,** com trabalhos em Geometria Infinitesimal. Estudou o emprego dos sistemas triortogonais de referência, dos elementos imaginários e o método do triedro móvel que ele utilizou no estudo das curvas e das superfícies. Seu trabalho em Mecânica Celeste também foi de grande importância, pois que o **Problema de Darboux** foi fundamental para o estudo das estrelas duplas. Para maiores detalhes sobre o **Vetor de Darboux** bem como de toda a Análise Vetorial, vide referência bibliográfica nº 42.

Monge [Gaspar Monge (1746-1818)] - matemático francês, renovou inteiramente o estudo da Geometria Infinitesimal. Tendo criado um novo método de integração geométrica, ele obteve importantes resultados em Geometria Analítica Tridimensional. Foi também o criador da Geometria Descritiva.

$$\mathbf{u}_b \cdot \frac{d\mathbf{u}_b}{dl} = 0 \quad \text{(vide exemplo 6.6)}$$

Desse modo, o vetor

$$\frac{d\mathbf{u}_b}{dl}$$

é perpendicular ao vetor $\mathbf{u}_b$ e, em consequência, está no plano $(\mathbf{u}_t, \mathbf{u}_n)$, que é o já mencionado plano osculador. Uma vez que

$$\frac{d\mathbf{u}_b}{dl}$$

está no plano $(\mathbf{u}_t, \mathbf{u}_n)$, então é perpendicular a $\mathbf{u}_t$ e paralelo a $\mathbf{u}_n$. Logo, podemos expressar

$$\frac{d\mathbf{u}_b}{dl} = -\tau\, \mathbf{u}_n = -\frac{1}{\sigma}\mathbf{u}_n$$

sendo esta a segunda fórmula de **Serret-Frenet**, em que τ é a torção e

$$\sigma = \frac{1}{\tau}$$

é o raio de torção.

-

Tendo em vista que

$$\mathbf{u}_n = \mathbf{u}_b \times \mathbf{u}_t$$

segue-se

$$\frac{d\mathbf{u}_n}{dl} = \underbrace{\frac{d\mathbf{u}_b}{dl}}_{=-\tau\,\mathbf{u}_n} \times \mathbf{u}_t + \mathbf{u}_b \times \underbrace{\frac{d\mathbf{u}_t}{dl}}_{=k\,\mathbf{u}_n} = -\tau\, \underbrace{\mathbf{u}_n \times \mathbf{u}_t}_{=-\mathbf{u}_b} + \underbrace{\mathbf{u}_B \times k\,\mathbf{u}_n}_{=-k\,\mathbf{u}_t} = \tau\, \mathbf{u}_b - k\, \mathbf{u}_t$$

ou seja,

$$\frac{d\mathbf{u}_n}{dl} = \tau\, \mathbf{u}_b - k\, \mathbf{u}_t = \frac{1}{\sigma}\mathbf{u}_b - \frac{1}{R}\mathbf{u}_t$$

que é a terceira fórmula de **Serret-Frenet.**

Reunindo as fórmulas em um mesmo grupo, temos

296 Cálculo e Análise Vetoriais com Aplicações Práticas

$$\begin{cases} \dfrac{d\mathbf{u}_t}{dl} = k\,\mathbf{u}_n = \dfrac{1}{R}\mathbf{u}_n \\[2mm] \dfrac{d\mathbf{u}_b}{dl} = -\tau\,\mathbf{u}_n = -\dfrac{1}{\sigma}\mathbf{u}_n \\[2mm] \dfrac{d\mathbf{u}_n}{dl} = \tau\,\mathbf{u}_b - k\,\mathbf{u}_t = \dfrac{1}{\sigma}\mathbf{u}_b - \dfrac{1}{R}\mathbf{u}_t \end{cases} \qquad (6.59a)$$

As fórmulas de **Serret-Frenet** podem ser expressas em função do **Vetor de Darboux**, definido como sendo

$$\boldsymbol{\omega} = \tau\,\mathbf{u}_t + k\,\mathbf{u}_b \qquad (6.60)$$

- Temos

$$\boldsymbol{\omega} \times \mathbf{u}_t = (\tau\,\mathbf{u}_t + k\,\mathbf{u}_b) \times \mathbf{u}_t = \tau\,\underbrace{\mathbf{u}_t \times \mathbf{u}_t}_{=0} + k\,\underbrace{\mathbf{u}_b \times \mathbf{u}_t}_{=\mathbf{u}_n} = k\,\mathbf{u}_n$$

Assim sendo, pela primeira expressão do grupo (6.59a), segue-se

$$\frac{d\mathbf{u}_t}{dl} = \boldsymbol{\omega} \times \mathbf{u}_t$$

- Façamos o produto

$$\boldsymbol{\omega} \times \mathbf{u}_b = (\tau\,\mathbf{u}_t + k\,\mathbf{u}_b) \times \mathbf{u}_b = \tau\,\underbrace{\mathbf{u}_t \times \mathbf{u}_b}_{=-\mathbf{u}_n} + k\,\underbrace{\mathbf{u}_b \times \mathbf{u}_b}_{=0} = -\tau\,\mathbf{u}_n$$

Consequentemente, pela segunda expressão do grupo (6.59a), decorre

$$\frac{d\mathbf{u}_b}{dl} = \boldsymbol{\omega} \times \mathbf{u}_b$$

- O produto vetorial $\boldsymbol{\omega} \times \mathbf{u}_N$ nos leva à equação

$$\boldsymbol{\omega} \times \mathbf{u}_n = (\tau\,\mathbf{u}_t \times k\,\mathbf{u}_b) \times \mathbf{u}_n = \tau\,\underbrace{\mathbf{u}_t \times \mathbf{u}_n}_{=\mathbf{u}_b} + k\,\underbrace{\mathbf{u}_b \times \mathbf{u}_n}_{=-\mathbf{u}_t} = \tau\,\mathbf{u}_b - k\,\mathbf{u}_t$$

Comparando a expressão acima com a última do grupo (6.59a), vem

$$\frac{d\mathbf{u}_n}{dl} = \boldsymbol{\omega} \times \mathbf{u}_n$$

- Reunindo as expressões em um mesmo grupo, ficamos com

$$\begin{cases} \dfrac{d\mathbf{u}_t}{dl} = \boldsymbol{\omega} \times \mathbf{u}_t \\ \dfrac{d\mathbf{u}_b}{dl} = \boldsymbol{\omega} \times \mathbf{u}_b \\ \dfrac{d\mathbf{u}_n}{dl} = \boldsymbol{\omega} \times \mathbf{u}_n \end{cases} \quad (6.59b)$$

EXEMPLO 6.12

Faça um esboço da curva $x = 3\cos t, y = 3\operatorname{sen} t, z = 4t$ e determine:

(a) o vetor unitário tangente;

(b) o vetor unitário normal, a curvatura e o raio de curvatura;

(c) o vetor unitário binormal, a torção e o raio de torção.

SOLUÇÃO:

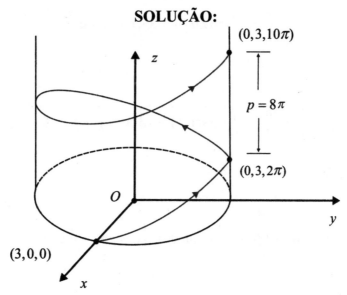

Fig. 6.12

Uma vez que

$$x^2 + y^2 = 9$$

a curva está localizada na superfície de um cilindro de raio igual a 3, coaxial com o eixo z, e ela é uma hélice cilíndrica de passo 8π, conforme evidenciado na figura 6.12.

(a)

O vetor posição de um ponto qualquer da curva é

$$\mathbf{r} = 3\cos t\, \mathbf{u}_x + 3\operatorname{sen} t\, \mathbf{u}_y + 4t\, \mathbf{u}_z$$

298   **Cálculo e Análise Vetoriais com Aplicações Práticas**

Pela expressão (6.12), temos

$$\mathbf{u}_t = \frac{d\mathbf{r}}{dl} = \frac{\dfrac{d\mathbf{r}}{dt}}{\dfrac{dl}{dt}}$$

Uma vez que

$$\left|\mathbf{u}_t\right| = 1$$

podemos expressar

$$\frac{dl}{dt} = \left|\frac{d\mathbf{r}}{dt}\right|$$

Assim sendo, temos

$$\frac{d\mathbf{r}}{dt} = -3\,\mathrm{sen}\,t\,\mathbf{u}_x + 3\cos t\,\mathbf{u}_y + 4\,\mathbf{u}_z$$

e

$$\frac{dl}{dt} = \left|\frac{d\mathbf{r}}{dt}\right| = \sqrt{\left(-3\,\mathrm{sen}\,t\right)^2 + \left(3\cos t\right)^2 + 4^2} = 5$$

o que nos permite concluir

$$\mathbf{u}_t = \frac{\dfrac{d\mathbf{r}}{dt}}{\dfrac{dl}{dt}} = -\frac{3}{5}\,\mathrm{sen}\,t\,\mathbf{u}_x + \frac{3}{5}\cos t\,\mathbf{u}_y + \frac{4}{5}\mathbf{u}_z$$

(b)

Da primeira fórmula de **Serret-Frenet**, temos

$$\mathbf{u}_n = \frac{\dfrac{d\mathbf{u}_t}{dl}}{k}$$

Uma vez que

$$\left|\mathbf{u}_n\right| = 1$$

ficamos com

$$k = \left| \frac{d\mathbf{u}_t}{dl} \right|$$

Por outro lado,

$$\frac{d\mathbf{u}_t}{dl} = \frac{\dfrac{d\mathbf{u}_t}{dt}}{\dfrac{dl}{dt}} = \frac{-\dfrac{3}{5}\cos t\,\mathbf{u}_x - \dfrac{3}{5}\operatorname{sen} t\,\mathbf{u}_y}{5} = -\frac{3}{25}\cos t\,\mathbf{u}_x - \frac{3}{25}\operatorname{sen} t\,\mathbf{u}_y$$

o que nos conduz à curvatura

$$k = \left| \frac{d\mathbf{u}_t}{dl} \right| = \sqrt{\left(-\frac{3}{25}\cos t\right)^2 + \left(-\frac{3}{25}\operatorname{sen} t\right)^2} = \frac{3}{25}$$

Assim sendo, temos

$$\mathbf{u}_n = \frac{1}{k}\frac{d\mathbf{u}_t}{dl} = \frac{25}{3}\left(-\frac{3}{25}\cos t\,\mathbf{u}_x - \frac{3}{25}\operatorname{sen} t\,\mathbf{u}_y\right) = -\cos t\,\mathbf{u}_x - \operatorname{sen} t\,\mathbf{u}_y$$

e

$$R = \frac{1}{k} = \frac{25}{3}$$

(c)

Do grupo (6.58), temos

$$\mathbf{u}_b = \mathbf{u}_t \times \mathbf{u}_n$$

o que nos permite expressar

$$\mathbf{u}_b = \mathbf{u}_t \times \mathbf{u}_n = \frac{4}{5}\operatorname{sen} t\,\mathbf{u}_x - \frac{4}{5}\cos t\,\mathbf{u}_y + \frac{3}{5}\mathbf{u}_z$$

$$\mathbf{u}_b = \mathbf{u}_t \times \mathbf{u}_n = \begin{vmatrix} \mathbf{u}_x & \mathbf{u}_y & \mathbf{u}_z \\ -\dfrac{3}{5}\operatorname{sen} t & \dfrac{3}{5}\cos t & \dfrac{4}{5} \\ -\cos t & -\operatorname{sen} t & 0 \end{vmatrix} = \frac{4}{5}\operatorname{sen} t\,\mathbf{u}_x - \frac{4}{5}\cos t\,\mathbf{u}_y + \frac{3}{5}\mathbf{u}_z$$

Da segunda fórmula de **Serret-Frenet**, temos

300 **Cálculo e Análise Vetoriais com Aplicações Práticas**

$$\tau = \frac{-\dfrac{d\mathbf{u}_b}{dl}}{\mathbf{u}_n}$$

Entretanto,

$$\frac{d\mathbf{u}_b}{dl} = \frac{\dfrac{d\mathbf{u}_b}{dt}}{\dfrac{dl}{dt}} = \frac{\dfrac{4}{5}\cos t\,\mathbf{u}_x + \dfrac{4}{5}\operatorname{sen} t\,\mathbf{u}_y}{5} = \frac{4}{25}\cos t\,\mathbf{u}_x + \frac{4}{25}\operatorname{sen} t\,\mathbf{u}_y$$

o que nos leva a

$$\tau = \frac{-\left(\dfrac{4}{25}\cos t\,\mathbf{u}_x + \dfrac{4}{25}\operatorname{sen} t\,\mathbf{u}_y\right)}{-\cos t\,\mathbf{u}_x - \operatorname{sen} t\,\mathbf{u}_y} = \frac{4}{25}$$

e

$$\sigma = \frac{1}{\tau} = \frac{25}{4}$$

EXEMPLO 6.13*

Determine as equações nas formas vetorial e cartesiana da (a) tangente, (b) normal principal e (c) binormal, da curva do exemplo anterior, no ponto em que $t = \pi/2$.

SOLUÇÃO:

Em um ponto genérico, temos

$$\mathbf{r} = x\,\mathbf{u}_x + y\,\mathbf{u}_y + z\,\mathbf{u}_z = 3\cos t\,\mathbf{u}_x + 3\operatorname{sen} t\,\mathbf{u}_y + 4t\,\mathbf{u}_z$$

No ponto em que $t = \pi/2$, vem

$$\mathbf{r}_0 = 3\,\mathbf{u}_y + 2\pi\,\mathbf{u}_z$$

Representemos por $\mathbf{u}_{t_0}, \mathbf{u}_{n_0}$ e $\mathbf{u}_{b_0}$ os vetores unitários tangente, normal e binormal no ponto em questão. Do exemplo anterior, vem

$$\begin{cases} \mathbf{u}_{t_0} = -\dfrac{3}{5}\mathbf{u}_x + \dfrac{4}{5}\mathbf{u}_z \\[2mm] \mathbf{u}_{n_0} = -\mathbf{u}_y \\[2mm] \mathbf{u}_{b_0} = \dfrac{4}{5}\mathbf{u}_x + \dfrac{3}{5}\mathbf{u}_z \end{cases}$$

Se designarmos por $\mathbf{V}$ um dado vetor e por $\mathbf{r}_0$ e $\mathbf{r}$, respectivamente, os vetores posição do ponto P_0 e de um ponto P qualquer, ambos pertencentes à reta suporte do vetor $\mathbf{V}$, então o vetor $\mathbf{r} - \mathbf{r}_0$ será paralelo a $\mathbf{V}$ e, em consequência, temos a equação vetorial

$$(\mathbf{r} - \mathbf{r}_0) \times \mathbf{V} = 0$$

Portanto, segue-se:

- Equação vetorial da tangente: $(\mathbf{r} - \mathbf{r}_0) \times \mathbf{u}_{t_0} = 0$

- Equação vetorial da normal: $(\mathbf{r} - \mathbf{r}_0) \times \mathbf{u}_{n_0} = 0$

- Equação vetorial da binormal: $(\mathbf{r} - \mathbf{r}_0) \times \mathbf{u}_{b_0} = 0$

Levando a essas equações as expressões dos vetores $\mathbf{u}_{t_0}, \mathbf{u}_{n_0}, \mathbf{u}_{b_0}, \mathbf{r}$ e $\mathbf{r}_0$, obtemos

- Equações cartesianas da tangente: $\dfrac{x}{-\dfrac{3}{5}} = \dfrac{y-3}{0} = \dfrac{z-2\pi}{\dfrac{4}{5}} \rightarrow \begin{cases} y = 3 \\ \dfrac{x}{-3} = \dfrac{z-2\pi}{4} \end{cases}$

- Equações cartesianas da normal: $\dfrac{x}{0} = \dfrac{y-3}{-1} = \dfrac{z-2\pi}{0} \rightarrow \begin{cases} x = 0 \\ z = 2\pi \end{cases}$

- Equações cartesianas da binormal: $\dfrac{x}{\dfrac{4}{5}} = \dfrac{y-3}{0} = \dfrac{z-2\pi}{\dfrac{3}{5}} \rightarrow \begin{cases} y = 3 \\ \dfrac{x}{4} = \dfrac{z-2\pi}{3} \end{cases}$

EXEMPLO 6.14*

Determine as equações na forma vetorial e cartesiana do plano osculador, plano normal e plano retificador, da curva do exemplo 6.12, no ponto em que $t = \pi/2$.

SOLUÇÃO:

A equação de um plano que passa por um ponto $P_0(x_0, y_0, z_0)$ e é perpendicular a um vetor $\mathbf{V} = A\,\mathbf{u}_x + B\,\mathbf{u}_y + C\,\mathbf{u}_z$, foi deduzida no exemplo 4.7. A forma vetorial desta equação é

$$\mathbf{V} \cdot (\mathbf{r} - \mathbf{r}_0) = 0$$

e a forma cartesiana retangular

$$A(x-x_0)+B(y-y_0)+C(z-z_0)=0$$

De acordo com a parte (b) da figura 6.11, o plano osculador é perpendicular ao vetor $\mathbf{u}_{b_0}$, o plano normal é perpendicular ao vetor $\mathbf{u}_{t_0}$ e o plano retificador é perpendicular ao vetor $\mathbf{u}_{n_0}$. Assim, temos as seguintes equações vetoriais:

- Equação vetorial do plano osculador: $\mathbf{u}_{b_0} \cdot (\mathbf{r}-\mathbf{r}_0)=0$

- Equação vetorial do plano normal: $\mathbf{u}_{t_0} \cdot (\mathbf{r}-\mathbf{r}_0)=0$

- Equação vetorial do plano retificador: $\mathbf{u}_{n_0} \cdot (\mathbf{r}-\mathbf{r}_0)=0$

Levando a essas equações as expressões dos vetores $\mathbf{u}_{t_0}, \mathbf{u}_{n_0}, \mathbf{u}_{b_0}, \mathbf{r}$ e $\mathbf{r}_0$, obtemos

- Equação cartesiana do plano osculador: $\dfrac{4}{5}x+\dfrac{3}{5}(z-2\pi)=0 \;\rightarrow\; 4x+3z-6\pi=0$

- Equação cartesiana do plano normal: $-\dfrac{3}{5}x+\dfrac{4}{5}(z-2\pi)=0 \;\rightarrow\; -3x+4z-8\pi=0$

- Equação cartesiana do plano retificador: $-(y-3)=0 \;\rightarrow\; y=3$

EXEMPLO 6.15

Demonstre que o raio de curvatura de uma curva C cujas equações paramétricas são $x=x(l), y=y(l), z=z(l)$, em que l é o comprimento de arco, é dado por

$$\rho=\left[\left(\frac{d^2x}{dl^2}\right)^2+\left(\frac{d^2y}{dl^2}\right)^2+\left(\frac{d^2z}{dl^2}\right)^2\right]^{-\frac{1}{2}}$$

DEMONSTRAÇÃO:

O vetor posição de um ponto qualquer de uma curva C é

$$\mathbf{r}=x(l)\mathbf{u}_x+y(l)\mathbf{u}_y+z(l)\mathbf{u}_z$$

Assim sendo, o vetor unitário tangente é

$$\mathbf{u}_t=\frac{d\mathbf{r}}{dl}=\frac{dx}{dl}\mathbf{u}_x+\frac{dy}{dl}\mathbf{u}_y+\frac{dz}{dl}\mathbf{u}_z$$

cuja derivada é dada por

$$\frac{d\mathbf{u}_t}{dl} = \frac{d^2 x}{dl^2}\mathbf{u}_x + \frac{d^2 y}{dl^2}\mathbf{u}_y + \frac{d^2 z}{dl^2}\mathbf{u}_z$$

Entretanto, pela primeira fórmula de **Serret-Frenet**,

$$\frac{d\mathbf{u}_t}{dl} = \frac{1}{R}\mathbf{u}_n$$

Uma vez que

$$|\mathbf{u}_n| = 1$$

temos

$$R = \frac{1}{\left|\dfrac{d\mathbf{u}_t}{dl}\right|}$$

e finalmente

$$R = \left[\left(\frac{d^2 x}{dl^2}\right)^2 + \left(\frac{d^2 y}{dl^2}\right)^2 + \left(\frac{d^2 z}{dl^2}\right)^2\right]^{-\frac{1}{2}} \tag{6.61}$$

EXEMPLO 6.16

Mostre que o raio de curvatura de uma circunferência cujas equações paramétricas são $x = a\cos(l/a)$ e $y = a\,\mathrm{sen}(l/a)$ é o próprio raio a da circunferência.

SOLUÇÃO:

Temos

$$\begin{cases} \dfrac{dx}{dl} = -\mathrm{sen}(l/a) \to \dfrac{d^2 x}{dl^2} = -\dfrac{1}{a}\cos(l/a) \\[2mm] \dfrac{dy}{dl} = \cos(l/a) \to \dfrac{d^2 y}{dl^2} = -\dfrac{1}{a}\mathrm{sen}(l/a) \end{cases}$$

Empregando a expressão (6.61), obtemos

$$R = \left\{\left[-\frac{1}{a}\cos(l/a)\right]^2 + \left[-\frac{1}{a}\mathrm{sen}(l/a)\right]^2\right\}^{-\frac{1}{2}} = \left\{1/a^2\right\}^{-\frac{1}{2}} = a$$

304 Cálculo e Análise Vetoriais com Aplicações Práticas

EXEMPLO 6.17

Demonstre que $\dfrac{d\mathbf{r}}{dl} \cdot \dfrac{d^2\mathbf{r}}{dl^2} \times \dfrac{d^3\mathbf{r}}{dl^3} = \dfrac{\tau}{R^2}$

DEMONSTRAÇÃO:

Temos

$$
\begin{cases}
\dfrac{d\mathbf{r}}{dl} = \mathbf{u}_t \\[2mm]
\dfrac{d^2\mathbf{r}}{dl^2} = \dfrac{d\mathbf{u}_t}{dl} = k\,\mathbf{u}_n \\[2mm]
\dfrac{d^3\mathbf{r}}{dl^3} = \dfrac{dk}{dl}\mathbf{u}_n + k\,\underbrace{\dfrac{d\mathbf{u}_n}{dl}}_{=\tau\,\mathbf{u}_B - k\,\mathbf{u}_T} = \dfrac{dk}{dl}\mathbf{u}_n + k\,(\tau\,\mathbf{u}_B - k\,\mathbf{u}_T) = \dfrac{dk}{dl}\mathbf{u}_n + k\,\tau\,\mathbf{u}_b - k^2\mathbf{u}_t
\end{cases}
$$

Assim sendo, segue-se

$$
\begin{aligned}
\frac{d\mathbf{r}}{dl} \cdot \frac{d^2\mathbf{r}}{dl^2} \times \frac{d^3\mathbf{r}}{dl^3} &= \mathbf{u}_t \cdot k\,\mathbf{u}_n \times \left(\frac{dk}{dl}\mathbf{u}_n + k\,\tau\,\mathbf{u}_b - k^2\mathbf{u}_t \right) = \\[2mm]
&= \mathbf{u}_t \cdot (k\frac{dk}{dl}\underbrace{\mathbf{u}_n \times \mathbf{u}_n}_{=0} + k^2\tau\,\underbrace{\mathbf{u}_n \times \mathbf{u}_b}_{=\mathbf{u}_t} - k^3\underbrace{\mathbf{u}_n \times \mathbf{u}_t}_{=-\mathbf{u}_b}) = \\[2mm]
&= \mathbf{u}_T \cdot (k^2\tau\,\mathbf{u}_t + k^3\mathbf{u}_b) = k^2\tau\,\underbrace{\mathbf{u}_t \cdot \mathbf{u}_t}_{=1} + k^3\underbrace{\mathbf{u}_t \cdot \mathbf{u}_b}_{=0} = k^2\tau = \frac{\tau}{R^2}
\end{aligned}
$$

isto é,

$$
\frac{d\mathbf{r}}{dl} \cdot \frac{d^2\mathbf{r}}{dl^2} \times \frac{d^3\mathbf{r}}{dl^3} = \frac{\tau}{R^2} \tag{6.62a}
$$

sendo que esta última pode ser reescrita de outra forma, utilizando a expressão (6.60), que nos dá o raio de curvatura e empregando também a expressão do produto misto de vetores, qual seja,

$$
\tau = \left[\left(x'' \right)^2 + \left(y'' \right)^2 + \left(z'' \right)^2 \right]^{-\frac{1}{2}} \begin{vmatrix} x' & y' & z' \\ x'' & y'' & z'' \\ x''' & y''' & z''' \end{vmatrix} \tag{6.62b}
$$

em que as linhas indicam derivadas em relação ao parâmetro l.

Derivação de Vetores 305

EXEMPLO 6.18

Demonstre que se uma curva C for representada por $\mathbf{r}(u)$, sendo u um escalar qualquer e $\mathbf{r}(u)$ uma função duas vezes derivável, então o raio de curvatura da curva em qualquer ponto é dado por

$$R = \frac{1}{k} = \frac{\left|\dfrac{d\mathbf{r}}{du}\right|^3}{\left|\dfrac{d\mathbf{r}}{du} \times \dfrac{d^2\mathbf{r}}{du^2}\right|}$$

DEMONSTRAÇÃO:

Seja $\mathbf{r}(u) = \mathbf{r}\big[l(u)\big]$, em que l é o comprimento do arco. Então, sua derivada é

$$\frac{d\mathbf{r}}{du} = \underbrace{\frac{d\mathbf{r}}{dl}}_{=\mathbf{u}_t}\frac{dl}{du} = \frac{dl}{du}\mathbf{u}_t \tag{i}$$

Uma vez que $|\mathbf{u}_t| = 1$, temos

$$\left|\frac{d\mathbf{r}}{du}\right| = \frac{dl}{du} \tag{ii}$$

Por outro lado,

$$\frac{d\mathbf{u}_t}{du} = \underbrace{\frac{d\mathbf{u}_t}{dl}}_{k\,\mathbf{u}_n}\frac{dl}{du} = k\frac{dl}{du}\mathbf{u}_n \tag{iii}$$

Entretanto, da expressão (i), temos

$$\frac{d^2\mathbf{r}}{du^2} = \frac{d}{du}\left[\frac{d\mathbf{r}}{du}\right] = \frac{d}{du}\left[\frac{dl}{du}\mathbf{u}_t\right] = \frac{d^2l}{du^2}\mathbf{u}_t + \frac{dl}{du}\underbrace{\frac{d\mathbf{u}_t}{du}}_{k\frac{dl}{du}\mathbf{u}_n} = \frac{d^2l}{du^2}\mathbf{u}_t + k\left(\frac{dl}{du}\right)^2\mathbf{u}_n \tag{iv}$$

Pelas expressões (i) e (iv), segue-se

$$\frac{d\mathbf{r}}{du} \times \frac{d^2\mathbf{r}}{du^2} = \frac{dl}{du}\mathbf{u}_t \times \left[\frac{d^2l}{du^2}\mathbf{u}_t + k\left(\frac{dl}{du}\right)^2\mathbf{u}_n\right] = \left(\frac{dl}{du}\right)\left(\frac{d^2l}{du^2}\right)\underbrace{\mathbf{u}_t \times \mathbf{u}_t}_{=\,0} + k\left(\frac{dl}{du}\right)^3\underbrace{\mathbf{u}_t \times \mathbf{u}_n}_{=\,\mathbf{u}_b} = k\left(\frac{dl}{du}\right)^3\mathbf{u}_b$$

Levando em conta que $|\mathbf{u}_B| = 1$ e a expressão (ii), podemos expressar

306 **Cálculo e Análise Vetoriais com Aplicações Práticas**

$$\left|\frac{d\mathbf{r}}{du}\times\frac{d^2\mathbf{r}}{du^2}\right|=k\left(\frac{dl}{du}\right)^3=k\left|\frac{d\mathbf{r}}{dt}\right|^3 \qquad (\mathbf{v})$$

Isto nos permite colocar

$$k=\frac{\left|\dfrac{d\mathbf{r}}{du}\times\dfrac{d^2\mathbf{r}}{du^2}\right|}{\left|\dfrac{d\mathbf{r}}{du}\right|^3}=\frac{1}{R}$$

ou de outra forma

$$R=\frac{1}{k}=\frac{\left|\dfrac{d\mathbf{r}}{du}\right|^3}{\left|\dfrac{d\mathbf{r}}{du}\times\dfrac{d^2\mathbf{r}}{du^2}\right|} \qquad (6.63)$$

EXEMPLO 6.19

Utilizando a expressão (6.63) verifique o raio de curvatura da curva do exemplo 6.12.

SOLUÇÃO:

O vetor posição é

$$\mathbf{r}=3\cos t\,\mathbf{u}_x+3\,\mathrm{sen}\,t\,\mathbf{u}_y+4\,t\,\mathbf{u}_z\,.$$

Assim sendo, temos as derivadas sucessivas

$$\begin{cases}\dfrac{d\mathbf{r}}{dt}=-3\,\mathrm{sen}\,t\,\mathbf{u}_x+3\cos t\,\mathbf{u}_y+4\,\mathbf{u}_z\\[2mm]\dfrac{d^2\mathbf{r}}{dt^2}=-3\cos t\,\mathbf{u}_x-3\,\mathrm{sen}\,t\,\mathbf{u}_y\end{cases}$$

O produto vetorial das derivadas é dado por

$$\frac{d\mathbf{r}}{dt}\times\frac{d^2\mathbf{r}}{dt^2}=\begin{vmatrix}\mathbf{u}_x & \mathbf{u}_y & \mathbf{u}_z\\ -3\,\mathrm{sen}\,t & 3\cos t & 4\\ -3\cos t & -3\,\mathrm{sen}\,t & 0\end{vmatrix}=12\,\mathrm{sen}\,t\,\mathbf{u}_x-12\cos t\,\mathbf{u}_y+9\,\mathbf{u}_z$$

e o seu módulo é

$$\left|\frac{d\mathbf{r}}{dt} \times \frac{d^2\mathbf{r}}{dt^2}\right| = \sqrt{(12\operatorname{sen} t)^2 + (-12\cos t)^2 + 9^2} = 15$$

O módulo da derivada do vetor posição é

$$\left|\frac{d\mathbf{r}}{dt}\right| = \sqrt{(-3\operatorname{sen} t)^2 + (3\cos t)^2 + 4^2} = 5$$

Substituindo na expressão (6.63),

$$R = \frac{\left|\dfrac{d\mathbf{r}}{du}\right|^3}{\left|\dfrac{d\mathbf{r}}{du} \times \dfrac{d^2\mathbf{r}}{du^2}\right|}$$

obtemos

$$R = \frac{5^3}{15} = \frac{125}{15} = \frac{25}{3}$$

o que verifica o resultado anteriormente obtido.

EXEMPLO 6.20

Demonstre que no caso de uma curva plana, cujas equações são $y = f(x)$ e $z = 0$, o raio de curvatura é dado por

$$R = \frac{\left[1 + \left(\dfrac{dy}{dx}\right)\right]^{\frac{3}{2}}}{\dfrac{d^2 y}{dx^2}}$$

DEMONSTRAÇÃO:

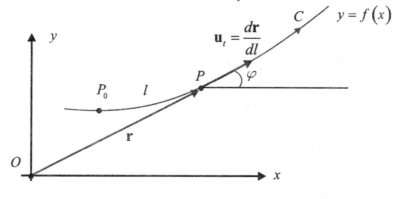

Fig. 6.13

308 **Cálculo e Análise Vetoriais com Aplicações Práticas**

- Primeiro método:

Pelas expressões (6.52) e (6.53), temos

$$k = \frac{d\varphi}{dl} = \frac{1}{R}$$

Entretanto, pela definição de derivada, segue-se

$$\text{tg}\,\varphi = \frac{dy}{dx}$$

e o comprimento de arco dl é dado por

$$dl = \sqrt{dx^2 + dy^2}$$

Assim sendo, vem

$$\begin{cases} \varphi = \text{arctg}\dfrac{dy}{dx}; \quad \dfrac{d\varphi}{dx} = \dfrac{\dfrac{d^2y}{dx^2}}{1+\left(\dfrac{dy}{dl}\right)^2} \\[4ex] \dfrac{dl}{dx} = \sqrt{1+\left(\dfrac{dy}{dx}\right)^2} \end{cases}$$

Portanto, temos

$$k = \frac{d\varphi}{dl} = \frac{\dfrac{d\varphi}{dx}}{\dfrac{dl}{dx}} = \frac{\dfrac{d^2y}{dx^2}}{\left[1+\left(\dfrac{dy}{dx}\right)^2\right]^{\frac{3}{2}}} = \frac{1}{R}$$

- Segundo método:

Façamos, por simplicidade, $x = u$ e $y = f(u) = f(x)$. Assim, o vetor posição,

$$\mathbf{r} = x\,\mathbf{u}_x + y\,\mathbf{u}_y$$

nos conduz às seguintes derivadas:

- $\dfrac{d\mathbf{r}}{du} = \dfrac{d\mathbf{r}}{dx} = \mathbf{u}_x + \dfrac{dy}{dx}\mathbf{u}_y$

$$\blacksquare \quad \frac{d^2\mathbf{r}}{du^2} = \frac{d^2\mathbf{r}}{dx^2} = \frac{d^2 y}{dx^2}\mathbf{u}_y$$

Portanto, temos

$$\left|\frac{d\mathbf{r}}{du}\right| = \sqrt{1+\left(\frac{dy}{dx}\right)^2} = \left[1+\left(\frac{dy}{dx}\right)^2\right]^{\frac{1}{2}}$$

e

$$\frac{d\mathbf{r}}{du} \times \frac{d^2\mathbf{r}}{du^2} = \begin{vmatrix} \mathbf{u}_x & \mathbf{u}_y & \mathbf{u}_z \\ 1 & \dfrac{dy}{dx} & 0 \\ 0 & \dfrac{d^2 y}{dx^2} & 0 \end{vmatrix} = \frac{d^2 y}{dx^2}\mathbf{u}_z$$

Isto nos conduz à igualdade

$$\left|\frac{d\mathbf{r}}{du} \times \frac{d^2\mathbf{r}}{du^2}\right| = \frac{d^2 y}{dx^2}$$

Substituindo, finalmente, as expressões encontradas na expressão (6.63), segue-se

$$R = \frac{\left[1+\left(\dfrac{dy}{dx}\right)^2\right]^{\frac{3}{2}}}{\dfrac{d^2 y}{dx^2}} \tag{6.64}$$

EXEMPLO 6.21 *

Demonstre que se uma curva C for representada por $\mathbf{r}(u)$, sendo u um escalar qualquer e $\mathbf{r}(u)$ uma função três vezes derivável, então o raio de torção da curva em qualquer ponto é dado por

$$\sigma = \frac{1}{\tau} = \frac{\left|\dfrac{d\mathbf{r}}{du} \times \dfrac{d^2\mathbf{r}}{du^2}\right|^2}{\dfrac{d\mathbf{r}}{du} \cdot \dfrac{d^2\mathbf{r}}{du^2} \times \dfrac{d^3\mathbf{r}}{du^3}}$$

DEMONSTRAÇÃO:

Derivando a expressão (iv) do exemplo (6.18), obtemos

$$\frac{d^3\mathbf{r}}{du^3} = \frac{d}{du}\left[\frac{d^2\mathbf{r}}{du^2}\right] = \frac{d}{du}\left[\frac{d^2l}{du^2}\mathbf{u}_t + k\left(\frac{dl}{du}\right)^2\mathbf{u}_n\right] =$$

$$= \frac{d^3l}{du^3}\mathbf{u}_t + \frac{d^2l}{du^2}\frac{d\mathbf{u}_t}{du} + \frac{dk}{du}\left(\frac{dl}{du}\right)^2\mathbf{u}_n + 2k\left(\frac{dl}{du}\right)\frac{d^2l}{du^2}\mathbf{u}_n + k\left(\frac{dl}{du}\right)^2\frac{d\mathbf{u}_n}{du}$$

Da expressão (iii) do exemplo (6.18), temos

$$\frac{d\mathbf{u}_t}{du} = k\frac{dl}{du}\mathbf{u}_n$$

Pela terceira fórmula de **Serret-Frenet**, vem

$$\frac{d\mathbf{u}_n}{dl} = \tau\,\mathbf{u}_b - k\,\mathbf{u}_t$$

Substituindo estes resultados na expressão de $d^3\mathbf{r}/dt^3$ e reagrupando os termos, obtemos

$$\frac{d^3\mathbf{r}}{du^3} = \left[\frac{d^3l}{du^3} - k^2\left(\frac{dl}{du}\right)^3\right]\mathbf{u}_t + \left[3k\left(\frac{dl}{du}\right)\left(\frac{d^2l}{du^2}\right) + \left(\frac{dk}{du}\right)\left(\frac{dl}{du}\right)^2\right]\mathbf{u}_n + k\,\tau\left(\frac{dl}{du}\right)^3\mathbf{u}_b$$

Por outro lado, pelas expressões (i) e (iv) do exemplo 6.16 e por esta última expressão, temos

$$\frac{d\mathbf{r}}{du}\cdot\frac{d^2\mathbf{r}}{du^2}\times\frac{d^3\mathbf{r}}{du^3} = k^2\tau\left(\frac{dl}{du}\right)^6$$

Pela expressão (v) do exemplo (6.18), segue-se

$$k^2\left(\frac{dl}{du}\right)^6 = \left|\frac{d\mathbf{r}}{du}\times\frac{d^2\mathbf{r}}{du^2}\right|$$

A torção é, então, dada por

$$\tau = \frac{\dfrac{d\mathbf{r}}{du}\cdot\dfrac{d^2\mathbf{r}}{du^2}\times\dfrac{d^3\mathbf{r}}{du^3}}{\left|\dfrac{d\mathbf{r}}{du}\times\dfrac{d^2\mathbf{r}}{du^2}\right|^2} = \frac{1}{\sigma}$$

Finalmente, obtemos o raio de torção

$$\sigma = \frac{1}{\tau} = \frac{\left| \dfrac{d\mathbf{r}}{du} \times \dfrac{d^2\mathbf{r}}{du^2} \right|^2}{\dfrac{d\mathbf{r}}{du} \cdot \dfrac{d^2\mathbf{r}}{du^2} \times \dfrac{d^3\mathbf{r}}{du^3}} \qquad \textbf{(6.65)}$$

EXEMPLO 6.22

Utilizando a expressão (6.65), verifique o raio de torção da curva do exemplo 6.12.

SOLUÇÃO:

Dos exemplos 6.12 e 6.19, temos

$$\begin{cases} \dfrac{d\mathbf{r}}{dt} = -3\,\mathrm{sen}\,t\,\mathbf{u}_x + 3\cos t\,\mathbf{u}_y + 4\,\mathbf{u}_z \\[2mm] \dfrac{d^2\mathbf{r}}{dt^2} = -3\cos t\,\mathbf{u}_x - 3\,\mathrm{sen}\,t\,\mathbf{u}_y \end{cases}$$

Assim sendo, vem

$$\frac{d^3\mathbf{r}}{dt^3} = 3\,\mathrm{sen}\,t\,\mathbf{u}_x - 3\cos t\,\mathbf{u}_y$$

o que nos permite expressar

$$\frac{d\mathbf{r}}{dt} \cdot \frac{d^2\mathbf{r}}{dt^2} \times \frac{d^3\mathbf{r}}{dt^3} = \begin{vmatrix} -3\,\mathrm{sen}\,t & 3\cos t & 4 \\ -3\cos t & -3\,\mathrm{sen}\,t & 0 \\ 3\,\mathrm{sen}\,t & -3\cos t & 0 \end{vmatrix} = 36$$

Ainda do exemplo 6.19, temos

$$\left| \frac{d\mathbf{r}}{dt} \times \frac{d^2\mathbf{r}}{dt^2} \right| = 15$$

Pela expressão (6.65),

$$\sigma = \frac{\left| \dfrac{d\mathbf{r}}{du} \times \dfrac{d^2\mathbf{r}}{du^2} \right|^2}{\dfrac{d\mathbf{r}}{du} \cdot \dfrac{d^2\mathbf{r}}{du^2} \times \dfrac{d^3r}{d\,\mathrm{u}^3}}$$

concluímos

312 Cálculo e Análise Vetoriais com Aplicações Práticas

$$\sigma = \frac{(15)^2}{36} = \frac{225}{36} = \frac{25}{4}$$

o que verifica o resultado anteriormente obtido.

6.6.4 - Conceitos de Mecânica

A Mecânica estuda, em uma de suas divisões, a Cinemática, o movimento das partículas ao longo das trajetórias que, no caso mais geral, são curvas. Nesta análise, as conclusões e resultados da Geometria Diferencial podem ser de grande utilidade.

Em outra parte, a Dinâmica já aborda o movimento dos corpos correlacionados às forças que o produz. O fundamento desta análise e famosa lei de Newton-Galileu[6] que estabelece que se $\mathbf{F}$ é a resultante das forças que agem em um corpo de massa m que se desloca com velocidade $\mathbf{v}$, então

$$\mathbf{F} = \frac{d}{dt}(m\,\mathbf{v}) \tag{6.66}$$

em que $m\,\mathbf{v}$ é a quantidade de movimento do corpo. Se m for constante, a fórmula se transforma em

$$\mathbf{F} = m\frac{d\mathbf{v}}{dt} = m\,\boldsymbol{a} \tag{6.67}$$

na qual $\boldsymbol{a}$ é a aceleração do corpo.

EXEMPLO 6.23*

Demonstre que a aceleração $\boldsymbol{a}$ de uma partícula que se move ao longo de uma curva no espaço, com uma velocidade $\mathbf{v}$, é dada por

$$\boldsymbol{a} = \frac{d\,\mathrm{v}}{dt}\mathbf{u}_t + \frac{\mathrm{v}^2}{R}\mathbf{u}_n$$

em que $\mathbf{u}_t$ e $\mathbf{u}_n$ são, respectivamente, os vetores unitários tangente e normal à curva, e R é o raio de curvatura.

DEMONSTRAÇÃO:

Já vimos na subseção 6.1.4 que o vetor velocidade é um vetor tangente à curva em cada ponto. Assim sendo, podemos expressar

$$\mathbf{v} = \mathrm{v}\,\mathbf{u}_t$$

---

[6] **Galileu [Galileu-Galilei (1564-1642)]** - matemático, físico e astrônomo italiano que foi um dos fundadores da Mecânica e o primeiro verificador experimental. Entre outras coisas, descobriu as leis do movimento pendular e inventou e luneta.

em que $\mathbf{u}_t$ é o vetor unitário tangente. Derivando, temos

$$a = \frac{d\mathbf{v}}{dt} = \frac{d}{dt}\left(\mathbf{v}\,\mathbf{u}_t\right) = \frac{d\mathbf{v}}{dt}\mathbf{u}_t + \mathbf{v}\frac{d\mathbf{u}_t}{dt}$$

Pela regra da cadeia, segue-se

$$\frac{d\mathbf{u}_t}{dt} = \frac{d\mathbf{u}_t}{dl}\frac{dl}{dt}$$

Entretanto, pela primeira fórmula de **Serret-Frenet**, temos

$$\frac{d\mathbf{u}_t}{dl} = k\,\mathbf{u}_n = \frac{1}{R}\mathbf{u}_n$$

Temos também

$$\mathbf{v} = \frac{dl}{dt}$$

o que nos leva à expressão

$$a = \frac{d\mathbf{v}}{dt}\mathbf{u}_t + \frac{\mathbf{v}^2}{R}\mathbf{u}_n \qquad (6.68)$$

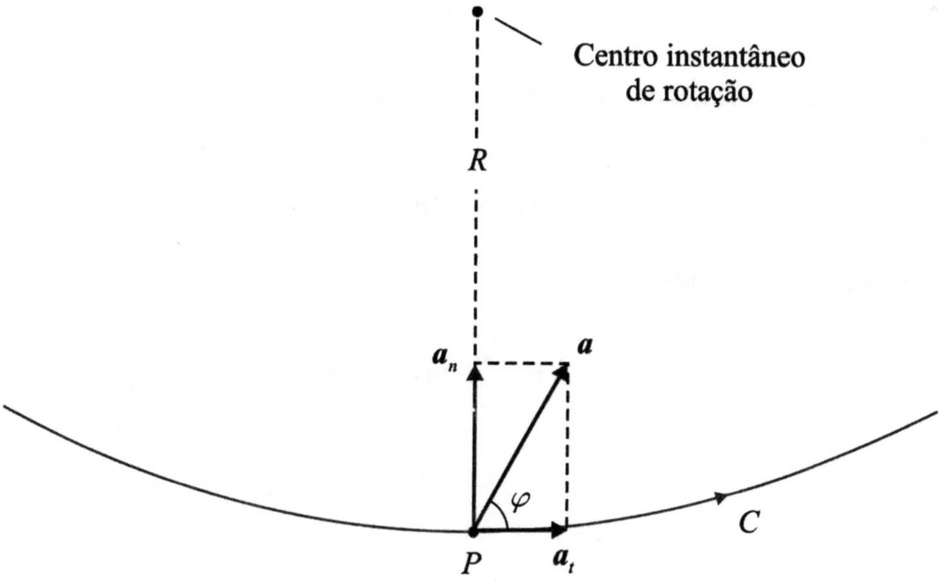

Fig. 6.14

cujas componentes tangencial e normal são respectivamente,

314 Cálculo e Análise Vetoriais com Aplicações Práticas

$$a_t = \frac{dv}{dt}\mathbf{u}_t \qquad (6.69)$$

e

$$a_n = \frac{v^2}{R}\mathbf{u}_n \qquad (6.70)$$

Temos também, de acordo com a figura 6.14,

$$|a| = \sqrt{|a_t|^2 + |a_n|^2} \qquad (6.71)$$

e

$$\text{tg}\,\varphi = \frac{|a_n|}{|a_t|} \qquad (6.72)$$

EXEMPLO 6.24*

Se $\mathbf{r}$ é o vetor posição de uma partícula de massa m em relação ao ponto O e $\mathbf{F}$ a força externa aplicada na partícula,

$$\tau = \mathbf{r} \times \mathbf{F}$$

é o momento de $\mathbf{F}$ em relação a O. Demonstre que

$$\tau = \frac{d\mathbf{L}}{dt},$$

em que $\mathbf{L} = \mathbf{r} \times m\,\mathbf{v}$ é momento da quantidade de movimento ou momento angular, sendo $\mathbf{v}$ a velocidade da partícula.

DEMONSTRAÇÃO:

Pela expressão (6.66), temos

$$\mathbf{F} = \frac{d}{dt}(m\,\mathbf{v})$$

de modo que

$$\tau = \mathbf{r} \times \mathbf{F} = \mathbf{r} \times \frac{d}{dt}(m\,\mathbf{v})$$

Entretanto,

$$\frac{d}{dt}(\mathbf{r} \times m\,\mathbf{v}) = \mathbf{r} \times \frac{d}{dt}(m\,\mathbf{v}) + \frac{d\mathbf{r}}{dt} \times m\,\mathbf{v} = \mathbf{r} \times \frac{d}{dt}(m\,\mathbf{v}) + \underbrace{\mathbf{v} \times m\,\mathbf{v}}_{=\,0} = \mathbf{r} \times \frac{d}{dt}(m\,\mathbf{v})$$

o que nos leva ao torque

$$\tau = \frac{d}{dt}(\mathbf{r} \times m\,\mathbf{v}) = \frac{d\mathbf{L}}{dt} \qquad (6.73)$$

Nota: a última expressão é satisfeita para m constante ou não. Tal expressão estabelece que o momento (torque) é a taxa de variação da quantidade de movimento angular. Este resultado é facilmente generalizado para um sistema de n partículas de massas $m_1, m_2, ..., m_n$, cujos vetores-posição são, respectivamente, $\mathbf{r}_1, \mathbf{r}_2, ..., \mathbf{r}_n$, nas quais se aplicam forças $\mathbf{F}_1, \mathbf{F}_2, ..., \mathbf{F}_n$. Neste caso,

$$\mathbf{L} = \sum_{k=1}^{n} \mathbf{r}_k \times m_k \mathbf{v}_k$$

é o momento angular total,

$$\tau = \sum_{k=1}^{n} \mathbf{r}_k \times \mathbf{F}_k$$

é o momento resultante e

$$\tau = \frac{d\mathbf{L}}{dt},$$

conforme anteriormente definido.

QUESTÕES

6.1*- O que se pode dizer sobre a curvatura k de uma linha reta? E sobre o seu raio de curvatura?

6.2- Defina curva plana e curva reversa.

6.3- Admitindo-se curvatura não nula ($k \neq 0$), qual é a condição necessária e suficiente para que uma curva seja plana?

RESPOSTAS DAS QUESTÕES

6.1- Se a curva C é uma reta, então o vetor unitário tangente é um vetor constante, isto é,

$$\frac{d\mathbf{u}_t}{dl} = k\,\mathbf{u}_n = 0$$

Assim sendo, $k = 0$, pois $\mathbf{u}_n \neq 0$. Temos então curvatura nula, o que é um resultado esperado. Reciprocamente, se $k = 0$, temos

$$\frac{d\mathbf{u}_t}{dl} = 0$$

Consequentemente, $\mathbf{u}_t$ é um vetor constante e C é uma reta. O raio de curvatura é o inverso da curvatura. Se a curvatura é nula o raio de curvatura é infinito.

6.2- Uma curva que se desenvolve num espaço plano é uma curva plana; em caso contrário, é chamada curva reversa.

6.3- Se C está num plano, então, pela escolha da origem neste plano, ambos os vetores

$$\frac{d\mathbf{r}(l)}{dl} \text{ e } \frac{d^2\mathbf{r}(l)}{dl^2}$$

estarão também neste plano. Logo,

$$\mathbf{u}_t = \frac{d\mathbf{r}(l)}{dl}$$

e

$$\mathbf{u}_n = \frac{1}{k}\frac{d\mathbf{u}_t}{dl} = \frac{1}{k}\frac{d^2\mathbf{r}(l)}{dl^2}$$

também estarão no plano. Consequentemente,

$$\mathbf{u}_b = \mathbf{u}_t \times \mathbf{u}_n$$

é um vetor constante normal ao plano. Portanto,

$$\frac{d\mathbf{u}_b}{dl} = -\tau\,\mathbf{u}_n = 0,$$

o que acarreta $\tau = 0$, pois, $\mathbf{u}_n = 0$. A torção deve então ser nula. Reciprocamente, se $\tau = 0$, de modo que

$$\frac{d\mathbf{u}_b}{dl} = -\tau\,\mathbf{u}_n = 0$$

e $\mathbf{u}_b$ é um vetor constante. Seja a curva C representada por $\mathbf{r}(l)$. Então, visto que $\mathbf{u}_t$ e $\mathbf{u}_b$ são perpendiculares e $\tau = 0$, temos

$$\frac{d}{dl}\Big[(\mathbf{r}-\mathbf{r}_0)\cdot\mathbf{u}_b\Big] = \left(\underbrace{\frac{d\mathbf{r}}{dl}}_{=\mathbf{u}_t} - \underbrace{\frac{d\mathbf{r}_0}{dl}}_{=0}\right)\cdot\mathbf{u}_b + \mathbf{r}\cdot\underbrace{\frac{d\mathbf{u}_b}{dl}}_{-\tau\,\mathbf{u}_n} = \mathbf{u}_t\cdot\mathbf{u}_b + \mathbf{r}\cdot(-\tau\,\mathbf{u}_n) = 0$$

Uma vez que

$$(\mathbf{r} - \mathbf{r}_0) \cdot \mathbf{u}_b = 0$$

é a equação de um plano que passa pelo ponto $P_0\left(x_0, y_0, z_0\right)$ e é normal ao vetor $\mathbf{u}_b$ (vide exemplo 4.7), concluímos que a curva é plana.

PROBLEMAS

6.1- Se $\mathbf{V} = e^{-t}\mathbf{u}_x + \left[\ln\left(t^2+1\right)\right]\mathbf{u}_y - \left(\operatorname{tg} t\right)\mathbf{u}_z$ $\mathbf{V} = e^{-t}\mathbf{u}_x + \ln\left(t^2+1\right)\mathbf{u}_y - \left(\operatorname{tg} t\right)\mathbf{u}_z$, determine seguintes grandezas para o instante $t = 0$:

(a) $\dfrac{d\mathbf{V}}{dt}$; **(b)** $\dfrac{d^2\mathbf{V}}{dt^2}$; **(c)** $\left|\dfrac{d\mathbf{V}}{dt}\right|$; **(d)** $\left|\dfrac{d^2\mathbf{V}}{dt^2}\right|$

6.2- (a) Determine os vetores velocidade e aceleração de uma partícula que se desloca ao longo da curva $x = 2\operatorname{sen} 3t, y = 2\cos 3t, z = 8t$, num instante de tempo qualquer t > 0. **(b)** Determine também os seus módulos.

6.3- Uma partícula se move ao longo da curva $x = 2t^2, y = t^2 - 4t, z = 3t - 5$, na qual t é o tempo. Determine as componentes da velocidade e da aceleração na direção do vetor $\mathbf{V} = \mathbf{u}_x - 3\mathbf{u}_y + 2\mathbf{u}_z$, no instante $t = 1$ s.

6.4- Uma partícula se move de modo que o seu vetor posição é dado pela expressão $\mathbf{r} = \cos \omega t\, \mathbf{u}_x + \operatorname{sen} \omega t\, \mathbf{u}_y$, sendo ω uma constante. Mostre que:

(a) o vetor velocidade $\mathbf{v}$ da partícula é perpendicular ao vetor posição $\mathbf{r}$ da mesma;

(b) a aceleração a é dirigida para a origem e tem módulo proporcional à distância do ponto à origem;

(c) $\mathbf{r} \times \mathbf{v}$ é um vetor constante.

Identifique fisicamente o movimento.

6.5- (a) Ache o vetor unitário tangente a um ponto genérico da curva cujas equações paramétricas são $x = t^2 + 1, y = 4t - 3, z = 2t^2 - 6t$. **(b)** Determine o vetor unitário tangente à curva no ponto em que $t = 2$ s.

6.6- A trajetória de um vetor posição é a elipse $\left(x^2/4\right) + \left(y^2/3\right) = 1$. Sabendo-se que a coordenada $x = 4t^2$, determine a intensidade do vetor $d\mathbf{r}/dt$ na posição $x = 1$.

318 **Cálculo e Análise Vetoriais com Aplicações Práticas**

6.7- Sendo $\mathbf{A} = t^2\mathbf{u}_x - t\,\mathbf{u}_y + (2t+1)\mathbf{u}_z$ e $\mathbf{B} = (2t-3)\mathbf{u}_x + \mathbf{u}_y - t\,\mathbf{u}_z$, determine as seguintes grandezas para o instante $t = 1$s:

(a) $\dfrac{d}{dt}(\mathbf{A} \cdot \mathbf{B})$; **(b)** $\dfrac{d}{dt}(\mathbf{A} \times \mathbf{B})$; **(c)** $\dfrac{d}{dt}|\mathbf{A}+\mathbf{B}|$; **(d)** $\dfrac{d}{dt}\left(\mathbf{A} \times \dfrac{d\mathbf{B}}{dt}\right)$

6.8- Se $\mathbf{A} = \operatorname{sen} u\,\mathbf{u}_x + \cos u\,\mathbf{u}_y + u\,\mathbf{u}_z$, $\mathbf{B} = \cos u\,\mathbf{u}_x - \operatorname{sen} u\,\mathbf{u}_y - 3\mathbf{u}_z$ e $\mathbf{C} = 2\mathbf{u}_x + 3\mathbf{u}_y - \mathbf{u}_z$, determine $\dfrac{d}{du}\left[\mathbf{A} \times (\mathbf{B} \times \mathbf{C})\right]$ para $u = 0$.

6.9- Se $\mathbf{A}(t) = 3t^2\mathbf{u}_x - (t+4)\mathbf{u}_y + (t^2 - 2t)\mathbf{u}_z$ e $\mathbf{B}(t) = \operatorname{sen} t\,\mathbf{u}_x + 3\,e^{-t}\mathbf{u}_y - 3\cos t\,\mathbf{u}_z$, determine $\dfrac{d^2}{dt^2}(\mathbf{A} \times \mathbf{B})$ para $t = 0$.

6.10- Se $\mathbf{V} = \cos xy\,\mathbf{u}_x + (3xy - 2x^2)\mathbf{u}_y - (3x+2y)\mathbf{u}_z$, determine:

(a) $\dfrac{\partial \mathbf{V}}{\partial x}$; **(b)** $\dfrac{\partial \mathbf{V}}{\partial y}$; **(c)** $\dfrac{\partial^2 \mathbf{V}}{\partial x^2}$; **(d)** $\dfrac{\partial^2 \mathbf{V}}{\partial y^2}$; **(e)** $\dfrac{\partial^2 \mathbf{V}}{\partial x\,\partial y}$; **(f)** $\dfrac{\partial^2 \mathbf{V}}{\partial y\,\partial x}$

6.11*- Demonstre que

$$\mathbf{u}_n = \frac{\dfrac{\partial \Phi}{\partial x}\mathbf{u}_x + \dfrac{\partial \Phi}{\partial y}\mathbf{u}_y + \dfrac{\partial \Phi}{\partial z}\mathbf{u}_z}{\sqrt{\left(\dfrac{\partial \Phi}{\partial x}\right)^2 + \left(\dfrac{\partial \Phi}{\partial y}\right)^2 + \left(\dfrac{\partial \Phi}{\partial z}\right)^2}}$$

é um vetor unitário normal à superfície S representada por $\Phi(x,y,z) = $ contante (mais adiante, no exemplo 9.1, veremos uma outra maneira de se obter o mesmo resultado uti-lizando o conceito de vetor gradiente).

6.12*- Empregando métodos vetoriais, mostre que a distância d do ponto $P_0(x_0, y_0, z_0)$ ao plano $A\,x + B\,y + C\,z + D = 0$ é

$$d = \frac{|A\,x_0 + B\,y_0 + C\,z_0 + D|}{+\sqrt{A^2 + B^2 + C^2}}$$

6.13- Se $\mathbf{A} = x^2yz\,\mathbf{u}_x - 2\,xz^3\mathbf{u}_y + xz^2\mathbf{u}_z$ e $\mathbf{B} = 2\,z\,\mathbf{u}_x + y\,\mathbf{u}_y - x^2\mathbf{u}_z$, determine a derivada $\dfrac{\partial^2}{\partial x\,\partial y}(\mathbf{A} \times \mathbf{B})$ no ponto $(1, 0, -2)$.

6.14- Baseando-se na teoria das equações diferenciais, mostre que a solução da equação diferencial

$$\frac{d^2\mathbf{r}}{dt^2} + 2\alpha\frac{d\mathbf{r}}{dt} + \omega^2\mathbf{r} = 0,$$

na qual α e ω são constantes é:

(a) $\mathbf{r}(t) = e^{-\alpha t}\left[\mathbf{C}_1 e^{\left(\sqrt{\alpha^2-\omega^2}\right)t} + \mathbf{C}_2 e^{-\left(\sqrt{\alpha^2-\omega^2}\right)t}\right]$, se $\alpha^2 - \omega^2 > 0$;

(b) $\mathbf{r}(t) = e^{-\alpha t}\left[\mathbf{C}_1 + \mathbf{C}_2\, t\right]$, se $\alpha^2 - \omega^2 = 0$;

(c) $\mathbf{r}(t) = e^{-\alpha t}\left[\mathbf{C}_1\cos\left(\sqrt{\omega^2-\alpha^2}\right)t + \mathbf{C}_2\operatorname{sen}\left(\sqrt{\omega^2-\alpha^2}\right)t\right]$, se $\alpha^2 - \omega^2 < 0$,

sendo $\mathbf{C}_1$ e $\mathbf{C}_2$ vetores constantes.

6.15- Utilizando os resultados de problema precedente, resolva as seguintes equações diferenciais:

(a) $\dfrac{d^2\mathbf{r}}{dt^2} - 4\dfrac{d\mathbf{r}}{dt} - 5\,\mathbf{r} = 0$

(b) $\dfrac{d^2\mathbf{r}}{dt^2} + 2\dfrac{d\mathbf{r}}{dt} + \mathbf{r} = 0$

(c) $\dfrac{d^2\mathbf{r}}{dt^2} + 4\mathbf{r} = 0$

(d) $\dfrac{d^2\mathbf{r}}{dt^2} + 2\dfrac{d\mathbf{r}}{dt} + 5\,\mathbf{r} = 0$

6.16- Se $\mathbf{C}_1$ e $\mathbf{C}_2$ são vetores constantes e λ é um escalar constante, verifique que

$$\mathbf{H}(x,y) = e^{-\lambda x}\left[\mathbf{C}_1\operatorname{sen}\lambda y + \mathbf{C}_2\cos\lambda y\right]$$

satisfaz à equação diferencial parcial

$$\frac{\partial^2\mathbf{H}}{\partial x^2} + \frac{\partial^2\mathbf{H}}{\partial y^2} = 0$$

6.17- Verifique que

$$\mathbf{A} = \frac{\mathbf{p}_0\, e^{j\omega\left(t-\frac{r}{c}\right)}}{r},$$

em que ω e c são constantes e $j = \sqrt{-1}$ (imaginário puro), satisfaz à equação

320   **Cálculo e Análise Vetoriais com Aplicações Práticas**

$$\frac{\partial^2 \mathbf{A}}{\partial r^2} + \frac{2}{r} \frac{\partial \mathbf{A}}{\partial r} = \frac{1}{c^2} \frac{\partial^2 \mathbf{A}}{\partial t^2}$$

6.18*- Dada a curva reversa C, cujas equações paramétricas são $x = t$, $y = t^2$, $z = 2t^3/3$, determine:
(a) o vetor unitário tangente;

(b) a curvatura, o raio de curvatura e o vetor unitário normal;

(c) o vetor unitário binormal, a torção e o raio de torção;

(d) as equações cartesianas da tangente, da normal e da binormal no ponto em que $t = 1$;

(e) as equações cartesianas dos planos osculador, normal e retificador.

6.19*- Uma curva C do espaço é definida em função do parâmetro l (comprimento de arco) pelas equações $x = \operatorname{arc\,tg} l$, $y = \left(\sqrt{2}/2\right) \ln\left(l^2 + 1\right)$, $z = l - \operatorname{arc\,tg} l$. Determine:

(a) o vetor unitário tangente;

(b) a curvatura, o raio de curvatura e o vetor unitário normal;

(c) o vetor unitário binormal, a torção e o raio de torção.

6.20- Determine a curvatura e a torção da curva cúbica reversa cujas equações paramétricas são $x = t, y = t^2, z = t^3$.

6.21- (a) Determine a curvatura e o raio de curvatura da curva C cujas equações paramétricas são $x = a\cos u$, $y = b\operatorname{sen} u$, sendo u um escalar qualquer e a e b constantes positivas. **(b)** Interprete o caso em que $a = b$.

6.22- Determine a curvatura e o raio de curvatura da hélice cujas equações paramétricas são $x = a\cos t, y = a\operatorname{sen} t, z = amt$.

6.23*- (a) Determine a torção da curva C cujas equações paramétricas são $x = \dfrac{2t+1}{t-1}, y = \dfrac{t^2}{t-1}$, $z = t + 2$. **(b)** Explique a resposta obtida.

6.24- Uma partícula se desloca ao longo da curva descrita pelo vetor posição dado por $\mathbf{r} = \left(t^3 - 4t\right)\mathbf{u}_x + \left(t^2 + 4t\right)\mathbf{u}_y + \left(8t^2 - 3t^3\right)\mathbf{u}_z$, sendo suas componentes expressas em metros e o tempo t em segundos. Determine os módulos das componentes tangencial e normal da aceleração quando $t = 2$

RESPOSTAS DOS PROBLEMAS

6.1-

(a) $-\mathbf{u}_x - \mathbf{u}_z$

(b) $\mathbf{u}_x + 2\,\mathbf{u}_y$

(c) $\sqrt{2}$

(d) $\sqrt{5}$

6.2-

(a) $\mathbf{v} = \left(6\cos 3t\right)\mathbf{u}_x - \left(6\operatorname{sen} 3t\right)\mathbf{u}_y;\ \ a = -18\operatorname{sen} 3t\,\mathbf{u}_x - 18\cos 3t\,\mathbf{u}_y$

(b) $\left|\mathbf{v}\right| = 100;\left|a\right| = 18$

6.3- $\mathbf{v}\left(1\right)_{\mathbf{V}} = \operatorname{comp}_{\mathbf{V}} \mathbf{v}\left(1\right) = \operatorname{proj}_{\mathbf{V}} \mathbf{v}\left(1\right) = \dfrac{8\sqrt{14}}{7}\,;\, a\left(1\right)_{\mathbf{V}} = \operatorname{comp}_{\mathbf{V}} a\left(1\right) = \operatorname{proj}_{\mathbf{V}} a\left(1\right) = -\dfrac{\sqrt{14}}{7}$

6.4- Trata-se de um movimento circular uniforme

6.5-

(a) $\dfrac{t\,\mathbf{u}_x + 2\,\mathbf{u}_y + \left(2t - 3\right)\mathbf{u}_z}{\sqrt{5t^2 - 12t + 13}}$

(b) $\dfrac{2}{3}\mathbf{u}_x + \dfrac{2}{3}\mathbf{u}_y + \dfrac{1}{3}\mathbf{u}_z$

6.6- $5\sqrt{2}$

6.7-

(a) -6

(b) $7\,\mathbf{u}_y + 3\,\mathbf{u}_z$

(c) 1

(d) $\mathbf{u}_x + 6\,\mathbf{u}_y + 2\,\mathbf{u}_z$

322 Cálculo e Análise Vetoriais com Aplicações Práticas

6.8- $7\,\mathbf{u}_x + 6\,\mathbf{u}_y - 6\,\mathbf{u}_z$

6.9- $-30\,\mathbf{u}_x + 14\,\mathbf{u}_y + 20\,\mathbf{u}_z$

6.10-

(a) $\dfrac{\partial \mathbf{V}}{\partial x} = \left(-y\,\text{sen}\,xy\right)\mathbf{u}_x + \left(3y - 4x\right)\mathbf{u}_y - 3\,\mathbf{u}_z$

(b) $\dfrac{\partial \mathbf{V}}{\partial y} = \left(-x\,\text{sen}\,xy\right)\mathbf{u}_x + 3x\,\mathbf{u}_y - 2\,\mathbf{u}_z$

(c) $\dfrac{\partial^2 \mathbf{V}}{\partial x^2} = -y^2\cos xy\,\mathbf{u}_x - 4\,\mathbf{u}_y$

(d) $\dfrac{\partial^2 \mathbf{V}}{\partial y^2} = -x^2\cos xy\,\mathbf{u}_x$

(e) $\dfrac{\partial^2 \mathbf{V}}{\partial x\,\partial y} = -\left(\text{sen}\,xy + xy\cos xy\right)\mathbf{u}_x + 3\,\mathbf{u}_y$

(f) $\dfrac{\partial^2 \mathbf{V}}{\partial y\,\partial x} = -\left(\text{sen}\,xy + xy\cos xy\right)\mathbf{u}_x + 3\,\mathbf{u}_y$

6.13- $\dfrac{\partial^2}{\partial x\,\partial y}\left(\mathbf{A}\times\mathbf{B}\right)_{(1,0,-2)} = -4\,\mathbf{u}_x - 8\,\mathbf{u}_y$

6.15-

(a) $\mathbf{r}(t) = \mathbf{C}_1\,e^{5t} + \mathbf{C}_2\,e^{-t}$

(b) $\mathbf{r}(t) = e^{-t}\left[\mathbf{C}_1 + \mathbf{C}_2\,t\right]$

(c) $\mathbf{r}(t) = \mathbf{C}_1\cos 2t + \mathbf{C}_2\,\text{sen}\,2t$

(d) $\mathbf{r}(t) = e^{-t}\left[\mathbf{C}_1\cos 2t + \mathbf{C}_2\,\text{sen}\,2t\right]$

em que $\mathbf{C}_1$ e $\mathbf{C}_2$ são vetores constantes

6.18-

(a) $\mathbf{u}_t = \dfrac{\mathbf{u}_x + 2t\,\mathbf{u}_y + 2t^2\mathbf{u}_z}{1 + 2t^2}$

(b) $k = \dfrac{1}{R} = \dfrac{2}{\left(1 + 2t^2\right)}; \mathbf{u}_n = \dfrac{-2t\,\mathbf{u}_x + \left(1 - 2t^2\right)\mathbf{u}_y + 2t\,\mathbf{u}_z}{1 + 2t^2}$

(c) $\mathbf{u}_b = \dfrac{2t^2\mathbf{u}_x - 2t\,\mathbf{u}_y + \mathbf{u}_z}{1 + 2t^2}; \tau = \dfrac{1}{\sigma} = \dfrac{2}{\left(1 + 2t^2\right)^2}$

Nota: temos $k = \tau$ e $R = \sigma$ para esta curva.

(d) $x - 1 = \dfrac{y-1}{2} = \dfrac{z - \dfrac{2}{3}}{2}$ (tangente); $\dfrac{x-1}{-2} = \dfrac{y-1}{-1} = \dfrac{z - \dfrac{2}{3}}{2}$ (normal); $\dfrac{x-1}{2} = \dfrac{y-1}{-2} = z - \dfrac{2}{3}$ (binormal).

(e) $2x - 2y + z - \dfrac{2}{3} = 0$ (plano osculador); $x + 2y + 2z - \dfrac{13}{3} = 0$ (plano normal);

$-2x - y + 2z + \dfrac{5}{3} = 0$ (plano retificador).

6.19-

(a) $\mathbf{u}_t = \dfrac{\mathbf{u}_x + \sqrt{2}\,l\,\mathbf{u}_y + l^2\mathbf{u}_z}{l^2 + 1}$

(b) $k = \dfrac{1}{R} = \dfrac{\sqrt{2}}{l^2 + 1}; \mathbf{u}_n = \dfrac{-\sqrt{2}\,l\,\mathbf{u}_x + \left(1 - l^2\right)\mathbf{u}_y + \sqrt{2}\,l\,\mathbf{u}_z}{l^2 + 1}$;

(c) $\mathbf{u}_b = \dfrac{l^2\mathbf{u}_x - \sqrt{2}\,l\,\mathbf{u}_y + \mathbf{u}_z}{l^2 + 1}; \tau = \dfrac{1}{\sigma} = \dfrac{\sqrt{2}}{l^2 + 1}$

6.20- $k = \dfrac{2\sqrt{9t^4 + 9t^2 + 1}}{\left(9t^4 + 4t^2 + 1\right)^{\frac{3}{2}}}; \ \tau = \dfrac{3}{9t^4 + 9t^2 + 1}$

6.21-

(a) $R = \dfrac{1}{k} = \dfrac{\left(a^2\,\text{sen}^2\,u + b^2\cos^2 u\right)^{\frac{3}{2}}}{ab}$

(b) Se $a = b$, a curva dada (uma elipse) se transforma em uma circunferência de raio a e o raio de curvatura assume o valor $R = a$.

6.22- $R = \dfrac{1}{k} = a\left(1 + m^2\right) = $ constante

324 Cálculo e Análise Vetoriais com Aplicações Práticas

6.23-

(a) $\tau = 0$

(b) A torção ser nula é a condição necessária e suficiente para que uma curva seja plana, conforme justificado na resposta à questão 6.3. No presente caso, a curva está situada no plano $x - 3y + 3z = 5$.

CAPÍTULO 7

Operadores

7.1 - Definição

Operador é um símbolo que aplicado às funções escalares ou vetoriais indica, abreviadamente, as operações que serão realizadas em tais funções. Como exemplo de operadores relacionados à Análise Matemática, podemos citar aqueles que indicam derivações, integrações, etc. Entretanto, para o nosso curso, trataremos apenas de dois tipos de operadores: finitos ou elementares e diferenciais[1].

7.2 - Operadores Elementares ou Finitos

7.2.1 - Introdução

São determinados símbolos que, aplicados a vetores, implicam rotações e alterações nos módulos dos mesmos. São eles: o operador j, o operador complexo $\lambda + \eta j$ e o operador rotatório $e^{j\phi}$.

7.2.2 - Operador j

É o operador que aplicado a um vetor $\mathbf{V}$ de um plano (π) equivale à operação $\mathbf{u}_n \times \mathbf{V}$, na qual $\mathbf{u}_n$ é um vetor unitário perpendicular ao plano (π), ou seja,

$$j\,\mathbf{V} = \mathbf{u}_n \times \mathbf{V} \tag{7.1}$$

O operador j transforma o vetor $\mathbf{V}$ em um outro vetor de mesmo módulo, porém com uma rotação de $\pi/2$ rad em relação a $\mathbf{V}$, no próprio plano do mesmo e no sentido direto, conforme indicado na figura 7.1. Se o vetor $\mathbf{V}$ estiver no plano xy, teremos

$$j\,\mathbf{V} = \mathbf{u}_z \times \mathbf{V} \tag{7.2}$$

A razão de ter sido empregada a letra "j" para designar este operador reside na analogia de suas potências inteiras com as da unidade complexa ou imaginária[2], que é igual a $\sqrt{-1}$. Com efeito, a repetição da operação conduz às expressões

---

[1] Vide referência bibliográfica nº 23.

[2] A literatura da Engenharia Elétrica, quase em sua totalidade, designa o número imaginário puro por "j", enquanto que a literatura da Matemática atribui à mesma grandeza o símbolo "i". A causa de tal procedimento reside no fato de que, em Engenharia Elétrica, o símbolo "i" é usado para representar a corrente elétrica. Tendo em vista que este trabalho é dirigido, em princípio, a estudantes de engenharia, optamos pela notação "j".

$$\begin{cases} j^2 \mathbf{V} = (j)(j)\mathbf{V} = -\mathbf{V} \\ j^3 \mathbf{V} = (j)(j^2)\mathbf{V} = -j\mathbf{V} \\ j^4 \mathbf{V} = (j)(j^3)\mathbf{V} = \mathbf{V} \end{cases} \qquad (7.3)$$

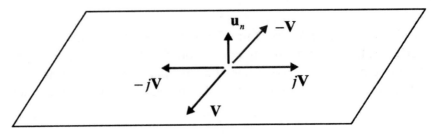

Fig 7.1

7.2.3 - Operador Complexo[3] $\lambda + j\eta$

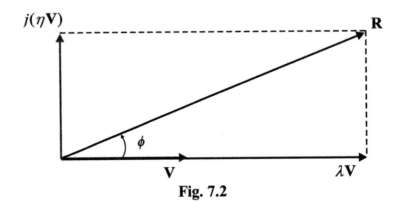

Fig. 7.2

É um operador em que λ e η representam números reais e j é o operador anteriormente definido. Fazendo

$$(\lambda + j\eta)\mathbf{V} = \lambda \mathbf{V} + j(\eta\mathbf{V}) = \mathbf{R} \qquad (7.4)$$

podemos notar que o operador $\lambda + j\eta$ aplicado a $\mathbf{V}$ transforma-o em outro vetor $\mathbf{R}$, que é a soma de $\lambda \mathbf{V}$ com $j(\eta \mathbf{V})$ perpendicular a $\mathbf{V}$, conforme ilustrado na figura 7.2. Assim sendo, temos

$$\begin{cases} \lambda|\mathbf{V}| = |\mathbf{R}|\cos\phi \\ \eta|\mathbf{V}| = |\mathbf{R}|\operatorname{sen}\phi \end{cases} \qquad (7.5)$$

sendo ϕ o ângulo entre $\mathbf{V}$ e $\mathbf{R}$.

---

[3] A denominação complexo deve-se à analogia ao o número complexo da forma $a + j\,b$.

7.2.4 - Operador Rotatório $e^{j\phi}$

Fazendo $|\mathbf{V}| = |\mathbf{R}|$, pela expressão (7.5), segue-se

$$\begin{cases} \lambda = \cos\phi \\ \eta = \operatorname{sen}\phi \end{cases}$$

e da equação (7.4)

$$(\lambda + j\eta)\mathbf{V} = (\cos\phi + j\operatorname{sen}\phi)\mathbf{V} = \mathbf{R} \qquad (7.6)$$

Desse modo, o operador rotatório é o operador

$$\cos\phi + j\operatorname{sen}\phi$$

que, aplicado a um vetor $\mathbf{V}$, transforma-o em outro, de mesmo módulo, mediante uma rotação, no sentido direto, igual a ϕ radianos, no próprio plano de $\mathbf{V}$. Utilizando-se a fórmula de **Euler-Moivre**[4],

$$e^{j\phi} = \cos\phi + j\operatorname{sen}\phi \qquad (7.7)$$

podemos expressar

$$e^{j\phi}\mathbf{V} = (\cos\phi + j\operatorname{sen}\phi)\mathbf{V} = \mathbf{R} \qquad (7.8)$$

com

$$|\mathbf{R}| = |\mathbf{V}|$$

Para valores de ϕ múltiplos de $\pi/2$ rad, o operador assume valores iguais às sucessivas potencias de $j = \sqrt{-1}$, isto é,

---

[4] **Euler [Leonhard Euler (1707-1783)]** - matemático suíço de grande capacidade criadora. Realizou contribuições em quase todos os ramos da Matemática e suas aplicações aos problemas físicos. Leis importantes, livros de Álgebra e Cálculo incluem numerosos resultados de seu próprio trabalho de pesquisa.

Moivre [Abraham de Moivre (1667-1754)] - matemático francês que introduziu as grandezas imaginárias na Trigonometria e contribuiu para a Teoria das Probabilidades.

328 **Cálculo e Análise Vetoriais com Aplicações Práticas**

$$\begin{cases} e^{j\frac{\pi}{2}} = j \\ e^{j\pi} = -1 \\ e^{j\frac{3\pi}{2}} = -j \\ e^{j2\pi} = 1 \end{cases}$$

(7.9)

EXEMPLO 7.1

Dê uma rotação de $\pi/4\,\text{rad}$, no sentido direto, ao vetor $3\,\mathbf{u}_x - 2\,\mathbf{u}_y$.

SOLUÇÃO:

Temos

$$e^{j\frac{\pi}{4}}\left(3\,\mathbf{u}_x - 2\,\mathbf{u}_y\right) = \left(\cos\frac{\pi}{4} + j\,\text{sen}\,\frac{\pi}{4}\right)\left(3\,\mathbf{u}_x - 2\,\mathbf{u}_y\right) = \left(\frac{\sqrt{2}}{2} + j\frac{\sqrt{2}}{2}\right)\left(3\,\mathbf{u}_x - 2\,\mathbf{u}_y\right)$$

Entretanto, como é fácil verificar, o operador rotatório é distributivo, o que nos conduz à expressão

$$e^{j\frac{\pi}{4}}\left(3\,\mathbf{u}_x - 2\,\mathbf{u}_y\right) = \left(\frac{\sqrt{2}}{2}\right)(3)\mathbf{u}_x - \left(\frac{\sqrt{2}}{2}\right)(2)\mathbf{u}_y + j\left(\frac{\sqrt{2}}{2}\right)(3)\mathbf{u}_x - j\left(\frac{\sqrt{2}}{2}\right)(2)\mathbf{u}_y$$

No entanto,

$$\begin{cases} j\,\mathbf{u}_x = \mathbf{u}_y \\ j\,\mathbf{u}_y = -\mathbf{u}_x \end{cases}$$

de modo que

$$e^{j\frac{\pi}{4}}\left(3\,\mathbf{u}_x - 2\,\mathbf{u}_y\right) = \left(\frac{3\sqrt{2}}{2} + \sqrt{2}\right)\mathbf{u}_x - \left(\sqrt{2} - \frac{3\sqrt{2}}{2}\right)\mathbf{u}_y = \frac{5\sqrt{2}}{2}\mathbf{u}_x + \frac{\sqrt{2}}{2}\mathbf{u}_y$$

EXEMPLO 7.2

Determine o resultado das seguintes expressões:

(a) $e^{j\frac{\pi}{6}}\left(2\,\mathbf{u}_x - \mathbf{u}_y\right) \cdot e^{j\frac{\pi}{2}}\left(3\,\mathbf{u}_x + 2\,\mathbf{u}_y\right)$

(b) $5e^{j\frac{3\pi}{7}}\mathbf{u}_y \times e^{j\frac{3\pi}{7}}\left(-\mathbf{u}_x + 2\,\mathbf{u}_y\right)$

Operadores 329

SOLUÇÃO:

(a)

De modo análogo ao que foi feito anteriormente, temos

$$\begin{cases} e^{j\frac{\pi}{6}}\left(2\,\mathbf{u}_x - \mathbf{u}_y\right) = \left(\cos\frac{\pi}{6} + j\,\mathrm{sen}\,\frac{\pi}{6}\right)\left(2\,\mathbf{u}_x - \mathbf{u}_y\right) = \left(\sqrt{3} + \frac{1}{2}\right)\mathbf{u}_x + \left(1 - \frac{\sqrt{3}}{2}\right)\mathbf{u}_y \\ e^{j\frac{\pi}{2}}\left(3\,\mathbf{u}_x + 2\,\mathbf{u}_y\right) = \left(\cos\frac{\pi}{2} + j\,\mathrm{sen}\,\frac{\pi}{2}\right)\left(3\,\mathbf{u}_x - 2\,\mathbf{u}_y\right) = -2\,\mathbf{u}_x + 3\,\mathbf{u}_y \end{cases}$$

Isto nos permite expressar

$$e^{j\frac{\pi}{6}}\left(2\,\mathbf{u}_x - \mathbf{u}_y\right)\cdot e^{j\frac{\pi}{2}}\left(3\,\mathbf{u}_x + 2\,\mathbf{u}_y\right) = -2\sqrt{3} - 1 + 3 - \frac{3\sqrt{3}}{2} = 2 - \frac{7\sqrt{3}}{2} = \frac{4 - \sqrt{3}}{2}$$

(b)

Uma vez que os dois vetores devem girar do mesmo ângulo, o produto desejado coincide com o vetor $5\,\mathbf{u}_y \times \left(-\mathbf{u}_x + 2\,\mathbf{u}_y\right) = 5\,\mathbf{u}_z$.

EXEMPLO 7.3*

De que ângulo deve girar, no sentido direto, o vetor $2\,\mathbf{u}_x - \sqrt{3}\,\mathbf{u}_y$, para ter a direção e o sentido do vetor $-\sqrt{3}\,\mathbf{u}_x + 5\,\mathbf{u}_y$?

SOLUÇÃO:

O operador $e^{j\phi}$ quando aplicado ao vetor $2\,\mathbf{u}_x - \sqrt{3}\,\mathbf{u}_y$ deve transformá-lo em outro vetor $\lambda\left(-\sqrt{3}\,\mathbf{u}_x + 5\,\mathbf{u}_y\right)$, com $\lambda > 0$. Assim sendo, temos

$$\left(\cos\phi + j\,\mathrm{sen}\,\phi\right)\left(2\,\mathbf{u}_x - \sqrt{3}\,\mathbf{u}_y\right) = \lambda\left(-\sqrt{3}\,\mathbf{u}_x + 5\,\mathbf{u}_y\right)$$

que é equivalente a

$$\left(2\cos\phi + \sqrt{3}\,\mathrm{sen}\,\phi\right)\mathbf{u}_x + \left(-\sqrt{3}\cos\phi + 2\,\mathrm{sen}\,\phi\right)\mathbf{u}_y = -\lambda\sqrt{3}\,\mathbf{u}_x + 5\lambda\,\mathbf{u}_y$$

Igualando as respectivas componentes, obtemos

$$\begin{cases} 2\cos\phi - \sqrt{3}\,\mathrm{sen}\,\phi = -\lambda\sqrt{3} \\ -\sqrt{3}\cos\phi + 2\,\mathrm{sen}\,\phi = 5\lambda \end{cases}$$

Uma vez que a transformação rotatória não altera o módulo do vetor, podemos expressar

$$\left|2\,\mathbf{u}_x - \sqrt{3}\,\mathbf{u}_y\right| = \lambda\left|-\sqrt{3}\,\mathbf{u}_x + 5\,\mathbf{u}_y\right|$$

o que é equivalente a

$$\lambda = \frac{\left|2\,\mathbf{u}_x - \sqrt{3}\,\mathbf{u}_y\right|}{\left|-\sqrt{3}\,\mathbf{u}_x + 5\,\mathbf{u}_y\right|} = \frac{\sqrt{2^2 + \left(-\sqrt{3}\right)^2}}{\sqrt{\left(-\sqrt{3}\right)^2 + 5^2}} = \frac{\sqrt{7}}{\sqrt{28}} = \sqrt{\frac{7}{28}} = \sqrt{\frac{1}{4}} = \pm\frac{1}{2}$$

Lembrandoque devemos ter $\lambda > 0$, então somente faz sentido a raiz $\lambda = 1/2$. Substituindo este valor de λ no sistema de equações anterior, temos

$$\begin{cases} 2\cos\phi + \sqrt{3}\operatorname{sen}\phi = -\dfrac{\sqrt{3}}{2} \\[2mm] -\sqrt{3}\cos\phi + 2\operatorname{sen}\phi = \dfrac{5}{2} \end{cases}$$

Resolvendo o sistema, encontramos

$$\begin{cases} \operatorname{sen}\phi = \dfrac{1}{2} \\[2mm] \cos\phi = -\dfrac{\sqrt{3}}{2} \end{cases}$$

Assim, concluímos que o vetor deve girar de um ângulo $\phi = \dfrac{5\pi}{6}\,\text{rad} = 150^\circ$.

EXEMPLO 7.4*

Demonste, utilizando o conceito de operador, que o número complexo $z = a + j\,b$ pode ser posto em função do módulo $|z| = \sqrt{a^2 + b^2}$) e do argumento $\phi = \operatorname{arc\,tg}\left(b/a\right)$, na se-guinte forma:

$$z = a + j\,b = |z|e^{j\phi}$$

DEMONSTRAÇÃO:

De fato, multiplicando o complexo $z = a + j\,b$ pelo unitário fundamental $\mathbf{u}_x$ obtemos, de a-cordo com a figura 7.3,

$$\mathbf{V} = z\,\mathbf{u}_x = \left(a + j\,b\right)\mathbf{u}_x = a\,\mathbf{u}_x + b\,j\,\mathbf{u}_x = a\,\mathbf{u}_x + b\,\mathbf{u}_y$$

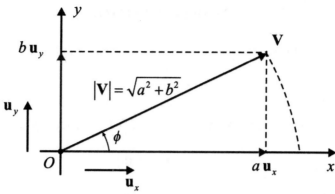

Fig. 7.3

A definição de **V** e a figura em questão indicam

$$\begin{cases} |\mathbf{V}| = |z| = \sqrt{a^2 + b^2} \\ \operatorname{tg} \phi = \dfrac{b}{a} \end{cases}$$

Entretanto, o vetor **V** pode ser escrito em função do operador $e^{j\phi}$, qual seja,

$$\mathbf{V} = |\mathbf{V}| e^{j\phi} \mathbf{u}_x$$

Uma vez que, por construção,

$$\mathbf{V} = (a + jb)\mathbf{u}_x$$

segue-se

$$z = a + jb = |z| e^{j\phi} \quad (7.10)$$

em que

$$|z| = \sqrt{a^2 + b^2} \quad (7.11)$$

e

$$\phi = \operatorname{arc\,tg}\left(\dfrac{b}{a}\right) \quad (7.12)$$

EXEMPLO 7.5*

Deduzir novamente as expressões (6.23) e (6.24), do exemplo 6.5, que nos dão as expressões da velocidade e da aceleração de uma partícula, em função das coordenadas polares[5](ρ, ϕ), utilizando o conceito de operador rotatório.

---

[5] Coordenadas cilíndricas circulares no plano xy (plano $z = 0$).

DEMONSTRAÇÃO:

O vetor posição da partícula em coordenadas cilíndricas é dado pela expressão (3.87),

$$\mathbf{r} = \rho\,\mathbf{u}_\rho + z\,\mathbf{u}_z$$

Uma vez que o movimento é no plano xy, temos $z = 0$, o que implica

$$\mathbf{r} = \rho\,\mathbf{u}_\rho$$

Porém, o vetor $\mathbf{u}_\rho$ pode ser posto em função do unitário cartesiano $\mathbf{u}_x$ com a utilização do operador $e^{j\phi}$, quer dizer,

$$\mathbf{u}_\rho = e^{j\phi}\mathbf{u}_x$$

Assim sendo, o vetor posição pode ser expresso como

$$\mathbf{r} = \rho\,e^{j\phi}\mathbf{u}_x$$

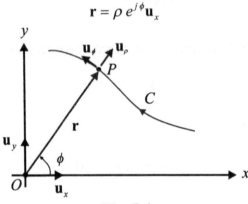

Fig. 7.4

Fazendo a derivada do vetor posição, obtemos

$$\mathbf{v} = \frac{d\mathbf{r}}{dt} = \frac{d\rho}{dt}\underbrace{e^{j\phi}\mathbf{u}_x}_{=\mathbf{u}_\rho} + \rho\frac{d\phi}{dt}\,j\underbrace{\underbrace{e^{j\phi}\mathbf{u}_x}_{=\mathbf{u}_\rho}}_{j\,\mathbf{u}_\rho = \mathbf{u}_\phi}$$

o que nos permite expressar

$$\mathbf{v} = \frac{d\rho}{dt}\mathbf{u}_\rho + \rho\frac{d\phi}{dt}\mathbf{u}_\phi$$

que é a já deduzida expressão (6.23a). Para a aceleração, segue-se

$$\mathbf{a} = \frac{d^2\mathbf{r}}{dt^2} = \frac{d^2\rho}{dt^2}\underbrace{e^{j\phi}\mathbf{u}_x}_{=\mathbf{u}_\rho} + \frac{d\rho}{dt}\frac{d\phi}{dt}\,j\underbrace{\underbrace{e^{j\phi}\mathbf{u}_x}_{=\mathbf{u}_\rho}}_{j\,\mathbf{u}_\rho=\mathbf{u}_\phi} + \frac{d\rho}{dt}\frac{d\phi}{dt}\,j\underbrace{\underbrace{e^{j\phi}\mathbf{u}_x}_{=\mathbf{u}_\rho}}_{j\,\mathbf{u}_\rho=\mathbf{u}_\phi} + \rho\frac{d^2\phi}{dt^2}\,j\underbrace{\underbrace{e^{j\phi}\mathbf{u}_x}_{=\mathbf{u}_\rho}}_{j\,\mathbf{u}_\rho=\mathbf{u}_\phi} + \rho\frac{d\phi}{dt}\,j\underbrace{\frac{d\phi}{dt}\,j}_{j^2=-1}\underbrace{e^{j\phi}\mathbf{u}_x}_{=\mathbf{u}_\rho}$$

Finalmente, temos

$$a = \left[\frac{d^2\rho}{dt^2} - \rho\left(\frac{d\phi}{dt}\right)^2\right]\mathbf{u}_\rho + \left[\rho\frac{d^2\phi}{dt^2} + 2\frac{d\rho}{dt}\frac{d\phi}{dt}\right]\mathbf{u}_\phi$$

que por sua vez é a expressão (6.24a). As expressões (6.23b) e (6.24b), para o movimento circular uniforme, são obtidas a partir das mesmas considerações já feitas no exemplo 6.5, isto é,

$$\begin{cases} \mathbf{v} = v\,\mathbf{u}_\phi \\ a = -\dfrac{v^2}{\rho}\mathbf{u}_\rho \end{cases}$$

7.3 - Operadores Diferenciais

7.3.1 - Introdução

São determinados símbolos, que aplicados a funções escalares ou vetoriais, implicam operações de derivação. Dentre esses operadores, os principais são: **o operador nabla** ou **operador de Hamilton**, **o operador divergente**, **o operador rotacional** e **o operador de Laplace** ou **operador laplaciano**.

7.3.2 - Operador Nabla (∇) ou Operador de Hamilton[6]

Este operador é expresso, nos três sistemas de coordenadas mais usuais, nas formas a seguir:
(a) Coordenadas Cartesianas Retangulares

$$\nabla \triangleq \frac{\partial}{\partial x}\mathbf{u}_x + \frac{\partial}{\partial y}\mathbf{u}_y + \frac{\partial}{\partial z}\mathbf{u}_z \tag{7.13a}$$

(b) Coordenadas Cilíndricas Circulares

$$\nabla \triangleq \frac{\partial}{\partial \rho}\mathbf{u}_\rho + \frac{1}{\rho}\frac{\partial}{\partial \phi}\mathbf{u}_\phi + \frac{\partial}{\partial z}\mathbf{u}_z \tag{7.13b}$$

(c) Coordenadas Esféricas

---

[6] Atribui-se o nome "nabla" ao operador em virtude da semelhança da forma do símbolo ∇, usado para representá-lo, com uma harpa assíria que se chamava "nabla". Também é denominado atled (palavra delta escrita ao inverso). É chamado "operador de Hamilton" em honra ao matemático irlandês **William Rowan Hamilton** que utilizava o símbolo ∇ na sua representação. O tipo em negrito é para indicar que ele é um operador vetorial. Nos livros que apresentam os símbolos das grandezas vetorias encimados por uma seta, ele a-parece na forma $\vec{\nabla}$. Em realidade, o operador em questão não é um vetor, mas sim um operador vetorial, con-forme já mencionado. Entretanto, em termos de produtos vetores ele pode ser tratado como sendo um "vetor simbólico", conforme vai ocorrer bastante nos capítulos 9 e 10, nas representações compactas da divergência ($\text{div}\,\mathbf{V} = \nabla\cdot\mathbf{V}$), do rotacional ($\text{rot}\,\mathbf{V} = \nabla\times\mathbf{V}$) e do laplaciano [$\text{lap}\,\Phi = \text{div}\,(\text{grad}\,\Phi) = \nabla\cdot(\nabla\Phi) = \nabla^2\Phi$], bem como em certas demonstrações de propriedades.

$$\nabla \triangleq \frac{\partial}{\partial r}\mathbf{u}_r + \frac{1}{r}\frac{\partial}{\partial \theta}\mathbf{u}_\theta + \frac{1}{r\operatorname{sen}\theta}\frac{\partial}{\partial \phi}\mathbf{u}_\phi \qquad (7.13c)$$

Este operador aplicado a um campo escalar

$$\Phi = \Phi(x,y,z) = \Phi(\rho,\phi,z) = \Phi(r,\theta,\phi),$$

produz um campo vetorial denominado gradiente, como se segue

$$\begin{cases} \operatorname{grad}\Phi = \dfrac{\partial\Phi}{\partial x}\mathbf{u}_x + \dfrac{\partial\Phi}{\partial y}\mathbf{u}_y + \dfrac{\partial\Phi}{\partial z}\mathbf{u}_z = \dfrac{\partial\Phi}{\partial\rho}\mathbf{u}_\rho + \dfrac{1}{\rho}\dfrac{\partial\Phi}{\partial\phi}\mathbf{u}_\phi + \dfrac{\partial\Phi}{\partial z}\mathbf{u}_z = \\[4mm] \qquad = \dfrac{\partial\Phi}{\partial r}\mathbf{u}_r + \dfrac{1}{r}\dfrac{\partial\Phi}{\partial\theta}\mathbf{u}_\theta + \dfrac{1}{r\operatorname{sen}\theta}\dfrac{\partial\Phi}{\partial\phi}\mathbf{u}_\phi \end{cases} \qquad (7.14a)$$

De outra forma, podemos expressar

$$\operatorname{grad}\Phi = \nabla\Phi \qquad (7.14b)$$

Voltaremos a este assunto, mais adiante, na seção 9.2.

7.3.3 - Operador Divergente (div)

Este operador tem as seguintes expressões nos sistemas usuais de coordenadas:

(a) Coordenadas Cartesianas Retangulares

$$\operatorname{div} \triangleq \frac{\partial}{\partial x} + \frac{\partial}{\partial y} + \frac{\partial}{\partial z} \qquad (7.15a)$$

(b) Coordenadas Cilíndricas Circulares

$$\operatorname{div} \triangleq \frac{1}{\rho}\frac{\partial}{\partial\rho}(\rho\quad) + \frac{1}{\rho}\frac{\partial}{\partial\phi} + \frac{\partial}{\partial z} \qquad (7.15b)$$

(c) Coordenadas Esféricas

$$\operatorname{div} \triangleq \frac{1}{r^2}\frac{\partial}{\partial r}(r^2\quad) + \frac{1}{r\operatorname{sen}\theta}\frac{\partial}{\partial\theta}(\operatorname{sen}\theta\quad) + \frac{1}{r\operatorname{sen}\theta}\frac{\partial}{\partial\phi} \qquad (7.15c)$$

Este operador aplicado a um campo vetorial

$$\mathbf{V} = V_x\mathbf{u}_x + V_y\mathbf{u}_y + V_z\mathbf{u}_z = V_\rho\mathbf{u}_\rho + V_\phi\mathbf{u}_\phi + V_z\mathbf{u}_z = V_r\mathbf{u}_r + V_\theta\mathbf{u}_\theta + V_\phi\mathbf{u}_\phi,$$

produz um campo escalar denominado divergência[7], conforme a seguir

$$\begin{cases} \operatorname{div} \mathbf{V} = \dfrac{\partial V_x}{\partial x} + \dfrac{\partial V_y}{\partial y} + \dfrac{\partial V_z}{\partial z} = \dfrac{1}{\rho}\dfrac{\partial}{\partial \rho}\left(\rho V_\rho\right) + \dfrac{1}{\rho}\dfrac{\partial V_\phi}{\partial \phi} + \dfrac{\partial V_z}{\partial z} = \\[3mm] = \dfrac{1}{r^2}\dfrac{\partial}{\partial r}\left(r^2 V_r\right) + \dfrac{1}{r\operatorname{sen}\theta}\dfrac{\partial}{\partial \theta}\left(\operatorname{sen}\theta\, V_\theta\right) + \dfrac{1}{r\operatorname{sen}\theta}\dfrac{\partial V_\phi}{\partial \phi} \end{cases} \qquad \textbf{(7.16a)}$$

A divergência pode também ser encarada como sendo o produto escalar do operador ∇ pelo vetor $\mathbf{V}$, isto é,

$$\operatorname{div} \mathbf{V} = \nabla \cdot \mathbf{V} \qquad \textbf{(7.16b)}$$

Voltaremos a este assunto, futuramente, na seção 9.3.

7.3.4 - Operador Rotacional (rot)

Este operador tem as seguintes expressões nos sistemas usuais de coordenadas:

(a) Coordenadas Cartesianas Retangulares

$$\operatorname{rot} \triangleq \left(\dfrac{\partial}{\partial y} - \dfrac{\partial}{\partial z}\right)\mathbf{u}_x + \left(\dfrac{\partial}{\partial z} - \dfrac{\partial}{\partial x}\right)\mathbf{u}_y + \left(\dfrac{\partial}{\partial x} - \dfrac{\partial}{\partial y}\right)\mathbf{u}_z \qquad \textbf{(7.17a)}$$

(b) Coordenadas Cilíndricas Circulares

$$\operatorname{rot} \triangleq \left(\dfrac{1}{\rho}\dfrac{\partial}{\partial \phi} - \dfrac{\partial}{\partial z}\right)\mathbf{u}_\rho + \left(\dfrac{\partial}{\partial z} - \dfrac{\partial}{\partial \rho}\right)\mathbf{u}_\phi + \dfrac{1}{\rho}\left[\dfrac{\partial}{\partial \rho}(\rho \quad) - \dfrac{\partial}{\partial \phi}\right]\mathbf{u}_z \qquad \textbf{(7.17b)}$$

(c) Coordenadas Esféricas

$$\operatorname{rot} \triangleq \dfrac{1}{r\operatorname{sen}\theta}\left[\dfrac{\partial}{\partial \theta}(\operatorname{sen}\theta \quad) - \dfrac{\partial}{\partial \phi}\right]\mathbf{u}_r + \dfrac{1}{r}\left[\dfrac{1}{\operatorname{sen}\theta}\dfrac{\partial}{\partial \phi} - \dfrac{\partial}{\partial r}(r \quad)\right]\mathbf{u}_\theta + \dfrac{1}{r}\left[\dfrac{\partial}{\partial r}(r \quad) - \dfrac{\partial}{\partial \theta}\right]\mathbf{u}_\phi \quad \textbf{(7.17c)}$$

Este operador aplicado a um campo vetorial

$$\mathbf{V} = V_x\,\mathbf{u}_x + V_y\,\mathbf{u}_y + V_z\,\mathbf{u}_z = V_\rho\,\mathbf{u}_\rho + V_\phi\,\mathbf{u}_\phi + V_z\,\mathbf{u}_z = V_r\,\mathbf{u}_r + V_\theta\,\mathbf{u}_\theta + V_\phi\,\mathbf{u}_\phi,$$

produz um outro campo vetorial, denominado rotacional, dado por

---

[7] Adotaremos as denominações **divergente** para o operador e **divergência** para o efeito de sua aplicação.

336   Cálculo e Análise Vetoriais com Aplicações Práticas

$$\begin{cases} \text{rot } \mathbf{V} = \left(\dfrac{\partial V_z}{\partial y} - \dfrac{\partial V_y}{\partial z} \right) \mathbf{u}_x + \left(\dfrac{\partial V_x}{\partial z} - \dfrac{\partial V_z}{\partial x} \right) \mathbf{u}_y + \left(\dfrac{\partial V_y}{\partial x} - \dfrac{\partial V_x}{\partial y} \right) \mathbf{u}_z = \\[3mm] = \left(\dfrac{1}{\rho} \dfrac{\partial V_z}{\partial \phi} - \dfrac{\partial V_\phi}{\partial z} \right) \mathbf{u}_\rho + \left(\dfrac{\partial V_\rho}{\partial z} - \dfrac{\partial V_z}{\partial \rho} \right) \mathbf{u}_\phi + \dfrac{1}{\rho} \left[\dfrac{\partial}{\partial \rho} \left(\rho V_\phi \right) - \dfrac{\partial V_\rho}{\partial \phi} \right] \mathbf{u}_z = \\[3mm] = \dfrac{1}{r \operatorname{sen} \theta} \left[\dfrac{\partial}{\partial \theta} \left(\operatorname{sen} \theta\, V_\phi \right) - \dfrac{\partial V_\theta}{\partial \phi} \right] \mathbf{u}_r + \dfrac{1}{r} \left[\dfrac{1}{\operatorname{sen} \theta} \dfrac{\partial V_r}{\partial \phi} - \dfrac{\partial V_\theta}{\partial r} \left(r\, V_\phi \right) \right] \mathbf{u}_\theta + \\[3mm] + \dfrac{1}{r} \left[\dfrac{\partial}{\partial r} \left(r\, V_\theta \right) - \dfrac{\partial V_r}{\partial \theta} \right] \mathbf{u}_\phi \end{cases} \qquad \textbf{(7.18a)}$$

O rotacional pode também se encarado como sendo o produto vetorial do operador ∇ pelo vetor V, ou seja,

$$\text{rot } \mathbf{V} = \nabla \times \mathbf{V} \qquad \textbf{(7.18b)}$$

Este assunto será abordado novamente na seção 9.5.

7.3.5 - Operador de Laplace ou Laplaciano[8] (lap ou ∇^2)

São as seguintes as expressões deste operador nos sistemas usuais de coordenadas:

(a) Coordenadas Cartesianas Retangulares

$$\text{lap} \triangleq \frac{\partial^2}{\partial x^2} + \frac{\partial^2}{\partial y^2} + \frac{\partial^2}{\partial z^2} \qquad \textbf{(7.19a)}$$

(b) Coordenadas Cilíndricas Circulares

$$\text{lap} \triangleq \frac{1}{\rho} \frac{\partial}{\partial \rho} \left(\rho \frac{\partial}{\partial \rho} \right) + \frac{1}{\rho^2} \frac{\partial^2}{\partial \phi^2} + \frac{\partial^2}{\partial z^2} \qquad \textbf{(7.19b)}$$

(c) Coordenadas Esféricas

$$\text{lap} \triangleq \frac{1}{r^2} \frac{\partial}{\partial r} \left(r^2 \frac{\partial}{\partial r} \right) + \frac{1}{r^2 \operatorname{sen} \theta} \frac{\partial}{\partial \theta} \left(\operatorname{sen} \theta \frac{\partial}{\partial \theta} \right) + \frac{1}{r^2 \operatorname{sen}^2 \theta} \frac{\partial^2}{\partial \phi^2} \qquad \textbf{(7.19c)}$$

O operador laplaciano aplicado a um campo escalar representado pela função

$$\Phi = \Phi\left(x, y, z\right) = \Phi\left(\rho, \phi, z\right) = \Phi\left(r, \theta, \phi\right),$$

nos leva a um outro campo escalar, chamado laplaciano, da seguinte maneira:

---

[8] **Laplace [Pierre Simon de Laplace (1749-1827)]** - matemático francês que deu importante contribuição à Mecânica Celeste e à Teoria das Probabilidades.

$$\begin{cases} \text{lap } \Phi = \dfrac{\partial^2 \Phi}{\partial x^2} + \dfrac{\partial^2 \Phi}{\partial y^2} + \dfrac{\partial^2 \Phi}{\partial z^2} = \dfrac{1}{\rho}\dfrac{\partial}{\partial \rho}\left(\rho\dfrac{\partial \Phi}{\partial \rho}\right) + \dfrac{1}{\rho^2}\dfrac{\partial^2 \Phi}{\partial \phi^2} + \dfrac{\partial \Phi}{\partial z^2} = \\[4mm] = \dfrac{1}{r^2}\dfrac{\partial}{\partial r}\left(r^2\dfrac{\partial \Phi}{\partial r}\right) + \dfrac{1}{r^2 \operatorname{sen}\theta}\dfrac{\partial}{\partial \theta}\left(\operatorname{sen}\theta\dfrac{\partial \Phi}{\partial \theta}\right) + \dfrac{1}{r^2 \operatorname{sen}^2\theta}\dfrac{\partial^2 \Phi}{\partial \phi^2} \end{cases} \qquad \text{(7.20a)}$$

Face ao aspecto da operação laplaciano para as coordenadas cartesianas, o operador laplaciano pode ser encarado como sendo o quadrado escalar do operador ∇. Isto parece não ocorrer para os outros dois sistemas de coordenadas, porém o conceito também é válido, conforme será visto, mais adiante, na subseção 10.5.2.

$$\text{lap} \triangleq \nabla^2 = \nabla \cdot \nabla \qquad \text{(7.20b)}$$

Na verdade, conforme será abordado na subseção 9.11.2,

$$\text{lap} = \text{div}\left(\text{grad }\right) = \nabla \cdot \left(\nabla\ \right) \qquad \text{(7.20 c)}$$

Vale mencionar que, mais adiante, na seção 9.7 serão analisados também alguns operadores diferenciais especiais, tais como

$$\mathbf{A} \cdot \nabla = A_x\frac{\partial}{\partial x} + A_y\frac{\partial}{\partial y} + A_z\frac{\partial}{\partial z} \qquad \text{(7.21)}$$

e

$$\mathbf{A} \times \nabla = \begin{vmatrix} \mathbf{u}_x & \mathbf{u}_y & \mathbf{u}_z \\[2mm] A_x & A_y & A_z \\[2mm] \dfrac{\partial}{\partial x} & \dfrac{\partial}{\partial y} & \dfrac{\partial}{\partial z} \end{vmatrix} = \left(A_y\frac{\partial}{\partial z} - A_z\frac{\partial}{\partial y}\right)\mathbf{u}_x + \left(A_z\frac{\partial}{\partial x} - A_x\frac{\partial}{\partial z}\right)\mathbf{u}_y + \left(A_x\frac{\partial}{\partial y} - A_y\frac{\partial}{\partial x}\right)\mathbf{u}_z$$

$$\text{(7.22)}$$

QUESTÕES

7.1- O que são os operadores definidos anteriormente?

7.2- Quais as principais diferenças entre os operadores elementares e os operadores diferenciais?

RESPOSTAS DAS QUESTÕES

7.1- Os operadores são símbolos que aplicados a funções escalares ou vetoriais indicam, abreviadamente, as operações que devem ser realizadas em tais funções.

7.2- Os operadores elementares ou finitos são aplicados apenas a vetores, enquanto que os operadores diferenciais são aplicados tanto a vetores quanto a escalares. Um operador elementar ou finito não altera a natureza da grandeza a qual ele é aplica-do, pois transforma um vetor em outro vetor. Já para os operadores diferenciais, isto nem sempre ocorre. Exemplos:

— o operador gradiente transforma um escalar em um vetor;

338 **Cálculo e Análise Vetoriais com Aplicações Práticas**

— o operador divergente transforma um vetor em um escalar;

— o operador rotacional transforma um vetor em outro vetor.

— o operador laplaciano transforma um escalar em outro escalar.

PROBLEMAS

7.1- Dê uma rotação de $\pi/4\,\mathrm{rad}$, no sentido direto, ao vetor $4\,\mathbf{u}_x + \mathbf{u}_y$.

7.2- Dê uma rotação de $\pi/3\,\mathrm{rad}$, no sentido direto, ao vetor $\mathbf{u}_y$.

7.3- Calcule as seguintes expressões:

(a) $e^{j\frac{\pi}{6}}\left(3\,\mathbf{u}_x - \mathbf{u}_y\right)\cdot e^{j\frac{\pi}{6}}\left(\mathbf{u}_x + 2\,\mathbf{u}_y\right)$;

(b) $e^{j\frac{\pi}{4}}\left(2\,\mathbf{u}_x + \mathbf{u}_y\right)\cdot e^{j\frac{\pi}{3}}\left(3\,\mathbf{u}_x - \mathbf{u}_y\right)$;

(c) $e^{j\frac{\pi}{4}}\left(\mathbf{u}_x\right)\times e^{j\frac{\pi}{2}}\left(\mathbf{u}_y\right)$;

(d) $e^{j\frac{\pi}{2}}\left(\mathbf{u}_x + 3\,\mathbf{u}_y\right)\times e^{j\frac{\pi}{6}}\left(2\,\mathbf{u}_x - \mathbf{u}_y\right)$

7.4*- De que ângulo deve girar, no sentido direto, o vetor $2\,\mathbf{u}_x - \mathbf{u}_y$ para ter a direção e o sentido do vetor $-\mathbf{u}_x + 3\,\mathbf{u}_y$?

7.5- Mostre que o operador diferencial ∇ é um invariante sob as transformações de coordenadas cartesianas envolvendo translação e rotação.

RESPOSTAS DOS PROBLEMAS

7.1- $\dfrac{3\sqrt{2}}{2}\mathbf{u}_x + \dfrac{5\sqrt{2}}{2}\mathbf{u}_y$

7.2- $-\dfrac{\sqrt{3}}{2}\mathbf{u}_x + \dfrac{1}{2}\mathbf{u}_y$

7.3-

(a) 1 ; **(b)** $\dfrac{5\sqrt{6}}{2}$; **(c)** $-\dfrac{\sqrt{2}}{2}\mathbf{u}_z$; **(d)** $\dfrac{\sqrt{3}-7}{2}\mathbf{u}_z$

7.4- O vetor deve ser girado de um ângulo $\phi = 3\pi/4\,\mathrm{rad} = 135°$

CAPÍTULO 8

Integração de Funções Vetoriais e de Funções Escalares

8.1 - Integração Ordinária de Vetores

Seja $\mathbf{R}(u) = R_1(u)\mathbf{u}_x + R_2(u)\mathbf{u}_y + R_3(u)\mathbf{u}_z$ uma função vetorial que depende de uma única variável escalar u, sendo que $R_1(u), R_2(u)$ e $R_3(u)$ são supostas contínuas em um certo intervalo definido por $a \leq u \leq b$. Então, podemos expressar

$$\int \mathbf{R}(u)du = \left[\int R_1(u)du\right]\mathbf{u}_x + \left[\int R_2(u)du\right]\mathbf{u}_y + \left[\int R_3(u)du\right]\mathbf{u}_z \tag{8.1}$$

que é a integral indefinida de $\mathbf{R}(u)$. Caso exista um vetor $\mathbf{S}$ tal que

$$\mathbf{R}(u) = \frac{d}{du}\left[\mathbf{S}(u)\right], \tag{8.2}$$

teremos

$$\int \mathbf{R}(u)du = \int \frac{d}{du}\left[\mathbf{S}(u)\right]du = \mathbf{S}(u) + \mathbf{C} \tag{8.3}$$

em que $\mathbf{C}$ é um vetor constante, arbitrário, independente de u.

A integral definida de $\mathbf{R}(u)$ entre os limites $u = a$ e $u = b$ pode ser expressa por

$$\int_{u=a}^{u=b} \mathbf{R}(u)du = \left[\mathbf{S}(u) + \mathbf{C}\right]_{u=a}^{u=b} = \mathbf{S}(b) - \mathbf{S}(a) \tag{8.4}$$

Nota: esta última integral pode também ser definida como o limite de uma soma, de modo análogo ao preconizado pelo Cálculo Integral referido à funções escalares.

EXEMPLO 8.1

Sendo $\mathbf{R}(u) = (u - u^2)\mathbf{u}_x + 2u^3\mathbf{u}_y - 3\mathbf{u}_z$, determine:

(a) $\int \mathbf{R}(u)du$

(b) $\int_{u=1}^{u=2} \mathbf{R}(u)du$

340 **Cálculo e Análise Vetoriais com Aplicações Práticas**

SOLUÇÃO:

(a)

$$\int \mathbf{R}(u)du = \int \left[\left(u-u^2\right)\mathbf{u}_x + 2u^3\mathbf{u}_y - 3\mathbf{u}_z \right]du =$$

$$= \left[\int \left(u-u^2\right)du \right]\mathbf{u}_x + \left[\int 2u^3 du \right]\mathbf{u}_y + \left[\int \left(-3du\right) \right]\mathbf{u}_z =$$

$$= \left(\frac{u^2}{2} - \frac{u^3}{3} + C_1 \right)\mathbf{u}_x + \left(\frac{u^4}{2} + C_2 \right)\mathbf{u}_y + \left(-3u + C_3\right)\mathbf{u}_z =$$

$$= \left(\frac{u^2}{2} - \frac{u^3}{3} \right)\mathbf{u}_x + \frac{u^4}{2}\mathbf{u}_y - 3u\,\mathbf{u}_z + C_1\,\mathbf{u}_x + C_2\,\mathbf{u}_y + C_3\,\mathbf{u}_z =$$

$$= \left(\frac{u^2}{2} - \frac{u^3}{3} \right)\mathbf{u}_x + \frac{u^4}{2}\mathbf{u}_y - 3u\,\mathbf{u}_z + \mathbf{C}$$

em que

$$\mathbf{C} = C_1\,\mathbf{u}_x + C_2\,\mathbf{u}_y + C_3\,\mathbf{u}_z = \text{constante}$$

(b)

$$\int_{u=1}^{u=2} \mathbf{R}(u)du = \left[\left(\frac{u^2}{2} - \frac{u^3}{3} \right)\mathbf{u}_x + \frac{u^4}{2}\mathbf{u}_y - 3u\,\mathbf{u}_z + \mathbf{C} \right]_{u=1}^{u=2} =$$

$$= \left[\left(\frac{2^2}{2} - \frac{2^3}{3} \right)\mathbf{u}_x + \frac{2^4}{2}\mathbf{u}_y - 3(2)\mathbf{u}_z + \mathbf{C} \right] - \left[\left(\frac{1^2}{2} - \frac{1^3}{3} \right)\mathbf{u}_x + \frac{1^4}{2}\mathbf{u}_y - 3(1)\mathbf{u}_z + \mathbf{C} \right] =$$

$$= -\frac{5}{6}\mathbf{u}_x + \frac{15}{2}\mathbf{u}_y - 3\mathbf{u}_z$$

EXEMPLO 8.2

Se $d^2\mathbf{A}/dt^2 = 6t\,\mathbf{u}_x - 24t^2\mathbf{u}_y + 4\,\text{sen}\,t\,\mathbf{u}_z$, determine $\mathbf{A}$ sendo $\mathbf{A} = 2\,\mathbf{u}_x + \mathbf{u}_y$ e $d\mathbf{A}/dt = -\mathbf{u}_x - 3\,\mathbf{u}_z$ em $t = 0$.

SOLUÇÃO:

Integrando uma vez a expressão dada, obtemos

$$\frac{d\mathbf{A}}{dt} = \int \frac{d^2\mathbf{A}}{dt^2}dt = \int \left(6t\,\mathbf{u}_x - 24t^2\mathbf{u}_y + 4\,\text{sen}\,t\,\mathbf{u}_z \right)dt$$

Assim sendo, segue-se

$$\frac{d\mathbf{A}}{dt} = 3t^2\mathbf{u}_x - 8t^3\mathbf{u}_y - 4\cos t\ \mathbf{u}_z + \mathbf{C}_1$$

Impondo a condição

$$\frac{d\mathbf{A}}{dt} = -\mathbf{u}_x - 3\,\mathbf{u}_z$$

em $t = 0$, ficamos com

$$-4\,\mathbf{u}_z + \mathbf{C}_1 = -\mathbf{u}_x - 3\,\mathbf{u}_z \to \mathbf{C}_1 = -\mathbf{u}_x + \mathbf{u}_z$$

Substituindo na expressão que nos fornece $d\mathbf{A}/dt$, temos

$$\frac{d\mathbf{A}}{dt} = \left(3t^2 - 1\right)\mathbf{u}_x - 8t^3\mathbf{u}_y + \left(1 - 4\cos t\right)\mathbf{u}_z$$

Uma nova integração em relação ao tempo nos conduz ao vetor

$$\mathbf{A} = \int \frac{d\mathbf{A}}{dt}\,dt = \int\left[\left(3t^2 - 1\right)\mathbf{u}_x - 8t^3\mathbf{u}_y + \left(1 - 4\cos t\right)\mathbf{u}_z\right]dt =$$

$$= \left(t^3 - t\right)\mathbf{u}_x - 2t^4\mathbf{u}_y + \left(t - 4\operatorname{sen} t\right)\mathbf{u}_z + \mathbf{C}_2$$

Empregando a outra condição inicial, $\mathbf{A} = 2\,\mathbf{u}_x + \mathbf{u}_y$ em $t = 0$, vem

$$\mathbf{C}_2 = 2\,\mathbf{u}_x + \mathbf{u}_y$$

Finalmente, chegamos à função vetorial desejada

$$\mathbf{A} = \left(t^3 - t + 2\right)\mathbf{u}_x + \left(1 - 2t^4\right)\mathbf{u}_y + \left(t - 4\operatorname{sen} t\right)\mathbf{u}_z$$

EXEMPLO 8.3*

A aceleração de uma partícula para $t \geq 0$ é dada por $a = \dfrac{d\mathbf{v}}{dt} = 12\cos 2t\ \mathbf{u}_x - 8\operatorname{sen} 2t\ \mathbf{u}_y + 16t\ \mathbf{u}_z$. Sabendo-se que a velocidade $\mathbf{v}$ e a posição $\mathbf{r}$ são nulas para $t = 0$, determine $\mathbf{v}$ e $\mathbf{r}$ em um instante qualquer.

SOLUÇÃO:

Integrando a aceleração em relação ao tempo, temos

$$\mathbf{v} = \int a\,dt = \int\left(12\cos 2t\ \mathbf{u}_x - 8\operatorname{sen} 2t\ \mathbf{u}_y + 16t\ \mathbf{u}_z\right)dt = 6\operatorname{sen} 2t\ \mathbf{u}_x + 4\cos 2t\ \mathbf{u}_y + 8t^2\mathbf{u}_z + \mathbf{C}_1$$

Aplicando a condição inicial $\mathbf{v} = 0$ em $t = 0$, obtemos

$$4\,\mathbf{u}_y + \mathbf{C}_1 = 0 \;\rightarrow\; \mathbf{C}_1 = -4\,\mathbf{u}_y$$

Substituindo na expressão da velocidade, vem

$$\mathbf{v} = \frac{d\mathbf{r}}{dt} = 6\operatorname{sen}2t\,\mathbf{u}_x + \left(4\cos 2t - 4\right)\mathbf{u}_y + 8t^2\mathbf{u}_z$$

Integrando mais uma vez em relação ao tempo, segue-se

$$\mathbf{r} = \int \mathbf{v}\,dt = \int \left[6\operatorname{sen}2t\,\mathbf{u}_x + \left(4\cos 2t - 4\right)\mathbf{u}_y + 8t^2\mathbf{u}_z\right]dt =$$

$$= -3\cos 2t\,\mathbf{u}_x + \left(2\operatorname{sen}2t - 4t\right)\mathbf{u}_y + \frac{8}{3}t^3\mathbf{u}_z + \mathbf{C}_2$$

A outra condição inicial, $\mathbf{r} = 0$ em $t = 0$, nos conduz ao valor da constante $\mathbf{C}_2$:

$$-3\,\mathbf{u}_x + \mathbf{C}_2 = 0 \;\rightarrow\; \mathbf{C}_2 = 3\,\mathbf{u}_x$$

Substituindo na última expressão, obtemos

$$\mathbf{r} = \left(3 - 3\cos 2t\right)\mathbf{u}_x + \left(2\operatorname{sen}2t - 4t\right)\mathbf{u}_y + \frac{8}{3}t^3\mathbf{u}_z$$

EXEMPLO 8.4

Calcule $\displaystyle\int \mathbf{A} \times \frac{d^2\mathbf{A}}{dt^2}\,dt$.

SOLUÇÃO:

Pela expressão (6. 15),

$$\frac{d}{du}\left(\mathbf{A} \times \mathbf{B}\right) = \frac{d\mathbf{A}}{du} \times \mathbf{B} + \mathbf{A} \times \frac{d\mathbf{B}}{du}$$

podemos colocar

$$\frac{d}{dt}\left(\mathbf{A} \times \frac{d\mathbf{A}}{dt}\right) = \mathbf{A} \times \frac{d^2\mathbf{A}}{dt^2} + \underbrace{\frac{d\mathbf{A}}{dt} \times \frac{d\mathbf{A}}{dt}}_{=\,0\ \text{(vetores colineares)}} = \mathbf{A} \times \frac{d^2\mathbf{A}}{dt^2}$$

Isto nos permite estabelecer, a menos da constante de integração, a igualdade

$$\int \mathbf{A} \times \frac{d^2\mathbf{A}}{dt^2}\, dt = \int \frac{d}{dt}\left(\mathbf{A} \times \frac{d\mathbf{A}}{dt}\right)$$

Finalmente, temos

$$\int \mathbf{A} \times \frac{d^2\mathbf{A}}{dt^2}\, dt = \mathbf{A} \times \frac{d\mathbf{A}}{dt} + \mathbf{C} \qquad (8.5)$$

EXEMPLO 8.5*

A equação do movimento de uma partícula P com massa m, sob ação de um campo de forças do tipo central, é dada por

$$m\frac{d^2\mathbf{r}}{dt^2} = F(r)\mathbf{u}_r$$

na qual $\mathbf{r}$ é o vetor posição de P em relação a uma origem O, $\mathbf{u}_r$ é o vetor unitário na direção e sentido de $\mathbf{r}$ e $F(r)$ é uma função da distância entre O e P.

(a) Mostre que $\mathbf{r} \times \dfrac{d\mathbf{r}}{dt} =$ vetor constante.

(b) Interprete fisicamente os casos em que $F(r) < 0$ e $F(r) > 0$.

(c) Interprete geometricamente o resultado do ítem (a).

(d) Descreva como se aplicam os resultados obtidos aos planetas do nosso Sistema Solar.

(e) Mostre que a trajetória de um planeta em torno do Sol é uma elipse, ocupando o Sol um dos focos.

SOLUÇÃO:

(a)

Multiplicando $\mathbf{r}$ vetorialmente por ambos os membros da equação dada, temos

$$\mathbf{r} \times \left(m\frac{d^2\mathbf{r}}{dt^2}\right) = \mathbf{r} \times \left[F(r)\mathbf{u}_r\right]$$

Uma vez que os vetores $\mathbf{r}$ e $\mathbf{u}_r$ são colineares, segue-se

$$m\, \mathbf{r} \times \frac{d^2\mathbf{r}}{dt^2} = F(r)\mathbf{r} \times \mathbf{u}_r = 0$$

Isto nos permite expressar

$$\mathbf{r} \times \frac{d^2\mathbf{r}}{dt^2} = 0$$

Entretanto, pela expressão (6.15),

$$\frac{d}{du}(\mathbf{A} \times \mathbf{B}) = \frac{d\mathbf{A}}{du} \times \mathbf{B} + \mathbf{A} \times \frac{d\mathbf{B}}{du}$$

podemos colocar

$$\frac{d}{dt}\left(\mathbf{r} \times \frac{d\mathbf{r}}{dt}\right) = \underbrace{\frac{d\mathbf{r}}{dt} \times \frac{d\mathbf{r}}{dt}}_{=0 \text{(vetores colineares)}} + \mathbf{r} \times \frac{d^2\mathbf{r}}{dt^2} = \mathbf{r} \times \frac{d^2\mathbf{r}}{dt^2} = 0$$

Assim sendo, temos

$$\mathbf{r} \times \frac{d\mathbf{r}}{dt} = \mathbf{C}$$

em que $\mathbf{C}$ é um vetor constante.

(b)

Se $F(r) < 0$, a aceleração $d^2\mathbf{r}/dt^2$ tem sentido oposto a $\mathbf{u}_r$; consequentemente, a força é dirigida para a origem O e a partícula está sempre sendo atraída para este ponto. Se $F(r) > 0$, a força diverge de O; por conseguinte, a partícula está sob ação de uma força repulsiva.

(c)

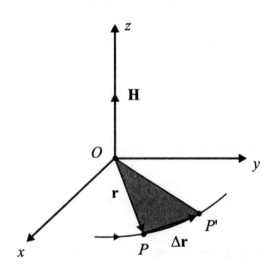

Fig. 8.1

Em um intervalo de tempo Δt a partícula se desloca de P para P'. A área varrida pelo vetor posição neste tempo, que se encontra hachurada na figura 8.1 é, aproximadamente, igual a metade da área do paralelogramo cujos lados são $\mathbf{r}$ e $\Delta \mathbf{r}$. Esta área é dada por

$$\frac{1}{2}\left|\mathbf{r} \times \Delta \mathbf{r}\right|$$

Logo, a área varrida pelo vetor posição na unidade de tempo é

$$\frac{1}{2}\left|\mathbf{r} \times \frac{\Delta \mathbf{r}}{\Delta t}\right|$$

Em decorrência, a taxa de variação instantânea da área é

$$\lim_{\Delta t \to 0} \frac{1}{2}\left|\mathbf{r} \times \frac{\Delta \mathbf{r}}{\Delta t}\right| = \frac{1}{2}\left|\mathbf{r} \times \frac{d\mathbf{r}}{dt}\right| = \frac{1}{2}\left|\mathbf{r} \times \mathbf{v}\right|$$

em que $\mathbf{v}$ é a velocidade instantânea da partícula.

A grandeza

$$\mathbf{H} = \frac{1}{2}\mathbf{r} \times \frac{d\mathbf{r}}{dt} = \frac{1}{2}\mathbf{r} \times \mathbf{v},$$

denomina-se **velocidade de área** ou **velocidade areolar**.

Assim sendo, podemos estabelecer

$$\text{Velocidade areolar} = \mathbf{H} = \frac{1}{2}\mathbf{r} \times \frac{d\mathbf{r}}{dt} = \frac{1}{2}\mathbf{r} \times \mathbf{v} = \text{constante} \qquad \textbf{(8.6)}$$

Pela definição de produto vetorial, o vetor $\mathbf{H}$ é perpendicular ao plano formado pelos vetores $\mathbf{r}$ e $\mathbf{v}$, e o movimento se realiza em um plano, que assumimos como sendo o plano xy na figura 8.1.

(d)

Um planeta é atraído pelo Sol de acordo com a lei de **Newton** da gravitação universal, a qual estabelece que dois corpos quaisquer de massas m e M, respectivamente, se atraem com uma força cuja intensidade é

$$F = G\frac{Mm}{r^2}$$

em que r é a distância entre eles e G é a constante de gravitação universal. Sejam m a massa de um planeta, M a massa do Sol e tomemos um sistema de eixos cuja origem esteja no Sol. Portanto, a equação do movimento do planeta, considerando desprezível a influência dos outros astros, é

$$m\frac{d^2\mathbf{r}}{dt^2} = -\frac{GMm}{r^2}\mathbf{u}_r$$

Dividindo membro a membro pela massa m, ficamos com

$$\frac{d^2\mathbf{r}}{dt^2} = -\frac{GM}{r^2}\mathbf{u}_r$$

(e)

Dos ítens (c) e (d), temos

$$\frac{d\mathbf{v}}{dt} = -\frac{GM}{r^2}\mathbf{u}_r \qquad \text{(i)}$$

e

$$\mathbf{r} \times \mathbf{v} = 2\mathbf{H} = \mathbf{h} \qquad \text{(ii)}$$

Uma vez que

$$\mathbf{r} = r\,\mathbf{u}_r$$

temos

$$\mathbf{v} = \frac{d\mathbf{r}}{dt} = \frac{dr}{dt}\mathbf{u}_r + r\frac{d\mathbf{u}_r}{dt}$$

Isto nos permite expressar

$$\mathbf{h} = \mathbf{r} \times \mathbf{v} = r\,\mathbf{u}_r \times \left(\frac{dr}{dt}\mathbf{u}_r + r\frac{d\mathbf{u}_r}{dt}\right) = r\frac{dr}{dt}\underbrace{\mathbf{u}_r \times \mathbf{u}_r}_{=\,0\,(\text{vetores colineares})} + r^2\mathbf{u}_r \times \frac{d\mathbf{u}_r}{dt} = r^2\mathbf{u}_r \times \frac{d\mathbf{u}_r}{dt}$$

Assim sendo, podemos colocar

$$\mathbf{h} = r^2\mathbf{u}_r \times \frac{d\mathbf{u}_r}{dt} \qquad \text{(iii)}$$

Pela expressão (i), segue-se

$$\frac{d\mathbf{v}}{dt} \times \mathbf{h} = -\frac{GM}{r^2}\mathbf{u}_r \times \mathbf{h} = -\frac{GM}{r^2}\mathbf{u}_r \times \left(r^2\mathbf{u}_r \times \frac{d\mathbf{u}_r}{dt}\right) = -GM\mathbf{u}_r \times \left(\mathbf{u}_r \times \frac{d\mathbf{u}_r}{dt}\right) \qquad \text{(iv)}$$

O triplo produto vetorial da última expressão pode ser trabalhado com a expressão (2.60), que é a regra do termo central ou fórmula de expulsão,

$$\mathbf{A} \times (\mathbf{B} \times \mathbf{C}) = (\mathbf{A} \cdot \mathbf{C})\mathbf{B} - (\mathbf{A} \cdot \mathbf{B})\mathbf{C}$$

Ficamos, então, com

$$\mathbf{u}_r \times \left(\mathbf{u}_r \times \frac{d\mathbf{u}_r}{dt} \right) = \underbrace{\left(\mathbf{u}_r \cdot \frac{d\mathbf{u}_r}{dt} \right)}_{= 0 \, (\text{vide exemplo } 6.6)} \mathbf{u}_r - \underbrace{(\mathbf{u}_r \cdot \mathbf{u}_r)}_{=1} \frac{d\mathbf{u}_r}{dt} = -\frac{d\mathbf{u}_r}{dt}$$

Substituindo na expressão (iv), obtemos

$$\frac{d\mathbf{v}}{dt} \times \mathbf{h} = GM \frac{d\mathbf{u}_r}{dt}$$

Entretanto, sendo $\mathbf{h}$ um vetor constante, decorre

$$\frac{d}{dt}(\mathbf{v} \times \mathbf{h}) = \frac{d\mathbf{v}}{dt} \times \mathbf{h} + \mathbf{v} \times \underbrace{\frac{d\mathbf{h}}{dt}}_{=0} = \frac{d\mathbf{v}}{dt} \times \mathbf{h}$$

Isto nos conduz à expressão

$$\frac{d}{dt}(\mathbf{v} \times \mathbf{h}) = GM \frac{d\mathbf{u}_r}{dt}$$

Passando às diferenciais, temos

$$d(\mathbf{v} \times \mathbf{h}) = GM \, d\mathbf{u}_r$$

Integrando, segue-se

$$\mathbf{v} \times \mathbf{h} = GM \, \mathbf{u}_r + \mathbf{C}$$

em que $\mathbf{C}$ é um vetor constante arbitrário.

Multiplicando escalarmente ambos os membros desta última igualdade pelo vetor posição $\mathbf{r}$, obtemos

$$\mathbf{r} \cdot (\mathbf{v} \times \mathbf{h}) = GM \, \mathbf{u}_r \cdot \mathbf{r} + \mathbf{C} \cdot \mathbf{r} = GMr + Cr \cos \phi \qquad \textbf{(v)}$$

na qual ϕ é o angulo entre $\mathbf{C}$ e $\mathbf{r}$.

Empregando a expressão (2.58),

$$(\mathbf{A} \times \mathbf{B}) \cdot \mathbf{C} = \mathbf{A} \cdot (\mathbf{B} \times \mathbf{C}) = (\mathbf{A}, \mathbf{B}, \mathbf{C}) = (\mathbf{B}, \mathbf{C}, \mathbf{A}) =$$
$$= (\mathbf{C}, \mathbf{A}, \mathbf{B}) = -(\mathbf{A}, \mathbf{C}, \mathbf{B}) = -(\mathbf{C}, \mathbf{B}, \mathbf{A}) = -(\mathbf{B}, \mathbf{A}, \mathbf{C})$$

conhecida como **regra de permutação do produto misto,** vem

$$\mathbf{r} \cdot (\mathbf{v} \times \mathbf{h}) = \underbrace{(\mathbf{r} \times \mathbf{v})}_{=\mathbf{h} \, [\text{expressão (ii)}]} \cdot \mathbf{h} = \mathbf{h} \cdot \mathbf{h} = h^2 \qquad \textbf{(vi)}$$

Finalmente, substituindo (vi) em (v), ficamos com

$$h^2 = GMr + Cr \cos \phi$$

Explicitando em r, obtemos

$$r = \frac{h^2}{GM + C \cos \phi} = \frac{\dfrac{h^2}{GM}}{1 + \dfrac{C}{GM} \cos \phi}$$

A Geometria Analítica nos informa que a equação polar de uma cônica com foco F na origem, excentricidade ε e lactus rectum (corda focal mínima) $2p$, é dada por[1]

$$r = \frac{p}{1 + \varepsilon \cos \phi}$$

Comparando esta equação com a deduzida acima verificamos que a órbita em questão é uma cônica cuja excentricidade é

$$\varepsilon = \frac{C}{GM}$$

e a metade da **lactus rectum** ou **corda focal mínima** é

$$p = \frac{h^2}{GM}$$

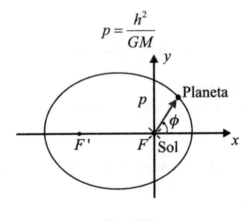

Fig. 8.2

A órbita é uma elipse, uma parábola ou uma hipérbole conforme ε seja, respectivamente, menor, igual ou maior que o valor 1. Uma vez que as órbitas dos planetas são curvas fechadas, elas devem ser elipses.

---

[1] Se fosse o outro foco que estivesse situado na origem, a equação seria: $r = \dfrac{p}{1 - \varepsilon \cos \phi}$ (vide expressões An. 5.16a e An. 5.16b, do anexo 5).

8.2 - Integrais de Linha, de Superfície e de Volume

8.2.1 - Generalidades

Integrais nas formas $\int_C \mathbf{V} \cdot d\mathbf{l}, \int_C \mathbf{V} \times d\mathbf{l}$ e $\int_C \Phi \, d\mathbf{l}$ são chamadas integrais de linha, e C representa o percurso, trajetória ou caminho de integração.

Integrais do tipo $\iint_S \mathbf{V} \cdot d\mathbf{S}, \iint_S \mathbf{V} \times d\mathbf{S}$ e $\iint_S \Phi \, d\mathbf{S}$ são ditas integrais de superfície.

Integrais tais como $\iiint_v \mathbf{V} \, dv$ e $\iiint_v \Phi \, dv$ são denominadas integrais de volume.

A experiência nos mostrou que é mais proveitoso os métodos de cálculo de tais integrais serem detalhados por ocasião da solução de exercícios. Assim sendo, vamos apresentar os diversos tipos e, após os mesmos, sempre que possível, ilustrar com exercícios. Iniciaremos com a abordagem das integrais de linha do tipo $\int_C \mathbf{V} \cdot d\mathbf{l}$ e o conceito de circulação de um campo vetorial. A seguir, trataremos das outras integrais de linha. Antes de passarmos às integrais de superfície propriamente ditas, vamos tratar de alguns itens relativos não só a esse tipo de operação como também a vários tópicos subsequentes do nosso curso. Tais assuntos são: representação vetorial de uma superfície, ângulo plano e ângulo sólido. Nas integrais de superfície vamos ressaltar o conceito de fluxo de um campo vetorial. Por fim, abordaremos as integrais de volume.

8.2.2 - Integrais de Linha e Circulação de um Campo Vetorial

Sejam $\mathbf{V}$ e Φ funções vetoriais e escalares, respectivamente, e C uma trajetória orientada, para a qual temos em um ponto genérico o vetor diferencial $d\mathbf{l}$ tangente à mesma em cada ponto. Conforme já mencionado, temos três tipos de integrais de linha, a saber

$$\int_C \mathbf{V} \cdot d\mathbf{l} \tag{8.7a}$$

$$\int_C \mathbf{V} \times d\mathbf{l} \tag{8.8}$$

$$\int_C \Phi \, d\mathbf{l} \tag{8.9}$$

O tipo mais usual é a integral de linha do campo vetorial $\mathbf{V}$ apresentado na expressão (8.7a), cuja interpretação física aparece na parte (a) da figura 8.3. Tal operação é, normalmente, representada pela letra gama maiúscula (Γ) e temos

$$\Gamma_{P_1 P_2} = \int_{\substack{P_1 \\ C}}^{P_2} \mathbf{V} \cdot d\mathbf{l} \tag{8.7}$$

Vamos, agora, analisar alguns casos particulares:

- 1º) Se a função vetorial **V** representar uma força **F**, a integral de linha será o trabalho realizado pela força entre os pontos P_1 e P_2, ou seja, $\Gamma_{P_1P_2} = W_{P_1P_2}$, conforme já mencionado na subseção 2.6.5 (vide figura 2.35 e expressão 2.36a).

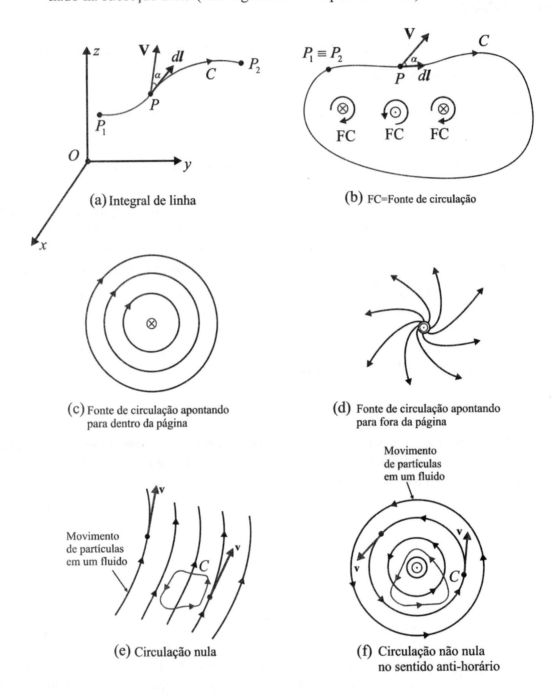

Fig. 8.3

- 2º) O campo vetorial **V** é constante – obviamente em módulo, direção e sentido, pois trata-se de uma grandeza vetorial, o que implica no ângulo α também ser constante – e o deslocamento é retilíneo, a expressão (8.7b) pode ser colocada sob a seguinte forma:

$$\Gamma_{P_1P_2} = \int_{P_1}^{P_2} \mathbf{V} \cdot d\mathbf{l} = \int_{P_1}^{P_2} |\mathbf{V}| \cos\alpha \, |d\mathbf{l}| = \int_{P_1}^{P_2} V \cos\alpha \, dl$$

Uma vez que V e α são constantes, podem ser passados para fora da integral, resultando

$$\Gamma_{P_1P_2} = V \cos\alpha \int_{P_1}^{P_2} dl$$

em que a integral de todos os elementos diferenciais é igual ao módulo do deslocamento $\mathbf{d}$, o que acarreta

$$\Gamma_{P_1P_2} = V\,d\cos\alpha = \mathbf{V}\cdot\mathbf{d} \tag{8.7c}$$

- **3°)** Se inserido no que já foi abordado no segundo caso, ainda tivermos $\alpha = 0$, então, $\cos\alpha = 1$ e a expressão (8.7c) assume a forma

$$\Gamma_{P_1P_2} = V\,d \tag{8.7d}$$

- **4°)** Se ao invés de $\alpha = 0$, tivermos $\alpha = 90°$, então, $\cos\alpha = 0$ e a nossa expressão (8.7c) fica sendo

$$\Gamma_{P_1P_2} = 0 \tag{8.7e}$$

- **5°)** Para $\alpha = 180°$, temos $\cos\alpha = -1$, o que implica

$$\Gamma_{P_1P_2} = -V\,d \tag{8.7f}$$

Se a integral de linha for efetuada ao longo de um caminho fechado $(P_1 \equiv P_2)$[2], conforme mostrado na parte (b) da figura 8.3, a operação denomina-se **circuitação** ou **circulação**[3], cuja representação é

$$\Gamma = \oint_C \mathbf{V}\cdot d\mathbf{l} \tag{8.10}$$

em que o símbolo $\oint_C$ denota que a integração é efetuada ao longo de um caminho fechado.

Mais uma vez, devemos mencionar que a existência de um campo vetorial está, normalmente, associada à existência de fontes, mesmo que sejam de caráter puramente matemático, e que tais fontes podem ser de fluxo ou de circulação. Se no interior do caminho fechado não há **nenhuma fonte resultante** (soma de todas as fontes) de circulação do campo **V**, então a circulação do mesmo ao longo do caminho fechado C é **nula**. **Se a resultante de todas as fontes de circulação tiver o mes-**

---

[2] O símbolo ($\equiv$) significa que os pontos P_1 e P_2 são coincidentes.

[3] Embora a segunda denominação seja a mais usual nos livros, a primeira é a mais correta, pois, nem sempre, o caminho de integração tem formato circular.

mo sentido de giro que a orientação de C, a circulação é positiva. **Caso contrário, ela é negativa.**

A maneira mais simples de visualizar uma fonte de circulação é no caso do movimento de um líquido em que existe um redemoinho. Naquele ponto, temos uma fonte de circulação ou de vórtice, conforme na parte (c) da figura 8.3.

A integral de linha vetorial goza das mesmas propriedades da integral definida:

$$1^a) \quad \int_{P_1 P_2 P_3} \mathbf{V} \cdot d\mathbf{l} = \int_{P_1}^{P_2} \mathbf{V} \cdot d\mathbf{l} + \int_{P_2}^{P_3} \mathbf{V} \cdot d\mathbf{l} \tag{8.11}$$

$$2^a) \quad \int_{P_1}^{P_2} \mathbf{V} \cdot d\mathbf{l} = -\int_{P_2}^{P_1} \mathbf{V} \cdot d\mathbf{l} \tag{8.12}$$

$$3^a) \quad \int_{P_1}^{P_2} (\mathbf{V}_1 + \mathbf{V}_2) \cdot d\mathbf{l} = \int_{P_1}^{P_2} \mathbf{V}_1 \cdot d\mathbf{l} + \int_{P_1}^{P_2} \mathbf{V}_2 \cdot d\mathbf{l} \tag{8.13}$$

$$4^a) \quad \int_{P_1}^{P_2} \lambda \mathbf{V} \cdot d\mathbf{l} = \lambda \int_{P_1}^{P_2} \mathbf{V} \cdot d\mathbf{l}, \forall \lambda = \text{constante} \tag{8.14}$$

A propriedade (8.13) pode ser extendida a um número qualquer de vetores. Seja então o vetor resultante

$$\mathbf{V} = \mathbf{V}_1 + \mathbf{V}_2 + ... + \mathbf{V}_i + ... + \mathbf{V}_n$$

o que implica

$$5^a) \quad \Gamma_{P_1 P_2} = \int_{P_1}^{P_2} \mathbf{V} \cdot d\mathbf{l} = \sum_{i=1}^{n} \int_{P_1}^{P_2} \mathbf{V}_i \cdot d\mathbf{l} = \sum_{i=1}^{n} \Gamma_i \text{, sendo } \mathbf{V} = \sum_{i=1}^{n} \mathbf{V}_i \tag{8.15}$$

Em palavras: **A integral de linha do campo vetorial resultante é a soma das integrais de linha dos campos resultantes.** A mesma tese se aplica à circulação do campo,

$$6^a) \quad \Gamma_{C_1} + \Gamma_{C_2} = \Gamma_{C_{12}}, \text{ sendo } C_1 \text{ e } C_2 \text{ adjacentes} \tag{8.16}$$

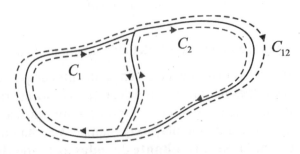

Fig. 8.4

Sejam C_1 e C_2 dois caminhos de integração tendo em comum um trecho C. Por eliminição deste último, os caminhos C_1 e C_2 constituem o caminho fechado C_{12}, conforme ilustrado na figura 8.4. Sejam Γ_1 a circulação de $\mathbf{V}$ em C_1 e Γ_2 a circulação de $\mathbf{V}$ em C_2. Uma vez que os caminhos C_1

Integração de Funções Vetoriais e de Funções Escalares 353

e C_2 têm sentidos opostos em C, ao somarmos as circulações em C_1 e C_2, anulam-se mutuamente as parcelas correspondentes a C, resultando a circulação no caminho envolvente C_{12}. Em palavras: **A soma das circulações em caminhos adjacentes é igual à circulação no caminho envolvente.**

Nota: na subseção 10.7.3 será visto que se o campo $\mathbf{V}$ for irrotacional ($\mathrm{rot}\,\mathbf{V} = \nabla \times \mathbf{V} = 0$), a integral de linha entre dois pontos P_1 e P_2 vai independer do caminho de integração.

EXEMPLO 8.6

Sendo $\mathbf{V} = \left(3x^2 + 6y\right)\mathbf{u}_x - 14yz\,\mathbf{u}_y + 20xz^2\mathbf{u}_z$, efetue $\int_{P_1}^{P_2} \mathbf{V} \cdot d\mathbf{l}$ de $P_1\left(0,0,0\right)$ até $P_2\left(1,1,1\right)$, ao longo dos seguintes caminhos de integração:

(a) $x = \lambda, y = \lambda^2, z = \lambda^3$;

(b) os segmentos de retas de $\left(0,0,0\right)$ até $\left(1,0,0\right)$, depois até $\left(1,1,0\right)$ e, finalmente, até $\left(1,1,1\right)$;

(c) o segmento de reta que une os pontos $\left(0,0,0\right)$ e $\left(1,1,1\right)$.

SOLUÇÃO:

Um vetor diferencial de comprimento, em coordenadas cartesianas retangulares, nos é dado pela expressão (3.14b),

$$d\mathbf{l} = dx\,\mathbf{u}_x + dy\,\mathbf{u}_y + dz\,\mathbf{u}_z$$

Assim sendo, temos

$$\int_C \mathbf{V} \cdot d\mathbf{l} = \int_C \left[\left(3x^2 + 6y\right)\mathbf{u}_x - 14yz\,\mathbf{u}_y + 20xz^2\mathbf{u}_z\right] \cdot \left(dx\,\mathbf{u}_x + dy\,\mathbf{u}_y + dz\,\mathbf{u}_z\right) =$$

$$= \int_C \left[\left(3x^2 + 6y\right)dx - 14yz\,dy + 20xz^2dz\right]$$

(a)

- Primeiro método:

Sendo $x = \lambda, y = \lambda^2, z = \lambda^3$, os pontos $\left(0,0,0\right)$ e $\left(1,1,1\right)$ correspondem a $\lambda = 0$ e $\lambda = 1$, respectivamente. Então, segue-se

$$\int_C \mathbf{V} \cdot d\mathbf{l} = \int_{\lambda=0}^{\lambda=1} \left[\left(3\lambda^2 + 6\lambda^2\right)d\lambda - 14\left(\lambda^2\right)\left(\lambda^3\right)d\left(\lambda^2\right) + 20\left(\lambda\right)\left(\lambda^3\right)^2 d\left(\lambda^3\right)\right] =$$

$$= \int_{\lambda=0}^{\lambda=1} \left[9\,\lambda^2 d\lambda - 28\,\lambda^6 d\lambda + 60\,\lambda^9 d\lambda\right] = \int_{\lambda=0}^{\lambda=1} \left[9\,\lambda^2 - 28\,\lambda^6 + 60\,\lambda^9\right]d\lambda =$$

$$=\left[3\,\lambda^3-4\,\lambda^7+6\,\lambda^{10}\right]_{\lambda=0}^{\lambda=1}=5$$

- Segundo método:

O vetor **V** assume a forma

$$\mathbf{V}=9\lambda^2\mathbf{u}_x-14\lambda^5\mathbf{u}_y+20\lambda^7\mathbf{u}_z$$

e o vetor posição fica sendo

$$\mathbf{r}=x\,\mathbf{u}_x+y\,\mathbf{u}_y+z\,\mathbf{u}_z=\lambda\,\mathbf{u}_x+\lambda^2\mathbf{u}_y+\lambda^3\mathbf{u}_z$$

Sendo $dl=d\mathbf{r}$, conforme na figura 6.8, temos

$$dl=d\lambda\left(\mathbf{u}_x+2\lambda\,\mathbf{u}_y+3\lambda^2\mathbf{u}_z\right)$$

e, em consequência,

$$\int_C\mathbf{V}\cdot dl=\int_{\lambda=0}^{\lambda=1}\left(9\lambda^2\mathbf{u}_x-14\lambda^5\mathbf{u}_y+20\lambda^7\mathbf{u}_z\right)\cdot\left[d\lambda\left(\mathbf{u}_x+2\lambda\mathbf{u}_y+3\lambda^2\mathbf{u}_z\right)\right]=$$

$$=\left[3\,\lambda^3-4\,\lambda^7+6\,\lambda^{10}\right]_{\lambda=0}^{\lambda=1}=5$$

(b)

Ao longo da reta ligando $(0,0,0)$ a $(1,0,0)$, temos

$$\begin{cases}0\leq x\leq 1\\ y=0\rightarrow dy=0\\ z=0\rightarrow dz=0\end{cases}$$

Assim sendo, a integral de linha assume a forma

$$\int_{C_1}\mathbf{V}\cdot dl_1=\int_{x=0}^{x=1}\left\{3x^2+6(0)\right]dx-14(0)(0)(0)+20x(0)^2(0)\right\}=\int_{x=0}^{x=1}3x^2dx=\left[x^3\right]_{x=0}^{x=1}=1$$

Ao longo da reta ligando $(1,0,0)$ a $(1,1,0)$, decorre

$$\begin{cases}x=1\rightarrow dx=0\\ 0\leq y\leq 1\\ z=0\rightarrow dz=0\end{cases}$$

Deste modo, a integral de linha ao longo deste caminho é

$$\int_{C_2} \mathbf{V} \cdot d\mathbf{l}_2 = \int_{y=0}^{y=1} \left\{ \left[3(1)^2 + 6y \right](0) - 14y(0)dy + 20(1)(0)^2(0) \right\} = 0$$

Finalmente, para o último caminho, que é a reta ligando $(1,1,0)$ a $(1,1,1)$, segue-se

$$\begin{cases} x = 1 \rightarrow dx = 0 \\ y = 1 \rightarrow dy = 0 \\ 0 \le z \le 1 \end{cases}$$

A integral assume a forma

$$\int_{C_3} \mathbf{V} \cdot d\mathbf{l}_3 = \int_{z=0}^{z=1} \left\{ \left[3(1)^2 + 6(1)(0) \right] - 14(1)z(0) + 20(1)z^2 dz \right\} = \int_{z=0}^{z=1} 20z^2 dz = \left[\frac{20z^3}{3} \right]_{z=0}^{z=1} = \frac{20}{3}$$

Pela propriedade traduzida pela expressão (8.11), concluímos

$$\int_C \mathbf{V} \cdot d\mathbf{l} = \int_{C_1} \mathbf{V} \cdot d\mathbf{l}_1 + \int_{C_2} \mathbf{V} \cdot d\mathbf{l}_2 + \int_{C_3} \mathbf{V} \cdot d\mathbf{l}_3 = 1 + 0 + \frac{20}{3} = \frac{23}{3}$$

(c)

No exemplo 3.4 deduzimos as equações paramétricas da reta que passa por dois pontos genéricos $P_1(x_1, y_1, z_1)$ e $P_2(x_2, y_2, z_2)$, quais sejam

$$\begin{cases} x = (1-\lambda)x_1 + \lambda x_2 \\ y = (1-\lambda)y_1 + \lambda y_2 \\ z = (1-\lambda)z_1 + \lambda z_2 \end{cases}$$

No presente caso, temos $P_1(0,0,0)$ e $P_2(1,1,1)$. Desse modo, as equações paramétricas são

$$\begin{cases} x = \lambda \\ y = \lambda \\ z = \lambda \end{cases}$$

e a integral de linha assume a forma

$$\int_C \mathbf{V} \cdot d\mathbf{l} = \int_{\lambda=0}^{\lambda=1} \left[\left(3\lambda^2 + 6\lambda \right)d\lambda - 14(\lambda)(\lambda)d\lambda + 20(\lambda)(\lambda^2)d\lambda \right] =$$

$$= \int_{\lambda=0}^{\lambda=1} \left(3\lambda^2 + 6\lambda - 14\lambda^2 + 20\lambda^3 \right)d\lambda = \int_{\lambda=0}^{\lambda=1} \left(6\lambda - 11\lambda^2 + 20\lambda^3 \right)d\lambda = \frac{13}{3}$$

EXEMPLO 8.7*

Calcule a circulação do campo vetorial $\mathbf{V} = x\,\mathbf{u}_x + x^2 y\,\mathbf{u}_y + xy^2\mathbf{u}_z$ ao longo dos caminhos de integração ilustrados na figura 8.5.

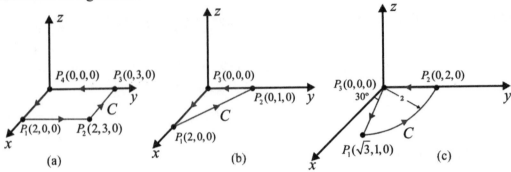

Fig. 8.5

SOLUÇÃO:

Em coordenadas cartesianas, o vetor deslocamento diferencial é dado por

$$dl = dx\,\mathbf{u}_x + dy\,\mathbf{u}_y + dz\,\mathbf{u}_z$$

Uma vez que os caminhos de integração pertencem ao plano $z = 0$, temos $dz = 0$. Isto nos permite expressar

$$dl = dx\,\mathbf{u}_x + dy\,\mathbf{u}_y$$

Temos então

$$\oint_C \mathbf{V} \cdot dl = \oint_C \left(x\,dx + x^2 y\,dy \right)$$

(a)

- Trecho $P_1 \to P_2$: segmento de reta $x = 2$

$$\begin{cases} x = 2 \to dx = 0 \\ 0 \leq y \leq 3 \end{cases}$$

e a integral de linha assume a forma

$$\int_{P_1}^{P_2} \left[2(0) + (2)^2 y\,dy \right] = \int_{y=0}^{y=3} 4y\,dy = 4\left[\frac{y^2}{2} \right]_{y=0}^{y=3} = 18$$

- Trecho $P_2 \to P_3$: segmento de reta $y = 3$

$$\begin{cases} 0 \le x \le 2 \\ y = 3 \to dy = 0 \end{cases}$$

e ficamos com a integral de linha

$$\int_{P_2}^{P_3} \left[x \, dx + x^2 (3)(0) \right] = \int_{x=2}^{x=0} x \, dx = \left[\frac{x^2}{2} \right]_{x=2}^{x=0} = -2$$

- Trecho $P_3 \to P_4$: segmento de reta $x = 0$

$$\begin{cases} x = 0 \to dx = 0 \\ 0 \le y \le 3 \end{cases}$$

ficando a integral de linha

$$\int_{P_3}^{P_4} \left[(0)(0) + (0)^2 y \, dy \right] = 0$$

- Trecho $P_4 \to P_1$: segmento de reta $y = 0$

$$\begin{cases} 0 \le x \le 2 \\ y = 0 \to dy = 0 \end{cases}$$

implicando na integral de linha

$$\int_{P_4}^{P_1} \left[x \, dx + x^2 (0)(0) \right] = \int_{x=0}^{x=2} x \, dx = \left[\frac{x^2}{2} \right]_{x=0}^{x=2} = 2$$

Somando as parcelas, obtemos

$$\Gamma = \oint_C \mathbf{V} \cdot d\mathbf{l} = 18 - 2 + 0 + 2 = 18 \text{ unidades de circulação}$$

(b)

- Trecho $P_1 \to P_2$: segmento de reta que une os pontos $P_1(2,0,0)$ e $P_2(0,1,0)$

A Geometria Analítica nos fornece a equação de uma reta, do plano $z = 0$ (plano xy), que passa pelos pontos genéricos $P_1(x_1, y_1)$ e $P_2(x_2, y_2)$:

$$\frac{y - y_1}{x - x_1} = \frac{y_2 - y_1}{x_2 - x_1} \to \frac{y - 0}{x - 2} = \frac{1 - 0}{0 - 2} \to y = -\frac{x}{2} + 1$$

Assim sendo, temos

Cálculo e Análise Vetoriais com Aplicações Práticas

$$\begin{cases} 0 \le x \le 2 \\ y = -\dfrac{x}{2} + 1 \to dy = -\dfrac{dx}{2} \end{cases}$$

resultando

$$\int_{P_1}^{P_2} \left(x\, dx + x^2 y\, dy \right) = \int_{P_1}^{P_2} \left[x\, dx + x^2 \left(-\frac{x}{2} + 1 \right) \left(-\frac{dx}{2} \right) \right] = \int_{x=2}^{x=0} \left(x - \frac{x^2}{2} + \frac{x^3}{4} \right) dx =$$

$$= \left[\frac{x^2}{2} - \frac{x^3}{6} + \frac{x^4}{16} \right]_{x=2}^{x=0} = -\frac{5}{3}$$

- Trecho $P_2 \to P_3$: segmento de reta $x = 0$

$$\begin{cases} x = 0 \to dx = 0 \\ 0 \le y \le 1 \end{cases}$$

implicando

$$\int_{P_2}^{P_3} \left(x\, dx + x^2 y\, dy \right) = \int_{y=1}^{y=0} \left[(0)(0) + (0)^2\, y\, dy \right] = 0$$

- Trecho $P_3 \to P_1$: segmento de reta $y = 0$

$$\begin{cases} 0 \le x \le 2 \\ y = 0 \to dy = 0 \end{cases}$$

resultando

$$\int_{P_3}^{P_1} \left(x\, dx + x^2 y\, dy \right) = \int_{x=0}^{x=2} \left[x\, dx + x^2 (0)(0) \right] = \left[\frac{x^2}{2} \right]_{x=0}^{x=2} = 2$$

Somando as parcelas, obtemos

$$\Gamma = -\frac{5}{3} + 0 + 2 = \frac{1}{3} \text{ unidades de circulação}$$

(c)

- Trecho $P_1 \to P_2$: arco de circunferência $x^2 + y^2 = 4$

$$\begin{cases} x = 2\cos\phi \to dx = -2\,\text{sen}\,\phi\, d\phi \\ y = 2\,\text{sen}\,\phi \to dy = 2\cos\phi\, d\phi \\ \pi/6\,\text{rad} \le \phi \le \pi/2\,\text{rad} \end{cases}$$

decorrendo

$$\int_{P_1}^{P_2} \left(x\,dx + x^2 y\,dy \right) = \int_{P_1}^{P_2} \left[2\cos\phi\left(-2\,\text{sen}\,\phi\,d\phi \right) + \left(2\cos\phi \right)^2 \left(2\cos\phi\,d\phi \right) \right] =$$

$$= -4 \int_{\phi=\frac{\pi}{6}}^{\phi=\frac{\pi}{2}} \text{sen}\,\phi\cos\phi\,d\phi + 16 \int_{\phi=\frac{\pi}{6}}^{\phi=\frac{\pi}{2}} \cos^3\phi\,\text{sen}\,\phi\,d\phi =$$

$$= -4 \left[\frac{\text{sen}^2\phi}{2} \right]_{\phi=\frac{\pi}{6}}^{\phi=\frac{\pi}{2}} - 16 \left[\frac{\cos^4\phi}{4} \right]_{\phi=\frac{\pi}{6}}^{\phi=\frac{\pi}{2}} = \frac{3}{4}$$

- Trecho $P_2 \to P_3$: segmento de reta $x = 0$

$$\begin{cases} x = 0 \to dx = 0 \\ 0 \le y \le 2 \end{cases}$$

ocasionando

$$\int_{P_2}^{P_3} \left(x\,dx + x^2 y\,dy \right) = \int_{y=2}^{y=0} \left[(0)(0) + (0)^2 y\,dy \right] = 0$$

- Trecho $P_3 \to P_1$: segmento de reta que une os pontos $P_1(0,0,0)$ e $P_2(\sqrt{3},1,0)$

Mais uma vez a Geometria Analítica nos fornece a equação de uma reta, do plano $z = 0$, que passa pelos pontos genéricos $P_1(x_1, y_1, z_1)$ e $P_2(x_2, y_2, z_2)$:

$$\frac{y - y_1}{x - x_1} = \frac{y_2 - y_1}{x_2 - x_1} \to \frac{y - 0}{x - 0} = \frac{1 - 0}{\sqrt{3} - 0} \to y = \frac{\sqrt{3}}{3}x$$

Sendo

$$\begin{cases} 0 \le x \le \sqrt{3} \\ 0 \le y \le 1 \\ y = \left(\sqrt{3}/3 \right)x \to dy = \left(\sqrt{3}/3 \right)dx \end{cases}$$

ficamos com

$$\int_{P_3}^{P_1} \left(x\,dx + x^2 y\,dy \right) = \int_{P_3}^{P_1} \left[x\,dx + x^2 \left(\frac{\sqrt{3}}{3}x \right) \left(\frac{\sqrt{3}}{3}\,dx \right) \right] =$$

$$= \int_{x=0}^{x=\sqrt{3}} \left(x + \frac{x^3}{3} \right) dx = \left[\frac{x^2}{2} + \frac{x^4}{12} \right]_{x=0}^{x=\sqrt{3}} = \frac{9}{4}$$

Somando as parcelas, obtemos

$$\Gamma = \oint_C \mathbf{V} \cdot d\mathbf{l} = \frac{3}{4} + 0 + \frac{9}{4} = \frac{12}{4} = 3 \text{ unidades de circulação}$$

EXEMPLO 8.8*

Determine a circulação do campo vetorial $\mathbf{V} = 6r\,\text{sen}\,\phi\,\mathbf{u}_r + 18r\,\text{sen}\,\theta\cos\phi\,\mathbf{u}_\phi$ ao longo do caminho C tomado sobre a porção de calota esférica ilustrada na figura 8.6.

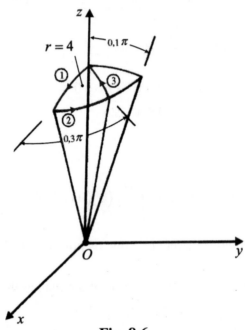

Fig. 8.6

SOLUÇÃO:

Em coordenadas esféricas, o deslocamento diferencial é dado por

$$d\mathbf{l} = dr\,\mathbf{u}_r + r\,d\theta\,\mathbf{u}_\theta + r\,\text{sen}\,\theta\,d\phi\,\mathbf{u}_\phi$$

Assim sendo, temos

$$\oint_C \mathbf{V} \cdot d\mathbf{l} = \oint_C \left(6r\,\text{sen}\,\phi\,dr + 18r^2\,\text{sen}^2\,\theta\cos\phi\,d\phi\right)$$

- Trecho C_1:

$$\begin{cases} r = 4 \rightarrow dr = 0 \\ 0 \leq \theta \leq 0{,}1\pi \\ \phi = 0 \rightarrow d\phi = 0 \end{cases}$$

resultando

$$\int_{C_1} \mathbf{V} \cdot d\mathbf{l} = \int_{C_1} \left[6(4)\text{sen}\,0(0) + 18(4)^2\,\text{sen}^2\,\theta\cos 0(0)\right] = 0$$

- Trecho C_2:

$$\begin{cases} r = 4 \to dr = 0 \\ \theta = 0,1\,\pi \to d\theta = 0 \\ 0 \le \phi \le 0,3\,\pi \end{cases}$$

implicando

$$\int_{C_2} \mathbf{V} \cdot d\mathbf{l} = \int_{C_2} \left[6(4)\operatorname{sen}\phi(0) + 18(4)^2 \operatorname{sen}^2(0,1\,\pi)\cos\phi\,d\phi \right] =$$

$$= 27,5 \int_{\phi=0}^{\phi=0,3\pi} \cos\phi\,d\phi = 27,5\operatorname{sen}(0,3\,\pi) = 22,2$$

- Trecho C_3:

$$\begin{cases} r = 4 \to dr = 0 \\ 0 \le \theta \le 0,1\,\pi \\ \phi = 0,3\,\pi \to d\phi = 0 \end{cases}$$

resultando

$$\int_{C_3} \mathbf{V} \cdot d\mathbf{l} = \int_{C_3} \left[6(4)\operatorname{sen}(0,3\,\pi)(0) + 18(4)^2 \operatorname{sen}^2\theta\cos(0,3\,\pi)(0) \right] = 0$$

Somando as parcelas, obtemos

$$\Gamma = \oint_C \mathbf{V} \cdot d\mathbf{l} = 0 + 22,2 + 0 = 22,2 \ \text{unidades de circulação}$$

EXEMPLO 8.9 *

Calcule $\oint_C \mathbf{V} \times d\mathbf{l}$ do campo vetorial $\mathbf{V} = \cos\phi\,\mathbf{u}_x + \operatorname{sen}\phi\,\mathbf{u}_y$ ao longo do círculo representado pelas equações $x^2 + y^2 = a^2$ e $z = 0$.

SOLUÇÃO:

A figura 8.7 nos ajuda a instituir as equações paramétricas do círculo C:

$$\begin{cases} x = a\cos\phi \\ y = a\operatorname{sen}\phi \\ z = 0 \end{cases}$$

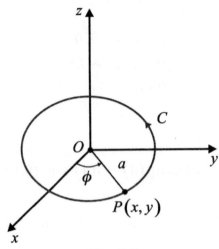

Fig. 8.7

em que $0 \leq \phi \leq 2\pi$. Por conseguinte, temos

$$\begin{cases} dx = -a\,\text{sen}\phi\,d\phi \\ dy = a\cos\phi\,d\phi \\ dz = 0 \end{cases}$$

o que nos permite expressar

$$d\mathbf{l} = dx\,\mathbf{u}_x + dy\,\mathbf{u}_y + dz\,\mathbf{u}_z = -a\,\text{sen}\phi\,d\phi\,\mathbf{u}_x + a\cos\phi\,d\phi\,\mathbf{u}_y$$

Temos, pois, o produto vetorial

$$\mathbf{V} \times d\mathbf{l} = \begin{vmatrix} \mathbf{u}_x & \mathbf{u}_y & \mathbf{u}_z \\ \cos\phi & \text{sen}\phi & 0 \\ -a\,\text{sen}\phi\,d\phi & a\cos\phi\,d\phi & 0 \end{vmatrix} = a\underbrace{\left(\cos^2\phi + \text{sen}^2\phi\right)}_{=1}d\phi\,\mathbf{u}_z = a\,d\phi\,\mathbf{u}_z$$

Finalmente, chegamos a

$$\oint_C \mathbf{V} \times d\mathbf{l} = \int_{\phi=0}^{\phi=2\pi} a\,d\phi\,\mathbf{u}_z = (2\pi a)\mathbf{u}_z$$

EXEMPLO 8.10*

Sendo $\Phi = xy$, calcule $\oint_C \Phi\,d\mathbf{l}$ de $(0,0,0)$ a $(1,1,0)$ ao longo

(a) da curva C_1 definida por $y = x^2$, $z = 0$;

(b) do segmento de reta C_2 que liga os pontos supracitados.

Integração de Funções Vetoriais e de Funções Escalares 363

SOLUÇÃO:

(a)

A representação paramétrica da curva C_1 é

$$\begin{cases} x = \lambda \\ y = \lambda^2 \\ z = 0 \end{cases}$$

em que $0 \leq \lambda \leq 1$. Em consequência, ao longo deste caminho, temos

$$\begin{cases} dx = d\lambda \\ dy = 2\lambda\, d\lambda \\ dz = 0 \end{cases}$$

o que nos conduz ao deslocamento diferencial

$$d\mathbf{l} = dx\,\mathbf{u}_x + dy\,\mathbf{u}_y + dz\,\mathbf{u}_z = d\lambda\,\mathbf{u}_x + 2\lambda\,d\lambda\,\mathbf{u}_y$$

Temos também

$$\Phi = xy = (\lambda)(\lambda^2) = \lambda^3$$

Finalmente, encontramos

$$\int_{C_1} \Phi\, d\mathbf{l} = \int_{\lambda=0}^{\lambda=1} \left[\lambda^3 \left(\mathbf{u}_x + 2\lambda\,\mathbf{u}_y \right) d\lambda \right] = \mathbf{u}_x \int_{\lambda=0}^{\lambda=1} \lambda^3\, d\lambda + \mathbf{u}_y \int_{\lambda=0}^{\lambda=1} 2\lambda^4\, d\lambda = \frac{1}{4}\mathbf{u}_x + \frac{2}{5}\mathbf{u}_y$$

(b)

O exemplo 3.4 nos fornece as equações paramétricas de uma reta que passa por dois pontos $P_1(x_1, y_1, z_1)$ e $P_2(x_2, y_2, z_2)$:

$$\begin{cases} x = (1-\lambda)x_1 + \lambda\, x_2 \\ y = (1-\lambda)\, y_1 + \lambda\, y_2 \\ z = (1-\lambda)\, z_1 + \lambda\, z_2 \end{cases}$$

Presentemente, $P_1(0,0,0)$ e $P_2(1,1,0)$, de modo que as equações paramétricas são

$$\begin{cases} x = \lambda \\ y = \lambda \\ z = 0 \end{cases}$$

em que $0 \leq \lambda \leq 1$. Em virtude disto, ao longo deste caminho, temos

364 **Cálculo e Análise Vetoriais com Aplicações Práticas**

$$\begin{cases} dx = d\lambda \\ dy = d\lambda \\ dz = 0 \end{cases}$$

o que implica

$$d\boldsymbol{l} = dx\,\mathbf{u}_x + dy\,\mathbf{u}_y + dz\,\mathbf{u}_z = d\lambda\,\mathbf{u}_x + d\lambda\,\mathbf{u}_y$$

e

$$\Phi = xy = \left(\lambda\right)\left(\lambda\right) = \lambda^2$$

Finalmente, temos

$$\int_{C_2} \Phi\,d\boldsymbol{l} = \int_{\lambda=0}^{\lambda=1}\left[\lambda^2\left(\mathbf{u}_x + \mathbf{u}_y\right)d\lambda\right] = \mathbf{u}_x\int_{\lambda=0}^{\lambda=1}\lambda^2 d\lambda + \mathbf{u}_y\int_{\lambda=0}^{\lambda=1}\lambda^2 d\lambda = \frac{1}{3}\mathbf{u}_x + \frac{1}{3}\mathbf{u}_y$$

8.2.3 - Integrais de Superfície, Representação Vetorial de uma Superfície, Ângulos e Fluxo de um Campo Vetorial

(a) Integrais de Superfície

Conforme já mencionado na subseção 8.2.1, sendo $\mathbf{V}$ e Φ, respectivamente, funções vetoriais e escalares, as integrais de superfície são dos tipos a seguir:

$$\iint_S \mathbf{V}\cdot d\mathbf{S} \tag{8.17}$$

$$\iint_S \mathbf{V}\times d\mathbf{S} \tag{8.18}$$

$$\iint_S \Phi\,d\mathbf{S} \tag{8.19}$$

$$\iint_S \Phi\,dS \tag{8.20}$$

A primeira forma é a mais usual e a operação denomina-se fluxo do campo vetorial $\mathbf{V}$ através da superfície S. Voltaremos a este assunto em (d). O vetor $d\mathbf{S}$ é um vetor diferencial de área da superfície S e isso será abordado logo a seguir. Cumpre também adiantar que, muitas vezes, uma transformação de coordenadas pode simplificar bastante as soluções das integrais, conforme veremos nos exemplos 8.15 e 8.18. Transformações envolvendo coordenadas cartesianas retangulares, coordenadas cilíndricas circulares e coordenadas esféricas, bem como expressões de superfícies nestes três sistemas já foram vistas no capítulo 3 deste nosso trabalho, de modo que não há nenhum problema em levar adiante tal processo. A mudança de coordenadas ou variáveis em uma integral de superfície é um processo lógico, que encontra uma justificativa teórica na subseção 11.12.1, quando as transformações são encaradas, de um modo mais geral, à luz do conceito de Jacobiano.

(b) Representação Vetorial de uma Superfície

(b.1) Superfície Aberta

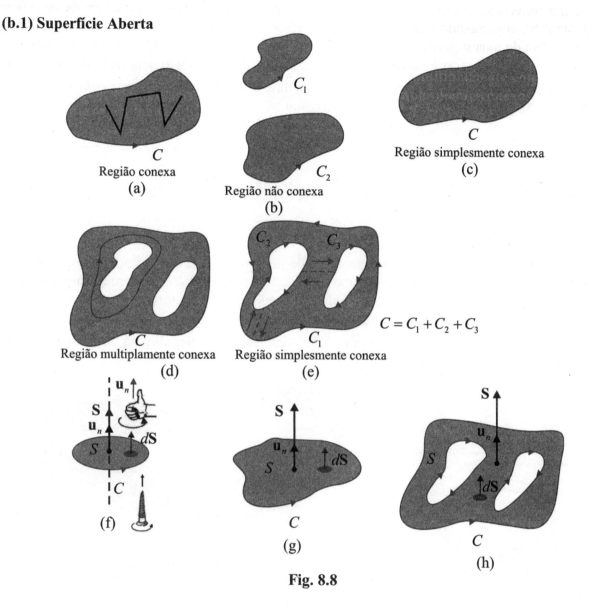

Fig. 8.8

Quando operamos com integrais de superfície nos restringimos apenas às superfícies de **duas faces**. Inicialmente, vamos considerar uma superfície plana, bem como um contorno orientado C, de sentido arbitrário. Denomina-se região a um conjunto de pontos de uma área plana, incluídos os do contorno. Uma **região** R é dita **conexa** ou **conectada** quando dois de seus pontos quaisquer podem ser unidos por uma linha poligonal nela inteiramente contida.

Uma região é **simplesmente conexa** se toda curva fechada, nela incluída, só tem no seu interior pontos da região, ou seja, se ela puder ser continuamente reduzida a um ponto em R. Caso contrário, é dita **multiplamente conexa**, conforme na parte (d) da figura 8.8, na qual a curva fechada C_1 que circunda um dos "buracos" não pode ser continuamente reduzida a um ponto sem deixar a região.

Unindo-se, convenientemente, os contornos de uma **região multiplamente conexa**, através de ligações ou conexões, podemos transformá-la numa **região simplesmente conexa**, conforme ilustrado na parte (e) da figura 8.8.

Em três tipos de integrais de superfície, aparece o vetor diferencial de área $d\mathbf{S}$. Vamos, então, apresentar a convenção a respeito deste vetor. Adotaremos por regra representar a área da superfície por um vetor $\mathbf{S}^4$, cujo módulo é igual à área da superfície e a direção é perpendicular à mesma. Uma vez que se trata de uma superfície de duas faces, o sentido do vetor fica indefinido e é conveniente definir um vetor $\mathbf{u}_n$, unitário e normal à superfície, sendo o sentido dado pela regra da mão direita ou pelo sentido de avanço de um parafuso de rosca à direita, sendo o giro coerente com a orientação do contorno C. Assim sendo, podemos então expressar

$$\mathbf{S} = S\,\mathbf{u}_n \qquad (8.21)$$

O vetor $d\mathbf{S}$, que representa uma diferencial de área da superfície, é dado por

$$d\mathbf{S} = dS\,\mathbf{u}_n \qquad (8.22)$$

Antes de prosseguirmos com as superfícies de duas faces e suas orientações vamos dar um exemplo de **superfície de uma face**. Tomemos uma tira de papel $ABCD$, conforme representada na parte (a) da figura 8.9. Liguemos as extremidades, dando antes uma torção, de modo que A e B caiam sobre D e C, respectivamente. Se $\mathbf{u}_n$ é o vetor unitário normal positivo no ponto P da superfície, verificamos que quando ele der uma volta completa sobre ela, chegará de volta em P com o sentido invertido.

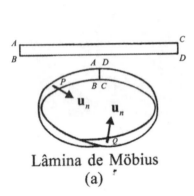
Lâmina de Möbius
(a)

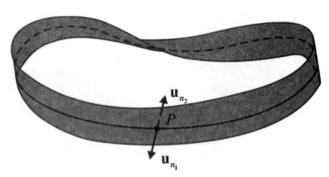
Após uma volta completa temos $\mathbf{u}_{n_2} = -\mathbf{u}_{n_1}$
(b)

Fig. 8.9

Notar que $\mathbf{u}_{n_2} = -\mathbf{u}_{n_1}$ no ponto P. Se tentarmos colorir somente a face interna ou somente a face externa, toda a tira ficará colorida. Esta superfície é conhecida como **tira** ou **lâmina de Möbius**[5]. Às vezes ela é chamada de superfície não orientável, ao passo que uma superfície de duas faces é orientável.

Voltando ao vetor $\mathbf{S}$ das superfícies de duas faces, definido pela expressão (8.21), podemos afirmar que suas componentes têm significado geométrico bem simples. Suponhamos que o plano da superfície S forme um ângulo β com o plano xy da figura 8.10. A Geometria nos garante que a projeção de S sobre o plano xy é $S\cos\beta$.

---

[4] Existem autores que representam o vetor diferencial de área por $d\mathbf{A}$ e o vetor área por $\mathbf{A}$.
[5] Möbius [**August Carl Möbius (1790-1868)**] - matemático alemão que obteve importantes resultados na Teoria das Superfícies e na Geometria Projetiva.

Integração de Funções Vetoriais e de Funções Escalares   367

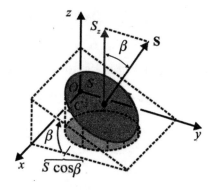

Fig. 8.10 - Projeção de uma superfície plana sobre um plano

Assim sendo, a componente z do vetor **S**, segundo as direções dos eixos coordenados, são iguais às projeções da superfície sobre os três planos coordenados.

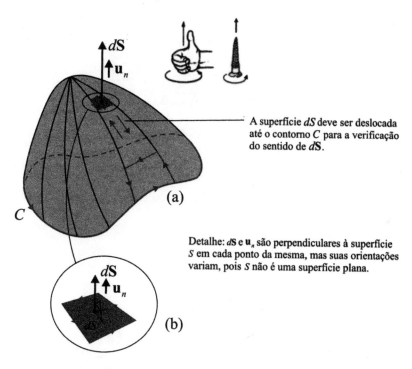

Fig. 8.11- Superfície S reversa apoiada em um contorno C.

Se a superfície não é plana, pode ser imaginada dividida em um grande número de superfícies diferenciais, conforme na figura 8.11, cada uma delas praticamente plana. Uma superfície diferencial qualquer dS está associada ao vetor $d\mathbf{S}$. Sendo $\mathbf{u}_n$ o vetor unitário normal à referida superfície S na região diferencial dS, podemos também estabelecer

$$d\mathbf{S} = dS\,\mathbf{u}_n \qquad (8.23)$$

A orientação do contorno da superfície diferencial dS associada ao vetor $d\mathbf{S}$, é compatível com a orientação do contorno C no qual se "apóia" a superfície S. Assim sendo, o vetor representativo da superfície côncava da figura 8.11 é

$$S = dS_1 + dS_2 + ... + dS_n = \iint_S dS \tag{8.24}$$

Neste caso, o módulo de **S** não é igual à área da superfície côncava, que é igual a $\iint_S dS$. Entretanto, os módulos de suas três componentes são iguais as áreas das projeções da superfície sobre os três planos coordenados.

Vamos, agora, analisar a projeção de uma área diferencial dS sobre um plano (π) genérico, conforme mostrado na figura 8.12.

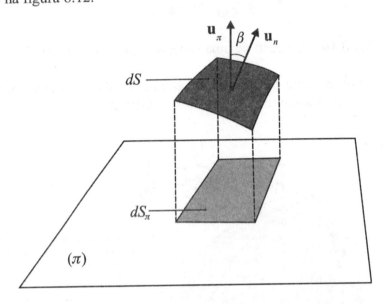

Fig. 8.12 - Projeção de uma área diferencial sobre um plano (π) qualquer.

A Geometria nos permite expressar

$$dS_\pi = \pm dS \cos \beta$$

em que $0 \leq \beta < \pi$ rad. O sinal (−) é para o caso de β ser obtuso, quer dizer,

$$\pi/2 \, \text{rad} \leq \beta < \pi \, \text{rad}$$

Podemos, também, utilizar o sinal de módulo, que implica eliminar o duplo sinal. Assim sendo, ficamos com

$$dS_\pi = dS \left| \cos \beta \right|$$

Sendo $\mathbf{u}_n$ e $\mathbf{u}_\pi$ vetores unitários, temos

$$\begin{cases} \mathbf{u}_\pi \cdot \mathbf{u}_n = \cos \beta \\ dS_\pi = dS \left| \mathbf{u}_\pi \cdot \mathbf{u}_n \right| \end{cases}$$

que é equivalente a

$$dS = \frac{dS_\pi}{|\mathbf{u}_\pi \cdot \mathbf{u}_n|} \qquad (8.25)$$

- **Caso particular:** o plano (π) é o plano xy

Neste caso, temos

$$\begin{cases} dS_\pi = dx\, dy \\ \mathbf{u}_\pi = \mathbf{u}_z \end{cases}$$

o que nos leva à expressão

$$dS = \frac{dx\, dy}{|\mathbf{u}_z \cdot \mathbf{u}_n|} \qquad (8.26)$$

(b-2) Superfície Fechada

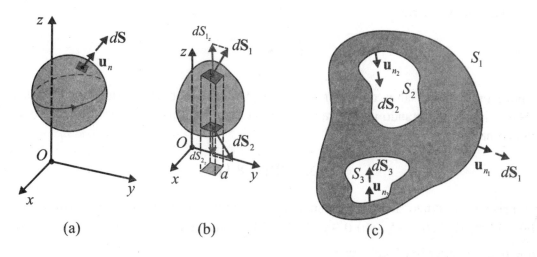

Fig. 8.13- Representação vetorial de uma superfície fechada.

Finalmente vamos nos ater às superfícies fechadas, que são aquelas que englobam um volume. Elas podem ser encaradas como a união de duas superfícies abertas, do tipo encurvado, apoiadas em um mesmo contorno C, conforme aparece parte (a) da figura 8.13. Os vetores $d\mathbf{S}_i$, por convenção, são normais à superfície em cada ponto e apontam para fora do volume encerrado, consoante a figura já citada.

Podemos sempre agrupar as superfícies diferenciais em pares, cujas projeções somadas dão resultado nulo. Por exemplo, na parte (b) da figura 8.13, as duas superfícies $d\mathbf{S}_1$ e $d\mathbf{S}_2$ têm a mesma projeção sobre o plano xy, mas em relação ao eixo z elas têm sinais contrários. Deste modo, temos

$$\begin{cases} dS_{1_z} = a \\ dS_{2_z} = -a \end{cases}$$

Somando todos os conjuntos desses pares, obtemos

$$S_z = \iint dS_z = 0$$

Desse modo, para uma superfície fechada qualquer, podemos instituir

$$\mathbf{S} = \oiint_S d\mathbf{S} = 0 \tag{8.27}$$

Uma outra maneira de se chegar à mesma conclusão, advém da utilização da expressão(10.2), que só será vista mais adiante. Em consequência, temos

$$\oiint_S \Phi \, d\mathbf{S} = \iiint_v \nabla\Phi \, dv$$

Fazendo $\Phi = 1$, ficamos com

$$\nabla\Phi = 0$$

o que nos conduz à expressão

$$\oiint_S d\mathbf{S} = 0$$

Cumpre também ressaltar que, por vezes, os volumes contêm cavidades. Nestes casos, os vetores $d\mathbf{S}$ continuam apontando para fora dos volumes, mesmo que seja para dentro das cavidades, e isto aparece na parte (c) da figura 8.13.

EXEMPLO 8.11

O prisma de cinco faces, representado na figura 8.14, tem seus vértices nos pontos $O(0,0,0), A(2,0,0), C(0,2,3), D(0,0,3)$ e $E(2,0,3)$. Determine o vetor superfície de cada face e mostre que o vetor superfície total é nulo.

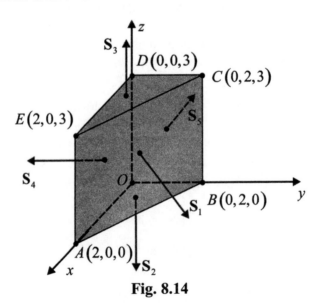

Fig. 8.14

SOLUÇÃO:

No capítulo 2 estabelecemos que, para dois vetores coplanares $\mathbf{A}$ e $\mathbf{B}$, pela expressão (2.42b), temos

$$S_{\text{paralelogramo}} = 2\, S_{\text{triângulo}} = \left| \mathbf{A} \times \mathbf{B} \right|$$

Isto nos permite expressar os vetores associados a cada uma das faces que compõem o prisma:

- vetor $\mathbf{S}_1$:

$$\mathbf{S}_1 = \mathbf{AB} \times \mathbf{AE}$$

em que

$$\begin{cases} \mathbf{AB} = -2\,\mathbf{u}_x + 2\,\mathbf{u}_y \\ \mathbf{AE} = 3\,\mathbf{u}_z \end{cases}$$

Logo, temos

$$\mathbf{S}_1 = \mathbf{AB} \times \mathbf{AE} = \begin{vmatrix} \mathbf{u}_x & \mathbf{u}_y & \mathbf{u}_z \\ -2 & 2 & 0 \\ 0 & 0 & 3 \end{vmatrix} \rightarrow \mathbf{S}_1 = 6\,\mathbf{u}_x + 6\,\mathbf{u}_y$$

- vetor $\mathbf{S}_2$:

$$\mathbf{S}_2 = \frac{1}{2}\left(\mathbf{OB} \times \mathbf{OA}\right)$$

sendo

$$\begin{cases} \mathbf{OA} = 2\,\mathbf{u}_x \\ \mathbf{OB} = 2\,\mathbf{u}_y \end{cases}$$

temos

$$\mathbf{S}_2 = -2\,\mathbf{u}_z$$

- vetor $\mathbf{S}_3$:

$$\mathbf{S}_3 = \frac{1}{2}\left(\mathbf{DE} \times \mathbf{DC}\right)$$

para o qual

$$\begin{cases} \mathbf{DE} = 2\,\mathbf{u}_x \\ \mathbf{DC} = 2\,\mathbf{u}_y \end{cases}$$

implicando
$$S_3 = 2\,u_z$$

- vetor S_4:
$$S_4 = OA \times OD$$

no qual
$$\begin{cases} OA = 2\,u_x \\ OD = 3\,u_z \end{cases}$$

logo, ficamos com
$$S_4 = -6\,u_y$$

- vetor S_5:
$$S_5 = OD \times OB$$

para o qual
$$\begin{cases} OD = 3\,u_z \\ OB = 2\,u_y \end{cases}$$

o que nos leva ao vetor
$$S_5 = -6\,u_x$$

Somando as parcelas, segue-se
$$S = S_1 + S_2 + S_3 + S_4 + S_5 = 6\,u_x + 6\,u_y - 2\,u_z + 2\,u_z - 6\,u_y - 6\,u_x = 0$$

(c) Ângulos

(c.1) Ângulo Plano

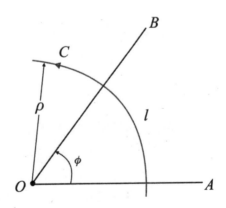

Fig. 8.15

Um ângulo plano é um conjunto de pontos de um plano situados entre duas semirretas que o definem e concorrem em um ponto, denominado vértice do ângulo. Na figura 8.15, ϕ é o ângulo, O é o seu vértice e $\overline{OA}$ e $\overline{OB}$ são as semirretas que o definem.

O valor do ângulo em radianos (abreviado rad) é obtido traçando-se uma circunferência de raio arbitrário ρ e centro em O e aplicando-se a relação

$$\phi = \frac{l}{\rho} \tag{8.28a}$$

na qual l é o comprimento do arco delimitado pelo ângulo sôbre a circunferência. De outra forma, podemos também expressar

$$l = \rho \, \phi \tag{8.28b}$$

Uma vez que o perímetro de uma circunferência de raio ρ é igual a $2\pi\rho$, o ângulo plano formado em torno de um ponto é igual a

$$\frac{2\pi\rho}{\rho} = 2\pi \text{ rad}$$

Um ângulo plano igual a 1 rad é aquele que subtende um arco de circunferência de comprimento igual ao raio da mesma.

Por outro lado, a semicircunferência mede $\pi\rho$, o que nos leva a conluir que um ângulo raso é igual a

$$\frac{\pi\rho}{\rho} = \pi \text{ rad}$$

Semelhantemente, um ângulo reto, que subtende um arco que é 1/4 do comprimento da circunferência, é igual a 90°.

As duas unidades mais usuais para se medir ângulos planos são o radiano e o grau. A primeira delas, já apresentada, é a mais importante para a Física e para a Matemática. Na convenção do grau, a circunferência foi, arbitrariamente, dividida em 360 graus (°). Então, o ângulo 2π rad é equivalente a 360° e temos as relações

$$1° = \frac{\pi}{180} \text{ rad} \cong 0,017453 \text{ rad} \tag{8.29a}$$

$$1 \text{ rad} = \frac{180°}{\pi} \cong 57°17'44,9'' \tag{8.29b}$$

A figura 8.16 ilustra alguns ângulos planos notáveis nos dois sistemas mais usuais.

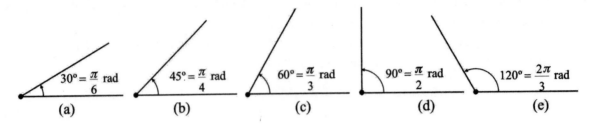

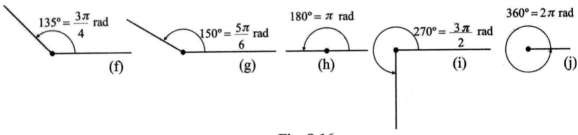

Fig. 8.16

Quando o ângulo plano é pequeno, de acordo com a parte (a) da figura 8.17, o comprimento do arco l torna-se dl, não sendo mais necessário o emprego de um arco de círculo, que pode ser substituído, por exemplo, por um pequeno segmento de reta perpendicular ao segmento $\overline{OP}$, tal que

$$d\phi = \frac{dl}{\rho} \qquad (8.30a)$$

ou de outra forma,

$$dl = \rho\, d\phi \qquad (8.30b)$$

Utilizando-se coordenadas polares[6], temos também

$$d\mathbf{l} = \rho\, d\phi\, \mathbf{u}_\phi \qquad (8.30c)$$

No caso mais geral, o arco diferencial não é um arco de circunferência e $d\mathbf{l}$ não é perpendicular à direção $\overline{OP}$, formando este vetor um ângulo α ($0 \leq \alpha \leq 180°$) com a direção da tangente. O vetor em questão pode ser decomposto em componentes dl_ρ e dl_ϕ, de tal forma que

$$\begin{cases} dl_\rho = d\rho \\ dl_\phi = dl \cos\alpha = d\mathbf{l} \cdot \mathbf{u}_\phi \end{cases}$$

Assim sendo, podemos expressar

---

[6] Coordenadas cilíndricas circulares no plano xy (plano $z = 0$).

$$d\phi = \frac{dl_\phi}{\rho} = \frac{dl\cos\alpha}{\rho} = \frac{d\boldsymbol{l}\cdot\mathbf{u}_\phi}{\rho} \quad (8.31\text{a})$$

e

$$d\boldsymbol{l} = d\rho\,\mathbf{u}_\rho + \rho\,d\phi\,\mathbf{u}_\phi \quad (8.31\text{b})$$

Ângulos planos diferenciais

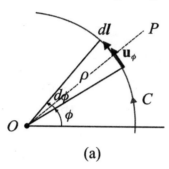

(a)

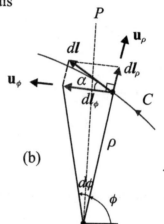

(b)

Ângulos planos iguais   Ângulos planos simétricos

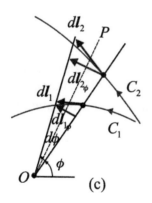

(c)

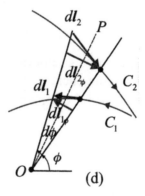

(d)

Fig. 8.17

Nota: o comprimento positivo de $d\boldsymbol{l}$ é aquele que está do lado do vetor unitário $\mathbf{u}_\phi$. Assim, o ângulo $d\phi$ será positivo se, de O, se vir $d\boldsymbol{l}$ do mesmo lado que $\mathbf{u}_\phi$, já que o sentido positivo de ϕ é o mesmo de $\mathbf{u}_\phi$. Dentro deste aspecto temos, nas partes (c) e (d) da figura 8.17, respectivamente, ângulos diferenciais iguais e simétricos.

Seguindo nossa explanação, vamos determinar o ângulo plano ϕ pelo qual, de um ponto genérico O, vê-se uma curva fechada C de forma qualquer, lembrando que as orientações dos arcos diferenciais estão em acordância com a orientação da curva.

- Ponto exterior à curva C:

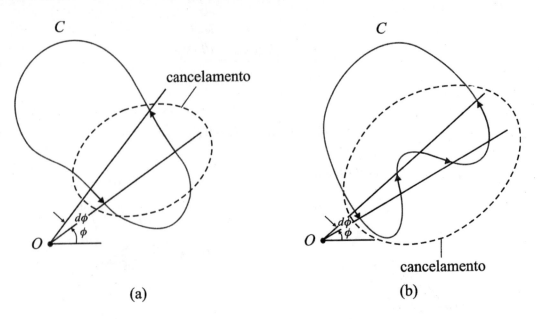

Fig. 8.18

Os ângulos planos se cancelam dois a dois, de modo que, para a curva C completa, podemos exprimir

$$\oint_C d\phi = 0 \tag{8.32}$$

- Ponto interior à curva C:

Se o ponto O é interior à curva C, podemos envolvê-lo com uma circunferência auxiliar C' e observar que existe uma correspondência biunívoca entre os arcos diferenciais dl da curva C e os arcos dl' de C'. Assim sendo, vemos C e C', a partir de O, segundo o mesmo ângulo diferencial $d\phi$.

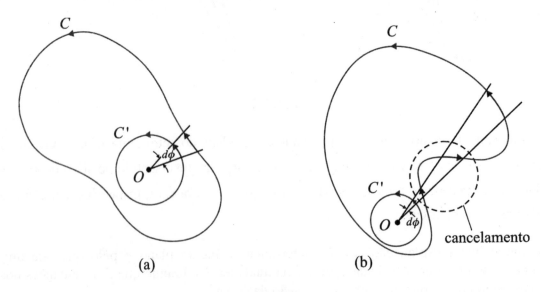

Fig. 8.19

Sendo

$$\oint_{C'} d\phi = 2\pi \text{ rad}$$

segue-se

$$\oint_{C} d\phi = 2\pi \text{ rad} \tag{8.33}$$

- Ponto sobre a curva C:

Se pelo ponto O passar uma reta tangente à curva, o ângulo plano será o ângulo raso, igual a

$$\phi = \frac{\text{comprimento da semicircunferência}}{\rho} = \frac{\pi \rho}{\rho} = \pi \text{ rad}$$

de modo que o ângulo, neste caso, é dado por

$$\oint_{C} d\phi = \pi \text{ rad} \tag{8.34}$$

(c.2) Ângulo Sólido

Um ângulo sólido é um conjunto de pontos do espaço interiores a uma superfície piramidal ou a uma superfície cônica[7], cujo vértice é denominado vértice do ângulo. Seu valor expresso em esferorradianos[8] (abreviado sr) é obtido traçando-se com raio arbitrário r e centro em O uma superfície esférica e aplicando-se a relação

$$\Omega = \frac{S}{r^2} \tag{8.35a}$$

na qual S é área delimitada pelo ângulo sólido sobre a esfera. De outra forma, podemos também expressar

$$S = r^2 \Omega \tag{8.35b}$$

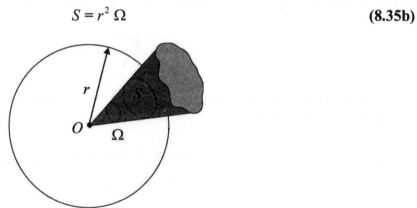

Fig. 8.20

---

[7] A Geometria nos informa que uma superfície cônica pode ser encarada com uma superfície piramidal em que o número de faces tende ao infinito.

[8] Também chamado de esterradianos, principalmente em Portugal.

Tendo em vista que a área de uma esfera de raio r é igual a $4\pi r^2$, o ângulo sólido formado em torno de um ponto é

$$\frac{4\pi r^2}{r^2} = 4\pi \text{ sr}$$

Um ângulo sólido igual a 1sr é aquele que subtende na esfera uma área igual ao quadrado do raio da mesma.

Se pelo ponto O passar um plano, o ângulo sólido é dado por

$$\Omega = \frac{\text{área da semi-esfera}}{r^2} = \frac{2\pi r^2}{r^2} = 2\pi \text{ sr}$$

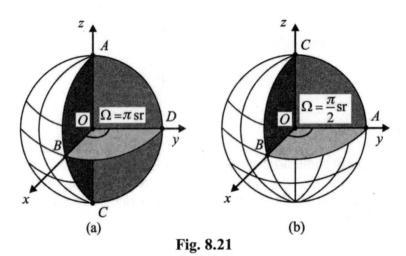

Fig. 8.21

Vejamos, então, alguns ângulos sólidos notáveis. Seja a cunha esférica $ABCDOA$ da parte (a) da figura 8.21, cuja aresta é AOC e o ângulo diedro $\widehat{BOD} = 90°$. Note-se que a área esférica da cunha é a área do fuso correspondente, de latitude 90°, isto é, a quarta parte da área da esfera

$$\frac{4\pi r^2}{4} = \pi r^2$$

Assim sendo, o ângulo sólido da cunha em questão, que é o ângulo sólido determinado por O no 1° e 8° octantes, é dado por

$$\Omega = \frac{\text{área do fuso de 90°}}{r^2} = \frac{\pi r^2}{r^2} = \pi \text{ sr}$$

Seja agora o triedro trirretângulo de vértice O e base esférica ABC, ilustrado na parte (b) da figura 8.21. Tal sólido é uma cunha esférica cuja latitude é 90° e cuja superfície esférica é meio fuso de 90°. Daí, temos

$$\Omega = \frac{\text{área do fuso de 90°}}{r^2} = \frac{\frac{\pi r^2}{2}}{r^2} = \frac{\pi}{2} \text{ sr}$$

O mesmo resultado é obtido notando-se que a área da esfera delimitada no 1º octante é a oitava parte da área da esfera. Consequentemente, segue-se

$$\Omega = \frac{\frac{1}{8}(4\pi r^2)}{r^2} = \frac{\pi}{2} \text{sr}$$

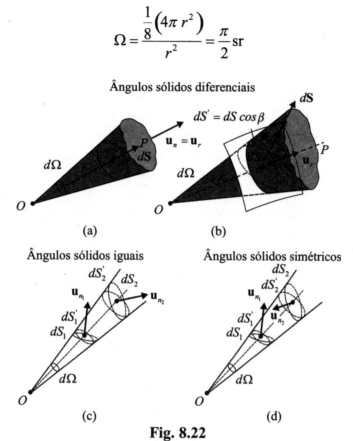

Fig. 8.22

Quando o ângulo sólido é pequeno, conforme na parte (a) da figura 8.22, a área da superfície S torna-se dS, não sendo mais necessário o uso de uma calota esférica, que pode ser substituída, por exemplo, por uma superfície plana perpendicular ao segmento $\overline{OP}$, de modo que

$$d\Omega = \frac{dS}{r^2} \tag{8.36a}$$

que também pode ser colocada na forma

$$dS = r^2 d\Omega \tag{8.36b}$$

Utilizando o unitário radial $\mathbf{u}_r$, temos também

$$d\mathbf{S} = dS\, \mathbf{u}_n = r^2 d\Omega\, \mathbf{u}_n = r^2 d\Omega\, \mathbf{u}_r \tag{8.36c}$$

No caso mais geral, a superfície dS não é perpendicular ao segmento $\overline{OP}$ e o vetor unitário normal $\mathbf{u}_n$ forma um ângulo β ($0 \le \beta \le 180°$) com $\overline{OP}$. Neste caso, é necessário projetar dS sobre um plano perpendicular ao segmento $\overline{OP}$, o que nos conduz a uma área cuja expressão é

$$dS' = dS \cos \beta$$

Assim sendo, podemos estabelecer

$$d\Omega = \frac{dS'}{r^2} = \frac{dS \cos \beta}{r^2} = \frac{d\mathbf{S} \cdot \mathbf{u}_r}{r^2} = \frac{d\mathbf{S} \cdot \mathbf{r}}{r^3} \qquad (8.37)$$

expressão essa que vai ser utilizada mais adiante em nosso curso.

Nota: a face positiva de dS é a que está voltada para o vetor unitário $\mathbf{u}_n$. Assim sendo, $d\Omega$ será positivo se, de O, se vir a face negativa de dS. Dentro deste tema, nas partes (c) e (d) da figura 8.22, temos, respectivamente, ângulos sólidos iguais e ângulos sólidos simétricos.

Continuando nossa apresentação, vamos determinar o ângulo sólido Ω pelo qual, de um ponto genérico O, vê-se uma superfície fechada S, de forma qualquer, na qual as orientações das áreas diferenciais são normais à superfície em cada ponto e apontando para fora do volume englobado pela mesma.

- Ponto exterior à superfície S:

Os ângulos sólidos se cancelam dois a dois, de tal forma que, para toda a superfície S, temos

$$\oiint_S d\Omega = 0 \qquad (8.38)$$

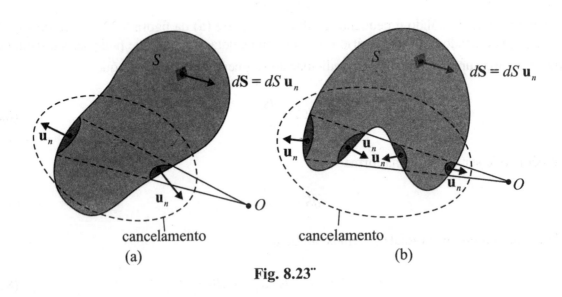

Fig. 8.23''

- Ponto interior à superfície S:

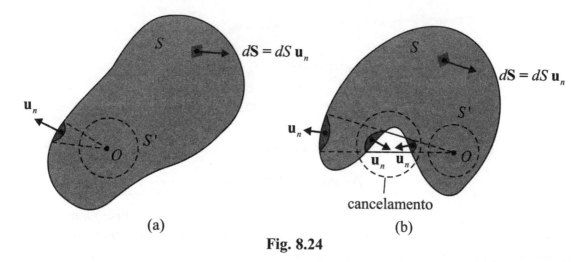

Fig. 8.24

Se O é interior à superfície S, podemos circundá-lo com uma esfera auxiliar S', e observar que existe uma correspondência biunívoca entre as áreas diferenciais dS da superfície S e dS' da esfera S'. Assim, vemos S e S' a partir de O, segundo o mesmo ângulo sólido diferencial $d\Omega$.

Sendo

$$\oiint_{S'} d\Omega = 4\pi \text{ sr}$$

temos

$$\oiint_{S} d\Omega = 4\pi \text{ sr} \tag{8.39}$$

- Ponto sobre a superfície S:

Já foi visto anteriormente que se pelo ponto O passar um plano, o ângulo sólido é dado por

$$\Omega = \frac{\text{área da semi-esfera}}{r^2} = \frac{2\pi r^2}{r^2} = 2\pi \text{ sr}$$

Assim sendo, imaginando um plano tangente à superfície no ponto O, temos que o ângulo sólido, neste caso, é

$$\oiint_{S} d\Omega = 2\pi \text{ sr} \tag{8.40}$$

EXEMPLO 8.12*

Demonstre que o ângulo sólido subtendido pela superfície de um cone de revolução, conforme indicado na figura 8.25, é dado por $2\pi(1-\cos\beta)$.

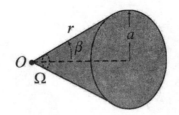

Fig. 8.25

DEMONSTRAÇÃO:

Uma vez que o ângulo sólido independe da superfície escolhida como base, vamos considerar a mesma como sendo uma calota esférica de centro em O e raio r. A superfície cônica determina sobre a esfera de raio r uma calota de área dada por

$$S = \int_0^\beta 2\pi r^2 \operatorname{sen}\theta \, d\theta = 2\pi r^2 (1-\cos\beta)$$

Todos os pontos da calota distam r do vértice do cone, de modo que, pela expressão (8.35a), podemos estabelecer

$$\Omega = \frac{S}{r^2} = \frac{2\pi r^2 (1-\cos\beta)}{r^2}$$

o que nos conduz à expressão

$$\Omega = 2\pi (1-\cos\beta) \tag{8.41}$$

(d) Fluxo de um Campo Vetorial

Conforme já mencionado na seção 5.1, a teoria dos campos foi desenvolvida em conexão com o estudo do movimento dos fluidos, tendo, portanto, o mesmo vocabulário associado. Originalmente o termo "fluxo" ou "vazão volumétrica"[9] nos indica o volume de um fluido que atravessa uma certa superfície de referência na unidade de tempo. A unidade desta grandeza no Sistema Internacional de Unidades (SI) é o metro cúbico por segundo (abrevia-se m^3/s).

Apenas para formar idéias, consideremos o escoamento de água em um determinado canal de irrigação e um sistema cartesiano retangular de referência, conforme ilustrado na figura 8.26. Para simplificar, vamos assumir que o movimento das partículas de água ocorra sempre na direção x, ou seja, estamos desconsiderando rodamoinhos (turbilhonamentos) e outras possíveis singularidades.

Seja, pois, v_x a componente x do vetor velocidade das partículas do fluido atravessando a área $dy \, dz$, a qual é perpendicular ao eixo x. Vamos interpretar, fisicamente, o produto da velocidade pela área que lhe é perpendicular, isto é,

$$v_x \, dy \, dz$$

---

[9] Existe também a vazão mássica, que é a massa de um fluido que atravessa uma superfície de referência na unidade de tempo, sendo igual ao produto da massa específica (ou densidade absoluta) pela vazão volumétrica. Vide expressões (10.96) e (10.97) do capítulo 10 desta publicação, bem como a seção 14.4 do volu-me II de nossa referência bibliográfica nº 61.

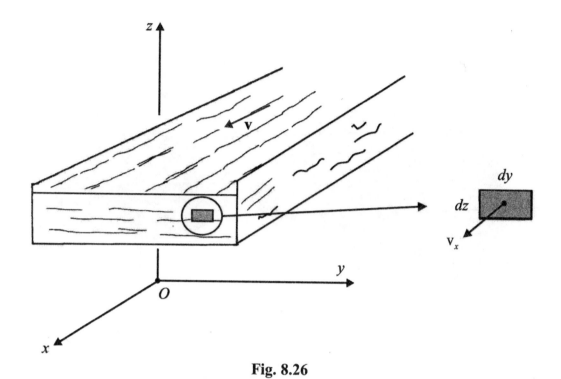

Fig. 8.26

Temos então

$$v_x \, dy \, dz = \frac{dx}{dt}(dy \, dz) = \frac{dx \, dy \, dz}{dt} = \frac{d(\text{volume})}{dt} = \frac{dv}{dt}$$

Percebemos tratar-se de uma variação de volume na unidade de tempo, cuja unidade no SI, conforme já mencionado, é m^3/s. **Em palavras: o produto da velocidade do fluido por uma área elementar que lhe é perpendicular, nos dá a variação de volume na unidade de tempo, ou fluxo elementar, como é normalmente chamado.**

Daí, sempre que multiplicamos a componente de um vetor, normal a uma área elementar, pela dada área, obtemos como resultado o fluxo elementar do vetor através daquela área. Na verdade, o termo "fluxo" só deveria ser usado quando o vetor fosse a velocidade de um fluido, porém, pelos motivos já explanados, a denominação passou a ser geral.

Seja, inicialmente, uma superfície aberta apoiada em um contorno C, conforme aparece na parte (a) da figura 8.27. O fluxo elementar do campo vetorial **V** através da superfície diferencial genérica representada pelo vetor $d\mathbf{S}$ é, então, dado por

$$d\Psi \triangleq V_n \, dS = |\mathbf{V}| \cos \beta \, |d\mathbf{S}| = \mathbf{V} \cdot d\mathbf{S} = \mathbf{V} \cdot \mathbf{u}_n \, dS$$

O fluxo de **V** através de toda a superfície S é obtido através da integração das parcelas elementares, isto é,

$$\Psi = \int d\Psi = \iint_S \mathbf{V} \cdot d\mathbf{S} = \iint_S \mathbf{V} \cdot \mathbf{u}_n \, dS \qquad (8.42a)$$

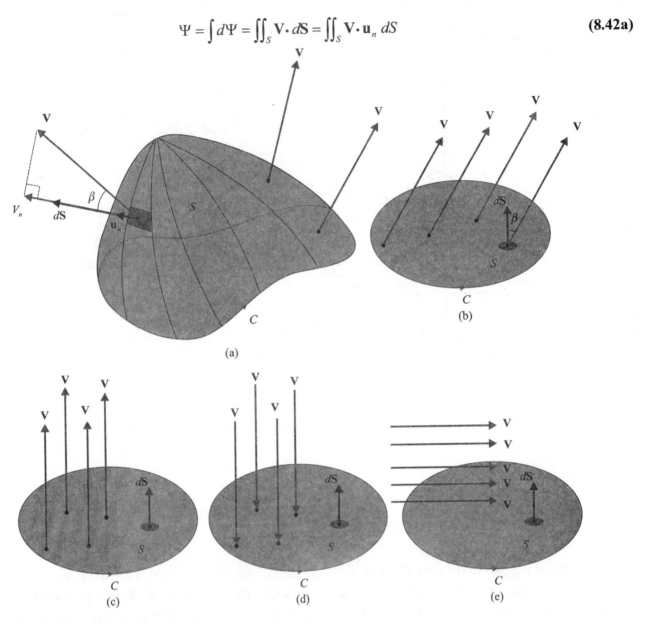

Fig. 8.27

Vamos agora analisar alguns casos particulares:

- **1º)** O campo vetorial **V** é constante – obviamente em módulo, direção e sentido, pois trata-se de uma grandeza vetorial, o que implica no ângulo β também ser constante – e a superfície é plana, conforme aparece na parte (b) da figura em questão. A expressão (8.42a) pode ser colocada na seguinte forma:

$$\Psi = \iint_S \mathbf{V} \cdot d\mathbf{S} = \iint_S |\mathbf{V}| \cos\alpha \, |d\mathbf{S}| = \iint_S V \cos\alpha \, dS = V \cos\alpha \iint_S dS$$

em que $S = \iint_S dS$ é a própria área da superfície plana, de modo que

$$\Psi = V \cos\beta \, S \qquad (8.42b)$$

- **2°)** Se inserido no que já foi abordado no primeiro caso, ainda tivermos $\beta = 0$, conforme ilustrado na parte (c) da figura em tela, então, $\cos \beta = 1$ e a expressão (8.42b) assume a forma

$$\Psi = V S \qquad (8.42c)$$

- **3°)** Se ao invés de $\beta = 0$, tivermos $\beta = 180°$, como ilustrado na parte (d) da figura, então, $\cos \beta = -1$, e a nossa expressão (8.42b) fica sendo

$$\Psi = -V S \qquad (8.42d)$$

- **4°)** Para $\beta = 90°$, mostrado na parte (e), temos $\cos \beta = 0$, o que implica

$$\Psi = 0 \qquad (8.42e)$$

ou seja, quando o campo vetorial é paralelo à superfície o fluxo através da mesma é nulo.

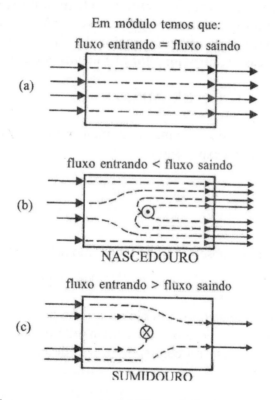

Fig. 8.28 - O fluxo líquido de um campo vetorial **V** nos informa se a fonte resultante no interior da superfície é nula, positiva (nascedouro) ou negativa (sumidouro, sorvedouro)

Prosseguindo, sabemos que quando a superfície delimita um volume ela é fechada, e isto já foi ilustrado na figura 8.13. Neste caso, o vetor $d\mathbf{S}$ aponta, por convenção, sempre para fora do volume e a expressão (8.42a) assume a forma

$$\Psi = \oiint_S \mathbf{V} \cdot d\mathbf{S} = \oiint_S \mathbf{V} \cdot \mathbf{u}_n \, dS \qquad (8.43)$$

na qual o símbolo $\oiint_S$ traduz o fato de a integração ser efetuada ao longo de uma superfície fechada. Devemos ressaltar que uma linha de campo vetorial deixando uma superfície fechada, isto é, divergindo do volume por ela encerrado, forma um ângulo agudo com o vetor $d\mathbf{S}$, o que implica numa contribuição positiva para o fluxo. Por outro lado, uma linha penetrando na superfície forma um ângulo obtuso com o vetor $d\mathbf{S}$, o qua acarreta uma contribuição negativa para o fluxo.

Mais uma vez, lembrando que um campo vetorial normalmente está associado à fontes, que podem ser de fluxo ou de circulação, podemos afirmar: "Se no interior da superfície fechada não há fonte resultante (soma algébrica de todas as fontes) de fluxo do campo $\mathbf{V}$, o número de linhas de campo que penetram no volume é igual ao número de linhas que
sai e o fluxo resultante do campo, através da superfície que delimita o volume, é nulo. Uma fonte resultante positiva ou nascedouro no interior do volume gera mais linhas de campo, de modo que o número de linhas que deixam o volume é maior do que o número de linhas que chegam ao mesmo e, neste caso, o fluxo é positivo[10]. Se no interior do volume temos uma fonte resultante negativa ou sumidouro, o número de linhas que penetra no volume é maior do que o número de linhas que deixa o referido, e temos um fluxo resultante negativo[11]". Tais assertivas podem ser visualizadas através das situações ilustradas na figura 8.28.

Se nós medirmos a quantidade total do fluido penetrando no volume e verificamos que ela é igual à quantidade que está saindo, concluiremos que não existe fonte ou sumidouro no interior do volume. Se a quantidade que sai é maior do que a que entra, a fonte resultante é positiva ou nascedouro. Em caso contrário, a fonte é negativa ou sumidouro.

EXEMPLO 8.13

O campo eletrostático produzido por uma carga puntiforme q isolada, é do tipo esférico (caso particular do campo central), e a sua expressão é

$$\mathbf{E} = \frac{1}{4\pi\varepsilon_0} \frac{q}{R^2} \mathbf{u}_R$$

na qual R é a distância do ponto de observação do fenômeno até o ponto onde a carga está situada e $K = \dfrac{1}{4\pi\varepsilon_0}$ é $9,0 \times 10^9 \, \mathrm{Nm^2/C^2}$, sendo $\varepsilon_0 = 8,9 \times 10^{-12} \, \mathrm{C/Nm^2}$ a permissividade do vácuo.

Partindo destes dados e aplicando o princípio da superposição, pede-se demonstrar a lei de **Gauss** para o campo elétrico $\mathbf{E}$: "O fluxo do campo eletrostático produzido por um sistema arbitrário de cargas estáticas, discreto ou contínuo, através de uma superfície fechada S, de forma

---

[10] Diz-se também fluxo divergente ou fluxo emergente.

[11] Diz-se também fluxo convergente ou fluxo penetrante, conforme denominação de outros autores. Vide, por exemplo, a referência bibliográfica n° 23, página 107.

qualquer, é igual à soma algébrica das cargas internas[12] à superfície dividida pela permissividade ε_0 do vácuo"[13].

$$\Psi_E = \oiint_S \mathbf{E} \cdot d\mathbf{S} = \frac{\sum_{j=1}^{n}(q_{int})_j}{\varepsilon_0} \qquad (8.44)$$

DEMONSTRAÇÃO:

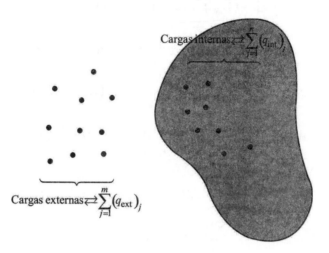

Fig. 8.29

- Tendo em vista que uma distribuição contínua de cargas pode ser encarado como uma distribuição discreta de cargas em que o número de elementos tende para infinito, basta demonstrar o teorema para uma distribuição discreta de cargas. Seja, pois, uma distribuição genérica e discreta de cargas estáticas, na qual n cargas são internas à superfície S e m cargas são externas, conforme ilustrado na figura 8.29, em que a superfície S, por motivos históricos, é denominada **superfície gaussiana**. Pelo princípio da superposição, o campo elétrico em um ponto qualquer da superfície fechada S é a soma vetorial dos campos produzidos por todas as cargas presentes. Utilizando a notação a seguir

$(\mathbf{E}_{int})_j \rightarrow$ campo produzido por uma carga genérica interna à superfície;

$(\mathbf{E}_{ext})_j \rightarrow$ campo produzido por uma carga genérica externa à superfície.

O campo elétrico resultante é dado por

---

[12] Carga interna resultante.

[13] Nos livros de Física Básica a lei de **Gauss** para o campo elétrico é, normalmente, expressa em função do campo elétrico **E**. No entanto, nos livros de Eletromagnetismo, principalmente na parte de equações de **Maxwell**, tal lei é, geralmente, apresentada em função do vetor deslocamento elétrico **D**,

$$\oiint_S \mathbf{D} \cdot d\mathbf{S} = \sum q_{int}$$

conforme veremos na subseção 10.9.11.

$$\mathbf{E} = \underbrace{(\mathbf{E}_{int})_1 + (\mathbf{E}_{int})_2 + ... + (\mathbf{E}_{int})_n}_{n \text{ parcelas referentes às cargas internas}} + \underbrace{(\mathbf{E}_{ext})_1 + (\mathbf{E}_{ext})_2 + ... + (\mathbf{E}_{ext})_m}_{m \text{ parcelas referentes às cargas externas}}$$

Assim sendo, o fluxo do campo resultante **E** é dado por

$$\Psi_E = \oiint_S \mathbf{E} \cdot d\mathbf{S} = \oiint_S \left[(\mathbf{E}_{int})_1 + ... + (\mathbf{E}_{int})_n + (\mathbf{E}_{ext})_1 + ... + (\mathbf{E}_{ext})_m \right] \cdot d\mathbf{S}$$

Aplicando a propriedade distributiva do produto escalar à última equação, temos

$$\Psi_E = \oiint_S (\mathbf{E}_{int})_1 \cdot d\mathbf{S} + ... + \oiint_S (\mathbf{E}_{int})_n \cdot d\mathbf{S} + ... + \oiint_S (\mathbf{E}_{ext})_1 \cdot d\mathbf{S} + ... + \oiint_S (\mathbf{E}_{ext})_m \cdot d\mathbf{S}$$

em que as parcelas são os fluxos, dos campos de todas as cargas através de S. Deste modo, o fluxo resultante é igual a soma destes fluxos parciais, isto é,

$$\Psi_E = (\Psi_{int})_1 + ... + (\Psi_{int})_n + (\Psi_{ext})_1 + ... + (\Psi_{ext})_m =$$
$$= \underbrace{\sum_{j=1}^{n} (\Psi_{int})_j + \sum_{j=1}^{m} (\Psi_{ext})_j}_{\text{fluxo devido às cargas internas e externas à superfície}}$$

- Vamos, inicialmente, determinar o fluxo, através de S, devido ao campo de uma carga interna qualquer. Isto será feito através de dois métodos diferentes.

  - Primeiro método:

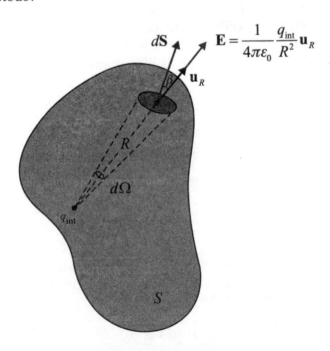

Fig. 8.30

Vamos utilizar o conceito de ângulo sólido. Com relação a figura 8.30, temos

$$\Psi_{E_{\text{int}}} = \oiint_S \mathbf{E} \cdot d\mathbf{S} = \oiint_S E \, dS \cos \beta = \oiint_S \frac{1}{4\pi\varepsilon_0} \frac{q_{\text{int}}}{R^2} \, dS \cos \beta$$

Adaptando a expressão (8.37) à presente situação temos para o ângulo sólido diferencial $d\Omega$

$$d\Omega = \frac{dS \cos \beta}{R^2}$$

Substituindo na expressão do fluxo, obtemos

$$\Psi_{E_{\text{int}}} = \oiint_S \frac{q_{\text{int}}}{4\pi\varepsilon_0} \, d\Omega = \frac{q_{\text{int}}}{4\pi\varepsilon_0} \oiint_S d\Omega$$

Entretanto, pela expressão (8.39), temos

$$\oiint_S d\Omega = 4\pi$$

o que nos leva a

$$\Psi_{E_{\text{int}}} = \frac{q_{\text{int}}}{\varepsilon_0}$$

independentemente da posição da carga no interior da superfície.

- Segundo método:

Agora vamos utilizar uma superfície esférica auxiliar S', concêntrica com a carga genérica q_{int}. Em consequência, vem

$$\Psi_{E_{\text{int}}} = \oiint_S \mathbf{E} \cdot d\mathbf{S} = \oiint_S E \, dS \cos \beta = \oiint_S E \, dS'' = \oiint_S \frac{1}{4\pi\varepsilon_0} \frac{q_{\text{int}}}{R^2} \, dS''$$

Entretanto, a geometria nos fornece a proporção

$$\frac{dS''}{R^2} = \frac{dS'}{(R')^2}$$

Assim, o fluxo através da esfera de raio R' é igual ao fluxo através de S, e mais uma fica verificado que o **fluxo independe da forma da superfície, pois ele é uma grandeza intrínseca à carga.**

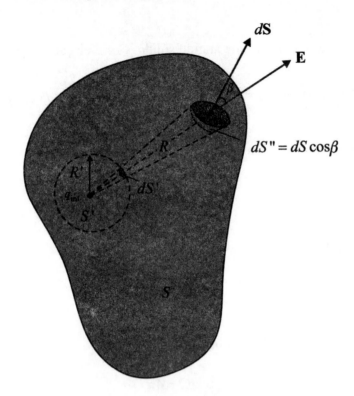

Fig. 8.31

Podemos, então, estabelecer

$$\Psi_{E_{int}} = \oiint_S \frac{1}{4\pi\varepsilon_0}\frac{q_{int}}{R^2}dS'' = \oiint_{S'} \frac{1}{4\pi\varepsilon_0}\frac{q_{int}}{(R')^2}dS' = \oiint_{S'} \mathbf{E}\cdot d\mathbf{S}' =$$

$$= \frac{1}{4\pi\varepsilon_0}\frac{q_{int}}{(R')^2}\oiint_{S'} dS' = \frac{1}{4\pi\varepsilon_0}\frac{q_{int}}{(R')^2}\left[4\pi(R')^2\right] = \frac{q_{int}}{\varepsilon_0}$$

conforme já havia sido estabelecido anteriormente. Tendo em vista que o fluxo do campo de uma carga interna independe da forma da superfície e da posição da carga no interior da mesma, podemos expressar para as n cargas internas à superfície S'

$$\sum_{j=1}^{n}\left(\Psi_{E_{int}}\right)_j = \frac{\sum_{j=1}^{n}(q_{int})_j}{\varepsilon_0}$$

- Vamos agora determinar o fluxo através de S devido ao campo de uma carga externa qualquer. Esta determinação também pode ser levada a cabo por duas vias diferentes.

  - Primeiro método:

Vamos, mais uma vez, empregar o conceito de ângulo sólido. O ângulo sólido elementar $d\Omega$ intercepta a superfície S em duas áreas diferenciais dS' e dS''. O fluxo do campo da carga q_e através dessas superfícies é

$$d\Psi_{E_{ext}} = \mathbf{E'} \cdot d\mathbf{S'} + \mathbf{E''} \cdot d\mathbf{S''} = E'dS'\cos\beta' + E''dS''\cos\beta'' =$$

$$= \frac{1}{4\pi\varepsilon_0} \frac{q_{ext}}{(R')^2} dS'\cos\beta' + \frac{1}{4\pi\varepsilon_0} \frac{q_{ext}}{(R'')^2} dS''\cos\beta''$$

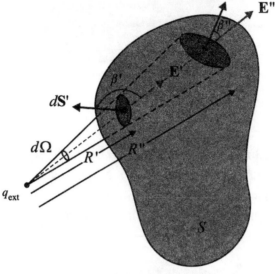

Fig. 8.32

Devido às orientações de $d\mathbf{S'}$ e $d\mathbf{S''}$, temos dois ângulos sólidos simétricos [vide também a parte (d) da figura 8.22], de modo que

$$d\Omega = \frac{dS''\cos\beta''}{(R'')^2} = -\frac{dS'\cos\beta'}{(R')^2}$$

Assim sendo, temos

$$d\Psi_{E_{ext}} = \frac{q_{ext}}{4\pi\varepsilon_0}(-d\Omega) + \frac{q_{ext}}{4\pi\varepsilon_0}(d\Omega) = 0$$

Ao longo de toda a superfície S, temos que

$$\Psi_{E_{ext}} = \int d\Psi_{E_{ext}} = 0$$

Uma outra maneira de encarar o resultado acima é atentando para o fato de que as linhas do campo **E** interceptam a superfície S (entrando e saindo) sempre em um número par de vezes, mesmo que a superfície S possua reentrâncias, conforme evidenciado na figura 8.33.

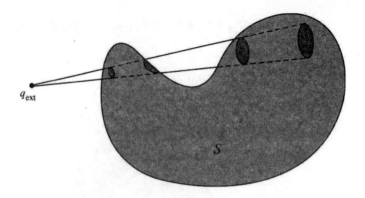

Fig. 8.33

- Segundo método:

Aqui vamos também utilizar uma superfície auxiliar S'. Seja, então, a superfície S dividida em duas outras: S_1 e S_2. Chamemos de S_3 a parte de S' que é exterior à S. Tal situação aparece na figura 8.34. As orientações das normais obedecem à regra já estipulada anteriormente de que tais vetores unitários apontam sempre para fora dos volumes englobados pelas superfícies.

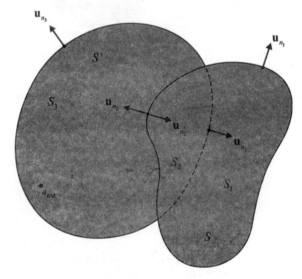

Fig. 8.34

A carga q_{ext}, exterior à superfície S é, no entanto, interior à superfície $S_1 + S_3$ de modo que, podemos expressar

$$\oiint_{S_1+S_3} \mathbf{E} \cdot d\mathbf{S} = \iint_{S_1} \mathbf{E} \cdot \mathbf{u}_{n_1} dS_1 + \iint_{S_3} \mathbf{E} \cdot \mathbf{u}_{n_3} dS_3 = \frac{q_{ext}}{\varepsilon_0} \qquad \text{(i)}$$

A carga externa também é interior à superfície $S_2 + S_3$ de modo que, podemos exprimir

$$\oiint_{S_2+S_3} \mathbf{E} \cdot d\mathbf{S} = \iint_{S_2} \mathbf{E} \cdot \mathbf{u}_{n_2} dS_2 + \iint_{S_3} \mathbf{E} \cdot \mathbf{u}_{n_3} dS_3 = \frac{q_{ext}}{\varepsilon_0}$$

Entretanto, temos também a relação

$$\mathbf{u}_{n_2'} = -\mathbf{u}_{n_2}$$

que substituída na expressão anterior nos leva a

$$\oiint_{S_2+S_3} \mathbf{E} \cdot d\mathbf{S} = -\iint_{S_2} \mathbf{E} \cdot \mathbf{u}_{n_2} dS_2 + \iint_{S_3} \mathbf{E} \cdot \mathbf{u}_{n_3} dS_3 = \frac{q_{\text{ext}}}{\varepsilon_0} \qquad \textbf{(ii)}$$

Subtraindo membro a membro as expressões (i) e (ii), obtemos

$$\iint_{S_1} \mathbf{E} \cdot \mathbf{u}_{n_1} dS_1 + \iint_{S_2} \mathbf{E} \cdot \mathbf{u}_{n_2} dS_2 = 0$$

ou seja,

$$\Psi_{E_{\text{ext}}} = \oiint_{S=S_1+S_2} \mathbf{E} \cdot d\mathbf{S} = 0$$

Mais uma vez, o resultado independe da forma de S e da localização de q_{ext}. Temos para as m cargas externas

$$\sum_{j=1}^{m} \left(\Psi_{E_{\text{ext}}} \right)_j = 0$$

Finalmente, podemos estabelecer

$$\Psi_E = \oiint_S \mathbf{E} \cdot d\mathbf{S} = \frac{\displaystyle\sum_{j=1}^{n} (q_{\text{int}})_j}{\varepsilon_0}$$

e está demonstrado o teorema.

Notas:

(1) O fluxo do campo elétrico através de uma superfície fechada de forma genérica, independe da forma da mesma, bem como da localização individual das cargas presentes; depende apenas da carga resultante envolvida pela superfície.

(2) O campo elétrico que aparece na equação (8.44) é devido a todas as cargas presentes, internas ou não à superfície S. As cargas externas não aparecem na citada equação, pois só as cargas internas à superfície é que dão contribuições não nulas para o fluxo através de S.

EXEMPLO 8.14

Determine o fluxo do campo vetorial $\mathbf{V} = x^2\mathbf{u}_x + x^2y^2\mathbf{u}_y + 24x^2y^2z^3\mathbf{u}_z$ através da superfície de um cubo de aresta unitária, com um dos vértices na origem e situado no primeiro octante.

SOLUÇÃO:

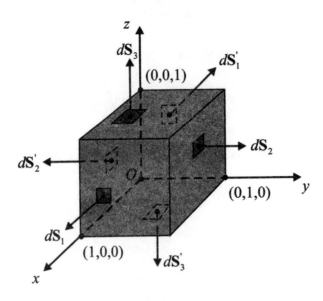

Fig. 8.35

O fluxo através do cubo pode ser dividido em seis parcelas, cada uma correspondendo a uma face do cubo. Assim sendo, segue-se

$$\Psi = \oiint_S \mathbf{V} \cdot d\mathbf{S} = \iint_{S_1} \mathbf{V} \cdot d\mathbf{S}_1 + \iint_{S_1'} \mathbf{V} \cdot d\mathbf{S}_1' + \iint_{S_2} \mathbf{V} \cdot d\mathbf{S}_2 + \iint_{S_2'} \mathbf{V} \cdot d\mathbf{S}_2' + \iint_{S_3} \mathbf{V} \cdot d\mathbf{S}_3 + \iint_{S_3'} \mathbf{V} \cdot d\mathbf{S}_3'$$

- Superfície S_1: $\begin{cases} x=1 \\ 0 \leq y \leq 1 \\ 0 \leq z \leq 1 \\ d\mathbf{S}_1 = dy\, dz\, \mathbf{u}_x \\ \mathbf{V} = \mathbf{u}_x + 24 y^2 z^3 \mathbf{u}_z \end{cases}$ $\rightarrow$ $\iint_{S_1} \mathbf{V} \cdot d\mathbf{S}_1 = \int_{z=0}^{z=1} \int_{y=0}^{y=1} dy\, dz = 1$

- Superfície S_1': $\begin{cases} x=0 \\ 0 \leq y \leq 1 \\ 0 \leq z \leq 1 \\ d\mathbf{S}_1' = -dy\, dz\, \mathbf{u}_x \\ \mathbf{V} = 0 \end{cases}$ $\rightarrow$ $\iint_{S_1'} \mathbf{V} \cdot d\mathbf{S}_1' = 0$

- Superfície S_2: $\begin{cases} 0 \leq x \leq 1 \\ y=1 \\ 0 \leq z \leq 1 \\ d\mathbf{S}_2 = dx\, dz\, \mathbf{u}_y \\ \mathbf{V} = x^2 \mathbf{u}_x + x^2 \mathbf{u}_y + 24 x^2 z^3 \mathbf{u}_z \end{cases}$ $\rightarrow$ $\iint_{S_2} \mathbf{V} \cdot d\mathbf{S}_2 = \int_{z=0}^{z=1} \int_{x=0}^{x=1} x^2 dx\, dz = \frac{1}{3}$

- Superfície S_2': $\begin{cases} 0 \le x \le 1 \\ y = 0 \\ 0 \le z \le 1 \\ d\mathbf{S}_2' = -dx\,dz\,\mathbf{u}_y \\ \mathbf{V} = x^2\mathbf{u}_x \end{cases}$ $\rightarrow$ $\iint_{S_2'} \mathbf{V} \cdot d\mathbf{S}_2' = 0$

- Superfície S_3: $\begin{cases} 0 \le x \le 1 \\ 0 \le y \le 1 \\ z = 1 \\ d\mathbf{S}_3 = dx\,dy\,\mathbf{u}_z \\ \mathbf{V} = x^2\mathbf{u}_x + x^2y^2\mathbf{u}_y + 24x^2y^2\mathbf{u}_z \end{cases}$ $\rightarrow$ $\begin{aligned} \iint_{S_3} \mathbf{V} \cdot d\mathbf{S}_3 &= \\ &= \int_{y=0}^{y=1} \int_{x=0}^{x=1} 24x^2y^2\,dx\,dy = \\ &= \frac{8}{3} \end{aligned}$

- Superfície S_3': $\begin{cases} 0 \le x \le 1 \\ 0 \le y \le 1 \\ z = 0 \\ d\mathbf{S}_3' = -dx\,dy\,\mathbf{u}_z \\ \mathbf{V} = x^2\mathbf{u}_x + x^2y^2\mathbf{u}_y \end{cases}$ $\rightarrow$ $\iint_{S_3'} \mathbf{V} \cdot d\mathbf{S}_3' = 0$

Somando as parcelas, obtemos

$$\Psi = 1 + 0 + \frac{1}{3} + 0 + \frac{8}{3} + 0 = 4 \text{ unidades de fluxo}$$

EXEMPLO 8.15*

Calcule o fluxo do campo vetorial $\mathbf{V} = 18z\,\mathbf{u}_x - 12\,\mathbf{u}_y + 3y\,\mathbf{u}_z$ através da região do plano $2x + 3y + 6z = 12$ situada no primeiro octante, sabendo-se que o vetor $d\mathbf{S}$ tem componentes positivas.

SOLUÇÃO:

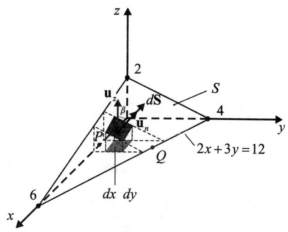

Fig. 8.36

396 **Cálculo e Análise Vetoriais com Aplicações Práticas**

A equação do plano $2x + 3y + 6z = 12$ pode ser colocada sob a forma

$$\frac{x}{6} + \frac{y}{4} + \frac{z}{2} = 1$$

a fim de melhor identificar os traços do mesmo nos eixos coordenados.

O fluxo é dado por

$$\Psi = \iint_S \mathbf{V} \cdot d\mathbf{S} = \iint_S \mathbf{V} \cdot \mathbf{u}_n \, dS$$

Pela expressão (8.26), temos

$$dS = \frac{dx \, dy}{|\mathbf{u}_z \cdot \mathbf{u}_n|}$$

Deste modo, a integral assume a forma

$$\Psi = \iint_S \mathbf{V} \cdot \mathbf{u}_n \, dS = \iint_R \mathbf{V} \cdot \mathbf{u}_n \frac{dx \, dy}{|\mathbf{u}_z \cdot \mathbf{u}_n|}$$

na qual R é a região do plano xy delimitada pelos eixos x e y e pela reta $2x + 3y = 12$ (obtida fazendo-se $z = 0$ na equação do plano). De acordo com o problema 6.11, segue-se

$$\mathbf{u}_n = \frac{\dfrac{\partial \Phi}{\partial x} \mathbf{u}_x + \dfrac{\partial \Phi}{\partial y} \mathbf{u}_y + \dfrac{\partial \Phi}{\partial z} \mathbf{u}_z}{\sqrt{\left(\dfrac{\partial \Phi}{\partial x}\right)^2 + \left(\dfrac{\partial \Phi}{\partial y}\right)^2 + \left(\dfrac{\partial \Phi}{\partial z}\right)^2}}$$

que é um vetor unitário normal à superfície S representada por $\Phi(x, y, z) = \text{constante}$. Em nosso caso, temos

$$\Phi = 2x + 3y + 6z = 12$$

o que nos leva a

$$\mathbf{u}_n = \frac{2\mathbf{u}_x + 3\mathbf{u}_y + 6\mathbf{u}_z}{\sqrt{2^2 + 3^2 + 6^2}} = \pm\left(\frac{2}{7}\mathbf{u}_x + \frac{3}{7}\mathbf{u}_y + \frac{6}{7}\mathbf{u}_z\right)$$

A figura 8.36 nos leva a optar pelo sinal (+), portanto

$$\mathbf{u}_z \cdot \mathbf{u}_n = \mathbf{u}_z \cdot \left(\frac{2}{7}\mathbf{u}_x + \frac{3}{7}\mathbf{u}_y + \frac{6}{7}\mathbf{u}_z\right) = \frac{6}{7}$$

Isto nos conduz à expressão

$$\frac{dx\,dy}{\left|\mathbf{u}_z \cdot \mathbf{u}_n\right|} = \frac{7}{6}dx\,dy$$

Temos também

$$\mathbf{V} \cdot \mathbf{u}_n = \left(18z\,\mathbf{u}_x - 12\,\mathbf{u}_y + 3y\,\mathbf{u}_z\right) \cdot \left(\frac{2}{7}\mathbf{u}_x + \frac{3}{7}\mathbf{u}_y + \frac{6}{7}\mathbf{u}_z\right) = \frac{36z - 36 + 18y}{7}$$

Entretanto, da equação da superfície plana, temos

$$2x + 3y + 6z = 12 \rightarrow z = \frac{12 - 2x - 3y}{6}$$

que substituida na expressão anterior implica

$$\mathbf{V} \cdot \mathbf{u}_n = \frac{36z - 36 + 18y}{7} = \frac{36 - 12x}{7}$$

e ficamos com

$$\Psi = \iint_S \mathbf{V} \cdot \mathbf{u}_n\,dS = \iint_R \mathbf{V} \cdot \mathbf{u}_n \frac{dx\,dy}{\left|\mathbf{u}_z \cdot \mathbf{u}_n\right|} = \iint_R \left(\frac{36 - 12x}{7}\right)\frac{7}{6}dx\,dy = \iint_R (6 - 2x)dx\,dy$$

Para calcularmos esta integral dupla ao longo de R, primeiramente mantemos x constante e integramos em relação a y, desde $y = 0$ (ponto P da figura 8.36) até $y = (12 - 2x)/3$ (ponto Q da referida figura). Em seguida, integramos em relação a x, desde $x = 0$ até $x = 6$. Desta maneira se perfaz completamente a superfície R. Finalmente, encontramos

$$\Psi = \int_{x=0}^{x=6} \int_{y=0}^{y=\frac{12-2x}{3}} (6 - 2x)\,dy\,dx = \int_{x=0}^{x=6} \left(24 - 12x + \frac{4x^2}{3}\right)dx = 24\ \text{unidades de fluxo}$$

Nota: se tivéssemos escolhido o sentido positivo para $\mathbf{u}_n$ contrário ao que arbitramos na figura 8.36, o resultado seria -24.

EXEMPLO 8.16*

Calcule o fluxo do campo vetorial $\mathbf{V} = z\,\mathbf{u}_x + x\,\mathbf{u}_y - 3y^2z\,\mathbf{u}_z$ através da superfície lateral do cilindro $x^2 + y^2 = 16$ situada no primeiro octante, entre $z = 0$ e $z = 5$, com a orientação de contorno C indicada.

SOLUÇÃO:

- Primeiro método:

Pela parte (a) da figura 8.36 notamos que, neste caso, não podemos empregar a projeção de S sôbre o plano xy. Entretando, podemos projetá-la, por exemplo, sobre o plano xz, e estabelecer

$$\Psi = \iint_S \mathbf{V} \cdot \mathbf{u}_n \, dS = \iint_R \mathbf{V} \cdot \mathbf{u}_n \frac{dx\,dz}{|\mathbf{u}_y \cdot \mathbf{u}_n|}$$

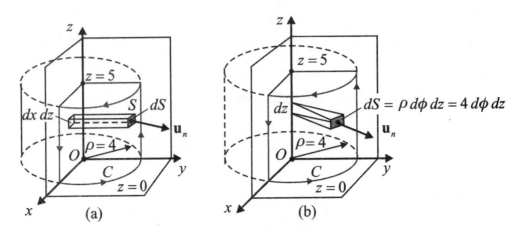

Fig. 8.37

Pelo problema 6.11, decorre

$$\mathbf{u}_n = \frac{\frac{\partial \Phi}{\partial x}\mathbf{u}_x + \frac{\partial \Phi}{\partial y}\mathbf{u}_y + \frac{\partial \Phi}{\partial z}\mathbf{u}_z}{\sqrt{\left(\frac{\partial \Phi}{\partial x}\right)^2 + \left(\frac{\partial \Phi}{\partial y}\right)^2 + \left(\frac{\partial \Phi}{\partial z}\right)^2}}$$

Para este problema, temos a função

$$\Phi = x^2 + y^2 = 16$$

o que implica

$$\mathbf{u}_n = \frac{2x\,\mathbf{u}_x + 2y\,\mathbf{u}_y}{+\sqrt{(2x)^2 + (2y)^2}} = \frac{x\,\mathbf{u}_x + y\,\mathbf{u}_y}{+\sqrt{(x)^2 + (y)^2}}$$

na qual o sinal (+) foi escolhido devido ao sentido adotado para $\mathbf{u}_n$ na figura.

Uma vez que

$$x^2 + y^2 = 16$$

ao longo da superfície S, temos

$$\mathbf{u}_n = \frac{x\,\mathbf{u}_x + y\,\mathbf{u}_y}{4}$$

portanto, temos também

$$\mathbf{u}_y \cdot \mathbf{u}_n = \mathbf{u}_y \cdot \left(\frac{x\,\mathbf{u}_x + y\,\mathbf{u}_y}{4} \right) = \frac{y}{4}$$

o que nos leva à expressão

$$\mathbf{V} \cdot \mathbf{u}_n = \left(z\,\mathbf{u}_x + x\,\mathbf{u}_y - 3y^2 z\,\mathbf{u}_z \right) \cdot \left(\frac{x\,\mathbf{u}_x + y\,\mathbf{u}_y}{4} \right) = \frac{1}{4}\left(xz + xy \right)$$

Assim, a integral assume a forma

$$\Psi = \iint_S \mathbf{V} \cdot \mathbf{u}_n dS = \iint_R \left(\frac{xz + xy}{4} \right) \frac{dx\,dz}{\dfrac{y}{4}} = \iint_R \frac{xz + xy}{y} dx\,dz = \int_{z=0}^{z=5} \int_{x=0}^{x=4} \left(\frac{xz}{\sqrt{16 - x^2}} + x \right) dx\,dz =$$

$$= \int_{z=0}^{z=5} (4z + 8)\,dz = 90 \text{ unidades de fluxo}$$

- Segundo método:

Vamos prover uma mudança de variáveis na integral de superfície. Já vimos que

$$\mathbf{V} \cdot \mathbf{u}_n = \frac{1}{4}\left(xz + xy \right)$$

Entretanto, da parte (b) da figura 8.36, tiramos temos as relações

$x = 4\cos\phi$, $y = 4\,\text{sen}\,\phi$ e $dS = \rho\,d\phi\,dz = 4\,d\phi\,dz$ [vide também grupo (3.84)].

Assim sendo, temos

$$\Psi = \iint_S \mathbf{V} \cdot \mathbf{u}_n dS = \int_{\phi=0}^{\phi=\frac{\pi}{2}} \int_{z=0}^{z=5} \frac{1}{4} \Big[(4\cos\phi)(z) + (4\cos\phi)(4\,\text{sen}\,\phi) \Big] 4\,d\phi\,dz =$$

$$= \underbrace{\int_{\phi=0}^{\phi=\frac{\pi}{2}} \int_{z=0}^{z=5} (4z\cos\phi + 16\,\text{sen}\,\phi\cos\phi)\,dz\,d\phi}_{(*)} = \int_{\phi=0}^{\phi=\frac{\pi}{2}} \int_{z=0}^{z=5} \left(2z^2\cos\phi + 16z\,\text{sen}\,\phi\cos\phi \right) dz\,d\phi =$$

$$= \int_{\phi=0}^{\phi=\frac{\pi}{2}} \left(50\cos\phi + 80\,\text{sen}\,\phi\cos\phi \right) d\phi = 90 \text{ unidades de fluxo}$$

Nota: embora o método de transformação da integral de superfície seja bastante lógico por si só, uma justificativa teórica do mesmo será apresentada na subseção 11.12.1, quando aplicaremos o conceito de Jacobiano a este caso. Vide expressões (11.99) e (10.101).

400 **Cálculo e Análise Vetoriais com Aplicações Práticas**

- Terceiro método: (mais simples!)

Face a geometria da superfície S, é conveniente trabalhar diretamente em coordenadas cilíndricas circulares. Utilizando o grupo (3.78), temos

$$\mathbf{V} = z\,\mathbf{u}_x + \left(\rho\cos\phi\right)\mathbf{u}_y - 3\left(\rho\,\text{sen}\,\phi\right)^2 z\,\mathbf{u}_z$$

Substituindo as expressões dos vetores unitários constantes do grupo (3.80a), obtemos

$$\mathbf{V} = z\left(\cos\phi\,\mathbf{u}_\rho - \text{sen}\,\phi\,\mathbf{u}_\phi\right) + \left(\rho\cos\phi\right)\left(\text{sen}\,\phi\,\mathbf{u}_\rho + \cos\phi\,\mathbf{u}_\phi\right) - 3\left(\rho\,\text{sen}\,\phi\right)^2 z\,\mathbf{u}_z =$$

$$= \left(z\cos\phi + \rho\,\text{sen}\,\phi\cos\phi\right)\mathbf{u}_\rho + \left(-z\,\text{sen}\,\phi + \rho\cos^2\phi\right)\mathbf{u}_\phi - 3\rho^2\left(\text{sen}^2\phi\right)z\,\mathbf{u}_z$$

Por outro lado, temos também

$$d\mathbf{S} = \rho\,d\phi\,dz\,\mathbf{u}_\rho$$

Uma vez que ao longo da superfície S temos $\rho = 4$, ficamos com

$$d\mathbf{S} = \rho\,d\phi\,dz\,\mathbf{u}_\rho = 4\,d\phi\,dz\,\mathbf{u}_\rho$$

o que implica

$$\Psi = \iint_S \mathbf{V}\cdot\mathbf{u}_n\,dS = \iint_S \mathbf{V}\cdot d\mathbf{S} = \int_{\phi=0}^{\phi=\frac{\pi}{2}}\int_{z=0}^{z=5}\left(z\cos\phi + 4\,\text{sen}\,\phi\cos\phi\right)4\,d\phi\,dz =$$

$$= \int_{\phi=0}^{\phi=\frac{\pi}{2}}\int_{z=0}^{z=5}\left(4z\cos\phi + 16z\,\text{sen}\,\phi\cos\phi\right)dz\,d\phi = 90 \text{ unidades de fluxo}$$

sendo que o resultado foi apresentado direto por se tratar da mesma integral (*) do método anterior.

EXEMPLO 8.17*

Calcule $\iint_S \Phi\,\mathbf{u}_n\,dS$, em que $\Phi = \dfrac{3}{8}xyz$ e S é a mesma superfície do exemplo anterior.

SOLUÇÃO:

Temos

$$\iint_S \Phi\,\mathbf{u}_n\,dS = \iint_R \Phi\,\mathbf{u}_n\,\frac{dx\,dz}{\left|\mathbf{u}_y\cdot\mathbf{u}_n\right|}$$

Empregando os resultados

$$\mathbf{u}_n = \frac{x\,\mathbf{u}_x + y\,\mathbf{u}_y}{4}$$

e

$$\mathbf{u}_y \cdot \mathbf{u}_n = \frac{y}{4}$$

do exemplo anterior, a integral assume a forma

$$\iint_R \frac{3}{8} xz \left(x\,\mathbf{u}_x + y\,\mathbf{u}_y \right) dx\,dz = \frac{3}{8}\int_{z=0}^{z=5}\int_{x=0}^{x=4} \left(x^2 z\,\mathbf{u}_x + xz\,\sqrt{16-x^2}\,\mathbf{u}_y \right) dx\,dz =$$

$$= \frac{3}{8}\int_{z=0}^{z=5} \left(\frac{64}{3} z\,\mathbf{u}_x + \frac{64}{3} z\,\mathbf{u}_y \right) dz = 100\mathbf{u}_x + 100\mathbf{u}_y$$

EXEMPLO 8.18

Calcule $\oiint_S \mathbf{r} \times d\mathbf{S}$, em que S é a superfície do cubo de aresta unitária do exemplo 8.14 e $\mathbf{r}$ é o vetor posição.

SOLUÇÃO:

Em coordenadas cartesianas, pela expressão (3.10), temos

$$\mathbf{r} = x\,\mathbf{u}_x + y\,\mathbf{u}_y + z\,\mathbf{u}_z$$

A integral pode ser dividida em seis parcelas, ou seja,

$$\oiint_S \mathbf{r} \times d\mathbf{S} = \iint_{S_1} \mathbf{r} \times d\mathbf{S}_1 + \iint_{S_1'} \mathbf{r} \times d\mathbf{S}_1' + \iint_{S_2} \mathbf{r} \times d\mathbf{S}_2 + \iint_{S_2'} \mathbf{r} \times d\mathbf{S}_2' + \iint_{S_3} \mathbf{r} \times d\mathbf{S}_3 + \iint_{S_3'} \mathbf{r} \times d\mathbf{S}_3'$$

Temos para cada uma delas

- Superfície $S_1: \begin{cases} x = 1 \\ 0 \le y \le 1 \\ 0 \le z \le 1 \\ d\mathbf{S}_1 = dy\,dz\,\mathbf{u}_x \\ \mathbf{r} = \mathbf{u}_x + y\,\mathbf{u}_y + z\,\mathbf{u}_z \\ \mathbf{r} \times d\mathbf{S}_1 = z\,\mathbf{u}_y - y\,\mathbf{u}_z \end{cases}$

$\displaystyle \iint_{S_1} \mathbf{r} \times d\mathbf{S}_1 =$

$\displaystyle \rightarrow \quad = \int_{z=0}^{z=1}\int_{y=0}^{y=1} \left(z\,\mathbf{u}_y - y\,\mathbf{u}_z \right) dy\,dz =$

$\displaystyle = \frac{1}{2}\mathbf{u}_y - \frac{1}{2}\mathbf{u}_z$

402 Cálculo e Análise Vetoriais com Aplicações Práticas

- Superfície S_1':
$$\begin{cases} x = 0 \\ 0 \le y \le 1 \\ 0 \le z \le 1 \\ dS_1' = -dy\,dz\,\mathbf{u}_x \\ \mathbf{r} = \mathbf{u}_y + \mathbf{u}_z \\ \mathbf{r} \times dS_1' = -z\,\mathbf{u}_y + y\,\mathbf{u}_z \end{cases}$$
$\rightarrow$
$$\iint_{S_1'} \mathbf{r} \times dS_1' =$$
$$= \int_{z=0}^{z=1} \int_{y=0}^{y=1} \left(-z\,\mathbf{u}_y + y\,\mathbf{u}_z \right) dy\,dz =$$
$$= -\frac{1}{2}\mathbf{u}_y + \frac{1}{2}\mathbf{u}_z$$

- Superfície S_2:
$$\begin{cases} 0 \le x \le 1 \\ y = 1 \\ 0 \le z \le 1 \\ dS_2 = dx\,dz\,\mathbf{u}_y \\ \mathbf{r} = x\,\mathbf{u}_x + \mathbf{u}_y + \mathbf{u}_z \\ \mathbf{r} \times dS_2 = -z\,\mathbf{u}_x + x\,\mathbf{u}_z \end{cases}$$
$\rightarrow$
$$\iint_{S_2} \mathbf{r} \times dS_2 =$$
$$= \int_{z=0}^{z=1} \int_{x=0}^{x=1} \left(-z\,\mathbf{u}_x + x\,\mathbf{u}_z \right) dx\,dz =$$
$$= -\frac{1}{2}\mathbf{u}_x + \frac{1}{2}\mathbf{u}_z$$

- Superfície S_2':
$$\begin{cases} 0 \le x \le 1 \\ y = 0 \\ 0 \le z \le 1 \\ dS_2' = -dx\,dz\,\mathbf{u}_y \\ \mathbf{r} = x\,\mathbf{u}_x + z\,\mathbf{u}_z \\ \mathbf{r} \times dS_2' = z\,\mathbf{u}_x - x\,\mathbf{u}_z \end{cases}$$
$\rightarrow$
$$\iint_{S_2'} \mathbf{r} \times dS_2' =$$
$$= \int_{z=0}^{z=1} \int_{x=0}^{x=1} \left(z\,\mathbf{u}_x - x\,\mathbf{u}_z \right) dx\,dz =$$
$$= \frac{1}{2}\mathbf{u}_x - \frac{1}{2}\mathbf{u}_z$$

- Superfície S_3:
$$\begin{cases} 0 \le x \le 1 \\ 0 \le y \le 1 \\ z = 1 \\ dS_3 = dx\,dy\,\mathbf{u}_z \\ \mathbf{r} = x\,\mathbf{u}_x + y\,\mathbf{u}_y + \mathbf{u}_z \\ \mathbf{r} \times dS_3 = y\,\mathbf{u}_x - x\,\mathbf{u}_y \end{cases}$$
$\rightarrow$
$$\therefore \quad \iint_{S_3} \mathbf{r} \times dS_3 =$$
$$= \int_{y=0}^{y=1} \int_{x=0}^{x=1} \left(y\,\mathbf{u}_x - x\,\mathbf{u}_y \right) dx\,dy =$$
$$= \frac{1}{2}\mathbf{u}_x - \frac{1}{2}\mathbf{u}_y$$

- Superfície S_3':
$$\begin{cases} 0 \le x \le 1 \\ 0 \le y \le 1 \\ z = 0 \\ dS_3' = -dx\,dy\,\mathbf{u}_z \\ \mathbf{r} = x\,\mathbf{u}_x + y\,\mathbf{u}_y \\ \mathbf{r} \times dS_3' = -y\,\mathbf{u}_x + x\,\mathbf{u}_y \end{cases}$$
$\rightarrow$
$$\iint_{S_3'} \mathbf{r} \times dS_3' =$$
$$= \int_{y=0}^{y=1} \int_{x=0}^{x=1} \left(-y\,\mathbf{u}_x + x\,\mathbf{u}_y \right) dx\,dy =$$
$$= -\frac{1}{2}\mathbf{u}_x + \frac{1}{2}\mathbf{u}_y$$

Somando todos os resultados, obtemos

$$\oiint_S \mathbf{r} \times dS = 0$$

EXEMPLO 8.19*

Determine a área da superfície esférica que é interior à superfície cilíndrica $x^2 + y^2 = ay$ (MAT - UFRJ – 2º sem 86).

SOLUÇÃO:

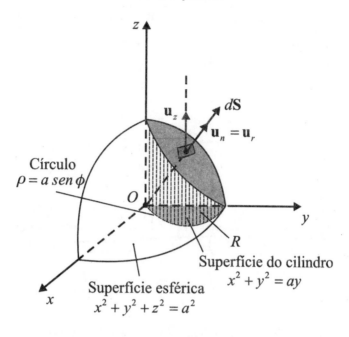

Fig. 8.38

Pela a simetria do problema, podemos estabelecer

$$S = 4\iint_S dS$$

na qual S é a área da superfície da esfera $x^2 + y^2 + z^2 = a^2$

- Primeiro método:

Projetando a área dS sobre o plano xy, temos

$$S = 4\iint_S dS = 4\iint_R \frac{dx\,dy}{|\mathbf{u}_z \cdot \mathbf{u}_n|}$$

Do problema 6.11, temos a expressão

$$\mathbf{u}_n = \frac{\dfrac{\partial \Phi}{\partial x}\mathbf{u}_x + \dfrac{\partial \Phi}{\partial y}\mathbf{u}_y + \dfrac{\partial \Phi}{\partial z}\mathbf{u}_z}{\sqrt{\left(\dfrac{\partial \Phi}{\partial x}\right)^2 + \left(\dfrac{\partial \Phi}{\partial y}\right)^2 + \left(\dfrac{\partial \Phi}{\partial z}\right)^2}}$$

404   **Cálculo e Análise Vetoriais com Aplicações Práticas**

Para este problema, temos a função

$$\Phi = x^2 + y^2 + z^2 = a^2$$

o que nos leva ao vetor unitário normal

$$\mathbf{u}_n = \frac{2x\,\mathbf{u}_x + 2y\,\mathbf{u}_y + 2z\,\mathbf{u}_z}{\sqrt{4x^2 + 4y^2 + 4z^2}} = \frac{x\,\mathbf{u}_x + y\,\mathbf{u}_y + z\,\mathbf{u}_z}{\sqrt{x^2 + y^2 + z^2}} = \frac{x\,\mathbf{u}_x + y\,\mathbf{u}_y + z\,\mathbf{u}_z}{a}$$

e

$$\mathbf{u}_z \cdot \mathbf{u}_n = \frac{z}{a}$$

Finalmente, temos

$$S = 4\iint_R \frac{a\,dx\,dy}{z} = 4\iint_R \frac{a\,dx\,dy}{\sqrt{a^2 - \left(x^2 + y^2\right)}} = 4\underbrace{\int_{y=0}^{y=a}\int_{x=0}^{x=+\sqrt{ay-y^2}} \frac{a\,dx\,dy}{\sqrt{a^2 - \left(x^2 + y^2\right)}}}_{(*)} = 4a^2\left(\frac{\pi}{2} - 1\right)$$

unidades de área

- Segundo método (utilizando coordenadas cilíndricas circulares):

Embora a integral (*) não seja muito difícil, sua solução pode ser bastante simplificada se utilizarmos coordenadas polares (coordenadas cilíndricas circulares no plano xy). Aliás, já foi feito um comentário sobre este tipo de transformação no exemplo 8.16.

No plano xy devemos substituir a área diferencial $dS = dS_z = dx\,dy$, tirada do conjunto (3.6) por $dS = dS_z = \rho\,d\rho\,d\phi$, tirada do conjunto (3.84). Temos também

$$\begin{cases} x = \rho\cos\phi \\ y = \rho\,\text{sen}\,\phi \end{cases}$$

Para o círculo $x^2 + y^2 = a\,y$ (traço do cilindro $x^2 + y^2 = a\,y$ no plano xy), temos

$$\rho^2\cos^2\phi + \rho^2\,\text{sen}^2\,\phi = a\,\rho\,\text{sen}\,\phi \to \rho^2\underbrace{\left(\cos^2\phi + \text{sen}^2\,\phi\right)}_{=1} = a\,\rho\,\text{sen}\,\phi \to \rho^2 = a\,\rho\,\text{sen}\,\phi \to$$

$$\to \begin{cases} \rho = 0 \\ \rho = a\,\text{sen}\,\phi \end{cases}$$

Isto nos permite estabelecer

$$S = 4\int_{\phi=0}^{\phi=\frac{\pi}{2}}\int_{\rho=0}^{\rho=a\,\text{sen}\phi} \frac{a\,\rho\,d\rho\,d\phi}{\sqrt{a^2 - \rho^2}} = 4a\int_{\phi=0}^{\phi=\frac{\pi}{2}}\int_{\rho=0}^{\rho=a\,\text{sen}\phi} \frac{\left(a^2 - \rho^2\right)^{-\frac{1}{2}}\left(-2\rho\,d\rho\right)d\phi}{(-2)} =$$

$$= 4a \int_{\phi=0}^{\phi=\frac{\pi}{2}} \left[\frac{\left(a^2 - \rho^2\right)^{\frac{1}{2}}}{(-2)\left(\dfrac{1}{2}\right)} \right]_{\rho=0}^{\rho=a\,\mathrm{sen}\,\phi} d\phi = 4a \int_{\phi=0}^{\phi=\frac{\pi}{2}} \left[-\sqrt{a^2 - \rho^2} \right]_{\rho=0}^{\rho=a\,\mathrm{sen}\,\phi} d\phi =$$

$$= 4a \int_{\phi=0}^{\phi=\frac{\pi}{2}} \left[\sqrt{a^2 - \rho^2} \right]_{\rho=a\,\mathrm{sen}\,\phi}^{\rho=0} d\phi = 4a \int_{\phi=0}^{\phi=\frac{\pi}{2}} \left(a - \sqrt{a^2 - a^2\,\mathrm{sen}^2\phi} \right) d\phi =$$

$$= 4a \int_{\phi=0}^{\phi=\frac{\pi}{2}} \left(a - a\cos\phi \right) d\phi = 4a^2 \left[\phi - \mathrm{sen}\,\phi \right]_{\phi=0}^{\phi=\frac{\pi}{2}} = 4a^2 \left(\frac{\pi}{2} - 1 \right) \text{unidades de área}$$

- Terceiro método (utilizando coordenadas esféricas; mais fácil!):

Da mesma forma, temos

$$S = 4 \iint_S dS$$

na qual S é a superfície da esfera

$$x^2 + y^2 + z^2 = a^2$$

Do conjunto de expressões (3.107), vem

$$dS = dS_r = a^2\,\mathrm{sen}\,\theta\,d\theta\,d\phi \quad ^{14}$$

visto que, neste caso, $r = a$.

Vamos, inicialmente, pesquisar os limites de integração das variáveis θ e ϕ. Para isso analisaremos a interseção da esfera é do cilindro. Temos, pois,

$$\left.\begin{cases} x^2 + y^2 + z^2 = a^2 \\ x^2 + y^2 = ay \end{cases}\right\} \rightarrow \left.\begin{cases} z^2 = a^2 - \left(x^2 + y^2\right) \\ x^2 + y^2 = ay \end{cases}\right\} \rightarrow z^2 = a^2 - ay$$

Transformando de coordenadas cartesianas para esféricas, segue-se

$$\begin{cases} z = a\cos\theta \\ y = a\,\mathrm{sen}\,\theta\,\mathrm{sen}\,\phi \end{cases}$$

o que implica

---

[14] Alternativamente, adiantando o conceito de jacobiano, que será abordado no capítulo 11, temos também

$dS = \left| \dfrac{\partial \mathbf{r}}{\partial \theta} \times \dfrac{\partial \mathbf{r}}{\partial \phi} \right| d\theta\,d\phi = h_2 h_3\,d\theta\,d\phi = r^2\,\mathrm{sen}\,\theta\,d\theta\,d\phi$. Para $r = a$, temos $dS = a^2\,\mathrm{sen}\,\theta\,d\theta\,d\phi$.

$a^2\cos^2\theta = a^2 - a\,\text{sen}\,\theta\,\text{sen}\,\phi \to a\,\text{sen}\,\theta\,\text{sen}\,\phi = a^2 - a^2\cos^2\theta \to a\,\text{sen}\,\theta\,\text{sen}\,\phi = a^2\,\text{sen}^2\theta \to$

$\to \begin{cases}\text{sen}\,\theta = 0 \\ \text{e} \\ \text{sen}\,\theta = \text{sen}\,\phi\end{cases} \to \begin{cases}\theta = 0 \\ \text{e} \\ \theta = \phi\end{cases}$

Assim sendo, temos

$$S = 4\int_{\phi=0}^{\phi=\frac{\pi}{2}}\int_{\theta=0}^{\theta=\phi} a^2\,\text{sen}\,\theta\,d\theta\,d\phi = 4a^2\int_{\phi=0}^{\phi=\frac{\pi}{2}}[-\cos\theta]_{\theta=0}^{\theta=\phi}\,d\phi = 4a^2\int_{\phi=0}^{\phi=\frac{\pi}{2}}(1-\cos\phi)\,d\phi =$$

$$= 4a^2\,[\phi - \text{sen}\,\phi]_{\phi=0}^{\phi=\frac{\pi}{2}} = 4a^2\left(\frac{\pi}{2}-1\right) \text{ unidades de área}$$

8.2.4 - Integrais de Volume

As integrais de volume são dos tipos a seguir:

$$\iiint_v \mathbf{V}\,dv \tag{8.45}$$

$$\iiint_v \Phi\,dv \tag{8.46}$$

Da mesma forma que para as integrais de superfície, por vezes uma mudança de variáveis (coordenadas) pode simplificar a solução. Também aqui vamos abordar o assunto por meio de exemplos resolvidos.

EXEMPLO 8.20

Calcule $\iiint_v \Phi\,dv$, sendo $\Phi = 45\,x^2y$ e v o volume limitado pelos planos $4x + 2y + z = 8, x = 8$, $y = 0$ e $z = 0$.

SOLUÇÃO:

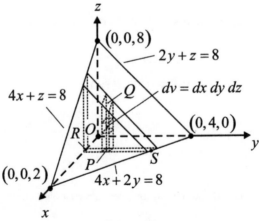

Fig. 8.39

Mantendo x e y constantes, integramos desde $z = 0$ (base da coluna PQ) até a coordenada dada por $z = 8 - 4x - 2y$ (topo da coluna P). Em seguida, conservamos a coordenada x constante e integramos em relação a coordenada y desde $y = 0$ até $y = 4 - 2x$, o que equivale à soma de todas as colunas cujas bases estão no plano xy ($z = 0$) e numa linha paralela ao eixo y e a uma distância x_k do plano yz, y variando, portanto, de R (onde $y = 0$) até S (que está sobre o traço do plano dado no plano xy, isto é, $4x + 2y = 8$, $z = 0$ ou $y = 4 - 2x$). Finalmente, somamos todas as lâminas paralelas ao plano yz, o que equivale à integração desde $x = 0$ até $x = 2$. Então, podemos estabelecer

$$\iiint_v \Phi \, dv = \int_{x=0}^{x=2} \int_{y=0}^{y=4-2x} \int_{z=0}^{z=8-4x-2y} 45 \, x^2 y \, dz \, dy \, dx = 45 \int_{x=0}^{x=2} \int_{y=0}^{y=4-2x} x^2 y (8 - 4x - 2y) dy \, dx =$$

$$= 45 \int_{x=0}^{x=2} \frac{1}{3} x^2 (4 - 2x)^3 \, dx = 128$$

EXEMPLO 8.21

Calcule $\iiint_v \mathbf{V} \, dv$, na qual $\mathbf{V} = 2 \, x \, z \, \mathbf{u}_x - x \, \mathbf{u}_y + y^2 \mathbf{u}_z$ e v é o volume limitado pelas superfícies $x = 0$, $y = 0$, $y = 6$, $z = x^2$ e $z = 4$.

SOLUÇÃO:

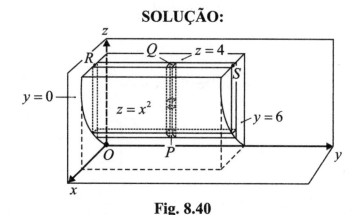

Fig. 8.40

Podemos perfazer toda a região do volume conservando, inicialmente, x e y constantes e integrando de $z = x^2$ até $z = 4$ (de uma extremidade à outra da coluna PQ). Em seguida, conservando x constante e integrando de $y = 0$ até $y = 6$ (de R à S da lâmina) e, finalmente, integrando de $x = 0$ até $x = 2$ (onde $z = x^2$ intercepta $z = 4$). Assim sendo, a integral em questão é

$$\iiint_v \mathbf{V} \, dv = \int_{x=0}^{x=2} \int_{y=0}^{y=6} \int_{z=x^2}^{z=4} \left(2 \, xz \, \mathbf{u}_x - x \, \mathbf{u}_y + y^2 \mathbf{u}_z \right) dz \, dy \, dx =$$

$$= \mathbf{u}_x \int_{x=0}^{x=2} \int_{y=0}^{y=6} \int_{z=x^2}^{z=4} 2x \, z \, dz \, dy \, dx - \mathbf{u}_y \int_{x=0}^{x=2} \int_{y=0}^{y=6} \int_{z=x^2}^{z=4} x \, dz \, dy \, dx + \mathbf{u}_z \int_{x=0}^{x=2} \int_{y=0}^{y=6} \int_{z=x^2}^{z=4} y^2 dz \, dy \, dx =$$

$$= 128 \, \mathbf{u}_x - 24 \, \mathbf{u}_y + 384 \, \mathbf{u}_z$$

EXEMPLO 8.22

Calcule $\iiint_v (x^2 + y^2 + z^2) dx\, dy\, dz$, na qual o volume de integração v é uma esfera de centro na origem e raio a.

SOLUÇÃO:

A integral procurada é igual a oito vezes a integral calculada sobre a parte da esfera contida no primeiro octante. Portanto, em coordenadas cartesianas retangulares, a integral é igual a

$$v = 8 \int_{x=0}^{x=a} \int_{y=0}^{y=+\sqrt{a^2-x^2}} \int_{z=0}^{z=\sqrt{a^2-x^2-y^2}} (x^2 + y^2 + z^2) dz\, dy\, dx$$

cujo cálculo é possível, embora cansativo. É mais fácil empregar coordenadas esféricas, sendo que o integrando

$$x^2 + y^2 + z^2$$

é substituído por r^2, e o volume diferencial

$$dv = dx\, dy\, dz$$

muda para

$$dv = r^2 \text{sen}\, \theta\, dr\, d\theta\, d\phi$$

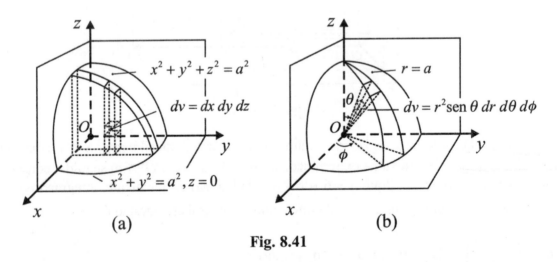

Fig. 8.41

Para cobrir toda a região no primeiro octante vamos manter θ e ϕ constantes e integrar de $r = 0$ até $r = a$. Em seguida, vamos manter ϕ constante e integrar de $\theta = 0$ até $\theta = \pi/2$. Finalmente, integramos em relação a ϕ de $\phi = 0$ até $\phi = \pi/2$. Aqui a integração está na ordem r, θ, ϕ, mas qualquer outra ordem pode ser empregada. Isto nos permite colocar

$$v = 8\int_{\phi=0}^{\phi=\frac{\pi}{2}}\int_{\theta=0}^{\theta=\frac{\pi}{2}}\int_{r=0}^{r=a} (r^2)(r^2 \text{sen}\theta\, dr\, d\theta\, d\phi)^{(15)} = 8\int_{\phi=0}^{\phi=\frac{\pi}{2}}\int_{\theta=0}^{\theta=\frac{\pi}{2}}\int_{r=0}^{r=a} r^4 \text{sen}\theta\, dr\, d\theta\, d\phi =$$

$$= 8\int_{\phi=0}^{\phi=\frac{\pi}{2}}\int_{\phi=0}^{\phi=\frac{\pi}{2}}\left[\frac{r^5}{5}\right]_{r=0}^{r=a} \text{sen}\theta\, d\theta\, d\phi = \frac{8a^5}{5}\int_{\phi=0}^{\phi=\frac{\pi}{2}}\int_{\theta=0}^{\theta=\frac{\pi}{2}} \text{sen}\theta\, d\theta\, d\phi = \frac{8a^5}{5}\int_{\phi=0}^{\phi=\frac{\pi}{2}}[-\cos\theta]_{\theta=0}^{\theta=\frac{\pi}{2}}\, d\phi =$$

$$= \frac{8a^5}{5}\int_{\phi=0}^{\phi=\frac{\pi}{2}} d\phi = \frac{4\pi a^5}{5}$$

Nota: fisicamente esta integral representa o momento de inércia da esfera em relação à origem, isto é, o momento de inércia polar. Tendo a esfera uma massa específica (densidade absoluta) igual a 1.

EXEMPLO 8.23*

Determine o volume da região do espaço tal que $x^2 + y^2 + z^2 \leq z$, utilizando:

(a) cálculo direto;

(b) método de integração.

SOLUÇÃO:

(a)

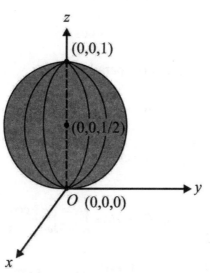

Fig. 8.42

Da inequação que define a região, vem

$$x^2 + y^2 + z^2 - z \leq 0$$

---

[15] Embora a tranformação apresentada já seja, por si só, bastante lógica, os estudantes interessados, poderão encontrar uma justificativa teórica para a mesma na subseção 10.12.2, com o emprego do conceito de Jacobiano. Vide expressões (10.103), (10.105) e (10.107).

410   Cálculo e Análise Vetoriais com Aplicações Práticas

Completando os quadrados, obtemos

$$x^2 + y^2 + z^2 - z + \frac{1}{4} \leq \frac{1}{4}$$

ou seja,

$$x^2 + y^2 + \left(z - \frac{1}{2}\right)^2 \leq \frac{1}{4}$$

que identificamos como sendo a equação representativa da região do espaço delimitada por uma superfície esférica de raio igual a $1/2$ e centro em $(0,0,1/2)$, tal como ilustrado na figura 8.42.

Em consequência, temos

$$v = \frac{4}{3}\pi R^3 = \frac{4}{3}\pi \left(\frac{1}{2}\right)^3 = \frac{\pi}{6} \text{ unidades de volume}$$

(b)

Do enunciado, segue-se

$$x^2 + y^2 + z^2 \leq z$$

Utilizando as transformações do grupo (3.98), obtemos

$$r^2 \leq r \cos \theta$$

que é equivalente a

$$r \leq \cos \theta, \text{ para } r \neq 0$$

Temos então, em coordenadas esféricas,

$$v = \iiint_v dv = \int_{\phi=0}^{\phi=2\pi} \int_{\theta=0}^{\theta=\frac{\pi}{2}} \int_{r=0}^{r=\cos\theta} r^2 \operatorname{sen}\theta \, dr \, d\theta \, d\phi =$$

$$= \int_{\phi=0}^{\phi=2\pi} \int_{\theta=0}^{\theta=\frac{\pi}{2}} \left[\frac{r^3}{3}\right]_{r=0}^{r=\cos\theta} \operatorname{sen}\theta \, d\theta \, d\phi = \int_{\phi=0}^{\phi=2\pi} \int_{\theta=0}^{\theta=\frac{\pi}{2}} \frac{\cos^3\theta}{3} \operatorname{sen}\theta \, d\theta \, d\phi =$$

$$= \int_{\phi=0}^{\phi=2\pi} \left[-\frac{\cos^4\theta}{12}\right]_{\theta=0}^{\theta=\frac{\pi}{2}} d\phi = \frac{1}{12}\int_{\phi=0}^{\phi=2\pi} d\phi = \frac{1}{12}\left[\phi\right]_{\phi=0}^{\phi=2\pi} =$$

$$= \frac{\pi}{6} \text{ unidades de volume}$$

<h3 align="center">EXEMPLO 8.24*</h3>

Repita os itens do exemplo, mas neste caso para para a região do espaço tal que tenhamos $x^2 + y^2 + z^2 \leq x$.

SOLUÇÃO:

(a)

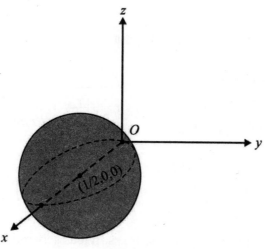

Fig. 8.43

Temos

$$x^2 - x + y^2 + z^2 \leq 0$$

Completando os quadrados, obtemos

$$x^2 - x + \frac{1}{4} + y^2 + z^2 \leq \frac{1}{4}$$

que é equivalente a

$$\left(x - \frac{1}{2}\right)^2 + y^2 + z^2 \leq \frac{1}{4}$$

que identificamos como sendo a equação representativa da região do espaço delimitada por uma superfície esférica de raio igual a $1/2$ e centro em $(1/2, 0, 0)$.

Assim sendo, temos

$$v = \frac{4}{3}\pi R^3 = \frac{4}{3}\pi \left(\frac{1}{2}\right)^3 = \frac{\pi}{6} \text{ unidades de volume}$$

(b)

Do enunciado, segue-se

$$x^2 + y^2 + z^2 \leq x$$

412 **Cálculo e Análise Vetoriais com Aplicações Práticas**

Utilizando as transformações do grupo (3.98), obtemos

$$r^2 \leq r \operatorname{sen}\theta \cos\phi$$

que é equivalente a

$$r \leq \operatorname{sen}\theta \cos\phi \text{ , para } r \neq 0$$

Temos, então, em coordenadas esféricas,

$$v = \iiint_v dv = \int_{\phi=-\frac{\pi}{2}}^{\phi=+\frac{\pi}{2}} \int_{\theta=0}^{\theta=\pi} \int_{r=0}^{r=\operatorname{sen}\theta\cos\phi} r^2 \operatorname{sen}\theta \, dr \, d\theta \, d\phi =$$

$$= \int_{\phi=-\frac{\pi}{2}}^{\phi=+\frac{\pi}{2}} \int_{\theta=0}^{\theta=\pi} \left[\frac{r^3}{3}\right]_{r=0}^{r=\operatorname{sen}\theta\cos\phi} \operatorname{sen}\theta \, d\theta \, d\phi = \int_{\phi=-\frac{\pi}{2}}^{\phi=+\frac{\pi}{2}} \int_{\theta=0}^{\theta=\pi} \frac{\operatorname{sen}^4\theta \cos^3\phi}{3} d\theta \, d\phi$$

As integrais são independentes e podem ser resolvidas separadamente:

- $\int_{\theta=0}^{\theta=\pi} \operatorname{sen}^4\theta \, d\theta$:

Pela fórmula (An. 9.26), temos

$$\int \operatorname{sen}^4 u \, du = \frac{3u}{8} - \frac{\operatorname{sen} 2u}{4} + \frac{\operatorname{sen} 4u}{32} + C$$

o que implica

$$\int_{\theta=0}^{\theta=\pi} \operatorname{sen}^4\theta \, d\theta = \left[\frac{3\theta}{8} - \frac{\operatorname{sen} 2\theta}{4} + \frac{\operatorname{sen} 4\theta}{32}\right]_{\theta=0}^{\theta=\pi} = \frac{3\pi}{8}$$

- $\int_{\phi=-\frac{\pi}{2}}^{\phi=+\frac{\pi}{2}} \cos^3\phi \, d\phi$:

Pela fórmula (An. 9.23), segue-se

$$\int \cos^3 u \, du = \operatorname{sen} u - \frac{\operatorname{sen}^3 u}{3} + C$$

o que nos leva a

$$\int_{\phi=-\frac{\pi}{2}}^{\phi=+\frac{\pi}{2}} \cos^3\phi \, d\phi = \left[\operatorname{sen}\phi - \frac{\operatorname{sen}^3\phi}{3}\right]_{\phi=-\frac{\pi}{2}}^{\phi=+\frac{\pi}{2}} = \frac{4}{3}$$

Finalmente, obtemos

$$v = \left(\frac{3\pi}{8}\right)\left(\frac{4}{3}\right) = \frac{\pi}{6} \text{ unidades de volume}$$

EXEMPLO 8.25*

Calcule o volume delimitado pelas superfícies $x + y + z = 7$ (plano), $x = y^2$ (cilindro parabolico) e $z = 1$ (plano).

SOLUÇÃO:

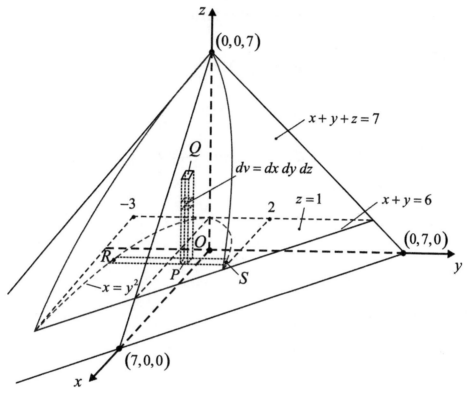

Fig. 8.44

Primeiramente, vamos determinar a interseção do cilindro $x = y^2$ com a reta $x + y = 6$, sendo esta última a interseção dos planos $x + y + z = 7$ e $z = 1$:

$$\begin{cases} x = y^2 \\ x + y = 6 \end{cases} \to y^2 + y - 6 = 0 \to y = \frac{-1 \pm \sqrt{1+24}}{2} \to \begin{cases} y' = 2 \\ y'' = -3 \end{cases}$$

A figura 8.44 ilustra a situação e nos permite expressar

$$v = \int_{y=-3}^{y=2} \int_{x=y^2}^{x=6-y} \int_{z=1}^{z=7-x-y} dz\,dx\,dy = \int_{y=-3}^{y=2} \int_{x=y^2}^{x=6-y} [z]_{z=1}^{z=7-x-y} dx\,dy =$$

$$= \int_{y=-3}^{y=2} \int_{x=y^2}^{x=6-y} (6-x-y)dx\,dy = \int_{y=-3}^{y=2} \left[(6-y)x - \frac{x^2}{2}\right]_{x=y^2}^{x=6-y} dy =$$

$$= \int_{y=-3}^{y=2} \left(\frac{y^4}{2} + y^3 - \frac{11}{2}y^2 - 6y + 18 \right) dy =$$

$$= \left[\frac{y^5}{10} + \frac{y^4}{4} - \frac{11y^3}{6} - 3y^2 + 18y \right]_{y=-3}^{y=2} =$$

$$= \frac{625}{12} \text{ unidades de volume}$$

EXEMPLO 8.26*

Calcule $\iiint_v x^2 dv$, sendo v o volume do elipsoide $\dfrac{x^2}{a^2} + \dfrac{y^2}{b^2} + \dfrac{z^2}{c^2} = 1$.

SOLUÇÃO:

$$\iiint_v x^2 dv = \iiint_v x^2 dx\, dy\, dz = \iiint_v x^2 dx \underbrace{\iint dy\, dz}_{S_{yz}} = \int_{x=-a}^{x=a} x^2\, S_{yz}\, dx$$

em que S_{yz} é a área da elipse

$$\frac{y^2}{b^2} + \frac{z^2}{c^2} = 1 - \frac{x^2}{a^2}, \text{ sendo } x = \text{constante}$$

que pode ser colocada sob a forma

$$\frac{y^2}{\underbrace{b^2\left(1 - \dfrac{x^2}{a^2}\right)}_{(b')^2}} + \frac{z^2}{\underbrace{c^2\left(1 - \dfrac{x^2}{a^2}\right)}_{(c')^2}} = 1$$

Assim sendo, os semi-eixos desta elipse são

$$\begin{cases} b' = b\sqrt{1 - \dfrac{x^2}{a^2}} \\[3mm] c' = c\sqrt{1 - \dfrac{x^2}{a^2}} \end{cases}$$

Uma vez que a área de uma elipse é dada pelo produto de π pelos semi-eixos da mesma, temos

Integração de Funções Vetoriais e de Funções Escalares   415

$$S_{yz} = \pi\, b'\, c' = \pi \left(b \sqrt{1-\frac{x^2}{a^2}} \right)\left(c\sqrt{1-\frac{x^2}{a^2}} \right) = \pi\, b\, c\,(1-\frac{x^2}{a^2})$$

Finalmente, podemos expressar

$$\iiint_v x^2\, dv = \int_{x=-a}^{x=a} x^2\,\pi\, b\, c\left(1-\frac{x^2}{a^2}\right) dx = \pi\, b\, c \int_{x=-a}^{x=a}\left(x^2-\frac{x^4}{a^2}\right) dx = \pi\, b\, c\left[\frac{x^3}{3}-\frac{x^5}{5a^2}\right]_{x=-a}^{x=a} = $$

$$= \pi\, b\, c\left[\left(\frac{a^3}{3}-\frac{a^5}{5a^2}\right)-\left(\frac{-a^3}{3}-\frac{-a^5}{5a^2}\right)\right] = \pi\, b\, c\left[\frac{2a^3}{3}-\frac{2a^5}{5a^2}\right] = \frac{4}{15}\,\pi\, a^3 b\, c$$

QUESTÕES

8.1*- O que você conclui a partir dos itens (a), (b) e (e) do exemplo 8.5 e do enunciado do problema 8.5?

8.2- Dê a definição de $\iint_S \mathbf{V}\cdot\mathbf{u}_n\, dS$ como limite de uma soma.

RESPOSTAS DAS QUESTÕES

8.1- De acordo com os itens (a) e (c) do exemplo 8.5, um planeta move-se em torno do Sol de tal modo que o seu vetor posição varre áreas iguais em tempos iguais. Esta afirmação constitui-se na segunda lei de **Kepler**[16]. Pelo item (e) do mesmo exemplo, a trajetória de um planeta em torno do Sol é uma elipse com o Sol ocupando um dos focos da mesma, e este é o enunciado da primeira lei de **Kepler**. O enunciado do problema 8.5 constitui-se na terceira lei de **Kepler**.

8.2-

Dividamos a área S em n elementos de área ΔS_i, sendo $i = 1, 2, 3...n$. Tomemos qualquer ponto P_i dentro da área incremental ΔS_i, ponto esse cujas coordenadas são x_i, y_i, z_i. Consideremos também os vetores $\mathbf{V}(x_i, y_i, z_i)$ e $\mathbf{u}_{n_i}$ o unitário positivo normal à ΔS_i em P.

Façamos agora a soma

$$\sum_{i=1}^{N} \mathbf{V}_i\cdot\mathbf{u}_{n_i}\Delta S_i,$$

---

[16] **Kepler [Johannes Kepler (1571-1630)]** foi um astrônomo alemão que formulou as três leis fundamentais da mecânica celeste, conhecidas como **leis de Kepler**. Dedicou-se também ao estudo da óptica. Apenas como dado histórico, devemos mencionar que as leis de **Kepler** foram por ele deduzidas empiricamente, e para tanto ele lançou mão de dados compilados pelo astrônomo **Tycho Brahe**. Tais leis permitiram a **Newton** a formulação de suas leis da gravitação.

Brahe [Tycho Brahe (1546-1601)] - astrônomo dinamarquês, mestre de **Kepler**, cujas acuradas observações permitiram a este último formular as três leis da Mecânica Celeste.

na qual $\mathbf{V}_i \cdot \mathbf{u}_{n_i}$ é a componente normal de $\mathbf{V}_i$ em P_i. Em seguida, tomemos o limite dessa soma quando $N \to \infty$, de modo que a maior dimensão de ΔS_i tenda para zero. Este limite, se existir, chama-se integral de superfície da componente normal de $\mathbf{V}$ sobre S, e é designada por

$$\iint_S \mathbf{V} \cdot \mathbf{u}_n \, dS$$

Pela equação (8.26), esta integral sobre S pode ser transformada para

$$\iint_S \mathbf{V} \cdot \mathbf{u}_n \, dS = \iint_R \mathbf{V} \cdot \mathbf{u}_n \frac{dx\,dy}{|\mathbf{u}_z \cdot \mathbf{u}_n|},$$

cuja área R é a projeção de S sobre o plano xy.

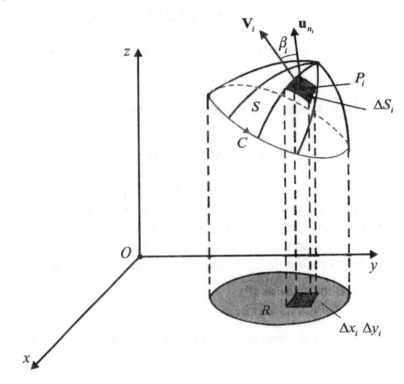

Fig. 8.45- Resposta da questão 8.2

PROBLEMAS

8.1- Se $\mathbf{R}(t) = (3t^2 - t)\mathbf{u}_x + (2 - 6t)\mathbf{u}_y - 4t\,\mathbf{u}_z$, determine:

(a) $\int \mathbf{R}(t)\,dt$

(b) $\int_{t=2}^{t=4} \mathbf{R}(t)\,dt$

8.2- Calcule $\int_{u=0}^{u=\frac{\pi}{2}} (3\mathrm{sen}\,u\,\mathbf{u}_x + 2\cos u\,\mathbf{u}_y)\,du$.

8.3- A aceleração a de uma partícula para $t \geq 0$ é dada por $a = e^{-t}\mathbf{u}_x - 6(t+1)\mathbf{u}_y + 3\operatorname{sen} t\ \mathbf{u}_z$. Se a velocidade $\mathbf{v}$ e a posição $\mathbf{r}$ forem nulos em $t = 0$, determine $\mathbf{v}$ e $\mathbf{r}$ num instante de tempo qualquer.

8.4- A aceleração de um corpo num instante de tempo qualquer $t \geq 0$ é $a = -g\ \mathbf{u}_y$, sendo que g é uma constante, e representa a aceleração da gravidade. No instante $t = 0$ a velocidade é dada por $\mathbf{v} = v_0 \cos\theta_0\ \mathbf{u}_x + v_0 \operatorname{sen}\theta_0\ \mathbf{u}_y$ e a posição $\mathbf{r}$ é nula. Determine $\mathbf{v}$ e $\mathbf{r}$ para um instante genérico $t \geq 0$ (obs: trata-se do movimento de um projétil, sob a ação da aceleração da gravidade, lançado de uma arma inclinada de um ângulo θ_0 em relação ao eixo x e dotado de uma velocidade inicial de módulo igual a v_0).

8.5*- Demonstre que os quadrados dos períodos dos planetas nos seus movimentos em torno do Sol são proporcionais aos cubos dos semi-eixos maiores de suas órbitas elípticas, e isto constitui o enunciado da terceira lei de **Kepler**. Sugestão: referência bibliográfica n° 43, problema 5.23, página 184.

8.6- Determine o trabalho total ao deslocarmos uma partícula em campo de força representado por $\mathbf{F} = 3xy\ \mathbf{u}_x - 5z\ \mathbf{u}_y + 10x\ \mathbf{u}_z$, ao longo da curva C cujas equações paramétricas são as seguintes: $x = \lambda^2 + 1$, $y = 2\lambda^2$ e $z = \lambda^3$, desde $\lambda = 1$ até $\lambda = 2$.

8.7- Sendo $\mathbf{F} = 3xy\ \mathbf{u}_x - y^2\ \mathbf{u}_y$, calcule $\int_C \mathbf{F} \cdot d\mathbf{l}$ em que C é a curva $y = 2x^2$ do plano $z = 0$, desde $(0,0)$ até $(1,2)$.

8.8- Determine o trabalho necessário para se deslocar uma partícula, numa volta completa ao longo de uma circunferência do plano $z = 0$, sabendo-se que esta curva tem centro na origem, raio igual a 3 e que o campo de força é dado pela equação $\mathbf{F} = (2x - y + z)\mathbf{u}_x + (x + y - z^2)\mathbf{u}_y + (3x - 2y + 4z)\mathbf{u}_z$.

8.9*- Calcular a circulação do campo vetorial $\mathbf{V} = y^2\ \mathbf{u}_x - x^2\ \mathbf{u}_y + z^2\ \mathbf{u}_z$ ao longo da curva $ABCA$ obtida da interseção do parabolóide $x^2 + z^2 = 1 - y$ com os planos coordenados, sabendo-se que A, B e C são os traços do parabolóide sobre os eixos x, y e z, respectivamente.

8.10*- Calcular $\int_C \Phi\ d\mathbf{l}$, para $\Phi = x^3 y + 2y$, desde $(1,1,0)$ até $(2,4,0)$, ao longo

(a) da parábola $y = x^2$, $z = 0$;

(b) da reta que une os pontos mencionados.

8.11- Calcule $\int_C \mathbf{V} \times d\mathbf{l}$ para $\mathbf{V} = y\ \mathbf{u}_x + x\ \mathbf{u}_y$, desde $(0,0,0)$ até $(3,9,0)$, ao longo da curva dada por $y = x^3/3$ e $z = 0$.

8.12*- Determine o ângulo sólido que subtende o quadrado $ABCD$, cujo lado é a, sendo o vértice do ângulo definido pelo ponto O, conforme indicado na figura correspondente, utilizando:

(a) cálculo direto e a definição de ângulo sólido elementar;

(b) o conceito de ângulo sólido ao redor de um ponto e considerações de simetria.

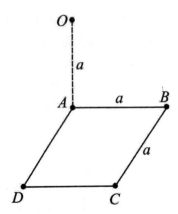

Fig. 8.46- Problema 8.12

8.13- Determine o fluxo do campo vetorial $\mathbf{V} = x\,\mathbf{u}_x + y\,\mathbf{u}_y - 2z\,\mathbf{u}_z$ através da superfície da esfera $x^2 + y^2 + z^2 = a^2$ situada acima do plano xy.

8.14- Dado o campo vetorial $\mathbf{V} = \dfrac{k_1}{\rho}\mathbf{u}_\rho + k_2 z\,\mathbf{u}_z$, determine o fluxo através de um cilindro coaxial com o eixo z, raio igual a 2, e limitado pelos planos $z = \pm 3$.

8.15*- Calcule $\iint_S \Phi\,d\mathbf{S}$, sendo $\Phi = 4x + 3y - 2z$ e S a superfície do plano $2x + y + 2z = 6$ limitada por $x = 0$, $x = 1$, $y = 0$ e $y = 2$.

8.16- Calcule $\oiint_S \mathbf{r} \times d\mathbf{S}$, na qual $\mathbf{r}$ é o vetor posição e S é a superfície esférica fechada representada por $x^2 + y^2 + z^2 = a^2$.

8.17*- Calcule as áreas das seguintes superfícies:

(a) superfície do cilindro $x^2 + y^2 = 1$, limitada pelos planos $z = 2x$ e $z = 4x$;

(b) superfície do cilindro $x^2 + y^2 = 2x$, limitada pelo plano $z = 0$ e o cone $x^2 + y^2 = z^2$;

(c) superfície do cone $x^2 + y^2 = z^2$ situada entre os planos $z = 0$ e $x + 2z = 3$;

(d) superfície do sólido limitado pelo cone $x^2 + y^2 = z^2$ e a superfície da esfera $z = \sqrt{1 - x^2 - y^2}$;

(e) superfície do cone $x^2 + y^2 = z^2$ situada no 1º octante e limitada pelo plano $y + z = 1$.
(MAT-UFRJ - 2º sem 86)

Integração de Funções Vetoriais e de Funções Escalares   419

8.18- Calcule $\iint_S (x^2 + y^2)dS$, em que S é a esfera $x^2 + y^2 + z^2 = a^2$.
(MAT-UFRJ - 2º sem 86)

8.19- Calcule $\iint_S (x^2 + y^2)dS$, em que S é a superfície lateral do cone $x^2 + y^2 - z^2 = 0$, $0 \le z \le 4$.
(MAT-UFRJ - 2º sem 1986).

8.20- Calcule $\iint_S xyz\, dS$, em que S é a área do triângulo de vértices $(1,0,0), (0,1,0)$ e $(0,0,1)$.
(MAT-UFRJ - 2º sem 1986).

8.21*- Calcule $\iint_S z\, dS$, em que S é a superfície $z = x^2 + y^2$, sendo $x^2 + y^2 \le 1$.
(MAT-UFRJ - 2º sem 86)

8.22- Calcule $\iint_S (x+y+z)dS$, em que S é a esfera $x^2 + y^2 + z^2 = 1$.
(MAT-UFRJ - 2º sem 1986)

8.23- Determine o volume da região comum aos cilindros $x^2 + y^2 = a^2$ e $x^2 + z^2 = a^2$.

8.24*- Determine o volume do sólido limitado pelas superfícies $z = 4 - x^2 - y^2$, $z = y$ e $x^2 + y^2 = 1$, sendo $z \ge 0$.
(MAT-UFRJ - 2º sem 1986)

8.25- Calcule $\iiint_v x^2 dx\, dy\, dz$, na v é o volume do cilindro $x^2 + y^2 \le 1$, $0 \le z \le 2$.
(MAT-UFRJ - 1º sem 87)

8.26- Calcule $\int_{x=0}^{x=2} dx \int_{y=0}^{y=\sqrt{2x-x^2}} dy \int_{z=0}^{z=a} z\, \sqrt{x^2 + y^2}\, dz$.
(MAT-UFRJ - 1ºsem 1987).

8.27- Calcule $\iiint_v z\, dx\, dy\, dz$, sendo v o volume delimitado por $x^2 + y^2 + z^2 \le 1, z \ge 0$ e $x^2 + y^2 \ge \dfrac{1}{4}$.
(MAT-UFRJ - 1º sem 1987)

8.28- Calcule $\iiint_v \dfrac{dx\, dy\, dz}{z^2}$, em que v é sólido delimitado pelas superfícies $z = \sqrt{x^2 + y^2}$, $z = \sqrt{1 - x^2 - y^2}$ e $z = \sqrt{4 - x^2 - y^2}$.
(MAT-UFRJ - 1º sem 1987)

8.29- Calcule o volume do sólido limitado pela esfera $x^2 + y^2 + z^2 = a^2$ e pelo cone $z^2 = x^2 + y^2$, sendo externo a este último.

420 **Cálculo e Análise Vetoriais com Aplicações Práticas**

(MAT-UFRJ - 1º sem 1987).

8.30- Calcule $\iiint_v z\, dx\, dy\, dz$, em que v é o sólido limitado pelas superfícies $z = \sqrt{x^2 + y^2}$,

$z = \sqrt{3(x^2 + y^2)}$ e $x^2 + y^2 + z^2 = 4$.
(MAT-UFRJ - 1º sem 87).

8.31*- Calcule $\iiint_v \dfrac{dx\, dy\, dz}{x^2 + y^2 + \left(z - 1/2\right)^2}$, em que v é o volume limitado pela superfície esférica

$x^2 + y^2 + z^2 = 1$.
(MAT-UFRJ - 1º sem 1987)

8.32- Calcule $\iiint_v x\, y\, z\, dx\, dy\, dz$, em que v é o volume limitado pela superfície esférica

$x^2 + y^2 + z^2 = 1$.
(MAT-UFRJ - 1º sem 1987).

8.33- Calcule o volume do sólido limitado pelas superfícies $x^2 + y^2 + z^2 = 2Rz$ e $x^2 + y^2 = z^2$, sabendo-se que tal volume contém o ponto $(0, 0, R)$.
(MAT-UFRJ - 1º sem 1987).

8.34*- Calcule $\iiint_v \left(x^2 + y^2 + z^2\right)^{\frac{1}{2}} dx\, dy\, dz$, em que v é o volume da região do espaço tal que:

(a) $x^2 + y^2 + z^2 \leq R^2$;

(b) $x^2 + y^2 + z^2 \leq x$
(MAT-UFRJ - 1º sem 1987)

8.35*- Determinar o volume da região delimitada pelas interseções das superfícies

$S_1: x^2 + y^2 + z^2 = 4$, $S_2: x^2 + y^2 + \left(z - \sqrt{2}\right)^2 = 2$ e $S_3: z = \sqrt{3}\sqrt{x^2 + y^2}$, sendo v interno à S_2 e externo à S_1 e S_3.
(MAT-UFRJ - 2º sem 1987)

RESPOSTAS DOS PROBLEMAS

8.1-

(a) $\left(t^3 - \dfrac{t^2}{2}\right)\mathbf{u}_x + \left(2t - 3t^2\right)\mathbf{u}_y - 2t^2\mathbf{u}_z + \mathbf{C}$, em que $\mathbf{C}$ é um vetor constante

(b) $50\,\mathbf{u}_x - 32\,\mathbf{u}_y - 24\,\mathbf{u}_z$

8.2- $3\,\mathbf{u}_x + 2\,\mathbf{u}_y$

8.3- $v = \left(1 - e^{-t}\right)u_x - 3\left(t^2 + 2t\right)u_y + 3\left(1 - \cos t\right)u_z$; $r = \left(t - 1 + e^{-t}\right)u_x - \left(t^3 + 3t^2\right)u_y +$
$+ 3\left(t - \operatorname{sen} t\right)u_z$

8.4- $v = v_0 \cos \theta_0\, u_x + \left(v_0 \operatorname{sen} \theta_0 - gt\right)u_y$; $r = \left(v_0 \cos \theta_0\right)t\, u_x + \left[\left(v_0 \operatorname{sen} \theta_0\right)t - \dfrac{1}{2}gt^2\right]u_y$

8.6- 303 unidades de trabalho

8.7- $-\dfrac{7}{6}$ unidades de trabalho

8.8- $18\,\pi$ unidades de trabalho, admitindo o deslocamento no sentido de crescimento do ângulo polar ϕ.

8.9- $-\dfrac{41}{30}$ unidades de circulação

8.10-

(a) $\dfrac{91}{6}u_x + \dfrac{359}{7}u_y$

(b) $\dfrac{143}{10}u_x + \dfrac{429}{10}u_y$

8.11- $36\,u_z$

8.12- $\dfrac{\pi}{6}\,\mathrm{sr}$

8.13- 0

8.14- $12\pi\left(k_1 + 2k_2\right)$

8.15- $2u_x + u_y + 2u_z$

8.16- 0

8.17-

(a) 8 unidades de área

(b) 8 unidades de área

422 Cálculo e Análise Vetoriais com Aplicações Práticas

(c) $2\sqrt{6}\,\pi$ unidades de área

(d) $\pi\left(\dfrac{3\sqrt{2}}{2}-2\right)$ unidades de área

(e) $\dfrac{\sqrt{2}}{3}$ unidades de área

8.18- $\dfrac{8}{3}\pi a^4$

8.19- $\dfrac{\sqrt{2}}{2}\pi$

8.20- $\dfrac{\sqrt{3}}{120}$

8.21- $\dfrac{\pi}{60}\left(25\sqrt{25}+1\right)$

8.22- 0

8.23- $\dfrac{16a^3}{3}$ unidades de volume

8.24- $\dfrac{21\pi-4}{6}$ unidades de volume

8.25- $\dfrac{\pi}{2}$

8.26- $\dfrac{8}{9}a^2$

8.27- $\dfrac{9\pi}{64}$

8.28- $2\pi\left(\sqrt{2}-1\right)$

8.29- $\dfrac{2\pi a^3\sqrt{2}}{3}$ unidades de volume

8.30- π

8.31- $\pi\left(\dfrac{3}{2}\ln 3 + 2\right)$

8.32- 0

8.33- πR^3

8.34-

(a) πR^4

(b) $\dfrac{\pi}{10}$

8.35- $\dfrac{\left(21\sqrt{2} - 16\sqrt{3}\right)\pi}{6}$ unidades de volume

Cálculo com Aplicações: Atividades Computacionais e Projetos

Autor: Vera L. X. Figueiredo / Margarida P. Mello / Sandra A. Santos

384 páginas
3ª edição - 2011
Formato: 16 x 23
ISBN: 9788539900985

O desafio deste texto é fazer com que o leitor ativo conecte a era das tecnologias da informação e da comunicação com a era da invenção do Cálculo Diferencial e Integral. Nesta obra, conceitos básicos importantes como o Teorema do Valor Médio, por exemplo, convivem (e bem!) com a ferramenta computacional explorada em suas diversas potencialidades. Por meio desta ferramenta, as atividades de laboratório e os projetos procuram concretizar as propostas de "enxergar" conceitos, trabalhar com aplicações, em busca de novas possibilidades de aprendizagem. Em primeira instância, destina-se a alunos e professores dos Cálculos, mas não há por que excluir desse público os que, gostando do Cálculo, querem revê-lo com os olhos de um novo tempo.

Prof. Dr. João Frederico C. A. Meyer (Joni)

IMECC – Unicamp

No site da Editora Ciência Moderna, o leitor encontrará, disponíveis para download, arquivos do Mathematica© com as atividades resolvidas. Estes arquivos podem ser examinados com o Wolfram CDF-Player©, disponível gratuitamente em http://www.wolfram.com.

À venda nas melhores livrarias.

Cálculo e Aplicações II
Funções Vetoriais

Autor: Renato J. Costa Valladares

552 páginas
1ª edição - 2010
Formato: 16 x 23
ISBN: 978-85-7393-956-9

A proposta central deste livro é abordar de forma clara e precisa temas matemáticos básicos para um largo leque de profissões que inclui Engenharias, Matemática, Economia, Carreiras Militares, Estatística, Arquitetura, Física, Química, Administração, Contabilidade, Farmácia, Cursos Tecnológicos e muitos outros. O texto é simples e direto e contém uma grande quantidade de exemplos, problemas e exercícios resolvidos e propostos. Quase todos com respostas.
Aproveitando conhecimentos do leitor, a derivada parcial é apresentada como uma extensão natural da derivada ordinária. A partir daí a diferenciação de funções de duas ou mais variáveis torna-se mais fácil. Observações simples sobre volumes levam às integrais iteradas, duplas e múltiplas. Massa, trabalho e outras grandezas levam às integrais de linha e de superfície. Os teoremas clássicos de Green, Stokes e Gauss são introduzidos por meio da eliminação de campos gradientes, rotacionais e divergentes. Salvo pelas técnicas operacionais, estas eliminações se assemelham à simplificação de frações ou redução de termos semelhantes.

À venda nas melhores livrarias.

Impressão e acabamento
Gráfica da Editora Ciência Moderna Ltda.
Tel: (21) 2201 - 6662